# $SF_6$介电特性及应用

郑殿春　著



科 学 出 版 社

北　京

## 内 容 简 介

本书阐述 $SF_6$ 分子结构、$SF_6$ 气体放电机理以及分解产物种类，同时论述 $SF_6$ 及其混合气体间隙放电过程的分析方法，展现其放电过程的触发、带电粒子行为、气体组分与激励源的关联性，并分析纳秒脉冲电压和高频电压下的介质覆盖电极 $SF_6$ 放电现象和非线性特征，依据电介质理论和流体力学方法分析超临界流体氮（$p_c$=1～5MPa, $T_c$=127～307K）的放电过程，并简述 $SF_6$ 绝缘变压器绕组温升计算方法，以及 $SF_6$ 断路器灭弧室喷口场量对介质恢复的影响。

本书可以作为高等院校高电压与绝缘技术专业的硕博研究生教材，也可供从事高电压电介质放电现象研究的科技工作者与高压电气绝缘配合及结构设计的工程师参考。

**图书在版编目（CIP）数据**

$SF_6$介电特性及应用/郑殿春著. —北京：科学出版社，2019.1

ISBN 978-7-03-058517-2

Ⅰ. ①S… Ⅱ. ①郑… Ⅲ. ①六氟化硫气体-介电性质-研究 Ⅳ. ①TM213

中国版本图书馆 CIP 数据核字（2018）第 184383 号

责任编辑：余 江 于海云 / 责任校对：王萌萌

责任印制：吴兆东 / 封面设计：迷底书装

科 学 出 版 社 出版

北京东黄城根北街 16 号

邮政编码：100717

http://www.sciencep.com

北京虎彩文化传播有限公司 印刷

科学出版社发行 各地新华书店经销

*

2019 年 1 月第 一 版 开本：720×1000 B5

2019 年 11 月第二次印刷 印张：19 1/2

字数：462 000

**定价：128.00 元**

（如有印装质量问题，我社负责调换）

# 前　言

虽然科学家及相关领域的工程师一直在努力研究开发 $SF_6$ 的替代电介质，但是 $SF_6$ 仍然是目前不可或缺的电工材料。因此深入探索 $SF_6$ 电气性能，对以 $SF_6$ 为绝缘介质的电气产品设计制造、运行维护以及回收技术具有实用价值。针对 $SF_6$ 及其混合气体放电过程的理论分析，可以加深对其放电机理的认识，有助于更合理地开发和拓宽其应用领域，对充分利用 $SF_6$ 性能、优化设计制造电气产品具有指导意义。极端条件下 $SF_6$ 放电现象已经受到相关学者的关注，系统激励源的多样性、电极构型的复杂性、工况环境的苛刻性导致 $SF_6$ 放电现象和规律探索更趋于朝着深度与广度方向发展，而 $SF_6$ 介电特性表征、放电触发、轨迹演化及其控制机制也同样是相关学者关注的热点。作者将多年的气体放电研究成果归纳总结撰写成此书。

第 1 章简要论述 $SF_6$ 气体应用现状、面临的挑战以及发展趋势。

第 2 章详细阐述 $SF_6$ 分子结构、电击穿特性、分解物种类及其毒性预防等技术措施。

第 3 章采用 FD-FCT 方法对 $SF_6$ 间隙放电过程进行理论分析，详细阐明 $SF_6$ 间隙放电过程种子电子布置、放电触发、带电粒子产生、复合、附着、光致电离以及放电轨迹演化的过程。

第 4 章理论分析纳秒脉冲电压作用下的电极介质覆盖 $SF_6$ 放电过程，获得了纳秒脉冲的电压幅值及上升沿、气隙距离、覆盖层的厚度及相对介电常数、压强等参数下的 $SF_6$ 放电特性，以及放电过程带电粒子的运动行为与间隙电场的依赖关系。

第 5 章运用非线性理论方法，分析 $SF_6$ 气体放电过程的复杂性，阐述电极覆盖高频激励下的 $SF_6$ 气体放电的多样性、多尺度性及混沌现象。

第 6 章运用分形几何理论对短气隙尖-板电极 $SF_6$ 放电通道分叉现象进行分析，证明 $SF_6$ 气隙放电通道分叉演化与控制参量的制约关系。

第 7 章论述并给出 $SF_6$ 混合气体电气间隙放电特性的研究方法和实验结果。

第 8 章数值分析 $SF_6$ 混合气体间隙放电过程电子布置、放电触发、带电粒子产生、复合、附着、光致电离以及放电轨迹演化的过程。

第 9 章基于气体放电理论和流体力学方法分析研究超临界流体氮（$p_c$=1～5MPa，$T_c$=127～307K）的放电特性，获得了放电过程参量与控制参数的制约关系。

第 10 章论述 $SF_6$ 绝缘变压器的温升计算方法。

第 11 章简述 $SF_6$ 灭弧特性、灭弧室喷口场分析等内容。

本书第 1～10 章由哈尔滨理工大学郑殿春撰写；第 11 章由新东北电气集团高压开关设备有限公司工艺院刘志勇撰写。

由于作者水平有限，书中难免存在不足之处，请同仁不吝赐教，感谢不尽。

作　者

2017 年 10 月于哈尔滨

# 目　录

# 第1章 绪　　论

六氟化硫($SF_6$)的发现已有一百多年历史，是两位法国化学家 Moissan 和 Lebeau 于 1900 年合成的人造惰性气体。1940 年前后，美国军方将其用于曼哈顿计划(核军事)，1947 年提供商用。大概从 20 世纪 50 年代末，$SF_6$ 被用作断路器的内绝缘和灭弧介质。20 世纪 60 年代后期，欧洲的 Calor Emag 公司最早开发出 72kV 和 84kV 的开关装置。该装置以小型化、高可靠性(耐环境性、抗地震性)和几乎免维护等突出的优点，得到了迅速发展。

$SF_6$ 是迄今为止唯一得到广泛应用的绝缘气体，是全封闭组合电器(gas insulated switchgears，GIS)和气体绝缘传输线(gas insulated lines，GIL)的首选电介质，同时也在电力变压器(GIT)和断路器(CBIT)等设备中获得应用，工作电压覆盖 35～1200kV 所有等级。

$SF_6$ 还因其化学惰性、无毒、不燃及无腐蚀性，被广泛应用于金属冶炼(如镁合金熔化炉保护气体)、航空航天、医疗(X 光机、激光机)、气象(示踪分析)、化工(高级汽车轮胎、新型灭火器)等领域。高纯六氟化硫还是一种理想的电子蚀刻剂，被大量应用于微电子技术领域。

## 1.1 $SF_6$ 应用现状

经济建设促使电力工业快速发展，而超高压和特高压输电网络格局的形成，将实现电力的大规模、远距离、安全高效输送。随着每年我国电力新增装机容量增加，对 $SF_6$ 需求量年递增达到 10%，远超发达国家 7%的递增量，而且总量 80%的 $SF_6$ 应用在电力行业。表 1-1 为我国 2001～2020 年电力新增装机容量及 $SF_6$ 年递增量。

虽然 $SF_6$ 气体具有优异的绝缘特性和灭弧能力，在电力系统绝缘中得到了广泛应用，但是 $SF_6$ 对环境的威胁已经引起关注。1997 年《联合国气候变化框架公约的京都议定书》(简称《京都议定书》)中 $SF_6$ 被列为导致温室效应六种气体之一，其对环境的影响表现在以下几点。

(1) 自然界中不存在天然的 $SF_6$，目前大气中的 $SF_6$ 都是人工合成的。随着 $SF_6$ 年需求量的增加，大气中的 $SF_6$ 含量以每年 8%～9%的速度增长。

(2) $SF_6$ 对环境的影响体现在温室效应上，就等量的 $SF_6$ 与 $CO_2$ 而言，$SF_6$ 的 GWP 值是 $CO_2$ 的 23900 倍。

(3) $SF_6$ 在大气中的降解过程非常缓慢，具有约 3200 年的大气生命周期。

表 1-1　2001～2020 年电力新增装机容量及 $SF_6$ 年递增量

| 年份 | 新增装机年容量/万 kW | $SF_6$ 年需求量/t |
|---|---|---|
| 2001 | 1500 | 820 |
| 2002 | 2200 | 930 |
| 2003 | 3480 | 2300 |
| 2004 | 5100 | 2800 |
| 2005 | 6602 | 3500 |
| 2006 | 10500 | 4500 |
| 2007 | 11500 | 4500 |
| 2008 | 9051 | 4800 |
| 2009 | 8970 | 5200 |
| 2010 | 8500 | 5000 |
| 2011～2020 | 5500～6000 | 4500～5500 |

因此 $SF_6$ 对全球变暖的影响具有累积效应。考虑到工业生产的 $SF_6$ 80%用于充气电气设备，如果用于 GIS 中的 $SF_6$ 每年大约有 1%的泄漏量，那么再过 100 年，现在封装于电气设备中的 $SF_6$ 气体将全部泄漏到大气中去。

表 1-2 列出了温室气体的化学式与 GWP 值。$SF_6$ 之所以还没有被环保部门完全禁止使用，除了经济方面的原因还有：①目前大气中 $SF_6$ 对温室效应的影响还非常小(约 0.1%)；②$SF_6$ 气体对臭氧层没有明显的破坏作用。

表 1-2　温室气体的化学式与 GWP 值

| 名称 | 化学式 | GWP 值 |
|---|---|---|
| 二氧化碳 | $CO_2$ | 1.0 |
| 甲烷 | $CH_4$ | 21 |
| 氧化亚氮 | $N_2O$ | 310 |
| 氢氟碳化物 | HFCs | 140～11700 |
| 全氟化碳 | PFCs | 1500～9200 |
| 六氟化硫 | $SF_6$ | 23900 |
| 八氟环丁烷 | $c-C_4F_8$ | 8700 |
| G3系列(Novec$^{TM}$) |  | 32～700 |
| 氮气 | $N_2$ | 0 |

尽管 $SF_6$ 气体被《京都议定书》确认为温室气体之一，但它仍然是目前应用最广泛的气体电介质。从 20 世纪 80 年代至今，全世界的科学家一直在不懈努力，但还是没有发现能够完全取代 $SF_6$ 的气体。因此，寻找和发明绿色环保的 $SF_6$ 替代物，满足电力工业的发展需求，保护人类赖以生存的地球生态安全一直是相关领域学者面临的迫切课题。基于上述原因，各国科学家及国际上各大 GIS 生产厂商、电力部门正在合作研究开发可替代 $SF_6$ 的气体电介质。可惜目前要找出能完全替代 $SF_6$ 而且对环境没有危害的气体是非常困难的。近期的解决方案仍然停留在使用 $SF_6$ 的混合气体来替代纯 $SF_6$，目的是降低 $SF_6$ 使用量，减少排放量，尽可能地削减 $SF_6$ 对大气环境的危害。

## 1.2　$SF_6$ 与 PFC 混合气体

科学家利用 $SF_6$ 极强的电负性特点，将其与来源丰富、价格低廉、液化点低及化学性能稳定的缓冲气体混合，构成不同种类的 $SF_6$ 混合气体，实验研究与理论探索这些混合气体的绝缘性能和灭弧能力。迄今为止，科学家已经分别获得了 $SF_6$ 与 $N_2$、$CO_2$、$CCl_2F_2$、$CCl_4$、空气及 $CF_4$ 二元混合气体的电击穿特性，以及 $SF_6/N_2/CCl_2F_2$、$SF_6/CO_2/CCl_2F_2$、$SF_6/CO_2/CCl_4$ 及 $SF_6/N_2/CO_2$ 三元混合气体交直流以及脉冲电压下的击穿特性。但是这些混合气体还不能取代 $SF_6$ 在电力领域的位置，不论哪类混合气体的电气性能和经济技术指标都无法与纯 $SF_6$ 媲美。

在目前的研究过程，一些学者所选用替代 $SF_6$ 气体都属于全氟烃类(PFC)，其全球变暖潜能值(GWP)为 $SF_6$ 的 1/3～1/4，可以降低对大气温室效应的影响。但它们的 GWP 值还是很大的(6000～9200)，在大气中的半衰期还比较长(2600～10000 年)，最终能否作为 $SF_6$ 的替代气体还需要进一步更深入的研究。

八氟环丁烷($c-C_4F_8$)混合气体作为绝缘介质的应用已引起了国内外电力和环境保护专家的重视。但目前的研究仅从降低成本和液化温度角度出发，已经获得了在 $c-C_4F_8$ 中添加 $N_2$、$CO_2$ 以及 $CF_4$ 缓冲气体的耐电特性，而没有对混合气体的温室效应进行深入的研究。从绝缘强度考虑，$c-C_4F_8$ 和 $N_2$、$CO_2$、$CF_4$ 混合的 3 种混合气体稍稍优于现有的 $SF_6/N_2$ 混合和纯净 $SF_6$ 绝缘介质，并且 $c-C_4F_8$ 混合气体能够缓解甚至解决纯净 $c-C_4F_8$ 气体容易液化和碳分解的问题。

三氟碘甲烷($CF_3I$)作为灭火剂 Harlon 的替代物以及新一代长期绿色制冷剂的主要组元。正是由于其环境友好性，许多学者从 20 世纪末开始对 $CF_3I$ 的热学和化学性质展开深入的研究，而其在电力设备中作为绝缘介质的研究则是最近几年才在国际上引起关注的新课题。尽管 $CF_3I$ 中含有 F 和 I，二者都属于卤族元素，对大气环境和绝缘材料存在一定的危害，但是最新的研究表明，$CF_3I$ 对臭氧层和温室效应都不会产生影响。虽然纯 $CF_3I$ 已经表现出具备替代 $SF_6$ 的潜能，但还要对 $CF_3I$ 混合气体进行深入研究，一方面是由于目前市场上 $CF_3I$ 的价格昂贵，只有与普通气体混合之后，在保证绝缘性能的基础上降低成本；另一方面则是 $CF_3I$ 的液化温度太高，希望混合缓冲气体之后能降低液化温度，增加 $CF_3I$ 的适用范围。

综上所述，同时考虑环保安全、绝缘特性和液化温度，$c-C_4F_8$、$CF_3I$ 混合气体是目前可以选择的一种技术手段。

## 1.3　发 展 趋 势

寻找绿色环保的 $SF_6$ 替代绝缘气体的研究在国际上仍是最前沿的课题，而现有的研究数据表明，无论$SF_6$(二元和三元)混合气体，还是$c-C_4F_8$或$CF_3I$(二元和三元)混合气体或处在小范围内实验过程或仍处在实验探索阶段，即使将来有可能取代 $SF_6$，也依然存在对环境的潜在威胁，甚至有些危害目前还不清楚，因为这些混合气体中仍然含有温室气体的物质(化学)元素(表 1-2)。最近有报道称 G3 可能取代$SF_6$成为新一代的高电压绝缘介质，虽然其 GWP 值为 32～700，仍然未达到绿色环保的理想要求，而其相关的应用仍在研究探索中。

近几年，超临界状态流体放电现象的实验研究吸引了国内外学者的关注。在超临界状态下，$CO_2$、$N_2$和 He 表现出了良好的介电性能与击穿后绝缘恢复性能。

国外在 1979 年已经有了关于超临界态氦气耐电特性的研究论文，但是数量极其稀少。直到 2007 年，Kiyan 等采用微米级间隙均匀电场下实验研究了超临界$CO_2$(SC $CO_2$)放电特性，发现了 SC $CO_2$产生电晕放电的独特现象，并且连续发表了一系列关于 SC $CO_2$放电现象的学术论文。

超临界$N_2$(SC $N_2$)电气特性研究源于 2006 年，Tomai 等研究了超临界条件下的$N_2$和$CO_2$介质阻挡放电产生等离子体的条件，分别获得了 400K 和 4MPa 条件下的 SC $N_2$及 7.5MPa 和 305K SC $CO_2$放电产生等离子体的实验结果，以及放电过程中不同带电粒子动力学行为的光谱特性。

Zhang 等设计了超临界$N_2$绝缘开关模型，通过施加 30kV、1kHz 电压对超临界$N_2$开关模型进行了电击穿与绝缘恢复实验，当$pd>18$bar.mm 且$d>0.2$mm 时，开关模型在 1ms 内的绝缘恢复超过 80%。并通过一个数值模型模拟了充满超临界$N_2$的板电极模型的击穿和绝缘恢复过程，结果发现，超临界$N_2$中$T>2000$K 的高温区域的火花击穿后 1μs 即消失，且气隙绝缘强度在大约 5μs 内恢复到通常超临界态的数值。

魏红庆等通过理论分析研究，获得了超临界氮在 3.4～5MPa 和 127～307K 条件下击穿场强与压强和温度的依赖关系以及绝缘恢复特性，为发现绿色环保新型气体彻底取代$SF_6$提供了一种思路。

如上面所述，科学家及相关领域的工程师一直在极力研究开发 $SF_6$的替代电介质，但是 $SF_6$仍然是目前不可或缺的电工材料。因此深入探索 $SF_6$电气性能，及时总结归纳其研究成果和运行管理经验，对 $SF_6$生产制备、储备管理以及电气产品的设计制造、产品运行维护以及回收技术具有实用价值。尤其 $SF_6$及其混合气体放电过程的理论分析成果可以加深对其放电机理的认识，有助于更合理地开发和拓宽其应用领域，对充分利用 $SF_6$性能、优化设计制造电气产品具有指导意义。而极端条件下$SF_6$放电现象已经受到相关学者的关注，系统激励源的多样性、电极构型的复杂性、工况环境的苛刻性而导致了 $SF_6$放电现象表述和规律认知的难度，使得 $SF_6$介电特性参数表征、放电通道演化规律及其控制机制成为研究的热点。总之，对于$SF_6$气体的认识和应用的深入研究仍然是相关领域关注的课题。

# 第 2 章　$SF_6$ 击穿特性

气体放电过程中通常存在着 6 种基本粒子：光子、电子、基态原子(或分子)、激发态原子(或分子)、正离子和负离子。根据量子力学原理，它们可以处于大量能态中的任一能态，这些能态可按照能量的大小排列成能级图。原子的能级图是由原子内部所有的粒子共同决定的，但是令人感兴趣的只是原子最外层的电子即价电子的能量。因为气体放电过程，主要是由这些电子参与的。分子一般是由几个原子组成的，由于这些原子之间的相互影响，分子能级比原子能级复杂，气体分子的激发和电离也与气体原子的激发和电离不同。分子的内能除电子能量外，还有振动能和转动能，这些能级也都是分立的。气体放电中任何一个粒子会通过碰撞过程与其他各种粒子产生相互作用，粒子之间通过碰撞交换动量、动能、位能和电荷，使粒子发生电离、复合、光子发射和吸收等物理过程。粒子间相互作用的过程相当复杂，但可以用相应的碰撞特征参量来表征。

## 2.1　$SF_6$ 分子结构

一个分子的立体结构，在很大程度上决定着其物化性质。在 $SF_6$ 分子中，6 个氟原子(图 2-1)围绕着一个中心硫原子排布在呈八面体的顶角上，硫原子位于分子的中央，它与各氟原子之间的距离相等。F 的共价半径为 $0.72\times10^{-4}\mu m$，电负性系数为 4.0。S 的电负性系数是 2.5，原子半径为 $1.04\times10^{-4}\mu m$，F—S 的键合距离为 $1.58\times10^{-4}\mu m$，在氟原子的电子层不畸变的情况下，$SF_6$ 分子的半径等于 $3.07\times10^{-10}m$。

图 2-1　$SF_6$ 分子立体模型

$SF_6$ 分子的这种结构极为奇特，因为处于基态的硫在价键(M 层，表 2-1)有六个电子，只需获得两个电子，就呈现惰性气体结构。然而，共价键的 s 和 p 电子对，用极小的能量就能激励而形成另外的不成对的电子。中心原子是 S，S 本来有 6 个价电子，每个 F 提供一个价电子，这样 S 共有 6+6=12 个电子，即 6 对电子，根据杂化轨道理论，6 对电子为 $sp^3d^2$ 杂化，具体如图 2-2 所示，$SF_6$ 分子构型如图 2-3 所示。

被激发的硫原子与强电负的氟结合成 6 个共价键的 $SF_6$ 分子。根据物质结构理论，中心原子和成键原子的键合距离越小，且电负性越强，则这种键合越稳定。

由于 $SF_6$ 分子呈正八面体结构，且键合距离小，键合能量高，具有独特的物化性能。

**表 2-1　硫、氟电子层结构**

| 电子层 | | K | L | | M | | |
|---|---|---|---|---|---|---|---|
| 亚层符号 | | 1s | 2s | 2p | 3s | 3p | 3d |
| 原子 | 状态 | 电子层 | | | | | |
| $S_{(16)}$ | 基态 | 2 | 2 | 6 | 2 | 4 | — |
| S | 激励态 | 2 | 2 | 6 | 1 | 3 | 2 |
| $F_{(9)}$ | 基态 | 2 | 2 | 5 | — | — | — |

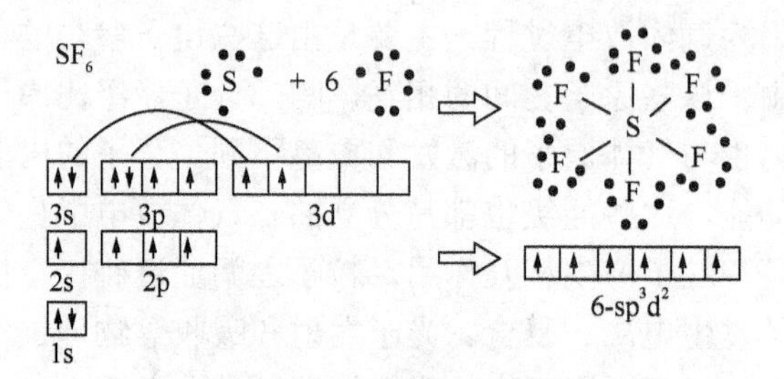


图 2-2　$SF_6$ $sp^3d^2$ 杂化

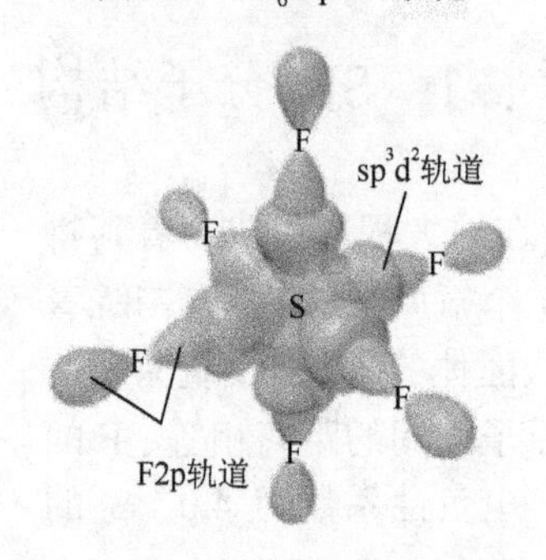


图 2-3　$SF_6$ 分子正八面体结构

## 2.2　带电粒子产生与消失

当气体分子(或原子)中的电子得到一定能量时，能够从低能级跃迁到高能级，如果获得的能量足够多，原子就可能被电离，当大部分原子被电离时，气体则变成电离气体，电离气体中含有电子、正离子和中性原子或分子。

气体放电过程，主要是原子最外层电子即价电子参与的，原子一般处于稳定的基态，而当价电子获得额外能量时，就能够跳跃到更高能级，处于激发态，电子在激发态能级上停留很短时间(约 $10^{-8}$s)，然后将跃迁回基态或另一个较低的激发态能级，并以光子的形式辐射出额外能量。当电子获得的能量超过电离能时，电子就能够摆脱原子而变成自由的电子，失去电子的原子则变成正离子。通常几个原子构成分子，这些原子间相互作用，使分子能级变得更加复杂，气体分子与气体原子的电离和激发不同，但分子能级与原子能级都可用能级图表示。那些外壳层电子几乎填满的分子或原子吸附电子形成负离子。

气体中初始电子在电场作用下快速运动，并可能与其他粒子发生碰撞，碰撞后所产生的结果，主要取决于碰撞过程中能量的传递，发生放电的气体间隙中，存在大量电荷，这些电荷的产生与消失决定了气体中的放电现象。气体放电过程中产生带电粒子的主要因素有碰撞电离、光致电离、热电离以及金属表面电离等，带电粒子消失的基本过程包括正电荷与负电荷结合成中性的原子或分子的复合过程，以及带电粒子由高密度区向低密度区的扩散过程，在电负性气体中还存在着气体分子对电子的附着过程。

1) 电离与复合

电子与分子碰撞过程中传递的能量大于分子电离能时，就可能因碰撞而使分子分裂为电子和正离子。在 $SF_6$ 气体中，除 $SF_6$ 分子电离外，还包括电解物的进一步电离，其中主要为$SF_5^+$。

复合为电离的相反过程。实验发现，电离气体的电离源消失后，复合过程是带电粒子减少的主要因素，使电离气体迅速趋向中性化。电荷间复合过程发生的概率与电荷的速度有关，速度快则不利于复合的发生。由于 $SF_6$ 中自由电子易于被附着，并且离子速度比电子小很多，所以异号离子间的复合要比正离子与电子之间的复合易发生。正、负电荷复合的速度，即电荷消失的速度取决于空间电荷密度。假设空间中有正、负电荷各一种，其密度分别为 $N^+$ 和 $N^-$，则其密度变化率为

$$\frac{\mathrm{d}N^+}{\mathrm{d}t} = \frac{\mathrm{d}N^-}{\mathrm{d}t} = -\beta N^+ N^-$$

式中，$\beta$ 为复合系数，单位为 $m^3/s$。

2) 光致电离

当光子辐射出能量达到气体分子电离能 $W_i$ 时，就可能导致分子被电离，这一过程称为光致电离。光子的能量 $W$ 取决于其频率 $\nu$，即

$$W = h\nu$$

式中，$h$ 为普朗克常量。

当气体分子受到光辐射作用，并且光子能量满足 $h\nu \geqslant W_i$ 时，就有引起光电离的可能。

电子与原子或分子碰撞时，会先使其处于一个中间的激励态，而当激励态粒子回到基态时，就可能发生光子的辐射。并且正、负电荷复合过程会以光子形式

释放能量，促使光致电离的发展。

3)电子附着

气体放电过程中产生的负离子可以是原子态的负离子，也可以是分子态的负离子，负离子的存在会明显地影响气体的击穿以及放电的光谱特性等参量。$SF_6$气体中，稳定的$SF_6$负离子产生过程称为“附着”；$SF_6$离子的离解(如$SF_5^-$)过程则称为“离解附着”。当电子能量较小时，附着就可能发生，这也是$SF_6$特点之一。

4)带电粒子扩散与漂移

带电粒子在气体放电等离子体中具有因空间电荷密度不均匀而在密度梯度作用下，靠无规则热运动发生扩散现象，扩散运动也将影响气体放电的性质。在电离通道中的电子速度比离子大很多(通常高出三个数量级)，因此电子的扩散位移也就比离子大很多，并且实验发现离子的扩散系数比在相同条件下同种中性粒子的小很多。

当气体中存在电场时，粒子热运动的同时又存在与电场方向一致或相反的定向运动，这种定向运动称为电荷的漂移运动。气体放电间隙内存在着正负电荷和中性粒子，发生大量碰撞时，电荷的平均漂移速度与电场强度直接相关，也与气体密度有关，因此可用单位强度电场作用下的粒子漂移速度来表征它的运动状态，即迁移率$\mu$，其单位为$m^2/(V\cdot s)$，$\mu=\upsilon_d/E$。表2-2为$SF_6$气体放电过程中空间电荷产生与消失的主要过程。

**表2-2　$SF_6$放电电荷产生与消失主要过程**

| 过程 | 方程式 | 能量$W$/eV |
|---|---|---|
| 附着/逸出 | $e+SF_6 \Leftrightarrow (SF_6^-)^* \dashrightarrow SF_6^-$ （逆向 $+W$） | 0.05～0.1 |
| 离解附着 | $e+SF_6 \rightarrow (SF_6^-)^*+2e \begin{bmatrix} \rightarrow SF_5^-+F \\ \rightarrow SF_5+F^- \end{bmatrix}$ | 0.1<br>4.0 |
| 碰撞电离 | $e+SF_6 \rightarrow (SF_6^+)^*+2e \begin{bmatrix} \rightarrow SF_5^++F+2e \\ \rightarrow SF_4^++2F+2e \\ \rightarrow SF_4^++3F+2e \\ \rightarrow S+F^++5F+2e \end{bmatrix}$ | 15.8<br>18.8<br>19.3<br>41.0 |
| | $e+SF_6 \rightarrow (SF_6)^*+e \rightarrow SF_5^++F+2e$ | 15.8 |

## 2.3　均匀电场下$SF_6$击穿

在一均匀电场中，当一初始电子(如由阴极发射的)向阳极方加速运动时，在单位行程内可电离$\alpha$个气体分子。在所产生的$\alpha$个电子中，单位行程内有$\eta$个电子被吸附。在所研究的电场中，由于电场是恒定值，故$\alpha$和$\eta$与位置无关。如电子崩过程的距离为$x$，则存在$n_{ex}^-$个电子，在行进$dx$距离后生成$n_{ex}^-\alpha dx$个新电子，

同时又有 $n_{ex}^{-}\eta\mathrm{d}x$ 个电子被俘获。据此，对于以后的电子碰撞过程，产生的新电子数为

$$\mathrm{d}n_{ex}^{-} = n_{ex}^{-}(\alpha - \eta)\mathrm{d}x = n_{ex}^{-}\bar{\alpha}\mathrm{d}x \tag{2-1}$$

由式(2-1)，可算出电子崩中 $x$ 处存在的电子数：

$$n_{ex}^{-} = \exp(\bar{\alpha}x) \tag{2-2}$$

由此可知，电子崩的增长与走过的路径呈指数关系。沿 $\mathrm{d}x$ 形成的负离子数为

$$\mathrm{d}n_{i}^{-} = n_{ex}^{-}\eta\mathrm{d}x \tag{2-3}$$

故由式(2-2)可求得电子崩中总负离子数：

$$n_{ix}^{-} = \frac{\eta}{\bar{\alpha}}[\exp(\bar{\alpha}x) - 1] \tag{2-4}$$

总的负带电粒子数为

$$n_{x}^{-} = n_{ex}^{-} + n_{ix}^{-} = \frac{1}{\bar{\alpha}}[\alpha\exp(\bar{\alpha}x) - \eta] \tag{2-5}$$

在 $\mathrm{d}x$ 内形成的正离子数等于电离过程次数，即

$$\mathrm{d}n_{ix}^{+} = n_{ex}^{-}\alpha\mathrm{d}x \tag{2-6}$$

于是，由式(2-2)求得总正离子数为

$$n_{ix}^{+} = \frac{\alpha}{\bar{\alpha}}[\exp(\bar{\alpha}x) - 1] \tag{2-7}$$

$$n_{ix}^{+} = n_{ex}^{-} + n_{ix}^{-} - 1 = n_{x}^{-} - 1 \tag{2-8}$$

正离子数约比电子数大 $\frac{\alpha}{\bar{\alpha}}$ 倍，负离子数约比电子数大 $\frac{\eta}{\bar{\alpha}}$ 倍。说明在 $SF_6$ 气体中，电子崩中的自由电子数比离子少。这是因为电子和离子迁移率差别很大，故崩头主要聚集着电子，崩的中间聚集着两种极性的离子，而在崩尾部聚集着正电荷占有的正离子，如图 2-4 所示。由于电荷电离，电子崩形成固有电场，与外电极电场相叠加如图 2-5 所示。

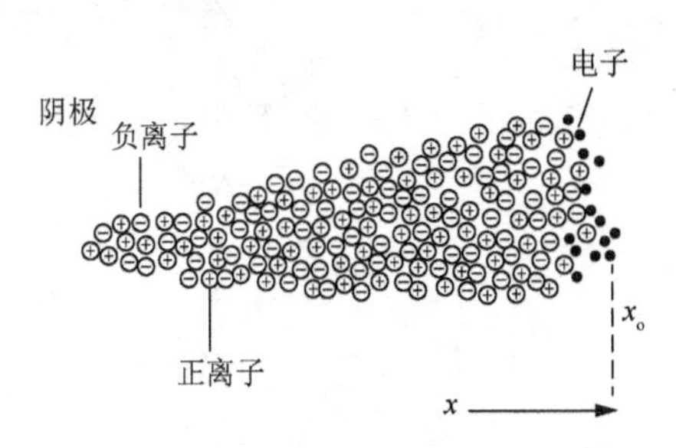


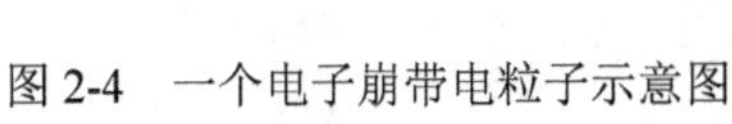
图 2-4　一个电子崩带电粒子示意图

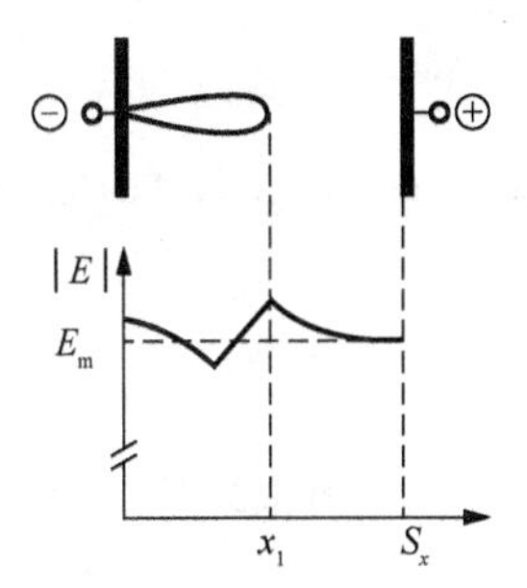


图 2-5　电子崩中场强分布图

以上阐述忽略了电子崩发展时出现的电子逸出、光电离、复合和扩散，不影响 Townsend 电子崩模型的适用性。

## 2.4 自持放电与流注

电子崩的性质，在很大程度上取决于崩中所含的自由电子数。要使这些自由电子达到阳极，只有通过二次机理新释放出一个或多个初始电子，放电过程才能继续下去。在 $SF_6$ 中，起决定性作用的二次机理是大量负离子中的电子逸出，阴极上的光电发射和气体中的光电离。此外，还有正电子的碰撞电离、二次电子发射和第二类碰撞。所有这些二次过程都取决于电子崩发展中完成的电离次数，其总数等于正离子数。

当 $n_{ix}^{+}$ 再次电离时［式(2-7)］，在整个电极间隙中（$x=0,\cdots,s$），新电子崩形成的初始电子数为

$$n_{02}=\gamma n_{i}^{+}=\gamma\frac{\alpha}{\overline{\alpha}}\left[\exp(\overline{\alpha}s-1)\right] \tag{2-9}$$

式中，系数 $\gamma$ 表示由所有可能的机理产生的继发电子增益(第二汤逊电离系数)。它由电极和气体二者共同确定。二次电子崩在阳极具有的电子数为

$$n_{e2}^{-}=n_{02}\exp\left(\overline{\alpha}s\right)=\gamma\frac{\alpha}{\overline{\alpha}}\left[\exp\left(\overline{\alpha}s\right)-1\right]\times\exp\left(\overline{\alpha}s\right) \tag{2-10}$$

这些电子是在如下电离次数中产生的[参见式(2-7)]，且部分又被俘获：

$$n_{i2}^{+}=n_{02}\frac{\alpha}{\overline{\alpha}}\left[\exp\left(\overline{\alpha}s\right)-1\right]=\gamma\left\{\frac{\alpha}{\overline{\alpha}}\left[\exp\left(\overline{\alpha}s\right)-1\right]\right\}^{2} \tag{2-11}$$

对于三次电子崩，初始电子数为

$$n_{03}=\left\{\gamma\frac{\alpha}{\overline{\alpha}}\left[\exp(\overline{\alpha}s)-1\right]\right\}^{2} \tag{2-12}$$

这些初始电子在到达阳极过程中产生的电子数为

$$n_{e3}^{-}=\left\{\gamma\frac{\alpha}{\overline{\alpha}}\left[\exp(\overline{\alpha}s)-1\right]\right\}^{2}\exp(\overline{\alpha}s) \tag{2-13}$$

以此类推，可相继产生多次电子崩。抵达阳极的总电子数(假定 $n_{01}=1$)为

$$\begin{aligned}n_{e}^{-}&=\sum_{i=1}^{m}n_{ei}^{-}\\&=\exp(\overline{\alpha}s)\left(1+\gamma\frac{\alpha}{\overline{\alpha}}\left[\exp(\overline{\alpha}s)-1\right]+\gamma\left\{\frac{\alpha}{\overline{\alpha}}\left[\exp(\overline{\alpha}s)-1\right]\right\}^{2}+\cdots\right)\end{aligned} \tag{2-14}$$

令
$$M=\gamma\frac{\alpha}{\overline{\alpha}}\left[\exp(\overline{\alpha}s)-1\right]$$

则对于 $M<1$ 而言，级数[式(2-15)]收敛于：

$$n_e^- = \frac{\exp(\bar{\alpha}s)}{1-\gamma\frac{\alpha}{\bar{\alpha}}[\exp(\bar{\alpha}s)-1]} \tag{2-15}$$

按照式(2-5)，抵达阳极的总带负电粒子数为

$$n^- = \frac{\frac{\alpha}{\bar{\alpha}}\exp(\bar{\alpha}s)-\frac{\eta}{\bar{\alpha}}}{1-\gamma\frac{\alpha}{\bar{\alpha}}[\exp(\bar{\alpha}s)-1]} \tag{2-16}$$

放电过程的总特性仅与$M$有关：当$M>1$时，放电为非自持性，相继各次崩的电子数减少；当$M=1$时，放电为自持性；当$M<1$时，每次后继崩均大于其前者。因此，按照电子崩的发生机理，当场强$E_d = E_{di}$时，均匀场中的击穿条件为$M$=1，在非均匀场中，其表达式为

$$n^- = \frac{1+\int_0^s \alpha \exp\left(\int_0^x \bar{\alpha}\mathrm{d}x\right)\mathrm{d}x}{1-M} \tag{2-17}$$

式中，$M = \gamma\int_0^s \alpha \exp\left(\int_0^x \bar{\alpha}\mathrm{d}x\right)\mathrm{d}x$。

在研究流注发生机理时，仅从电极电场$E_m$出发，尚未考虑电子崩本身形成的空间电荷电场$E_r$(图 2-2)。当崩中带有大量电子($n_k \approx 10^8$)时，就不容许忽略这一现象。按照 Raether 和 Meek 的看法，当空间电荷电场和光电离的相互作用对崩的继续发展起决定性作用时，则雪崩转为“流注”。由于光电离的参与，流注可伸展极快。流注的几何尺寸取决于离子的扩散，此时流注头部的半径(0.01～0.1mm 数量级)随着走过的距离而增大，流注头部(通常看作扩散球体)决定着放电过程。

流注产生的条件，是在崩中仅有一个初始电子时得出的，按照 Raether 理论分析，期望值为

$$n_{ex}^- = \exp\left(\int_0^{x_k} \bar{\alpha}\mathrm{d}x\right) = n_k \approx 10^8$$

或

$$\int_0^{x_k} \bar{\alpha}\mathrm{d}x \approx 10^8 \tag{2-18}$$

式中，$x_k$是临界距离，即一个崩达到临界电子数$n_k$必须走过的路程。电子崩头部的半径$r_k$可根据电子的扩散系数$D$、电子崩的平均伸展速度$v_l$和临界距离$x_k$估算出：

$$r_k = \sqrt{4D\frac{x_k}{v_l}} \tag{2-19}$$

如将一崩看作半径为$r_k$的空间电荷球，则可得流注条件：

$$E_r = kE_{\mathrm{av}}，取 k \approx 1 \tag{2-20}$$

引用此条件可直接推断流注的产生。

依据流注产生的条件，当电子崩发展到一定程度时，其空间电荷场强的作用加剧了间隙中的电子崩及次崩出现，次崩又汇集于主崩，使得电子崩向电极延伸，直至间隙击穿。

在建立初级电子崩时期，同时发生激发及电离。激发的寿命是很短的，约为 $10^{-13}$ s。当电子崩达到足够尺寸时，光子向各方向发射，见图 2-6(a)。这些光子将在气体中被吸收，有的引起光电离，当电子崩达到临界尺寸时，空间电荷的电场可以同原电场相比拟，因为 $\alpha$ 随场强迅速增加，气体中产生二次电子崩的量也迅速增加，见图 2-6(b)、(c)。因为空间电荷畸变了原来的电场，新形成的光电子不一定在原来的路径上。并且许多电子差不多同时产生，这是观察到分枝的原因。当然，原来的电场仍是主干的方向，见图 2-6(d)。在阳极积累的正离子向阴极发展，形成向阴极发展的电离通道。两个辅助电子崩头部的电子被正空间电荷所吸引，见图 2-6(e)中流注头部伸出两个分枝，它们是电子崩汇入而形成的。在通道中的电子流向阳极。图 2-6(f)、(g)只有一个流注继续发展，其他的几个，因为没有电子崩汇入而终止前进。图 2-6(g)中还表示了一些不完全分枝。气体中的光电离在流注理论中起着很重要的作用。围绕着前进的流注，连续发射光子，传播发展很快。在均匀场中当两极中存在一个连续流注时，通道中的电离强度会突然增加而发生击穿。

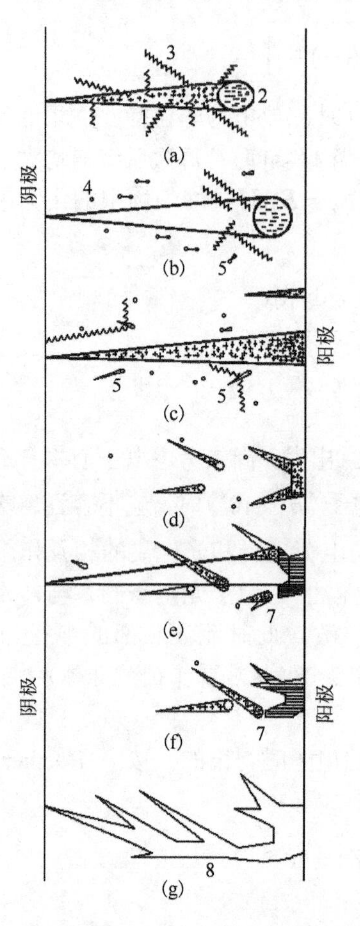


图 2-6　电子崩发展成流注示意图

均匀电场中气体的击穿通常符合巴申定律，即温度不变时气体的击穿电压是气体压力和电极间距离的乘积 *pd* 的函数，但对 $SF_6$ 气体，巴申定律仅在一定的 *pd* 范围内适用，如图 2-7 和图 2-8 所示。对于不同气体的间隙，当压力不大时，相同的 *pd* 具有同样的击穿电压，但随着压力增高这关系就不再存在，应用时必须引起重视。

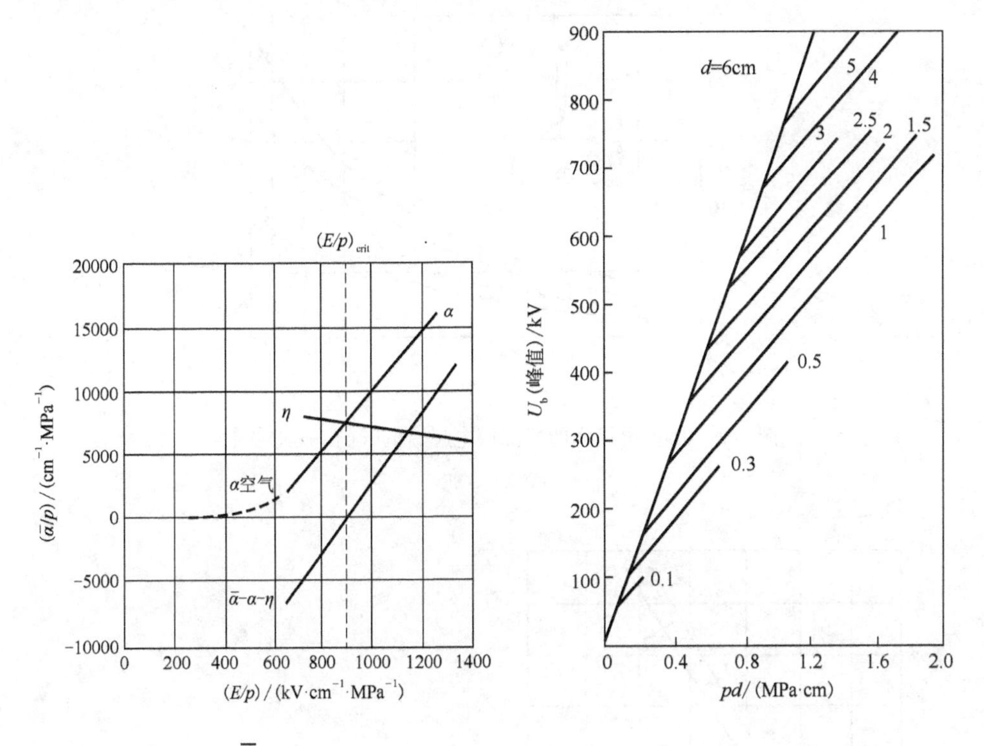


图 2-7 $SF_6$ 的 $\frac{\bar{\alpha}}{p}$ 和 $\frac{E}{p}$ 的关系曲线

图 2-8 $SF_6$ 气体击穿电压偏离巴申定律的情况

## 2.5 极不均匀电场下 $SF_6$ 击穿

电场不均匀程度对 $SF_6$ 气体击穿电压的影响远比空气大。均匀电场下 $SF_6$ 气体的击穿电压大约是空气的三倍，而在极不均匀电场下这一比值将大为缩小。在尖-板或棒-板的极不均匀电场中，首先在尖(棒)电极处出现局部放电，此时的电压称为局部放电起始电压，随后再发展成整个间隙的击穿。图 2-9 和图 2-10 给出了尖-板电极间 $SF_6$ 气体与空气局部放电起始电压 $U_e$ 随电极曲率半径 $r$ 和压力 $p$ 的变化曲线。当棒电极曲率半径或压力较小时，$SF_6$ 气体中的局部放电起始电压约为空气中的两倍，只有当曲率半径加大或气体压力提高后，两者的比值才能增加到三倍左右。图 2-11 给出了 1.5/40μs 雷电冲击电压下 $SF_6$ 和空气中棒-板间隙 50%击穿电压与间隙距离的关系，由图 2-11 可知只有在间隙较小时 $SF_6$ 气体中的 50%击穿电压才比空气中高，随着气隙的增大，电场不均匀程度更加严重，$SF_6$ 气体中 50%击穿电压与空气中的差距逐渐缩小，甚至出现低于空气中 50%击穿电压的情况。$SF_6$ 气体优良绝缘性能的特点不再存在，出现这些现象的主要原因如下所示。

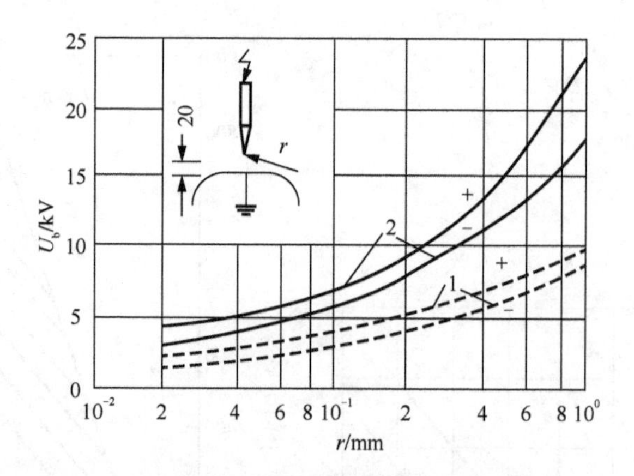


图 2-9　尖-板电极间的局部放电起始电压（$p = 0.1\text{MPa}$）

1-空气；2- $SF_6$

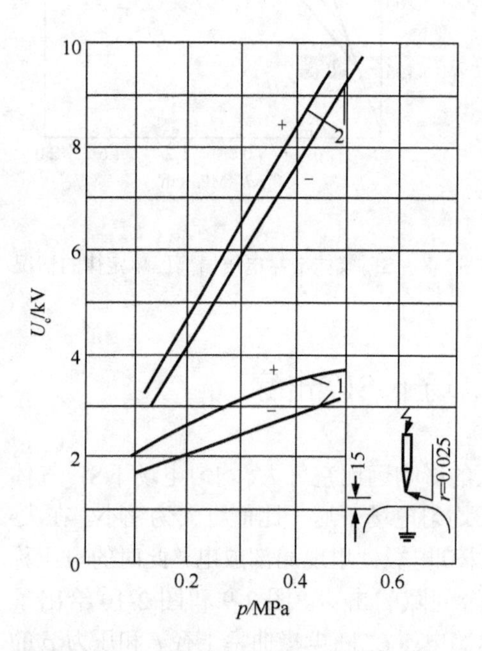


图 2-10　尖-板电极间的局部放电起始电压

1-空气；2- $SF_6$

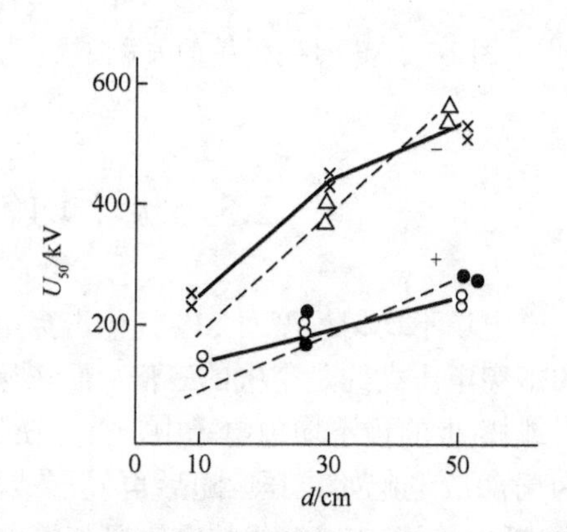


图 2-11　1.5/40μs 雷电冲击电压下 $SF_6$ 和空气中棒-板间隙 50%击穿电压与间隙距离的关系

上电极为 1.25cm×1.25cm 方截面棒电极，下电极直径为 76cm 的铝板，电极放在内径 2m 的钢筒内进行试验

$p$=0.1MPa；---空气；— $SF_6$

(1) 从图 2-7 中可以看到在 $\dfrac{\overline{\alpha}}{p} = 0$ 附近，$SF_6$ 气体的 $\dfrac{\overline{\alpha}}{p} = f\left(\dfrac{E}{p}\right)$ 曲线的斜率大约

是空气$\frac{\alpha}{p}=f\left(\frac{E}{p}\right)$斜率的几十倍，即在$SF_6$气体中随着电场强度的增大，碰撞电离电子数的增长速度远比空气中快。因此在像尖一板那样极不均匀电场的条件下，$SF_6$气体和空气中的局部放电起始电压的比值比均匀电场中两者击穿电压的比值要小。

(2)极不均匀电场下,当空气中棒电极出现局部放电，产生电晕后，放电产生的空间电荷会因热运动向棒电极周围扩散，形成较均匀的电晕层，等同于扩大了棒电极的曲率半径，改善了棒电极附近的电场分布，这种作用称为自屏蔽效应，使得放电过程不易向外发展。因此，极不均匀电场下空气间隙的击穿电压比局部放电起始电压高得多。$SF_6$气体中的情况不同，$SF_6$气体分子直径大、分子量大，由电离产生的离子的迁移率低，驱引速度小，使得棒电极周围的空间电荷比较密集，不容易向外扩散形成能改善棒电极附近电场分布所需的均匀空间电荷层，即$SF_6$气体中棒电极处由于局部放电产生的自屏蔽效应比空气中差得多，因此$SF_6$气体中间隙的击穿电压与局部放电起始电压的差值远比空气中小。由于上述原因，极不均匀电场中$SF_6$气体间隙的击穿电压不会比空气间隙高很多。

由于极不均匀电场中$SF_6$气体优良的绝缘性能不能得到充分的利用，在绝缘结构设计中应采取各种措施使之避免。$SF_6$电器设备中，要使电场设计得完全均匀几乎是不可能的，因而，大多采用稍不均匀电场的结构，用得较多的是同轴圆柱与同心圆球。

有一点需要指出，极不均匀电场中$SF_6$气体间隙的局部放电起始电压与击穿电压具有极性效应。负极性的局部放电起始电压低于正极性，而负极性的击穿电压高于正极性。只有当气体压力提高后，负极性的击穿电压才低于正极性，这可能与高气压下电极附近不易形成均匀的空间电荷层有关系。一般$SF_6$电器设备中的气体压力较高，绝缘尺寸大多由负极性冲击电压决定。

## 2.6　稍不均匀电场$SF_6$击穿

$SF_6$电器设备中大多采用稍不均匀电场，如同轴圆柱。稍不均匀电场中的击穿过程大致与均匀电场相同。只要$SF_6$气体中的电离能不断发展并能达到足够的数量，整个间隙都能满足$\bar{\alpha}=\alpha-\eta\geqslant 0$，间隙被击穿。

图2-12～图2-14给出了某一稍不均匀电场结构在不同$SF_6$气体压力下，工频、操作冲击和雷电冲击击穿电压与间隙距离的关系。有两点需要指出。

(1)随着间隙距离的增加以及电场不均匀程度的增大，击穿电压的增加越来越慢，电压增加出现饱和现象。因此$SF_6$电器设备中不能单纯依靠加大间隙距离来提高击穿电压，重要的是在加大间隙距离的同时必须改善电场分布。提高$SF_6$气体的压力也是提高击穿电压的有效措施，但会受到气体液化和外壳强度的制约。

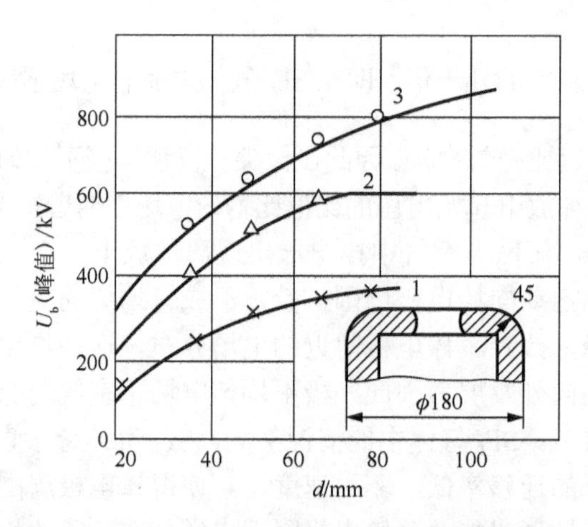


图 2-12　不同气压下 $SF_6$ 工频击穿与间隙距离的关系

$p$ :1-0.1MPa；2-0.2MPa；3-0.3MPa

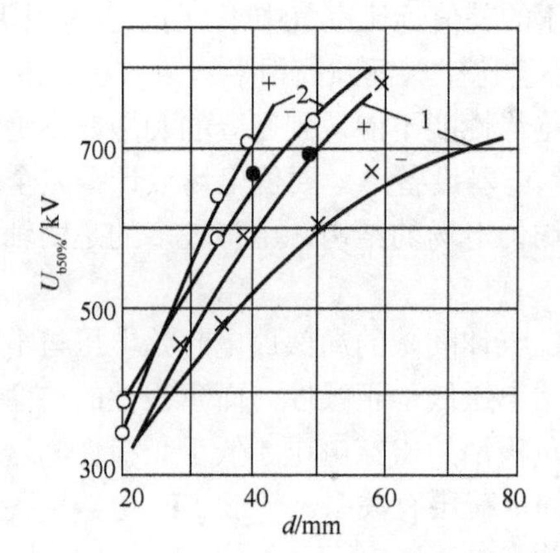


图 2-13　不同气压下，$SF_6$ 操作冲击（410/2800μs）50%击穿电压与间隙距离的关系

（试验条件同图 2-11）$p$:1-0.3MPa；2-0.4MPa

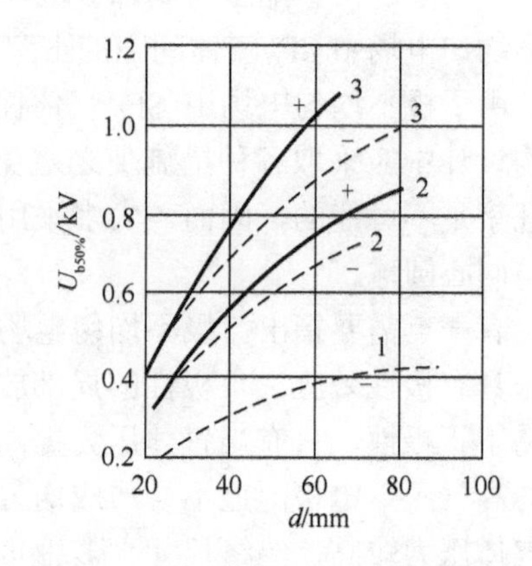


图 2-14　不同气压下，$SF_6$ 雷电冲击（1.5/40μs）50%击穿电压与间隙距离的关系

（试验条件同图 2-11）$p$ :1-0.1MPa；2-0.2MPa；3-0.3MPa

(2)稍不均匀电场中同样存在极性效应。由于稍不均匀电场中不能形成稳定的局部放电(电晕放电)，一旦出现电晕，间隙即被击穿。局部放电起始电压与击穿电压之间的差别极小，因此负极性的击穿电压低于正极性。

## 2.7　脉冲电压下 $SF_6$ 的击穿特性

分析 $SF_6$ 电器设备中用得最多的稍不均匀电场结构下的脉冲电压击穿特性具有实用价值。

图 2-15 给出了同轴圆柱电极 $SF_6$ 气体间隙的伏秒特性曲线。负极性的击穿电

压低于正极性。随着气体压力的升高，击穿电压的分散性随之加大，但负极性击穿电压的分散性仍比正极性小。当放电时间 $t_d$ 减小到2～4μs 时，伏秒特性曲线开始上翘。

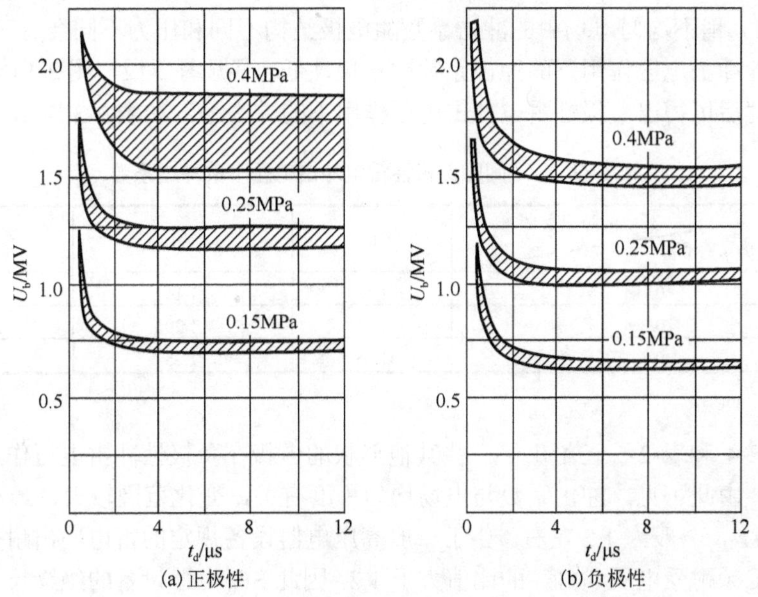


图 2-15　1.2/50μs 冲击电压下，同轴圆柱电极(直径 11/30cm)间隙 $SF_6$ 的伏秒特性

图2-16中给出了同轴圆柱电极间隙,雷电和操作冲击电压作用下的伏秒特性。操作冲击电压作用下 $SF_6$ 气体间隙的击穿电压低于雷电冲击电压，大致与工频击穿电压的峰值相近。

$SF_6$ 气体间隙中的伏秒特性比较平坦，主要是由采用稍不均匀的电场结构所造成的，而一般电器设备中的空气间隙距离很大，大多为极不均匀电场，其伏秒特性必然比稍不均匀电场的 $SF_6$ 气体间隙要陡，如图 2-17 所示。在考虑 $SF_6$ 气体间隙与空气间隙的绝缘配合时应充分注意。

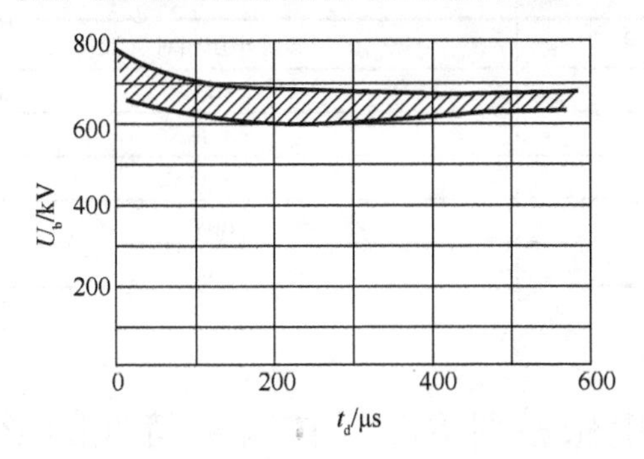


图 2-16　同轴圆柱电极(直径 11/30cm)间隙 $SF_6$ 的伏秒特性

气压 0.15MPa，1.2/50μs，250/2000μs，500/2000μs 的负极性冲击电压

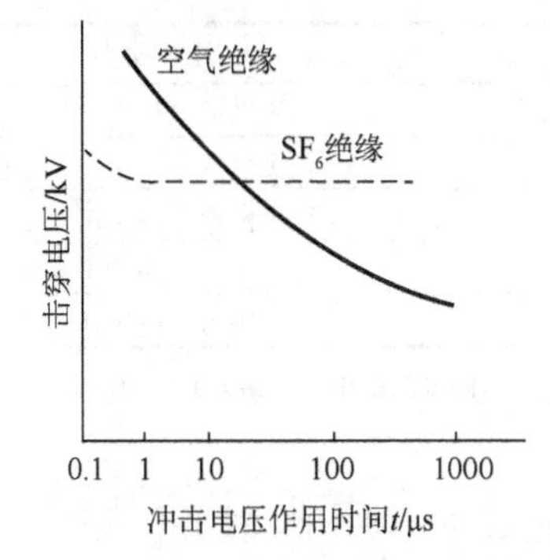


图 2-17　$SF_6$ 与空气间隙的配合

用伏秒特性来说明某一间隙的冲击击穿特性比较完整但不方便，工程上常用冲击系数来描述。50%冲击击穿电压和持续作用下击穿电压(工频交流电压取峰值)的比值，称为冲击系数。雷电冲击电压作用下，均匀电场中 $SF_6$ 气体间隙的冲击系数为 1，稍不均匀电场中的冲击系数随电极结构不同和压力不同会有一些差别，且负极性冲击电压作用下的冲击系数比正极性低。根据图 2-12～图 2-14 给出的数据，整理后可得出负极性雷电冲击电压作用下的冲击系数如表 2-3 所示。

表 2-3　$SF_6$ 间隙负极性雷电冲击电压下的冲击系数

| 气体压力 $p$ / MPa ＼ 间隙距离 $d$ / mm | 40 | 60 | 80 |
|---|---|---|---|
| 0.1 | 1.18 | 1.16 | 1.17 |
| 0.2 | 1.21 | 1.20 | 1.21* |
| 0.3 | 1.25 | 1.25 | 1.25 |

*$d = 71$mm 。

表 2-4 和表 2-5 还给出了一些其他形状的电极在负极性冲击电压作用下的冲击系数。由此可见，冲击系数与电场均匀程度有关，变化范围较大，最小为 1.0，最大为 1.4，一般为 1.2 左右。由于一般高压电器设备规定的雷电冲击耐受电压与一分钟工频耐受电压(峰值)的比值大于 1.2，因此 $SF_6$ 电器设备的绝缘尺寸很可能由负极性雷电冲击耐受电压决定。

表 2-4　冲击系数表

| 电极形状 | 间隙距离/mm | 压力范围/MPa | 冲击系数 |
|---|---|---|---|
| $\phi180-\phi180$ 圆柱形铝电极 | 20～80 | 0.1～0.6 | 1.2～1.38 |
| $\phi250-\phi250$ 黄铜球电极 | 20～40 | 0.1～0.4 | 1.0～1.2 |
| 同轴圆柱电极<br>(内电极为铜，外电极为钢) | 内外半径比<br>$R/r = 1.67$～4.06 | 0.1～0.5 | 1.2～1.27 |

表 2-5　$SF_6$ 不同电压下的击穿电压比较

| 电压类型 | 击穿电压相对值 |
|---|---|
| 正极性雷电冲击击穿电压 | 1.6 |
| 负极性雷电冲击击穿电压 | 1.4 |
| 正极性操作冲击击穿电压 | 1.3 |
| 负极性操作冲击击穿电压 | 1.05 |
| 工频击穿电压(峰值) | 1.0 |

同轴圆柱电极，$p = 0.25$～0.3MPa 。

## 2.8　电极表面状态、导电微粒对 $SF_6$ 气体击穿特性的影响

在均匀和稍不均匀电场中，大气压力下，空气间隙的击穿电压与电极的表面

状态和材料的关系不大。高气压下的情况就不同了，由于电极间的电场强度较高，电极表面的粗糙不平、毛刺或异物可能使这些局部点上的电场强度更加增大（$10^3$kV / cm）足以产生显著的强场发射，进而发展碰撞电离，最终导致间隙击穿。$SF_6$气体的绝缘性能优于空气，又多在高气压下工作，电极间的电场强度更高，电极表面状态对 $SF_6$ 气体击穿的影响不容忽视。

1）表面粗糙度的影响

一般来说，电极表面越粗糙，击穿电压越低。

电极表面的粗糙度，常以表面最大的凹凸差 $R_{tm}$ 表示，称为最大粗糙度，如图 2-18 所示，有时也用平均粗糙度 $R_t$：

$$R_t = \frac{1}{l} \cdot \int_0^l \left| R_{ti} \right| \cdot \mathrm{d}x \tag{2-21}$$

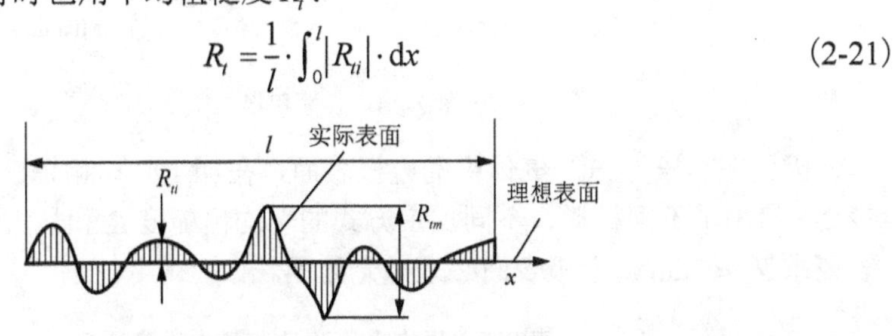


图 2-18　最大粗糙度 $R_{tm}$ 与平均粗糙度 $R_t$

粗糙度引起击穿电压的降低常用电极表面粗糙系数 $K_f$ 表示。不同压力下 $K_f$ 随平均粗糙度 $R_t$ 的变化曲线如图 2-19 所示，$R_t$ 越大击穿电压越低。

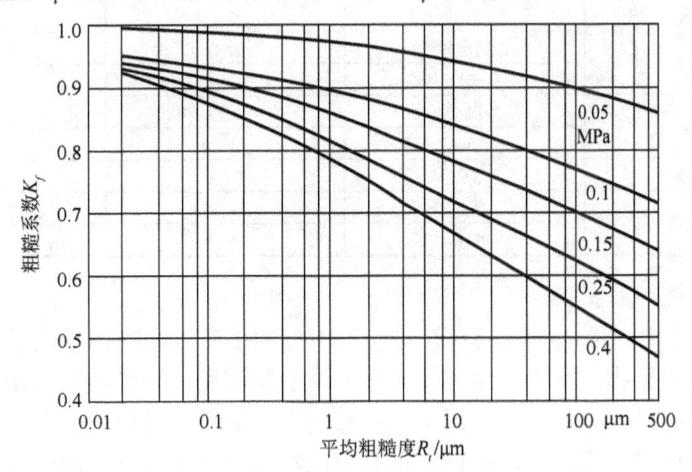


图 2-19　电极表面粗糙系数

而且随着 $SF_6$ 气体压力的升高，$K_f$ 受平均粗糙度 $R_t$ 的影响更加严重。图 2-20 给出了粗糙系数 $K_f$ 随绝缘气体压力和最大粗糙度滑度的乘积 $p_{20} \cdot R_{tm}$ 的变化曲线，$p_{20}$ 是 20℃下的气体压强（MPa）。而当 $p_{20} \cdot R_{tm} > 4\text{MPa} \cdot \mu\text{m}$ 时，突出物的存在开始影响击穿电压，即 $p_{20} = 0.6\text{MPa}$ 时，$R_{tm} = 6.6\mu\text{m}$。

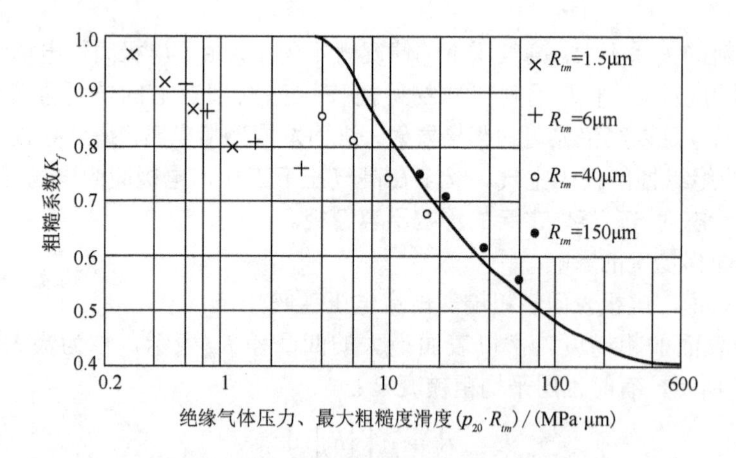


图 2-20　表面粗糙系数 $K_f$

因此在高压力 $SF_6$ 气体中的电极表面，在加工时对粗糙度应有明确的要求。表 2-6 给出了不同材料、不同加工方式的平均粗糙度 $R_t$ 和最大粗糙度 $R_m$ 的数据。若要求 $R_m < 7\mu m$，电极表面必须抛光处理。

**表 2-6　平均粗糙度 $R_t$ 和最大粗糙度 $R_m$**

| 材料 | 加工方式 | $R_t$ / μm | $R_m$ / μm |
|---|---|---|---|
| 铝电极 | 抛光 | 0.085 | 3 |
|  | 拉拔 | 0.55 | 6 |
|  | 喷砂 | 5.0 | 40 |
|  | 有切削槽纹 | 36.0 | 150 |
|  | 留有击穿痕迹 | 0.085～1.0 | 3～8 |
| 钢电极 | 抛光 | 0.23 | 3 |
|  | 喷砂 | 1.1 | 8 |
| 铜电极 | 抛光 | 0.23 | 4 |
| 青铜电极 | 抛光 | 0.13 | 2 |
|  | 喷砂 | 1.5 | 9 |

2) 导电微粒的影响

$SF_6$ 气体中，导电微粒的存在也会对击穿电压产生影响，导电微粒附在电极表面上形成突出物，相当于增大了电极表面的粗糙度，导致击穿电压降低。导电微粒还会在电极间电场力的作用下发生移动，数量较多时还可能在电极间进行排列，其结果也将使击穿电压降低。但是，在冲击电压作用下，由于电压作用时间短，导电微粒还来不及运动，因此对冲击击穿电压的影响很小，图 2-21 的实验结果证明了这一点。

图 2-22 给出了球状金属微粒对 $SF_6$ 气体击穿电压的影响。电极为同轴圆柱，内径 150mm，外径 250mm。随着微粒直径的增大，击穿电压明显降低，而且随着 $SF_6$ 气体压力的增加，击穿电压的降低更加明显。

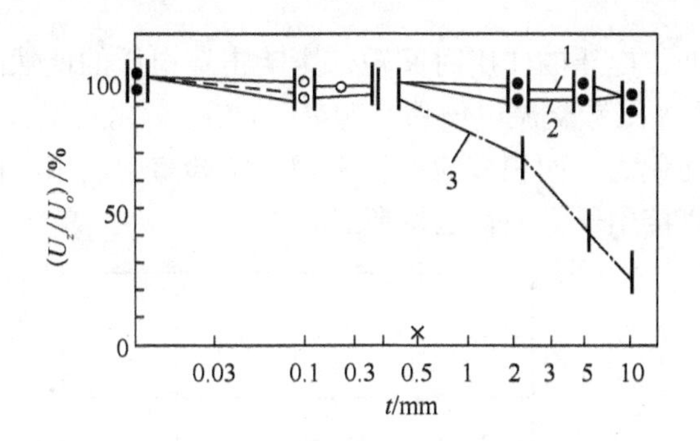


图 2-21　导电粒子长度对击穿电压的影响

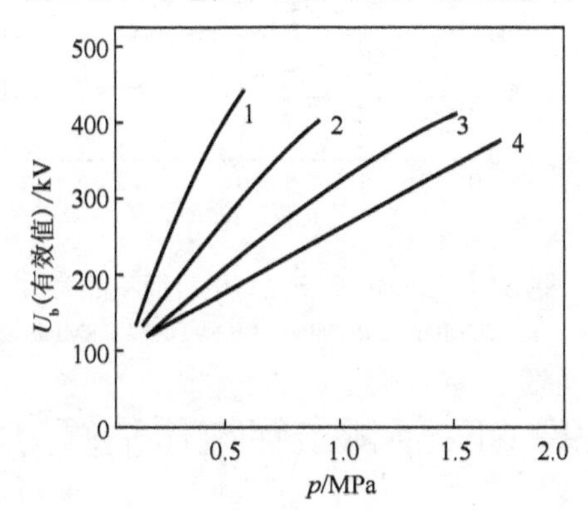


图 2-22　自由铝球形微粒对 $SF_6$ 击穿电压的影响

微粒直径：1-无微粒；2-1.6mm；3-3.2mm；4-6.4mm

由此可见，导电微粒对击穿电压的影响是相当严重的，因此在装配和维修电器设备时要特别注意清洁，要尽量避免导电微粒特别是较大尺寸的微粒遗留在电器设备内部。在实际结构中可以采用一些专门的设施来捕捉和搜集导电微粒使之聚集在特定的位置，减少微粒对击穿电压的影响。对于一般的 $SF_6$ 电器设备，如封闭式组合电器等可以采取净化的方法来清除内部的导电微粒，即在 $SF_6$ 电器设备装配完成后或在设备投运前，进行交流工频耐压试验(电压值可取标准规定的一分钟工频交流耐受电压的 80%～90%)。若电器设备内部有导电微粒，在升压过程中就会发生多次放电(要注意放电时的能量不宜太大，以免击穿时烧损电极)，使导电微粒和电极表面的微小突起物得以清除。随着微粒的清除，击穿电压的数值将逐次提高，最终能够通过交流耐压试验。一般来说，压力高、面积大的 $SF_6$ 电器设备净化过程中所需的击穿次数越多，效果也越显著。

3) 面积效应

$SF_6$ 电器设备中电极表面越大，如上面所述的那些偶然因素(表面粗糙度、导电微粒等)出现的概率越大，对击穿电压的影响也越大。电极表面越光滑，气压越高，面积效应的影响也越大，如图 2-23 所示。面积效应一般在工频交流电压下的影响较为明显。冲击电压的作用时间短，影响击穿电压的偶然因素出现的概率减小，面积效应就不如工频交流电压那么明显了。$SF_6$封闭式组合电器和$SF_6$气体绝缘电缆中的电极面积大，面积效应就得考虑。实验室中利用小面积电极得到的击穿电压数据不能直接用于大面积的场所。

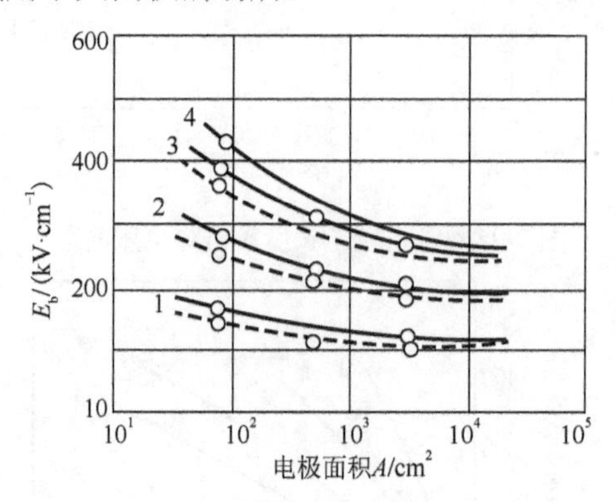


图 2-23　$SF_6$击穿场强与电极面积的关系

$P$:1-0.2MPa；2-0.4MPa；3-0.6MPa；4-0.8MPa

## 2.9　$SF_6$气体击穿电压估算方法

$SF_6$ 电器设备中主要使用的是稍不均匀电场。当间隙内最大场强达到某一击穿场强$E_b$时，间隙即被击穿。

影响击穿场强$E_b$的因素较多，如气体压力、电压形式和极性、电场不均匀程度、电极表面粗糙度和电极面积等。要精确计算比较困难。设计时如果只作大致的计算，可应用表 2-7 中给出的工程击穿场强$E_{bt}$的数据。$E_{bt}$是综合了各种情况下很多试验数据的下限值，由此确定的绝缘距离可能偏大。利用$E_{bt}$可得出间隙$d$的击穿电压$U_{bt}$

$$U_{bt} = \eta E_{bt} d \tag{2-22}$$

表 2-7　$SF_6$间隙的工程击穿场强下限值$E_{bt}$

| 电压类型 | $E_{bt}$/(kV·cm$^{-1}$) |
|---|---|
| 50Hz 工频交流 | $65(10p)^{0.73}$峰值 |
| 负极性直流电压 | $65(10p)^{0.73}$ |
| 正极性直流电压 | $70(10p)^{0.76}$ |
| 负极性操作冲击电压(250 / 2500μs) | $68(10p)^{0.73}$ |
| 正极性操作冲击电压(250 / 2500μs) | $73(10p)^{0.76}$ |
| 负极性雷电冲击电压(1.2 / 50μs) | $75(10p)^{0.75}$ |
| 正极性雷电冲击电压(1.2 / 50μs) | $80(10p)^{0.80}$ |

注：$p$为气体压力，单位为 MPa。

绝缘利用系数$\eta$与电极形状及电极间的距离有关。图2-24给出了不同电极结构的绝缘利用系数变化曲线。

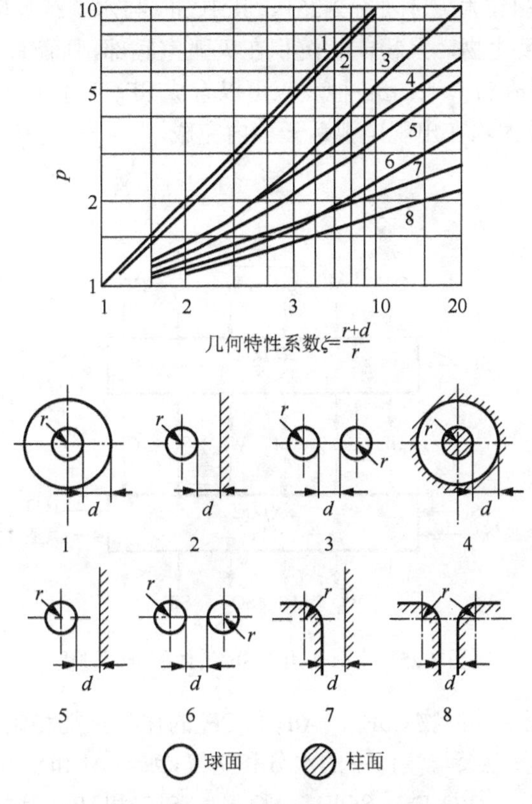


图2-24　不同电极结构的绝缘利用系数$\eta$

## 2.10　$SF_6$气体分解物与毒性

常温常压下$SF_6$气体是一种可与氮气相比的性能十分稳定的气体。$SF_6$气体的自分解温度大约为800K，1000K时出现$SF_4$和F，3000K时$SF_6$完全消失分解为$S^+$、$F^+$、$S^-$和$F^-$，5000K时$SF_4$也消失，7500K时形成了自由电子、原子或离子态的S和F组成的等离子体。

$SF_6$断路器开断电路时，在电弧的高温作用下，$SF_6$气体与触头材料（W,Cu）和金属材料（Al）会产生化学反应，主要为

$$4SF_6 + W + Cu \rightarrow 4SF_4 + WF_6 + CuF_2 \tag{2-23}$$

其他还有

$$2SF_6 + W + Cu \rightarrow 2SF_2 + WF_6 + CuF_2 \tag{2-24}$$

$$4SF_6 + 3W + Cu \rightarrow 2S_2F_2 + 3WF_6 + CuF_2 \tag{2-25}$$

$$Al + 3F \rightarrow AlF_3 \tag{2-26}$$

此外，$SF_6$ 气体还可能与石墨（C）、绝缘材料（$C_xH_y$）和聚四氟乙烯（$CF_2$）$_n$ 发生化学反应产生 HF 和 $CH_4$（图 2-25）。其中 $SF_6$ 与水继续反应还会生成 $WO_3$，$CuF_2$ 的固态金属氟化物，呈粉末状沉积在灭弧室底部，而 $SF_2$ 和 $S_2F_2$ 在电弧作用下，还会再次反应成 $SF_4$。以上各种反应可以看成 $SF_6$ 气体在电弧作用下的一次反应过程，这一过程大约在出现电弧后一秒内完成。

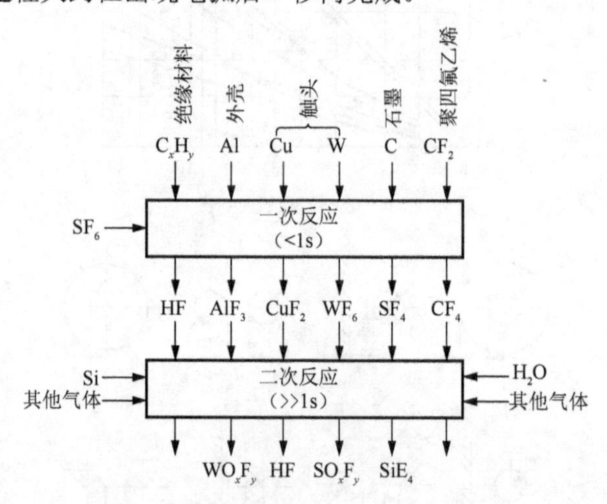


图 2-25　电弧作用下 $SF_6$ 气体的分解过程

一次反应过程中的产物 $CuF_2$、$AlF_3$ 和 $CF_4$ 的化学性能稳定，而 $SF_4$ 和 $WF_6$ 的活动性却很强。后者还会与气体中的水分和空气，或与 Al 和 Si 再次产生化学反应，生成 $WO_3$、$WOF_4$、$WO_2F_2$、$SOF_2$、$SO_2F_2$、SiF 和 HF，这些化学反应统称为二次反应过程，所需时间短则几秒长则可达数月。

二次反应过程的化学反应式为

(1) $SF_4$ 与气体杂质中的 $O_2$ 作用

$$2SF_4 + O \rightarrow 2SOF_4 \tag{2-27}$$

(2) $SOF_4$ 与水分作用

$$SOF_4 + H_2O \rightarrow SO_2F_2 + 2HF \tag{2-28}$$

(3) $SF_4$ 与水分作用

$$SF_4 + H_2O \rightarrow SOF_2 + 2HF \tag{2-29}$$

(4) $WF_6$ 与水分作用

$$WF_6 + H_2O \rightarrow WOF_4 + 2HF \tag{2-30}$$

(5) $WOF_4$ 再次与水分作用

$$WOF_4 + 2H_2O \rightarrow WO_3 + 4HF \tag{2-31}$$

(6)有强烈腐蚀作用的 HF 与绝缘材料中的 $SiO_2$ 作用

$$4HF + SiO_2 \rightarrow SIF_4 + H_2O \tag{2-32}$$

二次反应过程中的各种产物可归结为HF、$SiF_4$、$WO_xF_y$和$SO_xF_y$，详见图 2-23。这些分解物的化学稳定性和有关毒性的数据见表 2-8。二次反应过程中水分起了很大的作用，法国工业电器实验中心的研究结果指出，$SOF_2$、$SO_2F_2$和HF 的生成量均随水分含量的增大而增加，它们的化学性能稳定，毒性又很大，因此 $SF_6$ 断路器中气体的水分含量要有严格的限制。

曾有报道，$SF_6$和Cu反应可能产生剧毒的$S_2H_{10}$，即

$$2SF_6 + Cu \rightarrow CuF_2 + S_2F_{10} \tag{2-33}$$

德国曾有人对此问题进行了详细的实验研究。研究结果指出，在电弧作用下确有$SF_5$基团产生，而且会发生反应

$$\begin{aligned} &2SF_5 \rightarrow S_2F_{10} \\ &4SF_5 + O_2 \rightarrow 2S_2F_{10}O \end{aligned} \tag{2-34}$$

但是$S_2F_{10}$和$S_2F_{10}O$受热极易分解，在高于 150℃或 200～300℃时，热分解生成$SF_4$和 $SF_6$，且不可逆，即

$$S_2F_{10} \xrightarrow{\text{热解}} SF_4 + SF_6 \tag{2-35}$$

因此在电弧高温下生成的$SF_5$基团只有在迅速冷却的条件下方能生成$S_2F_{10}$，这一条件在断路器开断过程中是不可能出现的。对于$S_2F_{10}O$而言，情况也是如此。实验证明，至少利用现有的测量手段在电弧的分解气体中并未发现有剧毒的$S_2F_{10}$和$S_2F_{10}O$。

**表 2-8　$SF_6$气体分解物的化学稳定性与毒性**

| 分解物 | 大气中的化学稳定性 | 最后稳定的产物 | 毒性数据/($10^{-6}$V/V) | | 味觉检测② | |
|---|---|---|---|---|---|---|
| | | | TLV① | LC50③ | TLV($10^{-6}$V/V) | 味觉 |
| $S_2F_2$ | 快速分解 | S,HF,$SO_2$ | 0.5 | 0.8 | | 刺鼻，辛辣 |
| $SF_2$ | 快速分解 | S,HF,$SO_2$ | 5 | | | 刺鼻，辛辣 |
| $SF_4$ | 快速分解 | HF,$SO_2$ | 0.1 | | | 刺鼻，辛辣 |
| $SOF_2$ | 慢速分解 | HF,$SO_2$ | 0.6～1 | 100 | 1.0～5 | 臭鸡蛋味 |
| $SOF_4$ | 快速分解 | $SO_2F_2$,HF | 0.5 | | | 同 HF |
| $SO_2F_2$ | 稳定 | $SO_2F_2$ | 5 | 2000～4000 | | 无味 |
| $SO_2$ | 稳定 | $SO_2$ | 2 | 约 100 | 0.3～1 | 刺鼻 |
| HF | 稳定 | HF | 1.8～3 | 50～100 | 2.0～3 | 辛辣 |
| $WF_4$ | 快速分解 | $WO_3$,HF | 0.1 | 50～100 | | 同 HF |
| $SiF_4$ | 快速分解 | $SiO_2$,HF | 0.5 | 50～100 | | 同 HF |
| $CF_4$ | 稳定 | $CF_4$ | 无毒 | | | 无味 |

①未曾分解的气体，允许职工每天接触 8 小时的极限值。

②指的是表中划有横线气体的味觉。

③老鼠接触 60 分钟的致命浓度。

纯净的 $SF_6$ 气体一般公认是无毒的。检验方法是用 79%的 $SF_6$ 与 21%的 $O_2$ 混合，即相当于用 $SF_6$ 取代空气中的 $N_2$ 作动物试验，24 小时暴露后应无中毒症状。

$SF_6$ 在生产过程中会有少量伴随的生成物，其中 $S_2F_{10}$ 是公认的剧毒气体，但经过净化处理可以完全将它除净。国内对 $SF_6$ 气体成品的检验中都未发现有 $S_2F_{10}$，这是值得宽慰的。

纯净的 $SF_6$ 气体虽然无毒，但在工作场所要防止 $SF_6$ 气体的浓度上升到缺氧的水平，即空气中 $O_2$ 的比例不得低于 16%。相当于大气中的组分为 20% $SF_6$，64% $N_2$ 和 16% $O_2$（即 20% $SF_6$ 和 80%的空气）。美国卫生标准建议，对于工作人员每天工作八小时的场所，$SF_6$ 气体的极限浓度为 $1000\times10^{-6}$V/V（0.1%），比上面提到的数值（20% $SF_6$）低过两个数量级以上，是绝对安全的。其他各国标准中也有相应的规定。

$SF_6$ 气体的密度大约是空气的五倍，$SF_6$ 气体如有泄漏必将沉积于低洼处，如电缆沟中。浓度过大会使人出现窒息的危险，设计户内通风装置时要考虑这一情况。另外，$SF_6$ 气体通过对流能与空气混合，但速度很慢。气体一旦混合后就形成了 $SF_6$ 和空气的混合气体，不会再次分离。

问题严重的是电弧作用下 $SF_6$ 的分解物如 $SF_4$、$S_2F_2$、$SF_2$、$SOF_2$、$SO_2F_2$、$SOF_4$ 和 HF 等，它们都有强烈的腐蚀性和毒性。

（1）$SF_4$（四氟化硫）。常温下 $SF_4$ 为无色的气体，有类似 $SO_2$ 的刺鼻气味，在空气中能与水分生成烟雾，产生 $SOF_2$ 和 HF［式（2-29）］，$SF_4$ 气体可用碱液或活性氧化铝（$Al_2O_3$）吸收。$SF_4$ 气体对肺有侵害作用，影响呼吸系统，其毒性与光气相当。美国标准中（下同）规定空气中 $SF_4$ 气体的极限浓度为 $0.1\times10^{-6}$V/V。

（2）$S_2F_2$（氟化硫）。常温下为无色气体，有毒，有刺鼻气味，遇水分能完全水解形成 S、$SO_2$ 和 HF。$S_2F_2$ 对呼吸系统有类似光气的破坏作用。空气中的极限浓度为 $0.5\times10^{-6}$ V/V。

（3）$SF_2$（二氟化硫）。$SF_2$ 的化学性能极不稳定，受热后性能更加活泼，易水解成 S、$SO_2$ 和 HF。$SF_2$ 气体可用碱液或活性氧化铝吸收。空气中的极限浓度为 $5\times10^{-6}$ V/V。

（4）$SOF_2$（氟化亚硫酰）。$SOF_2$ 为无色气体，有臭鸡蛋味，化学性能稳定。它与水分反应缓慢，并能快速地为活性氧化铝或活性炭吸附。$SOF_2$ 为剧毒气体，可造成严重的肺水肿，使动物窒息死亡。空气中的极限浓度为 $0.6\times10^{-6}$～$1\times10^{-6}$V/V。

（5）$SO_2F_2$（二氟化硫酰）。$SO_2F_2$ 为无色无臭气体，化学性能极为稳定，加热到 150℃时也不会与水和金属反应。$SO_2F_2$ 不易被活性氧化铝吸收，但可被 KOH 和 $NH_4OH$ 缓慢吸收。$SO_2F_2$ 是一种能导致痉挛的有毒气体。它的危险性在于无刺鼻性嗅味且不会对眼鼻黏膜造成刺激作用，故发现中毒后往往会迅速死亡。空气中的极限浓度为 $5\times10^{-6}$ V/V。

(6) $SOF_4$（四氟亚硫酰）。$SOF_4$ 为无色气体，有刺鼻性气味，能被碱液吸收，与水反应会生成 $SO_2F_2$。$SOF_4$ 是有毒气体，对肺部有侵害作用。空气中的极限浓度为 $5\times10^{-6}$ V/V。

(7) HF（氢氟酸）。HF 是酸中腐蚀性最强的物质。对皮肤、黏膜有强烈刺激作用，并可引起肺水肿和肺炎等。空气中的极限浓度为 $1.8\times10^{-6}$～$3\times10^{-6}$V/V。

其他分解物在空气中的极限浓度见表 2-8。

考虑到表 2-8 中大多数有毒分解物如 $SOF_2$、$SOF_4$ 和 $WF_6$ 会转化成毒性较小的 HF、$SO_2$ 和 $SO_2F_2$。这些气体在很低浓度下就因有味很易被察觉(只有 $SO_2F_2$ 例外，但它总与有臭鸡蛋味的 $SOF_4$ 在一起)，加上这些气体能被味觉检测到的浓度又比造成伤害的浓度低两个数量级，所以工作人员能轻易地得到警告，使危险性大为减小。当工作人员接近 $SF_6$ 电器设备闻到有刺鼻性的气味时，应立即设法防止吸入气体并迅速离开。

检修 $SF_6$ 电器设备不可避免会接触到 $SF_6$ 分解物。另外，$SF_6$ 电器设备损坏时（例如，$SF_6$ 绝缘的封闭组合电器由于内部电弧故障使压力释放装置动作或者外壳烧穿时），会有大量 $SF_6$ 气体及其分解物向外排放到大气中。为了保证检修人员的安全以及减少对周围环境造成的影响，应该采取一些必要的预防措施。预防措施如下。

(1) 所有安装 $SF_6$ 电器设备的场所内应该装置有合适的自然通风或强制通风装置。这些通风装置应能保证在最坏的条件下，例如，有大量的 $SF_6$ 气体及其分解物向外排出时，足以使有毒的分解物稀释到可以容许的程度。在安装场所的入口处，工作人员应能方便地启动通风装置。另外，也可利用 $SF_6$ 的检测装置对部分通风装置实行自动启动。还要防止 $SF_6$ 气体及其分解物进入其他没有通风装置的房间中。

(2) 除对检修人员进行安全知识的培训外，还应给检修人员配备合适的保护衣服和鞋袜手套，化学型的工业防护眼镜，防毒面具，有活性过滤器的呼吸保护装置等。为安全起见，检修现场还应配备有氧气呼吸装置的急救设备。

(3) 利用真空吸尘器尽快清除 $SF_6$ 电器设备内部存在的分解物。清理后，对残留的分解物可用干燥、不起毛的抹布来清除。清扫过程中已被玷污的清扫材料及固态分解物都应放在双层的塑料袋中。未经处理不得任意抛弃，以免造成对环境的污染。

$SF_6$ 电器设备的应用已近 70 年，在这段时间内已经积累了大量 $SF_6$ 气体方面的知识和经验。只要严格按照国家或制造厂的有关规程进行工作，就能确保 $SF_6$ 电器设备安全可靠以及有关人员的人身安全。

# 第 3 章 $SF_6$ 间隙放电特性

在 $SF_6$ 气体放电过程中，不同带电粒子的运动速度不同，以及受空间电场的作用，使得在电子崩(或流注)的两端，聚集大量的空间电荷，并引起电子崩(或流注)两端电场畸变，放电发展达到一定阶段，空间积累了大量带电粒子，守恒方程变成了非线性，传统的数学方法很难处理对高浓度粒子和大电场梯度的计算。FCT构造了通量校正传输算法格式，通过比较不同区域数值通量变化的剧烈程度来选取合适的权重系数，对高阶解和低阶解的通量进行叠加。在数值变化平缓的区域，增加高阶解的权重来抑制低阶解带来的数值扩散，而在数值变化剧烈的区域，增加低阶解的权重，保证解的稳定性、规避振荡现象并加速收敛。

## 3.1 数学模型

$SF_6$ 电负性气体放电过程主要包括碰撞电离、复合、附着、粒子扩散以及光致电离过程，基于物质、能量和动量守恒原理构建的 $SF_6$ 间隙放电过程的粒子连续性方程表述了其放电过程电子、正负离子及其放电轨迹的时空演变，并耦合泊松方程刻画了间隙电场分布，模型如下：

$$\frac{\partial(N_e)}{\partial t}+\nabla\cdot(N_e\upsilon_e-D\nabla N_e)=S_{\mathrm{ph}}+N_e\alpha|\upsilon_e|-N_e\eta|\upsilon_e|-N_eN_p\beta \tag{3-1}$$

$$\frac{\partial(N_p)}{\partial t}+\nabla\cdot(N_p\upsilon_p)=S_{\mathrm{ph}}+N_e\alpha|\upsilon_e|-N_eN_p\beta-N_nN_p\beta \tag{3-2}$$

$$\frac{\partial(N_n)}{\partial t}+\nabla\cdot(N_n\upsilon_n)=N_e\eta|\upsilon_e|-N_pN_n\beta \tag{3-3}$$

$$\nabla^2\varphi=\frac{\partial^2\varphi}{\partial r^2}+\frac{1}{r}\frac{\partial\varphi}{\partial r}+\frac{\partial^2\varphi}{\partial z^2}=-\frac{q}{\varepsilon}(N_p-N_e-N_n) \tag{3-4}$$

式中，$N_e$、$N_p$、$N_n$ 分别代表电子、正离子、负离子密度；$\upsilon_e$、$\upsilon_p$、$\upsilon_n$ 分别为电子、正离子、负离子的速度，均是随电场变化的函数且与初始分子密度相关；$t$ 表示时间；$\alpha$、$\eta$、$\beta$ 和 $D$ 分别为电离系数、吸附系数、复合系数和扩散系数；$S_{\mathrm{ph}}$ 表示光致电离项。

光致电离项的数学模型为

$$S(x)=\gamma_p\int_0^d W(x-x')\cdot N_e(x')\cdot\alpha^*(x')|\upsilon_e(x')|\cdot \mathrm{e}^{(-\mu|x-x'|)}\mathrm{d}x' \tag{3-5}$$

式中，$\gamma_p$、$\alpha^*$、$\mu$ 分别表示光致电离二次系数、电离辐射系数、光吸收系数；$d$ 为电极间距离；$W$ 为在 $x'$ 处对着 $x$ 张开的立体角。

## 3.2 FCT 法与求解

FCT 构造了通量校正传输算法格式，保证解的稳定性、规避振荡现象并加速收敛。

将连续性方程分解为如下几个不同的项：

$$\frac{\partial N}{\partial t}=\left.\frac{\partial N}{\partial t}\right|_{\text{conv}}+\left.\frac{\partial N}{\partial t}\right|_{\text{diff}}+\left.\frac{\partial N}{\partial t}\right|_{\text{ion}}+\left.\frac{\partial N}{\partial t}\right|_{\text{else}} \tag{3-6}$$

式中，$\left.\frac{\partial N}{\partial t}\right|_{\text{conv}}$ 为对流项；$\left.\frac{\partial N}{\partial t}\right|_{\text{diff}}$ 为扩散项；$\left.\frac{\partial N}{\partial t}\right|_{\text{ion}}$ 为电离项；$\left.\frac{\partial N}{\partial t}\right|_{\text{else}}$ 为其他项。对流项采用通量校正输运法计算，扩散项、电离项和其他项采用有限差分法计算。

FCT 法的求解思路是首先假设在某时刻 $t$ 所有网格点上的浓度 $N$ 和速度 $v$ 都已知，然后在一个时间步长 $\Delta t$ 内用差分格式求出一阶解的通量格式，并把其代入求解公式，最后得到下一时刻 $t+1$ 时的浓度 $N$。

一阶 FCT 法，即 donor cell 算法计算对流项，其求解格式为

$$N_{i,j}^{t+\Delta T}=N_{i,j}^{t}-\frac{\Delta T}{v_{i,j}}\left(F_{i+1/2,j}^{t}-F_{i-1/2,j}^{t}+G_{i,j+1/2}^{t}-G_{i,j-1/2}^{t}\right) \tag{3-7}$$

donor cell 算法通量格式为

$$F_{i+1/2,j}^{t}=\pi\Delta z\left(r_{i,j}+r_{i+1,j}\right)\left(\upsilon_{r}\right)_{i+1/2,j}\times\begin{cases}N_{i,j}\left(\upsilon_{r}\right)_{i+1/2,j}\geqslant 0\\N_{i+1,j}\left(\upsilon_{r}\right)_{i+1/2,j}<0\end{cases} \tag{3-8}$$

$$G_{i,j+1/2}^{t}=\frac{\pi}{4}\left(r_{i-1,j}+2r_{i,j}+r_{i+1,j}\right)\left(r_{i+1,j}-r_{i-1,j}\right)\left(\upsilon_{z}\right)_{i,j+1/2}\times\begin{cases}N_{i,j}\left(\upsilon_{r}\right)_{i,j+1/2}\geqslant 0\\N_{i,j+1}\left(\upsilon_{z}\right)_{i,j+1/2}<0\end{cases} \tag{3-9}$$

式中

$$(v_{r})_{i+1/2,j}=\frac{(\upsilon_{r})_{i,j}+(\upsilon_{r})_{i+1,j}}{2} \tag{3-10}$$

$$(v_{z})_{i,j+1/2}=\frac{(\upsilon_{z})_{i,j}+(\upsilon_{z})_{i,j+1}}{2} \tag{3-11}$$

式中，$\Delta T$ 为时间步长；$v_{i,j}$ 与 $r_{i,j}$ 为 $i,j$ 单元的体积和半径；$F^{t}$ 与 $G^{t}$ 为径向和轴向的通量，采用不同的阶数，$F^{t}$ 与 $G^{t}$ 的表示形式不同；$\upsilon_{r}$ 与 $\upsilon_{z}$ 为径向和轴向的速度分量。

在选择时间步长 $\Delta T$ 时，必须遵守 Courant-Friedrics-Lewe 条件，对于二维网格：

$$\varepsilon=\Delta TU/\Delta x\leqslant\sqrt{2} \tag{3-12}$$

式中，$\Delta x=\sqrt{\Delta R^2+\Delta z^2}$（$\Delta z$ 为 $z$ 方向的网格大小，$\Delta R$ 为径向的网格大小）；$U$ 为粒子速率。

扩散项的计算如下：

$$\left.\frac{\partial N}{\partial t}\right|_{\text{diff}}=D_L\left(N_{i+1,j}^t+N_{i-1,j}^t-2N_{i,j}^t\right)/\Delta z^2+\pi D_T\left(\frac{r_{i+1}+r_i}{\mathrm{r}_{i+1}-r_i}\left(N_{i+1,j}^t-N_{i,j}^t\right)\right.$$
$$\left.-\frac{r_i+r_{i-1}}{r_i-r_{i-1}}\left(N_{i,j}^t-N_{i-1,j}^t\right)\right)\frac{\Delta z}{V_{i,j}} \tag{3-13}$$

碰撞电离项采用半个时间步长相加计算得出：

$$\Delta N_{i,j}^{\Delta T/2}=\frac{\Delta T}{2}\alpha\upsilon_e N_{i,j}^t \tag{3-14}$$

$$N_{i,j}^{t+\Delta T/2}=\frac{N_{i,j}^t+N_{i,j}^{t+\Delta T}}{2}+\Delta N_{i,j}^{\Delta T/2} \tag{3-15}$$

$$\left[\frac{\partial N}{\partial t}\right]_{\text{ionize}}=\alpha\upsilon_e N_{i,j}^{t+\Delta T/2} \tag{3-16}$$

其他项直接代入计算即可。

采用 FCT 对气体放电粒子连续方程进行求解，有限差分法对场域剖分，并运用超松弛迭代方法完成泊松方程的求解。

## 3.3 $SF_6$ 间隙放电特性

不同的电极几何构型和不同的外施电压类型形成不同的间隙空间电场，导致电极间隙的 $SF_6$ 气体放电过程也不相同。

### 3.3.1 平板电极均匀电场

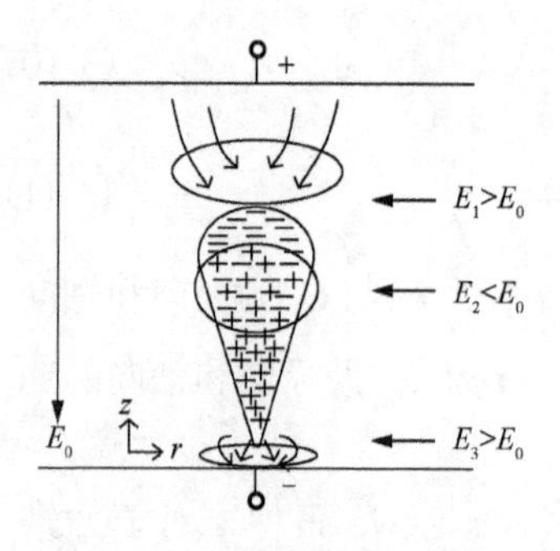


图 3-1 电极间放电示意图

采用平行板电极结构如图 3-1 所示，电极间距为 5mm，极板间充满压强和温度分别为 0.1MPa 和 20℃的 $SF_6$ 气体，并施加直流电压 46kV。

1. $SF_6$ 间隙粒子行为

在时间 $t$=0，放置一个高斯分布的种子电子团簇在负极板处（电子团簇中心置于距离负极板 0.001m 处，峰值为 $10^6\text{m}^{-3}$）。在外施电场的作用下种子电子将向正极开始运动，其渡越时间约为 10ns。在 7.5ns 之前为雪崩发展时间段，而在 7.5～10ns 被视为流注的形成和发展阶段。图 3-2 给出了电极间隙电子密度分布，可清晰地观察到此过程电子密度的时空变化。

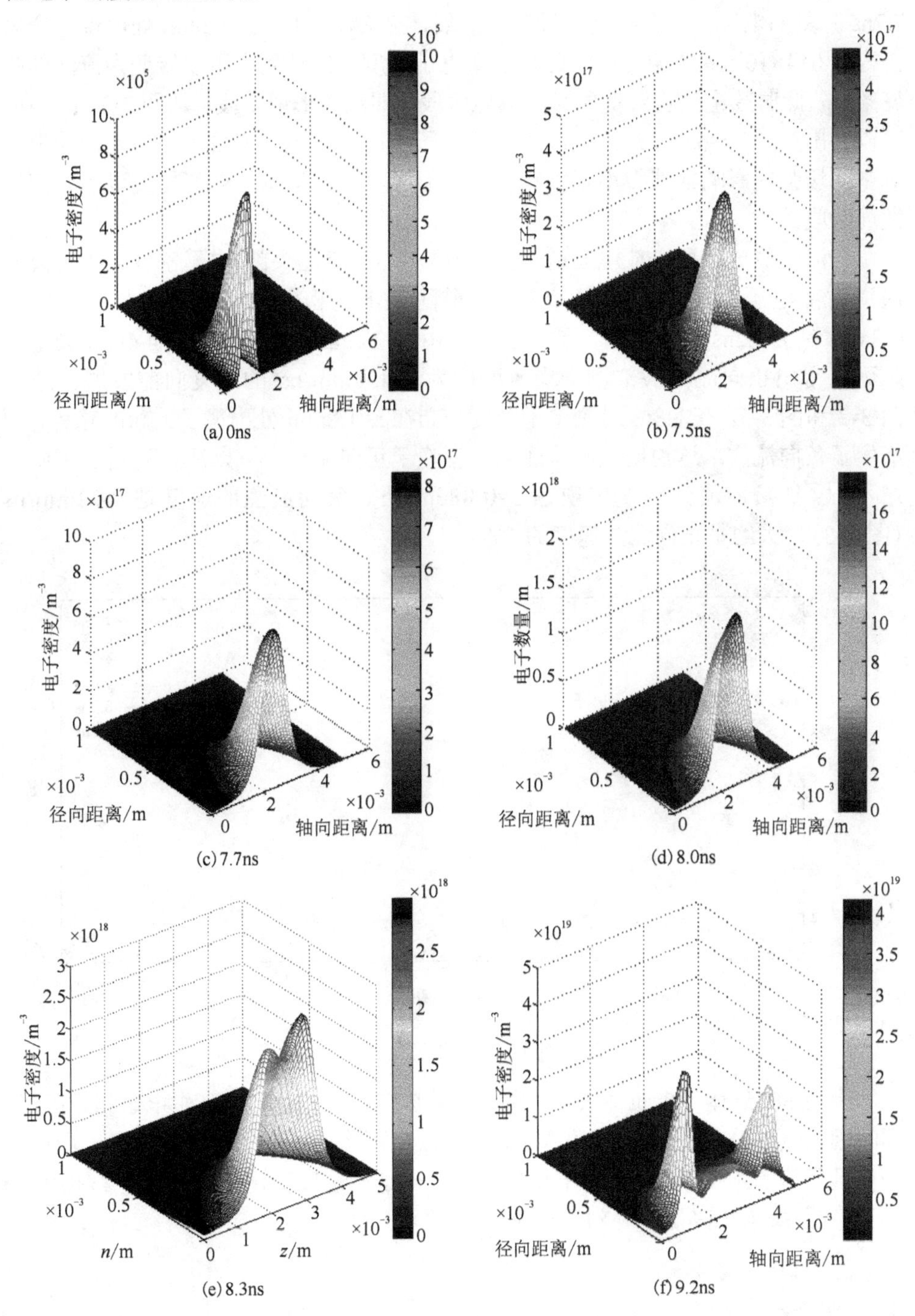


图 3-2 $SF_6$ 间隙放电通道电子密度分布

随着电子向阳极运动，因为碰撞电离等原因电子快速增长，图 3-2 中 0、7.5、7.7ns 时刻的电子分别在径向与轴向上发展，在 7.7ns 时刻 $z$=2.5mm 处出现一个峰值为 $1.014\times10^{18}cm^{-3}$ 的雪崩。此时雪崩电子密度已经达到了雪崩转变为流注的临界条件，此时放电过程转变成流注放电阶段，即流注形成阶段。从图 3-2(b)、(c) 可以看出在 7.7～8.0ns 时间间隔内尽管电子密度大于电子崩阶段，但是空间电荷对空间场强的影响依然很小，仍然为流注形成阶段，从 8.0ns 开始及以后为流注发展阶段。

在流注放电阶段，放电通道(等离子体)前方(流注头部)电子密度大于等离子通道内部电子密度，而且等离子体通道随放电过程的发展逐渐增长。放电由 $t$=8.0ns 到 $t$=9.2ns 时间段内，放电通道则由 $z$=2.65mm 处延伸至 $z$=4.4mm 处。由此可以得出正向流注头部以平均速度值为 1.458mm/ns 的速度向前发展。结合图 3-2 和图 3-3，在 8.3ns 时刻电子密度分布在 $z$=1.8mm 处出现了上翘的趋势，即产生了负向流注，这说明负向流注的产生晚于正向流注。可以注意到图 3-3 中，在 9.2ns 处负向流注峰值出现在 $z$=0.88cm 处。负向流注的速度是 0.92mm/ns (图 3-3)，大约是正向流注速度的 63%。

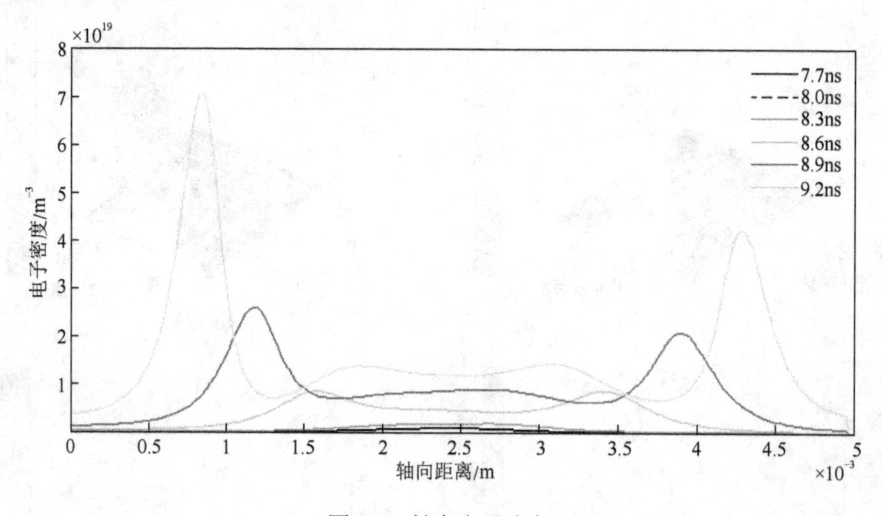


图 3-3　轴向电子分布

因为 $SF_6$ 气体为电负性气体，所以在其放电过程中，不仅产生电子和正离子，同时因为气体分子吸附电子而产生负离子，从而降低了电子的增长速度，所以成为更具优势的绝缘气体。正离子和负离子与电子的密度变化规律如图 3-4 和图 3-5 所示。图 3-6 给出 8.3ns 时刻三种粒子的空间分布。

2. 间隙电场分布

由于粒子运动速度不同，相对运动速度较慢的离子短时间驻留放电间隙而成为空间电荷。受空间电荷的影响，放电间隙的电场发生了畸变。进入流注放电阶段后，带电粒子分布主要沿着轴向方向变化，径向方向上的电粒子分布主要以扩散运动为主。图 3-7 给出了图 3-3 所对应时刻电场的空间分布。

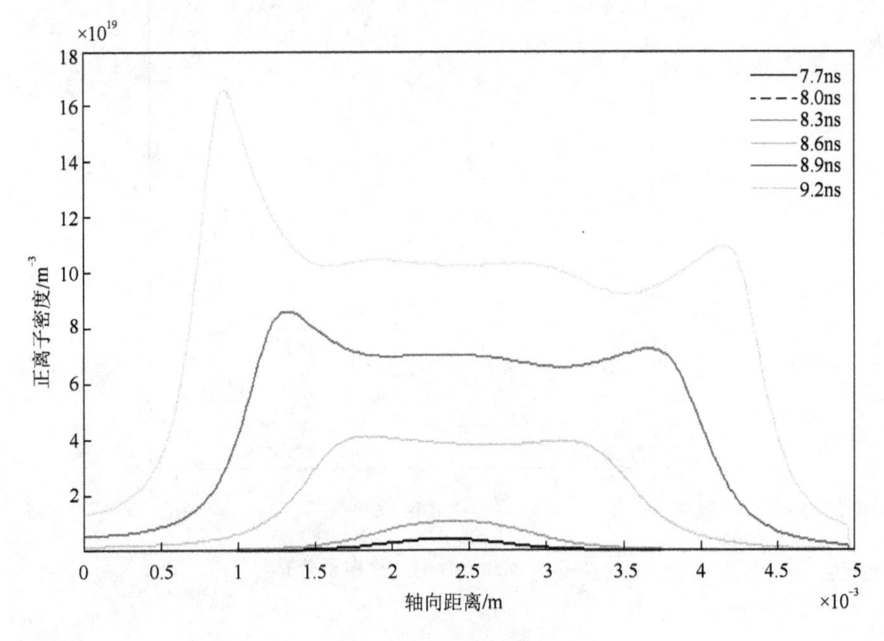


图 3-4　轴向正离子分布

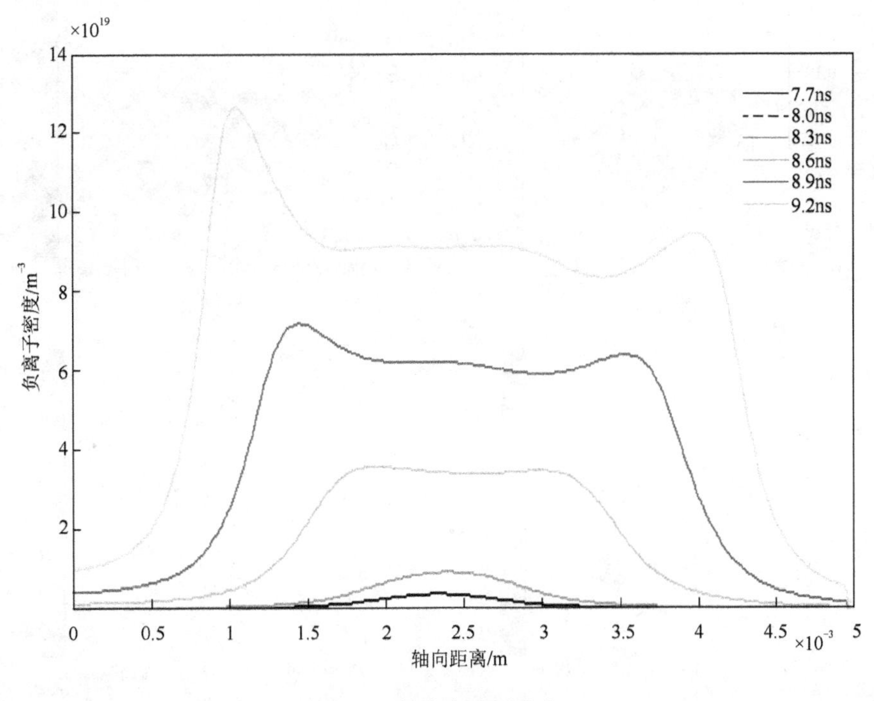


图 3-5　轴向负离子分布

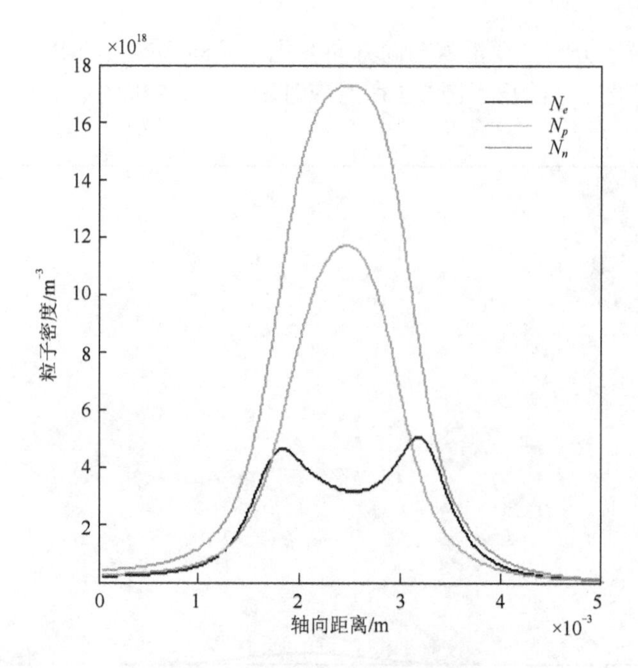


图 3-6 8.3ns 时刻三种粒子分布

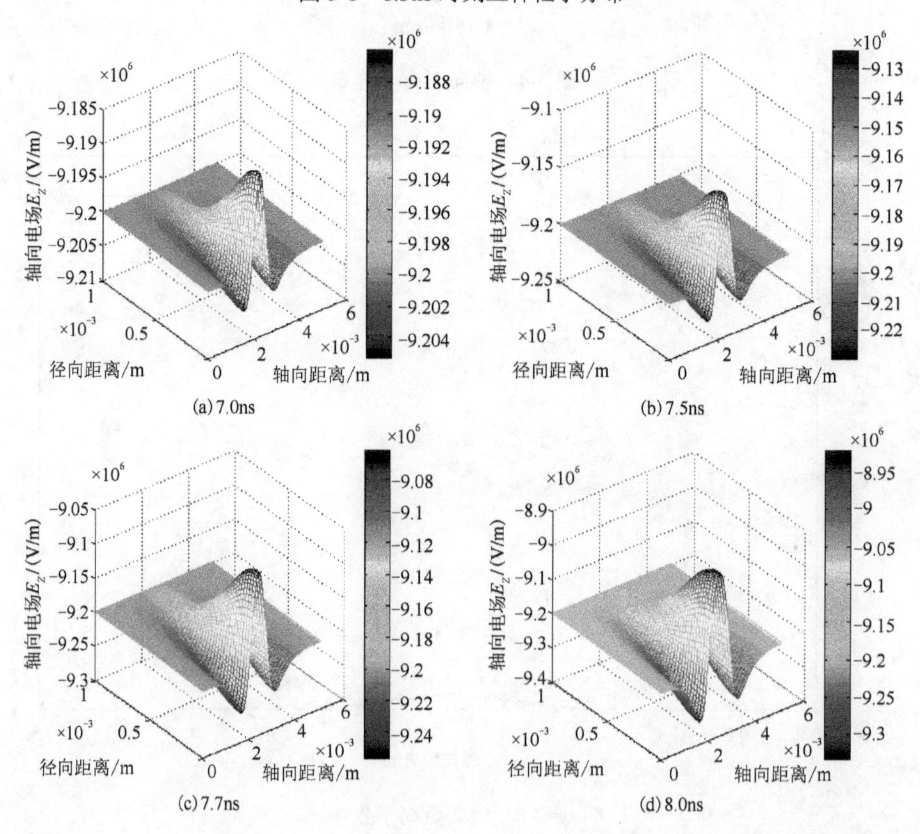

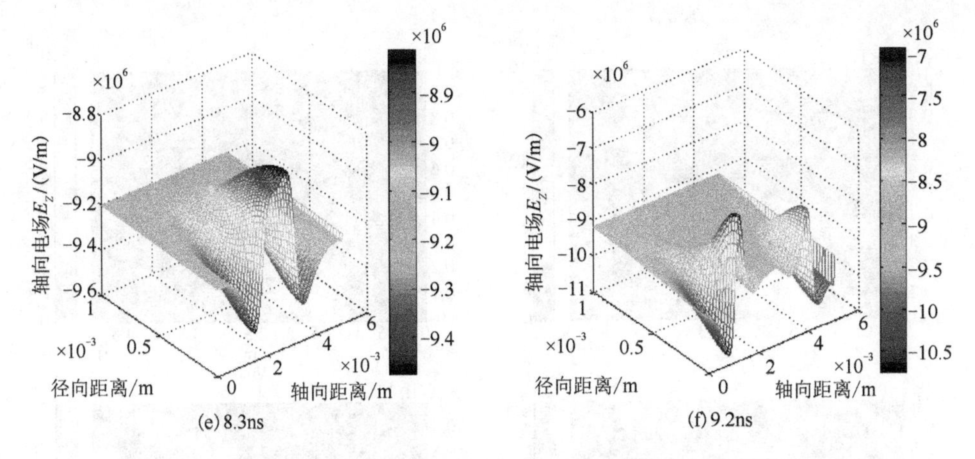


图 3-7　$SF_6$气体中轴向电场($E_Z$)分布

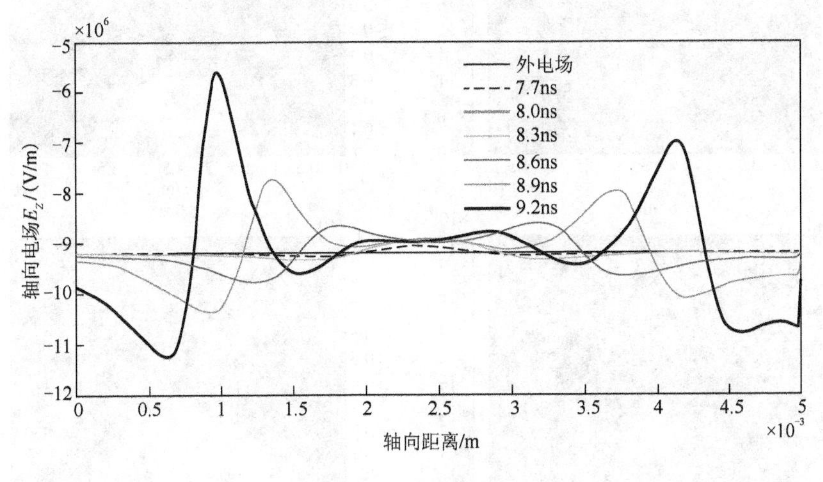


图 3-8　轴向电场

结合图 3-8 可以看出在流注发展阶段，放电通道电场呈现明显变化。此时此阶段的流注头部的高密度电子相当于负电荷球体，其产生的电场与外施电场方向一致，此时作用在流注头部与正极板间 $SF_6$ 气体上的电场变成了外施电场与空间电荷场叠加的和矢量，即使得 $SF_6$ 流注头部区域的电场得到增强。同理流注尾部积聚的正离子可以看成正电荷球体，与负极板间也形成与外加场强方向一致的空间电场和矢量，致使流注尾部区域电场得到增强；而在流注的中间区域出现了电场强度明显减小现象，这是由于空间电荷产生的电场与外施(电源产生)电场方向相反，削弱了外电场的作用结果所致。

3. 光致电离的影响

光致电离在气体放电过程中是不能忽略的现象。图 3-9 分别给出了 $SF_6$ 间隙放电过程光致电离的作用。从图 3-9 中可以看出：光致电离在流注放电过程中的

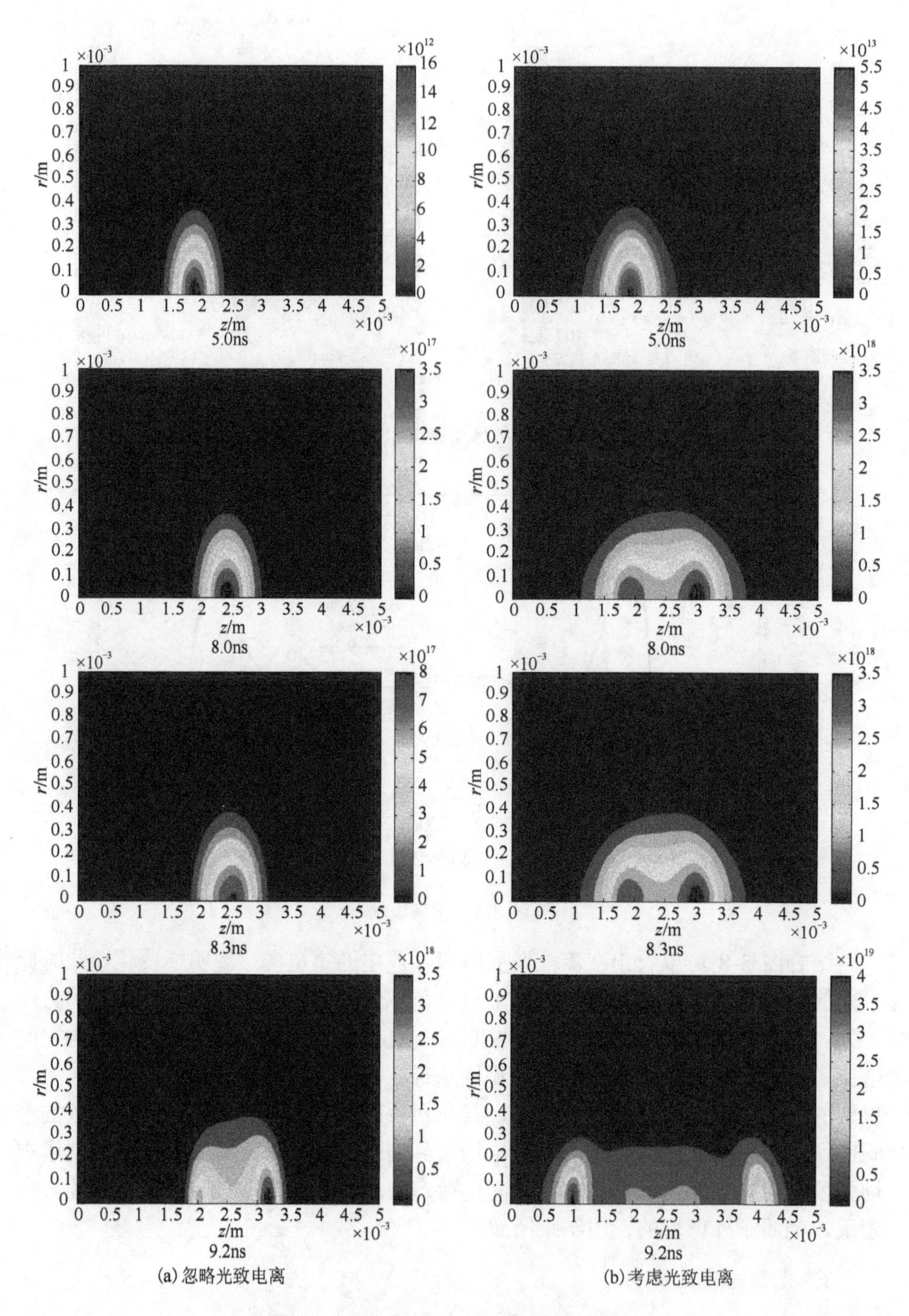


图 3-9　光致电离对 $SF_6$ 放电过程的影响

作用非常明显(8.0ns 以后效果显著加强)，尤其在负向流注的发展过程中作用更加显著。$t$=9.2ns 时，有无光致电离的流注电子峰值分别为 $3.5\times10^{18}$ 和 $4\times10^{19}$，流注通道长度分别 1.9mm 和 3.35mm。经计算得有光电离时的流注发展速度是没有光致电离情况向下的 1.7 倍，这个数值比 $N_2$ 中的结果更为显著，这是因为 $SF_6$ 的吸附作用使得电子产生更加困难，即能承受更高的外加电压，所以整个过程中的电子具有更大的动能，产生的光子更多，光致电离的作用更加突出。即光致电离对流注的发展起到了加速作用。

### 3.3.2　棒-板电极 $SF_6$ 放电过程

采用流体动力学理论与气体放电过程中产生的化学反应过程相结合的混合数值模型计算棒-板电极 $SF_6$ 放电过程。标准大气压下 $SF_6$ 放电仿真的计算模型如图 3-10 所示，间距为 5mm 的棒-板电极结构，棒电极半径为 0.3mm，A 为正电极，B 为接地板电极，C 为放电区域的对称轴，D 和 E 为开放边界。在棒电极施加 18kV 直流电压，放电间隙中充满 $SF_6$ 气体，初始电子均匀分布，密度为 $10^6m^{-3}$，温度为 293K，压强为 1atm(1atm=$1.013\times10^5$Pa)。

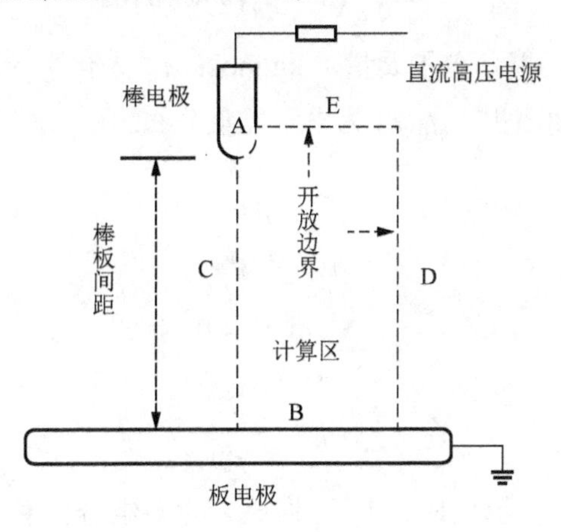


图 3-10　计算模型

$SF_6$ 放电过程中包含了电子与中性粒子的碰撞电离和附着，正离子与电子和负离子的复合等过程。在流体模型的基础之上，结合气体放电中各粒子间的反应，电子用电子运输方程来描述，而将质量较大的粒子视为重粒子，通过多组分扩散运输方程来描述，耦合泊松方程对 $SF_6$ 气体放电过程粒子行为和间隙电场时空特性进行计算分析。

电子输运方程为

$$\frac{\partial}{\partial t}(n_e)+\nabla\cdot\Gamma_e=R_e-(u\cdot\nabla)n_e \tag{3-17}$$

$$\Gamma_e=-(\mu_e\cdot E)n_e-D_e\cdot\nabla n_e \tag{3-18}$$

式中，$n_e$为电子密度；$u$为流体速度，m/s；$R_e$为电子源项，$1/(\mathrm{m}^3\cdot\mathrm{s})$；$\Gamma_e$为电子流，$1/(\mathrm{m}^2\cdot\mathrm{s})$；$\mu_e$为电子的迁移率，$\mathrm{m}^2/\mathrm{V}\cdot\mathrm{s}$；$E$为电场强度；$D_e$为电子的扩散系数，$\mathrm{m}^2/\mathrm{s}$。

$$R_e=\sum_{j=1}^{M}x_jk_jN_nn_e \tag{3-19}$$

式中，$x_j$为反应$j$的目标物质摩尔分数；$k_j$为反应$j$的反应率（$\mathrm{m}^3/\mathrm{s}$）；$N_n$为中性粒子密度。

多组分扩散方程为

$$\rho\frac{\partial}{\partial t}(w_k)+\rho(u\cdot\nabla)w_k=\nabla\cdot j_k+R_k \tag{3-20}$$

式中，$k=1,2,3,\cdots,Q$表示物质种类；$\rho$为密度，$\mathrm{kg/m^3}$；$w_k$为物质$k$的质量分数；$u$为平均流体速度，m/s；$R_k$为物质$k$的变化速率，$\mathrm{kg}/(\mathrm{m}^3\cdot\mathrm{s})$；$j_k$为扩散流矢量。

$$R_k=M_k\sum_{j=1}^{N}\upsilon_{kj}k_j \tag{3-21}$$

$$k_j=\int_0^{\infty}(\varepsilon)^{1/2}f_0(\varepsilon)\sigma(\varepsilon)\mathrm{d}\varepsilon \tag{3-22}$$

式中，$M_k$为物质$k$的摩尔分子质量，kg/mol；$\upsilon_{kj}$为化学计量矩阵；$\varepsilon$为电子能量；$\sigma(\varepsilon)$为碰撞截面面积；$f_0(\varepsilon)$为电子能量分布。

$$\rho=\frac{pM}{RT} \tag{3-23}$$

$$j_k=\rho w_kV_k \tag{3-24}$$

$$\sum_{k=1}^{Q}\rho w_kV_k=0 \tag{3-25}$$

$$V_k=\sum_{j=1}^{Q}D_{kj}d_k-\frac{D_k^{\mathrm{T}}}{\rho w_k}\nabla\ln T \tag{3-26}$$

式中，$j=1,2,\cdots,N$表示反应；$V_k$为物质$k$的多组分漂移速度；$D_{kj}$为多组分Maxwell-Stefan扩散系数，$\mathrm{m}^2/\mathrm{s}$；$d_k$为扩散驱动力，1/m；$D_k^{\mathrm{T}}$为热扩散系数，$\mathrm{kg}/(\mathrm{m}\cdot\mathrm{s})$；$M$为摩尔平均分子质量，kg/mol；$T$为气体温度，K。

$$\sum_{k=1}^{Q}D_k^{\mathrm{T}}=0 \tag{3-27}$$

$$d_k=\frac{1}{cRT}\left[\nabla p_k-w_k\nabla p-\rho_kg_k+w_k\sum_{j=1}^{Q}\rho_jg_j\right] \tag{3-28}$$

$$\sum_{k=1}^{Q}d_k=0 \tag{3-29}$$

式中，$c$为摩尔浓度，$\mathrm{mol/m^3}$；$g_k$为单位质量作用在物质$k$上的外力，$\mathrm{m/s^2}$；$R$为

通用气体常数，J/(mol·K)；$p_k$为物质$k$的局部压强，Pa。

$$g_k = \frac{Z_k F}{M_k} E \tag{3-30}$$

式中，$Z_k$为物质$k$的电荷数；$F$为法拉第常数，sA/mol；$E$为电场，V/m。

$$x_k = \frac{w_k}{M_k} M \tag{3-31}$$

$$n_k = \frac{p}{k_b T} x_k \tag{3-32}$$

式中，$x_k$为摩尔分数；$n_k$为物质$k$的密度；$k_b$为玻尔兹曼常量。

电子温度与电子能量的关系为

$$T_e = \frac{2}{3k_b} \varepsilon \tag{3-33}$$

泊松方程为

$$\nabla \cdot \left(\varepsilon_0 \nabla \varphi\right) = -e\left(n_p - n_e - n_n\right) \tag{3-34}$$

$$E = -\nabla \varphi \tag{3-35}$$

1. $SF_6$间隙放电电场特性

$SF_6$气体放电过程中不同时刻的电场分布情况如图 3-11 所示。由于$SF_6$是极强的电负性气体，对电子具有非常强的吸附能力，且其分子质量很大，导致正负离子不能获得足够的动能而容易产生运动扩散。所以其放电过程的发展需要施加比其他气体更强的外电场。

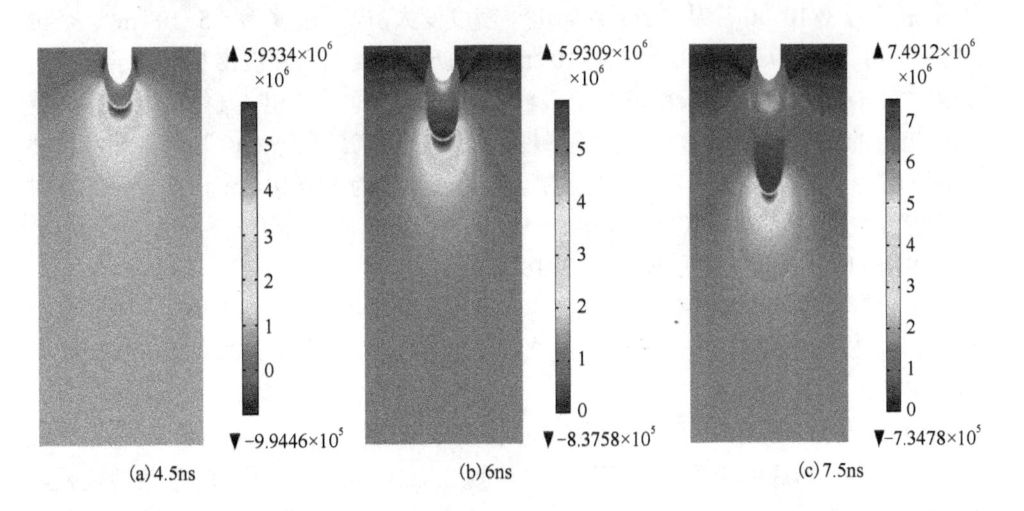

(a) 4.5ns (b) 6ns (c) 7.5ns

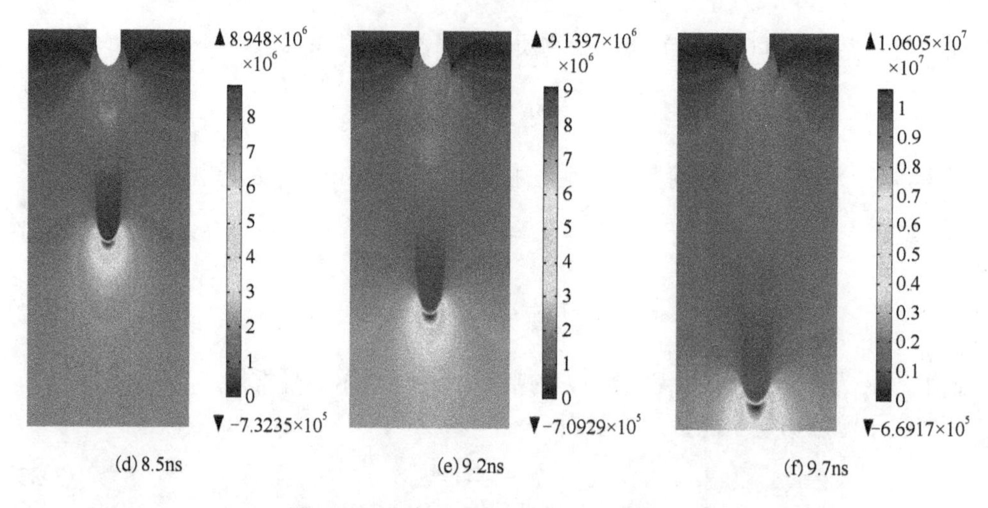


图 3-11　直流电压下 $SF_6$ 气放电电场分布

2. 带电粒子密度分布

$SF_6$ 气体放电过程中不同时刻的电子密度分布情况如图 3-12 所示。与空气放电相比，电子密度最大值放电过程中出现在流注头部，在放电最后阶段，棒电极区域的电子密度仍保持较大值。电子密度的最大值出现在流注头部。这是由于 $SF_6$ 放电过程中，电子被 $SF_6$ 分子大量吸附，产生的空间电荷场叠加外施电场加剧了流注头部碰撞电离，结合光致电离效应，所以流注头部电子密度最大，棒电极周围电子密度则较小。

在 4.5ns 时，电子在棒电极周围，电子密度为 $2.5\times10^{19}m^{-3}$，6ns 时在流注头部电子密度为 $3\times10^{19}m^{-3}$，从 7.5ns 开始电子密度变大，电子密度为 $5.5\times10^{19}m^{-3}$，8.5ns 时为 $9\times10^{19}m^{-3}$，9.2ns 时增至 $1.1\times10^{20}m^{-3}$，9.7ns 时放电间隙被击穿，电子密度达到最大 $1.4\times10^{20}m^{-3}$。电子密度与空气放电时基本相同，但 $SF_6$ 气体放电电压为空气放电时的 3 倍，说明 $SF_6$ 气体绝缘性能远优于空气。4.5～6ns 时间内流注发展速度为 $3.3\times10^7$cm/s，6～7.5ns 时间内流注发展速度为 $5.3\times10^7$cm/s，7.5～8.5ns 时间内流注发展速度为 $7\times10^7$cm/s，8.5～9.2ns 时间内流注发展速度为 $1.4\times10^8$cm/s，9.2～9.7ns 时间内流注发展速度为 $3\times10^8$cm/s。

$SF_6$ 气体放电过程中不同时刻的 $SF_6^+$ 密度分布情况如图 3-13 所示。$SF_6^+$ 是由电子碰撞 $SF_6$ 使其外层电子脱离产生的，其密度分布在流注头部和棒电极周围，$SF_6^+$ 密度达到 $4\times10^{20}m^{-3}$ 左右。

$SF_6$ 气体放电过程中不同时刻的 $SF_6^-$ 密度分布情况如图 3-14 所示。$SF_6^-$ 由 $SF_6$ 分子吸附电子形成的负离子，密度可以达到 $2.8\times10^{20}m^{-3}$。由于 $SF_6$ 电负性较强，放电初始时就在棒电极周围吸附电子生成负离子，放电过程中的负离子又向正极移动，所以负离子最大值在棒电极附近出现。

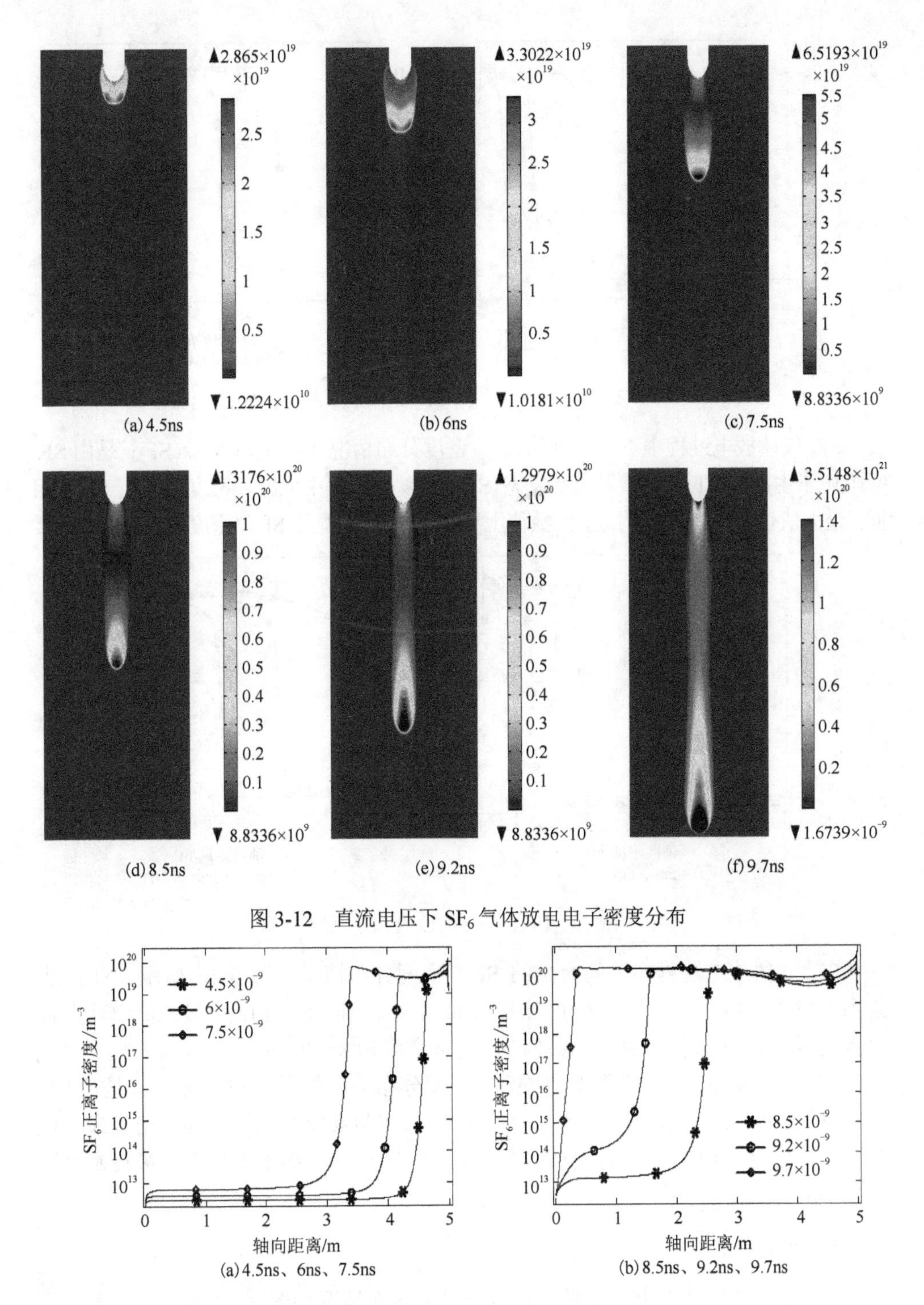


图 3-12　直流电压下 $SF_6$ 气体放电电子密度分布



图 3-13　直流电压下 $SF_6$ 放电 $SF_6^+$密度分布

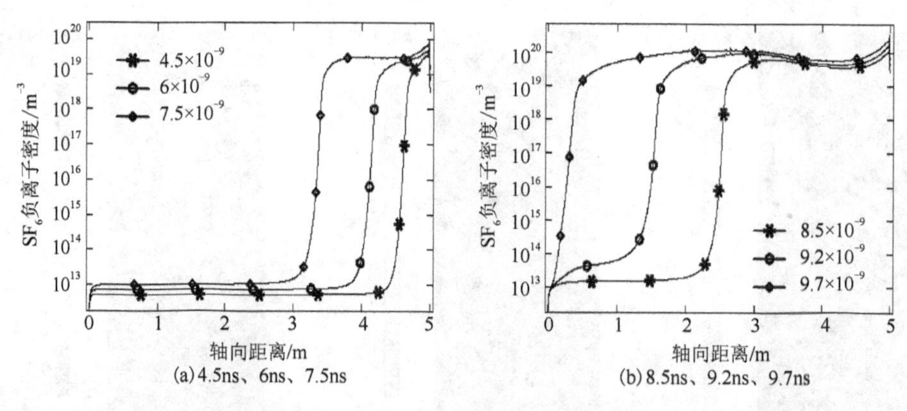


图3-14 直流电压下$SF_6$放电$SF_6^-$密度分布

$SF_6$气体放电过程中不同时刻的$SF_5^-$密度分布情况如图3-15所示。$SF_5^-$是由$SF_6$吸附电子生成的$SF_6^-$被激发成激发态$(SF_6^-)^*$发生分解生成的，密度分布与$SF_6^-$相同，最大值也是在棒电极附近，但数值上要小于$SF_6^-$，最终$SF_5^-$密度为$8.5\times10^{17}m^{-3}$。

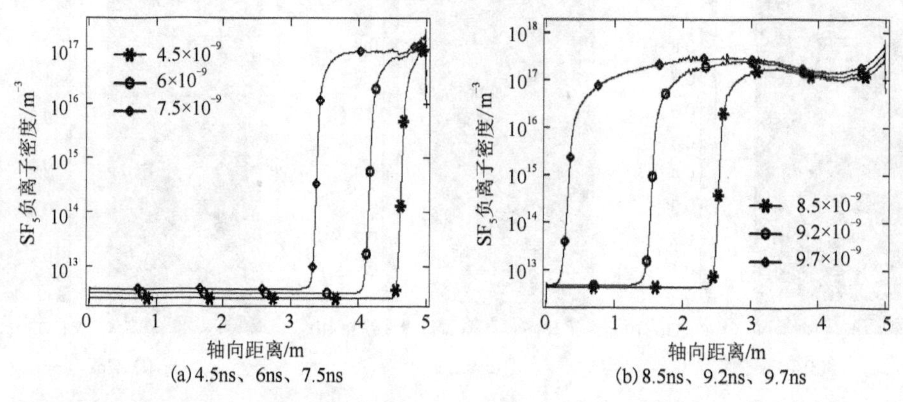


图3-15 直流电压下$SF_6$放电$SF_5^-$密度分布

$SF_6$气体放电过程中不同时刻的$SF_4^-$密度分布情况如图3-16所示。$SF_4^-$也是由激发态$(SF_6^-)^*$分解生成的，密度分布与$SF_6^-$和$SF_5^-$相同，最大值出现在棒电极附近，数值上小于$SF_6^-$和$SF_5^-$，最终密度为$8\times10^{16}m^{-3}$。

$SF_6$气体放电过程中不同时刻的$F^-$密度分布情况如图3-17所示。$F^-$是由$SF_6$发生分解反应时产生的F吸附电子产生的，分布与其他负离子相同，密度最大值在棒电极附近，但F原子的电负性不是很强，密度为负离子中最小，最终密度为$6\times10^{16}m^{-3}$。

3. 电子温度

$SF_6$气体放电过程中不同时刻的电子温度分布情况如图3-18所示。电子温度分布规律与电场分布有些相似，最大值在流注头部，4.5ns时最大值为5.7eV，最终 9.7ns 时电子温度达到了 8.5eV。与空气放电过程电子温度相比要大许多，这是由于 $SF_6$ 气体放电所需外部注入的电场能比空气放电所需注入的电场能要大许多，所以 $SF_6$ 气体放电过程，其电子从电场中获得的能量也就最大。

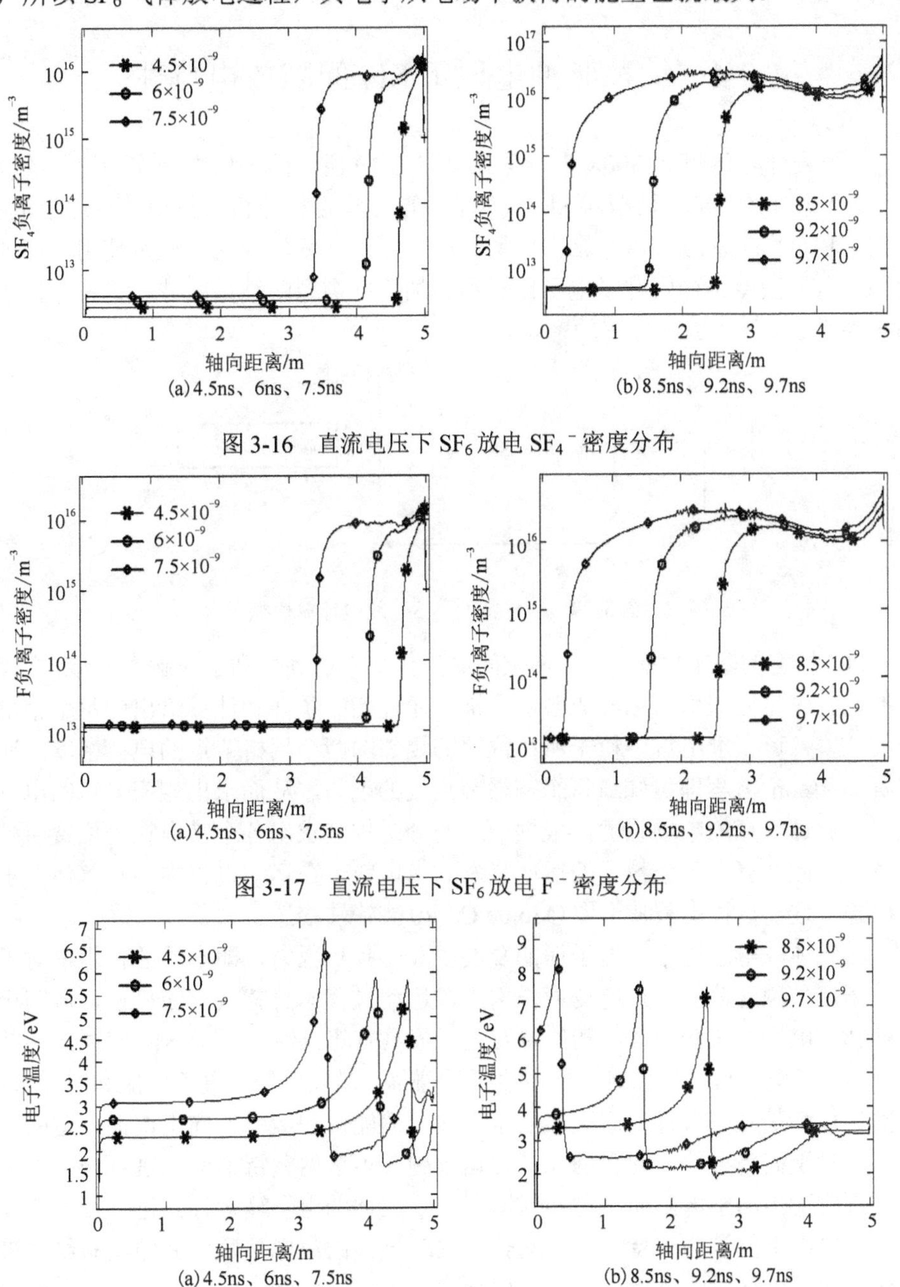


(a) 4.5ns、6ns、7.5ns　　(b) 8.5ns、9.2ns、9.7ns

图 3-16　直流电压下 $SF_6$ 放电 $SF_4^-$ 密度分布

(a) 4.5ns、6ns、7.5ns　　(b) 8.5ns、9.2ns、9.7ns

图 3-17　直流电压下 $SF_6$ 放电 $F^-$ 密度分布

(a) 4.5ns、6ns、7.5ns　　(b) 8.5ns、9.2ns、9.7ns

图 3-18　直流电压下 $SF_6$ 放电电子温度分布

由5mm间隙棒-板直流$SF_6$气体放电模型，对$SF_6$放电过程进行了数值分析，得到了电子密度、$SF_6^+$正离子密度、$SF_6^-$、$SF_5^-$、$SF_4^-$和$F^-$负离子密度、空间电场和电子温度的分布规律，加深了对$SF_6$气体放电机理的认识和理解。

## 3.4 纳秒脉冲电压下$SF_6$间隙放电特性

大气压下，温度为300K时，采用如图3-19所示的平板电极作为简化的物理模型，利用PIC-MCC模型对$SF_6$气体的放电过程进行分析，得出该过程中电子、正离子和负离子密度，以及轴向电场和电子漂移速度的变化。通过使用不同的初始种子电子密度、初始种子电子位置和施加不同类型的纳秒脉冲，详细分析了不同条件对$SF_6$气体放电过程的影响。

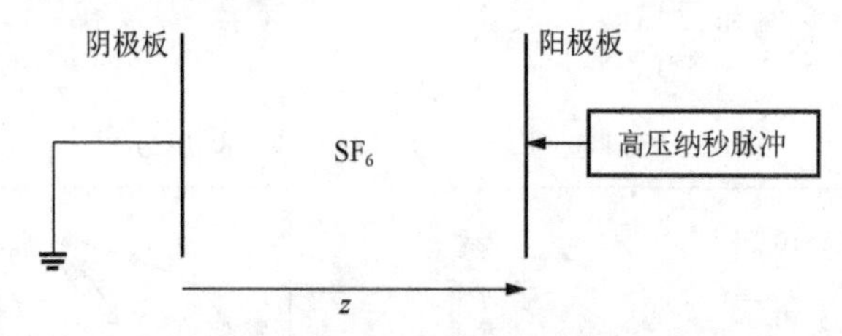


图3-19 纳秒脉冲下$SF_6$放电计算模型

PIC模型的基本思想：为了使空间离散化从而达到有利于求解Poisson方程的目的，首先将空间均匀划分成多份网格，通过初始条件和计算给出的每个带电粒子的位置，可以求出每个粒子所在位置的相邻的两个网格节点的电荷密度，通过求解Poisson方程即可知道每个网格节点处的电势，从而求出相应节点的电场强度，再通过节点的电场强度，根据一定的分配规则求出各个带电粒子位置所处的电场，由此计算出每个粒子的运动状态。带电粒子在运动过程中会与气体分子发生碰撞，这一过程由蒙特卡罗(Monte Carlo)碰撞法描述。

在气体放电理论中，电子崩的发展主要受到长程力，即电场的作用，对于带电粒子这种微观粒子，在电场力作用下，运动过程本身就具有随机性，从阴极射出的初始电子，在何种时刻和位置发生碰撞具有随机性。对于$SF_6$气体，因其具有电负性，电子与之碰撞时可能发生弹性碰撞、激发碰撞、电离碰撞和附着碰撞，这些碰撞都是概率事件。而碰撞后带电粒子的能量和运动方向也遵循一定的概率分布。对于概率事件如此多的粒子输运问题，可运用蒙特卡罗法进行分析求解。通过选取适当的碰撞截面，对均匀场下$SF_6$气体的电子输运行为进行蒙特卡罗模拟，得出电子能量分布特性，由此获得$SF_6$气体的放电参数，并与实验结果进行对比，印证所选取的碰撞截面的合理性。

带电粒子在电场作用下，在间隙内部运动过程中会与气体分子产生激发碰撞、电离碰撞、弹性碰撞等，这一系列碰撞过程通过蒙特卡罗法求解。蒙特卡罗法是产生一系列均匀分布的随机数，通过比较随机数与由碰撞截面表示的碰撞概率从而得出粒子是否碰撞，由碰撞概率决定发生何种碰撞，再结合能量和动量守恒定律来确定碰撞后粒子的状态。

PIC-MCC 方法是将 PIC(粒子网格模拟)和 MCC(蒙特卡罗)两种方法结合而成的一种模拟方法。PIC-MCC 中，PIC 部分不断更新粒子的速度和位置，然后 MCC 部分依据 PIC 中速度计算能量分布，分析碰撞过程，从而完成对带电粒子靠电场作用时运动轨迹跟踪，模拟带电粒子的动力学行为。

### 3.4.1 $SF_6$ 间隙放电行为特征

标准大气压下，在平板电极间充满 $SF_6$ 气体，此时 $SF_6$ 气体分子数密度为 $2.4\times10^{25}\,m^{-3}$，阴极板接地，阳极板提供幅值为 54kV，上升沿时间为 6ns 的纳秒脉冲电压，如图 3-20 所示。

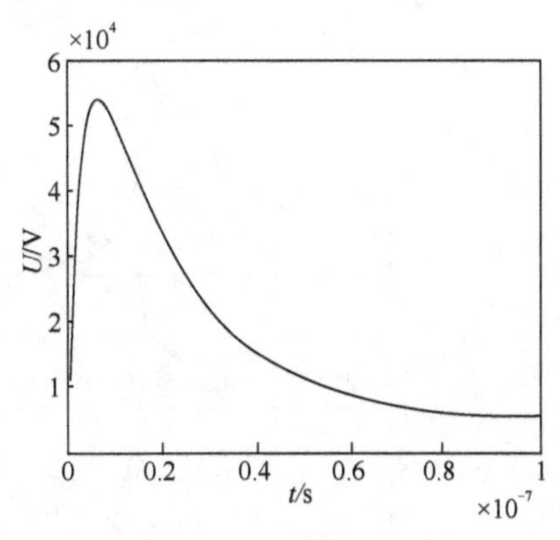

图 3-20　纳秒脉冲波形

初始电子在电场的作用下沿着 $z$ 轴向阳极板运动，阴极板在 $z$=0 位置，阳极板在 $z$=5mm 位置，在靠近阴极板 1mm 处放置呈高斯分布的初始电子，峰值是 $10^6\,m^{-3}$，表达式为

$$n_e(z)|_{t=0}=n_0\exp\left[-\left(\frac{z-z_0}{\delta_z}^2\right)\right]$$

式中，$z_0=1\,\text{mm}$；$\delta_z=0.25\text{mm}$；$n_0=10^6$。

如图 3-21 所示，$t$=0 时刻电子开始由距阴极板 1mm 处，在电场的作用下向阳极板运动，在 1ns 时刻，脉冲电压为 24kV，电子密度峰值为 $8\times10^3\,m^{-3}$；1.5ns 时，脉冲电压为 32kV，电子密度峰值为 $8.5\times10^1\,m^{-3}$；3.5ns 时，脉冲电压为 49kV，电子密度峰值为 $1.49\times10^3\,m^{-3}$；在 6.1ns 时，电子密度峰值同初始时刻相同。随后由于间隙内部的电场已很高，导致剧烈的碰撞电离使得电子密度成指数增长，到 8ns 时刻电子密度已达到 $2.0\times10^{17}\,m^{-3}$。

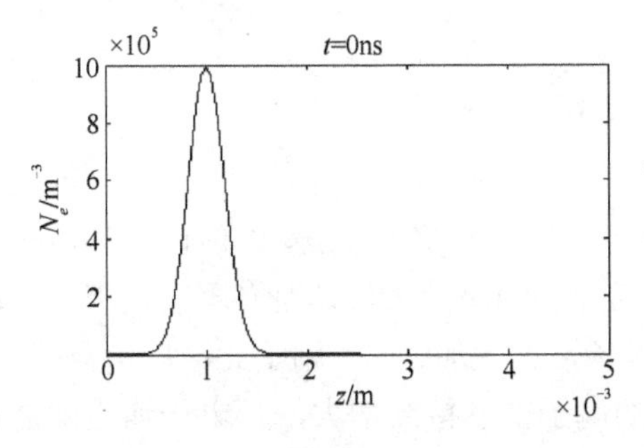


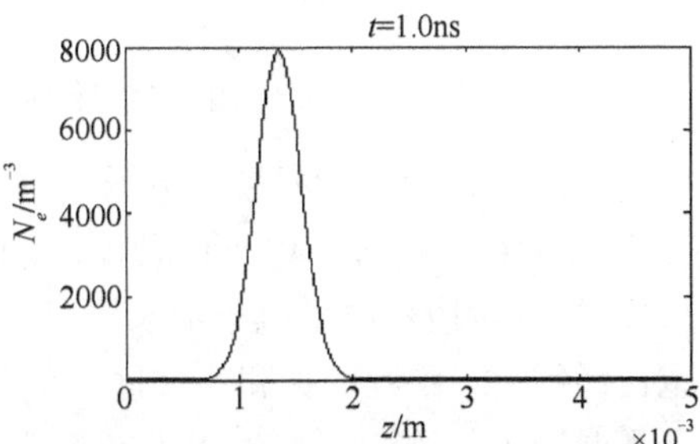

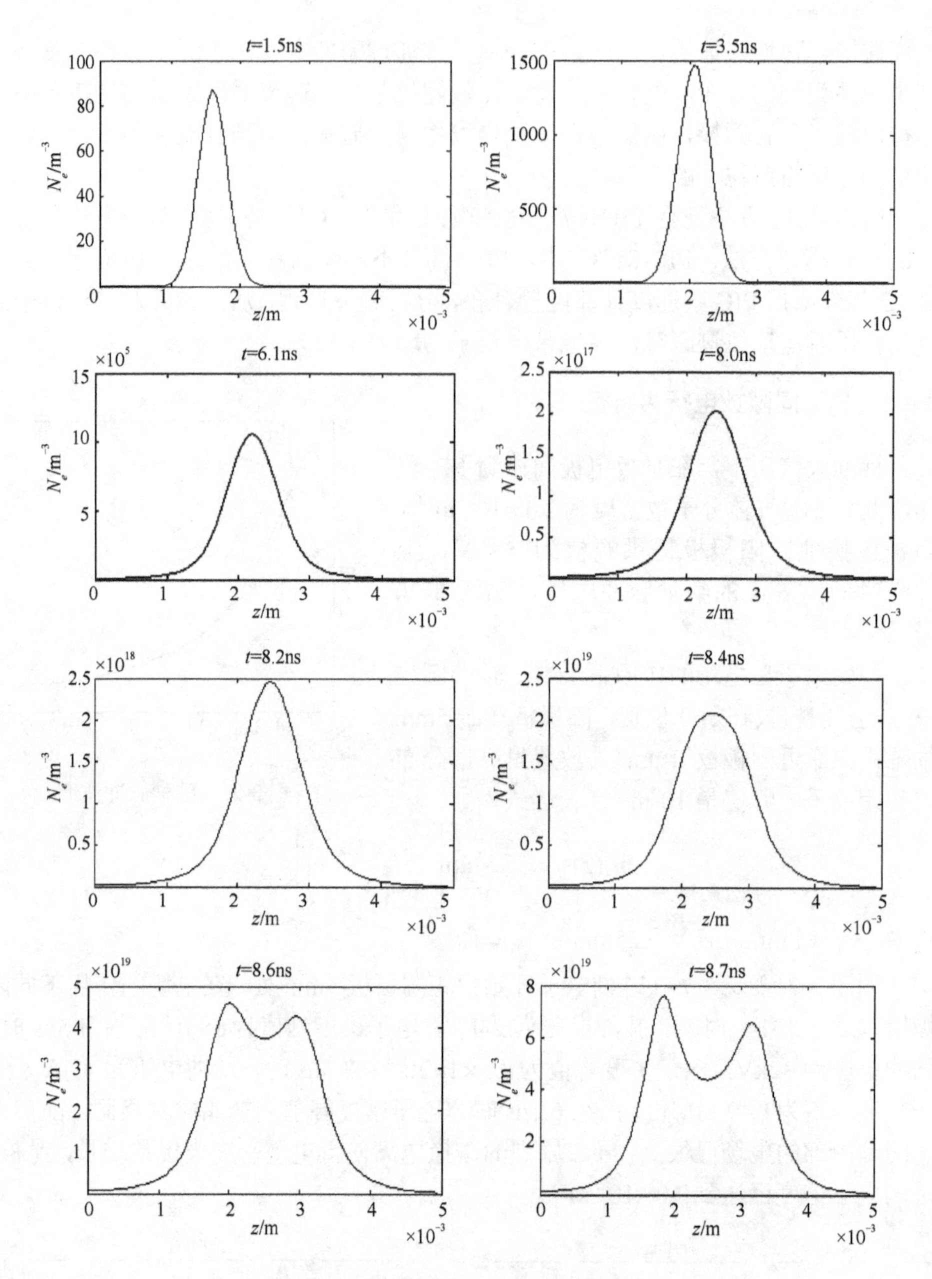


图 3-21　各时刻下 $SF_6$ 电子密度

随着放电过程继续发展，电子数目急剧增大，在 $t$=8.2ns 时刻，电子密度已达到 $10^{18}$ 数量级，超过了电子崩转流注的临界值，所以在 8.2ns 以前可视为电子崩的形成-发展阶段。由于电子崩头电子密度达到$10^{18}$ 数量级，而崩尾的正离子密度值也已经很大，靠近崩头和崩尾区域的电场被大大加强，加剧了此区域电离碰撞，由于不断吸收二次电子崩，主电子崩头的电子密度持续增大，且电子崩也随之增长，在电子崩内部形成近似电中性的放电通道，即等离子通道。在 8.6ns 时刻的电子密度(图 3-21(i))中可明显看到此时流注的形成，所以 8.2～8.6ns 时间段可认为是流注的形成阶段。在 8.6ns 之后，由于流注头、尾部电场进一步畸变，流注头部和尾部电离碰撞剧烈，电子密度大于通道内的电子密度。从图 3-21 中还可看出在 8.6ns 时刻流注头部和尾部出现峰值的位置分别为 2.9mm 与 2.0mm，在 8.7ns 时刻的峰值分别为 3.2mm 和 1.8mm，即流注头部的发展速度为 $3\times10^6$ m/s，流注尾部的发展速度为 $2\times10^6$ m/s，可见流注头部的发展速度大于尾部的发展速度，可认为流注主要向阳极发展。

图 3-22 是 $SF_6$ 轴向电场强度随时间变化的关系曲线。图 3-22(b)可看出在 8.2ns 前，带电粒子形成的电场数值上变化很小，放电间隙的场强主要是由外施脉冲电压形成的场强，在 8.2ns 时，电场值出现了明显波动，说明此时电子密度已经到达电子崩转变为流注的临界点，二次电子崩分别进入电子崩的头部和尾部，在主电子崩的内部形成等离子体区域，流注逐渐形成，随着放电的持续发展，头部的电子密度和尾部的正离子密度增大，流注头部的电子与阳极板间形成的电场叠加在外施电场上，造成流注头部的电场畸变，同理，流注尾部的电场也发生了畸变，而流注内部的电场被削弱了。

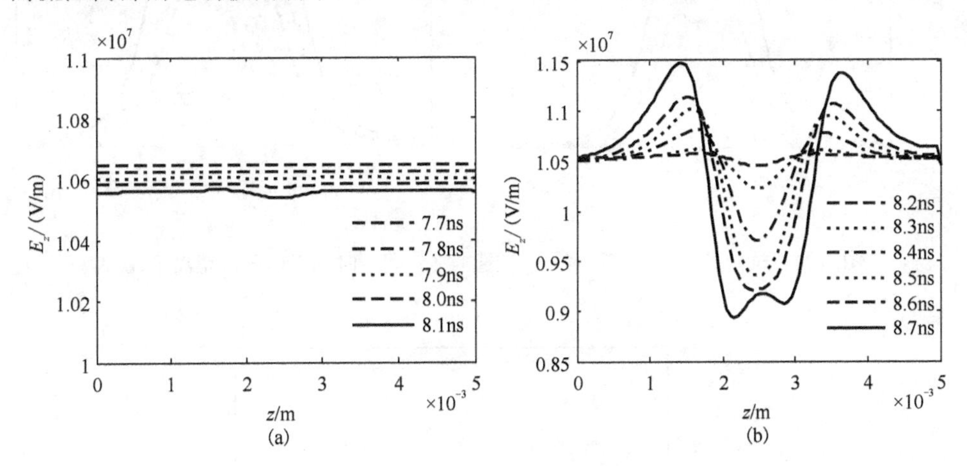


图 3-22　$SF_6$ 轴向电场强度

图 3-23 和图 3-24 是各时刻下正、负离子密度分布，通过对照图 3-21 可以发现，正离子、负离子和电子的变化规律相似，这是因为电子在运动过程中与 $SF_6$ 气体分子发生电离碰撞和附着碰撞，每次发生电离碰撞都会增加一个电子-离子对；发生附着碰撞时产生负离子，在等离子通道内，正、负离子速度相差不多，正离子和负离子迅速中和为中性分子，中性分子又吸附电子形成负离子，如此循环，导致在同一时刻下的正离子的密度要大于负离子密度，而负离子密度又大于电子密度，如图 3-25 所示。正是由于 $SF_6$ 分子极强的电负性，有效地降低电子密

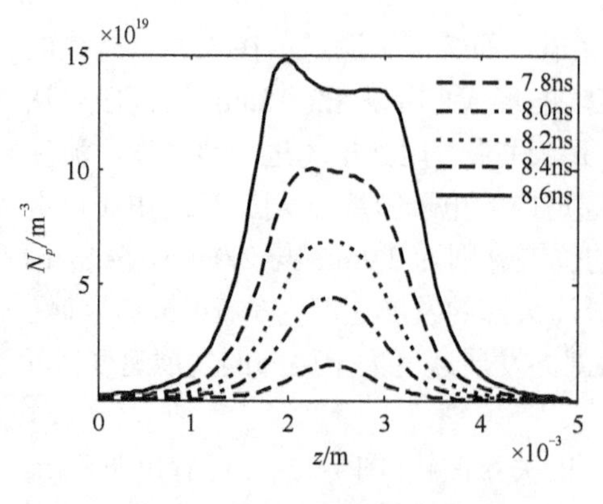


图 3-23　轴向正离子密度

度，阻碍了流注的发展，延缓了间隙的击穿时间。

图 3-26 是各时刻下 $SF_6$ 电子轴向漂移速度。因为电子的漂移速度和电子所在位置的电场密切相关，所以电子轴向漂移速度与电场变化规律相似。从图 3-26 中可以看出，电子的漂移速度在 2～2.7m/s 范围变化。在同一时刻下，在流注头部和尾部的电子漂移速度大于等离子通道内的电子漂移速度。

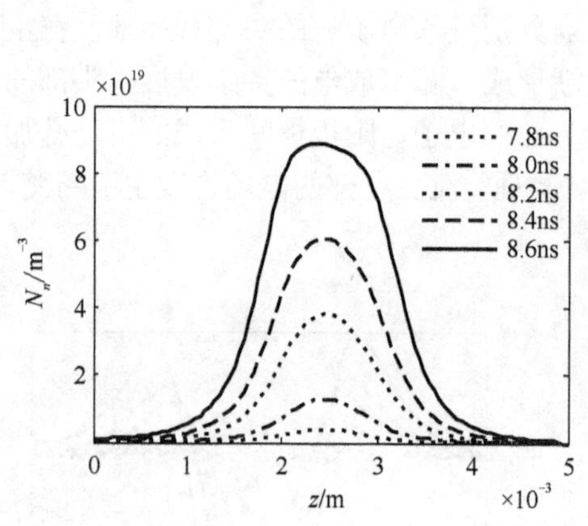


图 3-24　轴向负离子密度

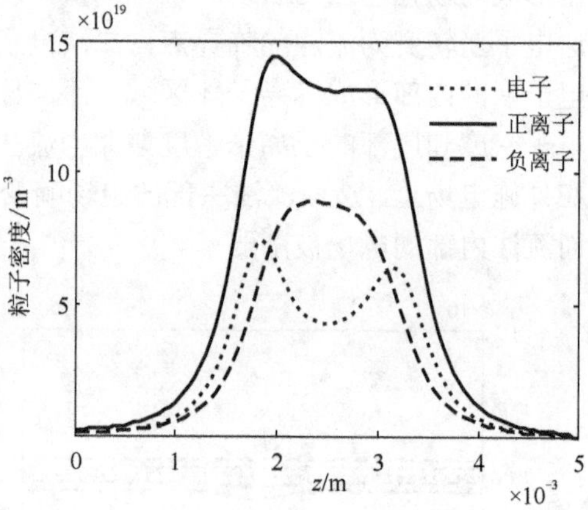

图 3-25　同一时刻下电子、正离子、负离子密度

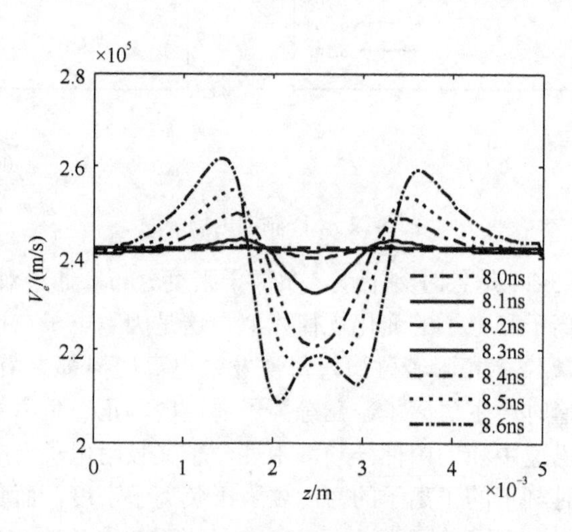


图 3-26　$SF_6$ 电子轴向漂移速度

### 3.4.2　初始条件对放电过程的影响

短间隙下气体放电过程是十分快速的，当外部电压源为纳秒脉冲时放电过程更为迅速，通常击穿都在十几纳秒内完成，在这样短的时间内，用实验的手段很难观察到其放电过程，通过数值计算的方法对其放电过程进行模拟才有可能获得放电过程中带电粒子行为、放电通道演化等与外施电场依赖关系。而在仿真计算中，初始值条件的选取对计算结果有重要影响，以下给出不同初始条件下 $SF_6$ 的放电特性。

1. 脉冲上升沿时间对放电过程的影响

1) 上升沿时间 2ns

采用平板电极，极板间隙为 5mm，在阳极板施加上升沿时间为 2ns，幅值不变的纳秒脉冲，其波形图如图 3-27 所示。将峰值密度 $10^6 m^{-3}$，呈高斯分布的电子团放置在距阴极板 1mm 处，进行计算，分析计算结果。

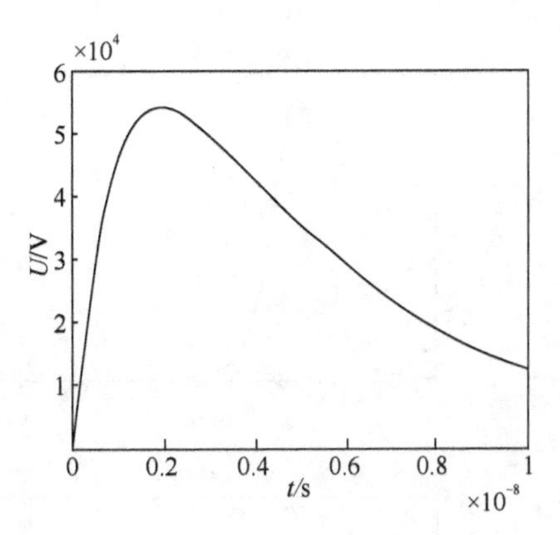


图 3-27　纳秒脉冲波形

观察图 3-28，可以发现，施加上升沿时间为 2ns 的纳秒脉冲后，在 0.5ns 时，脉冲电压为 30kV 电子密度峰值为$1.21\times10^3 m^{-3}$；当 0.9ns 时，脉冲电压为 44kV，电子密度峰值为$2.8\times10^1 m^{-3}$；而 1.5ns 时，脉冲电压为 52kV，电子密度峰值为$1.48\times10^3 m^{-3}$；此后，由于电压一直升高，电子密度随之增长，到 2.0ns 脉冲电压达到最大值，随后开始下降，但此时脉冲电压仍然大于 $SF_6$ 的临界击穿电压，所以电子密度继续增大，3.5ns 电子密度峰值为$6.5\times10^{12} m^{-3}$。当 4.0ns 时，脉冲电压下降到临界击穿电压以下，此时电子密度为$1.4\times10^{13} m^{-3}$，没有达到电子崩转流注的临界值，此后随着电压降低，电子密度将继续下降，不会形成流注。

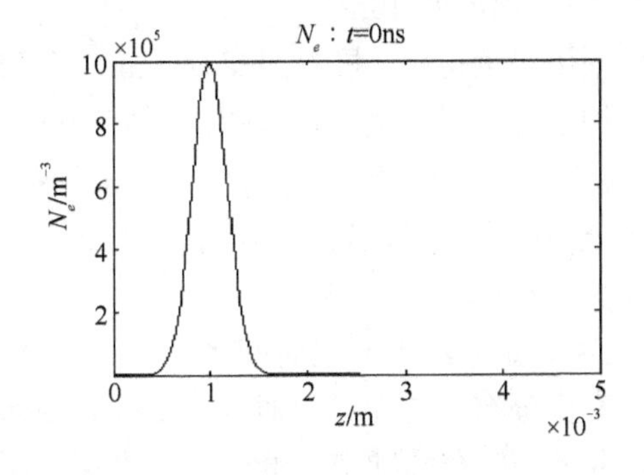


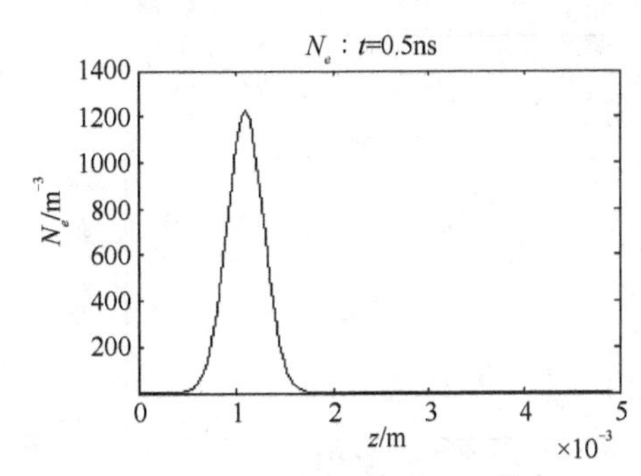

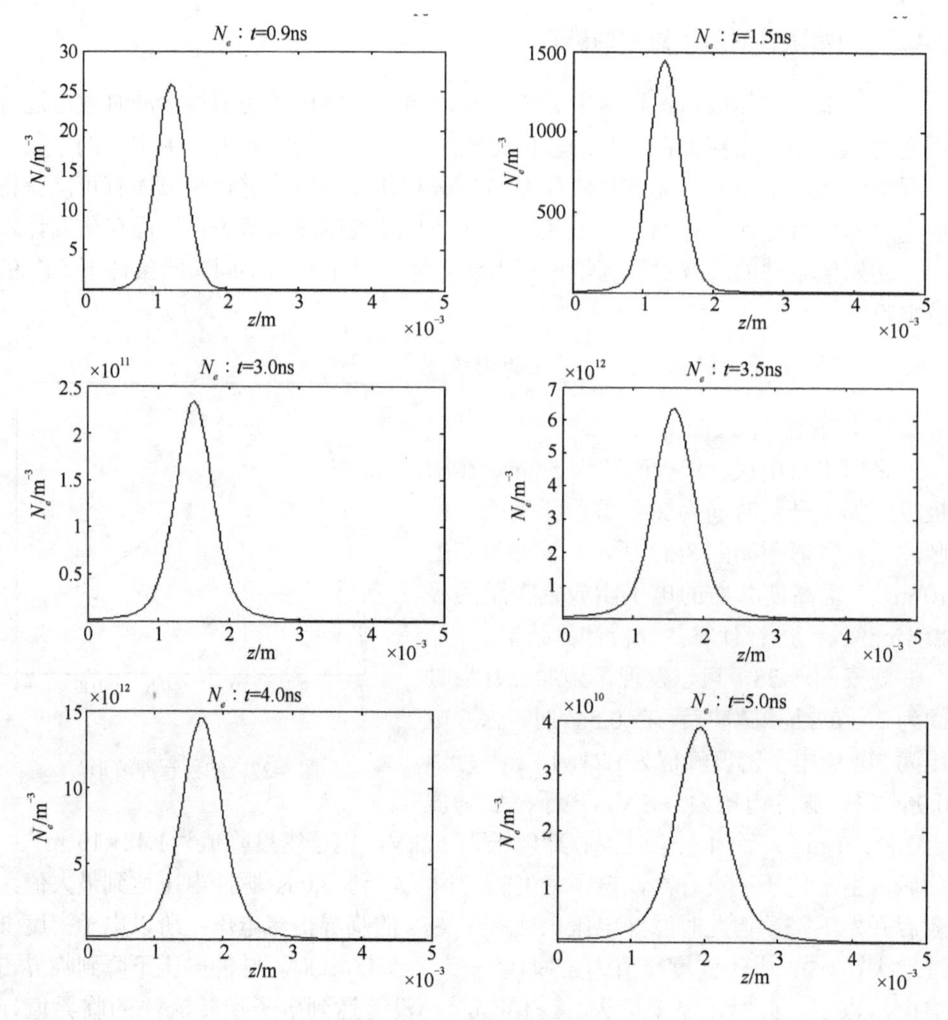


图 3-28　轴向电子密度

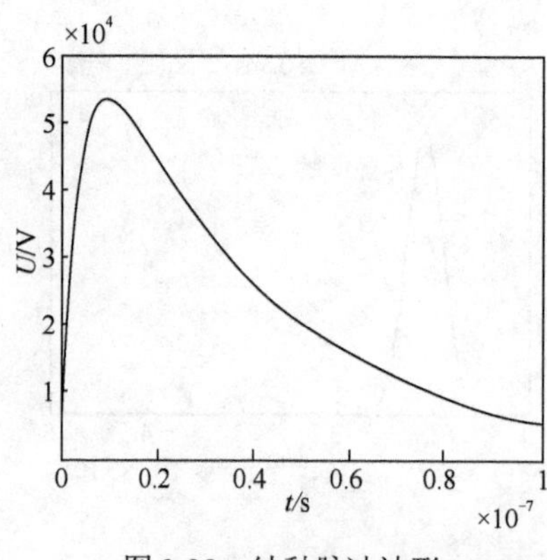


图 3-29　纳秒脉冲波形

2）上升沿时间 10ns

仍采用平板电极，极板间隙为 5mm，在阳极板施加上升沿时间为 10ns，幅值不变纳秒脉冲，其波形如图 3-29 所示。将峰值密度 $10^6\mathrm{m}^{-3}$，呈高斯分布的电子团放置在距阴极板 1mm 处，进行计算，观察计算结果。

图 3-30 是脉冲上升沿时间为 10ns 下，轴向电子密度分布。与上升沿时间为 6ns 时规律相似，电子密度在脉冲电压低于临界击穿电压时减小，高于临界击穿电压时增大，在 11.6ns

时刻，电子密度达到电子崩转流注阶段的临界值，流注逐渐形成，到 12ns 时，流注已明显出现。对比图 3-29 和图 3-30，纳秒脉冲上升沿时间为 6ns 和 10ns 时电子密度达到相同密度时间分别为 8.1ns 与 11.6ns，经过 0.4ns 后，都形成了流注，由此可知，改变纳秒脉冲的上升沿时间，主要影响流注的形成时间，这是因为在同一脉冲电压幅值下，上升沿时间越长，间隙内场强达到 $SF_6$ 临界击穿场强的时间越长，增加了电子崩的形成和发展时间，减小电子密度的积累速度，从而减缓了流注的形成。对比图 3-30 和图 3-31 可知，流注形成时间又影响到了间隙内部电场出现畸变的位置。

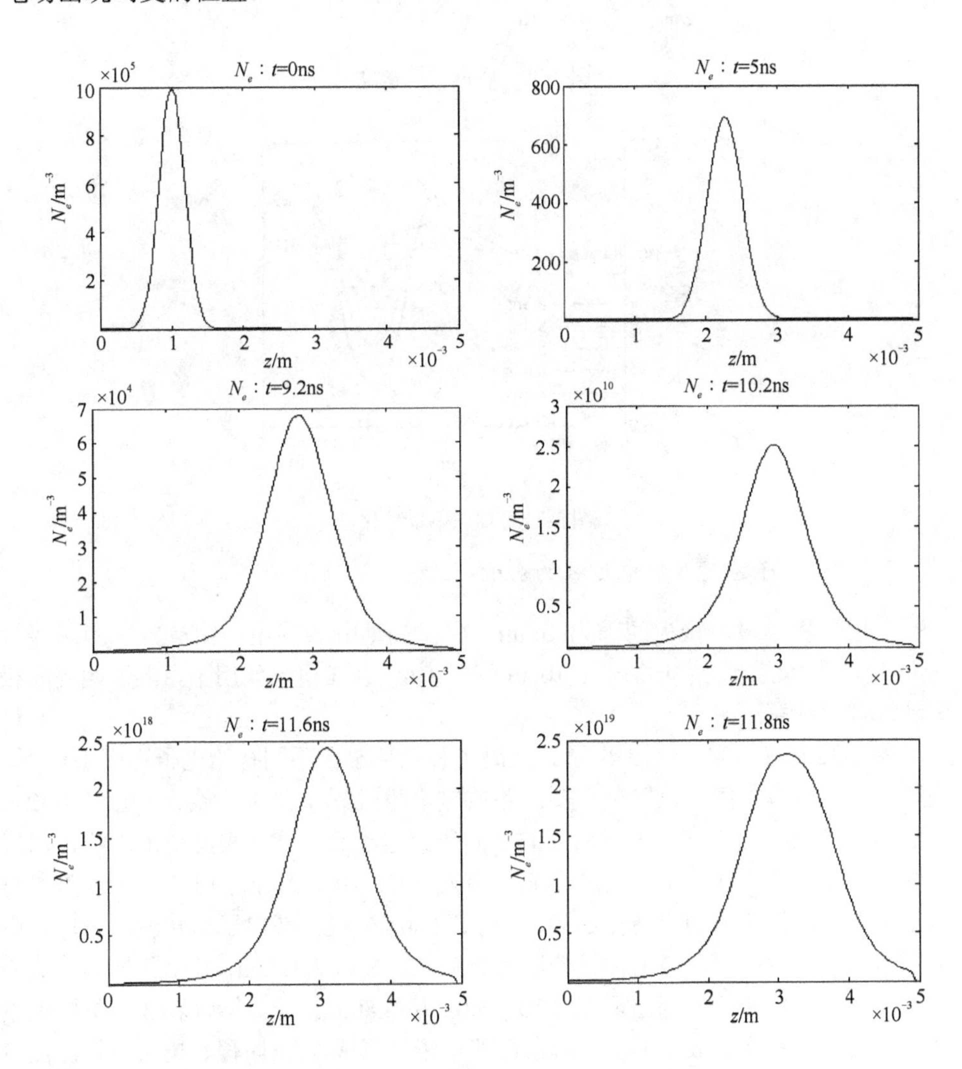

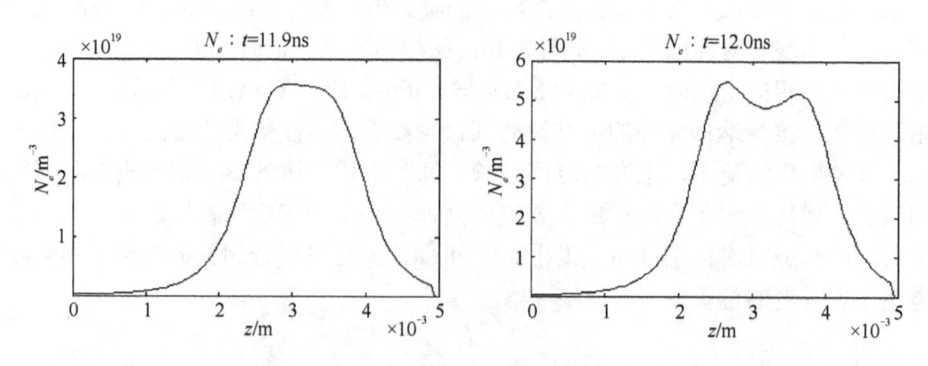


图 3-30　轴向电子密度

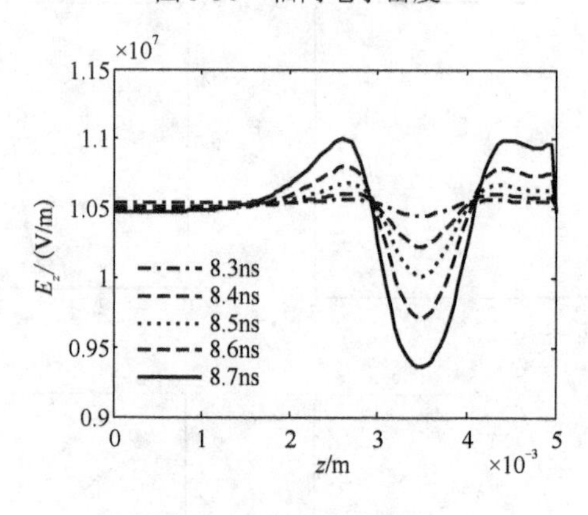


图 3-31　轴向电场变化

2. *初始电子密度对放电过程的影响*

采用平板电极，极板间隙为 5mm，将呈高斯分布的电子团放置在距阴极板 1mm 处，其峰值分别为$10^3 m^{-3}$、$10^6 m^{-3}$和$10^9 m^{-3}$，在电场作用下，电子团向阳极运动，观察计算结果。

图 3-32～图 3-34 分别为电子、正离子和负离子在不同初始电子密度条件下，到达同一密度范围内的位置分布图。各放电阶段时刻如表 3-1 所示。由图 3-32～图 3-34 可看出，由于初始电子密度的不同导致电子到达同一密度范围内峰值出现的位置也不同，当初始电子密度峰值分别为 $10^3$、$10^6$、$10^9 m^{-3}$ 时，电子崩阶段时电子密度峰值位置分别出现在 2.50、2.46、2.30mm 处；在电子崩转流注阶段，电子到达同一密度范围时峰值位置分别为 2.51、2.48 和 2.37mm；在流注阶段，流注头部的电子密度峰值分别出现在 3.10、3.04 和 2.80mm 处。结合表 3-1 可以观察到，初始电子密度对放电的三个阶段，即电子崩形成-发展阶段、电子崩转流注阶段和流注阶段的电子密度峰值出现的位置都产生了影响，随着初始电子密度的增大，电子到达相同密度峰值的位置和时间都将提前，这是因为初始电子密度大，单

位时间内因碰撞电离产生的电子数增多，有利于电荷密度的积累，提前到达电子崩转流注的临界值，导致流注提前出现，加快了放电的进行。

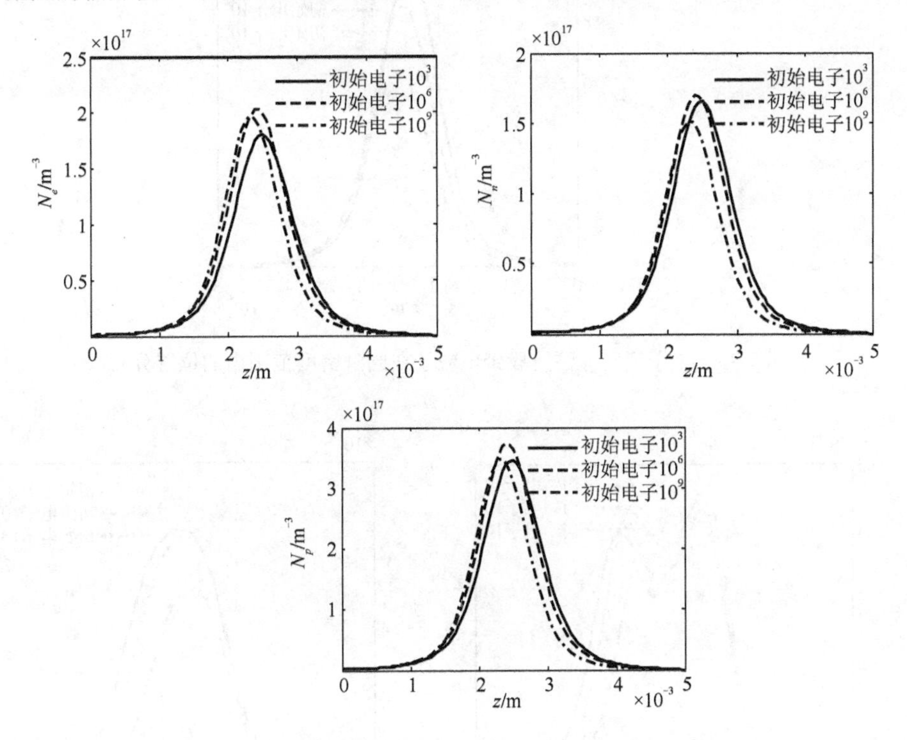


图 3-32 电子崩阶段带电粒子在同一密度范围内的位置分布

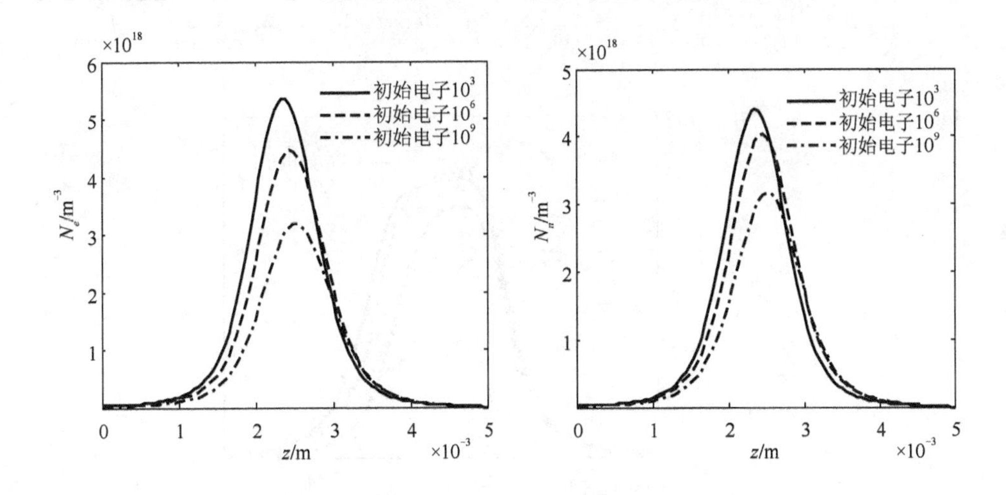

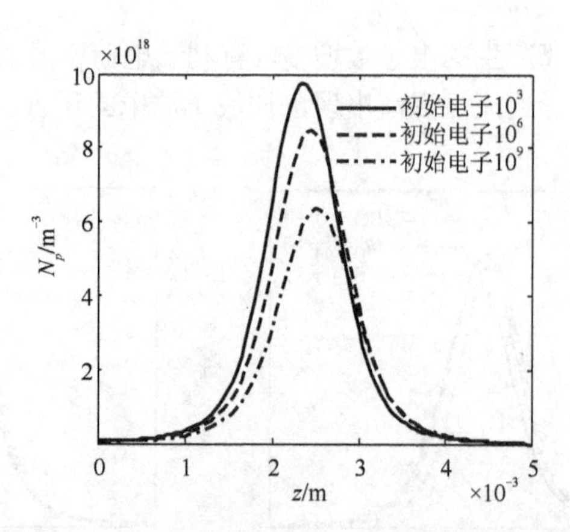


图 3-33　电子崩转流注阶段带电粒子在同一密度范围内的位置分布

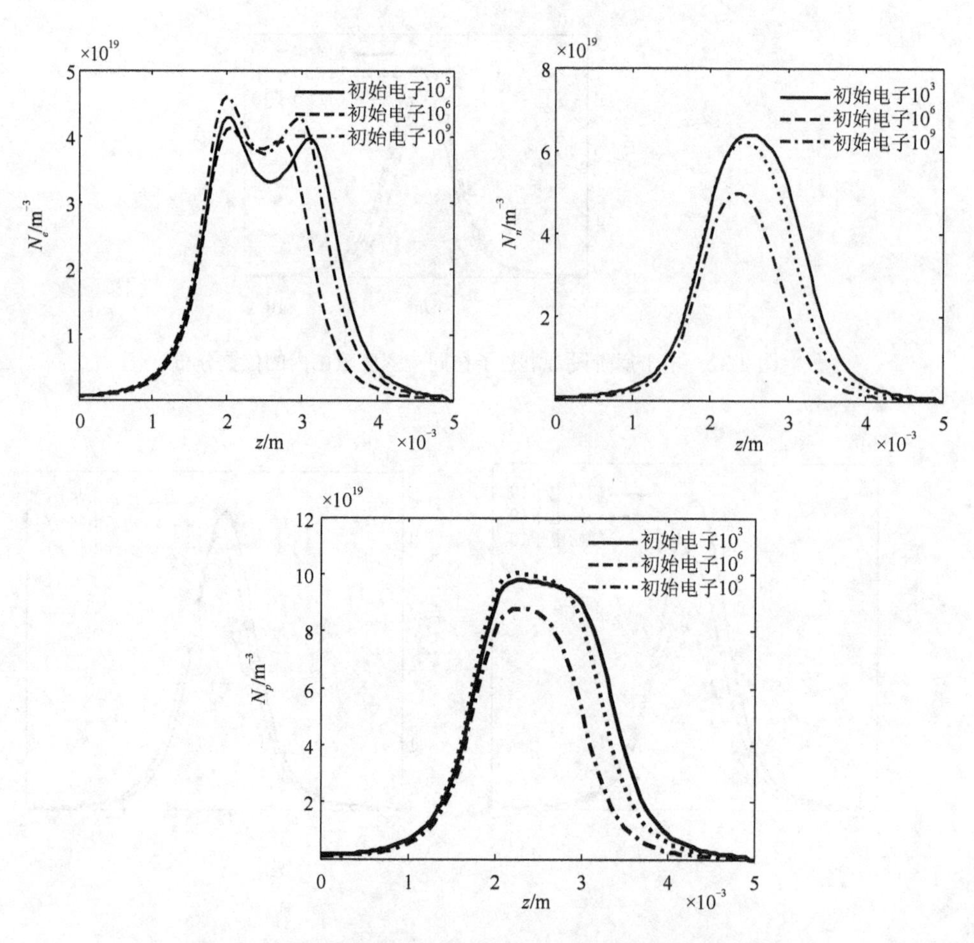


图 3-34　流注阶段带电粒子在同一密度范围内的位置分布

表 3-1　不同初始电子密度下带电粒子到达同一放电阶段所需的时间

| 放电阶段 \ 初始电子密度/$m^{-3}$ | $10^3$ | $10^6$ | $10^9$ |
|---|---|---|---|
| 电子崩阶段/ns | 8.5 | 8.0 | 7.3 |
| 电子崩转流注阶段/ns | 8.8 | 8.3 | 7.6 |
| 流注阶段/ns | 9.1 | 8.5 | 7.8 |

3. 初始电子位置对放电过程的影响

1) 初始电子在距阴极 2mm 处

采用平板电极，极板间隙为 5mm，将峰值密度 $10^6 m^{-3}$，呈高斯分布的电子团放置在距阴极板 2mm 处进行计算，计算结果如图 3-35 所示。

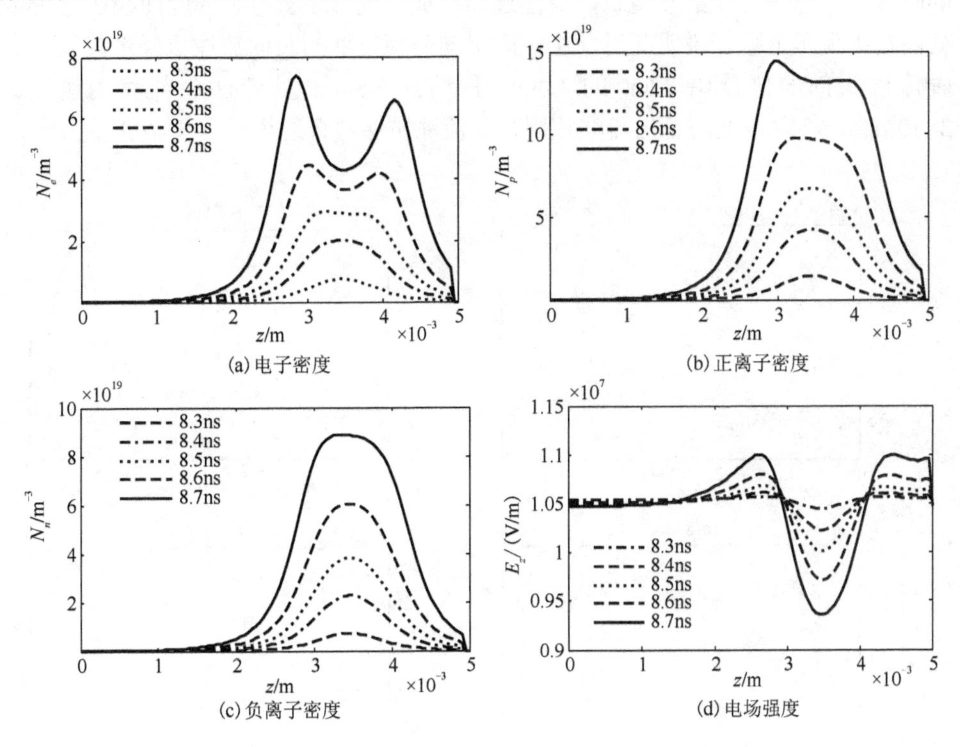


图 3-35　初始电子位置 2mm 下各粒子和轴向场强在不同时刻分布曲线

图 3-35 是初始电子位置为 2mm 下各粒子和轴向电场在不同时刻的分布曲线。图 3-35 和图 3-21～图 3-26 对比可以发现，当电子初始位置由 1mm 变为 2mm 时，流注出现的时间和密度均无大的变化，但对流注出现的位置产生了影响，初始电子位置在 1mm 和 2mm 时电子密度峰值达到 $2\times10^{19} m^{-3}$ 时的位置分别出现在 2.5mm 和 3.5mm 处。如图 3-35(d) 所示，流注产生的位置变化导致电场发生畸变的位置也随之变化。流注产生后，其头部与尾部的运动速度分别为 $2.1\times10^6$ m/s 和

$1.3\times10^{6}\text{m/s}$，与初始位置 1mm 时相同，此时流注仍是向两极发展，且以向阳极发展的流注为主。

2)初始电子位置在距阴极 3mm 处

采用平板电极，极板间隙为 5mm，将峰值密度 $10^{6}\text{m}^{-3}$，呈高斯分布的电子团放置在距阴极板 3mm 处进行计算，计算结果如图 3-36 所示。

图 3-36 所示为初始电子团中心在距阴极板 3mm 处，各时刻下电子密度位置分布。由图 3-36 可见，在 7.5ns 时刻前，可以很明显地观察到带电粒子的增减情况，7.5ns 时，已经有相当一部分电子接触到阳极板，0.5ns 后，电子密度峰值由 7.5ns 时的 $2.8\times10^{14}\text{m}^{-3}$ 达到 8ns 时的 $1.9\times10^{17}\text{m}^{-3}$，可见电子崩阶段后期电子增长得十分迅速，在 8.2ns 时刻，电子密度已经达到 $2.5\times10^{18}\text{m}^{-3}$，达到电子崩转流注的临界值，电子密度继续增长，流注逐渐形成。到 8.6ns 电子密度曲线在 4.0mm 处明显出现了上翘，说明此时一个由阳极向阴极发展的负向流注已经形成。8.7ns 时流注头部的位置由 8.6ns 的 4.0mm 移动到 3.8mm 处流注头部移动速度为 $2\times10^{6}$m/s，移动速度与正向流注相同，当流注贯穿整个通道后，间隙就被击穿。

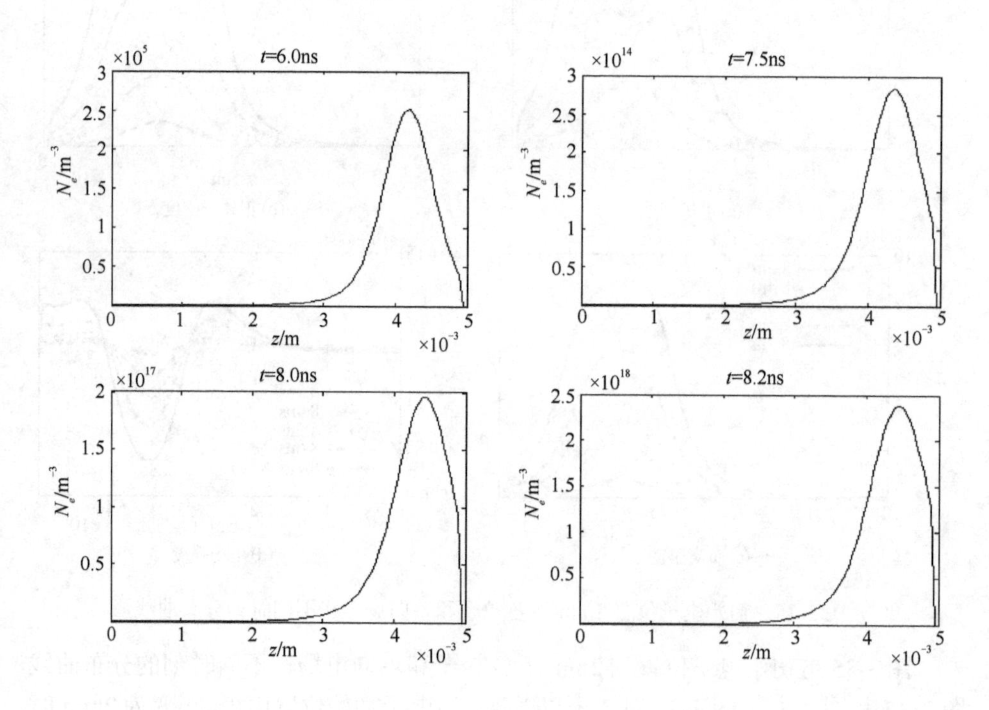

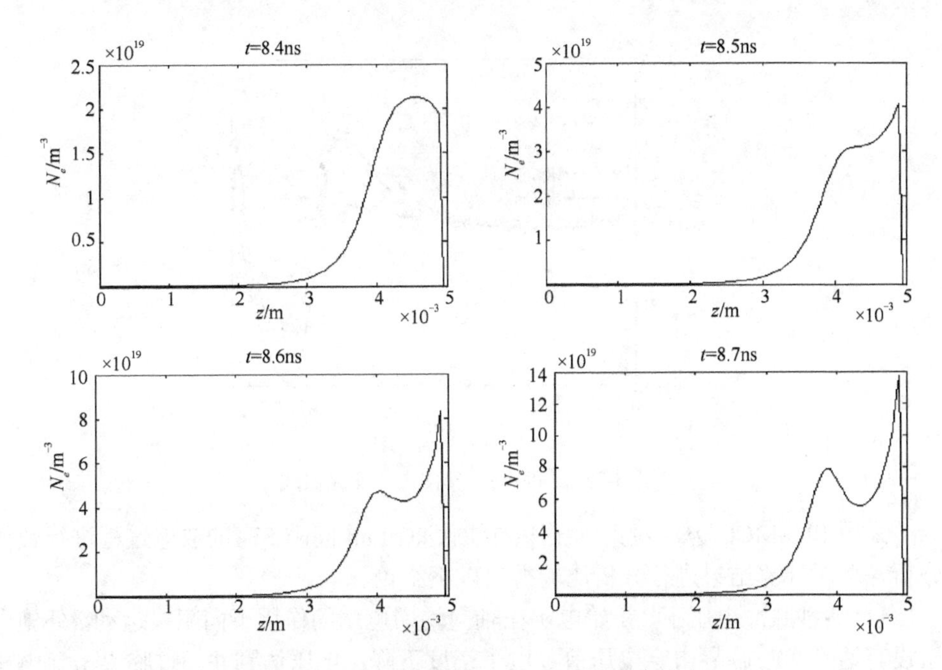

图 3-36　初始电子位置 3mm 下电子密度分布

图 3-37、图 3-38 分别为正、负离子和轴向电场变化曲线，结合图 3-36 发现，初始电子在距阴极 3mm 时，由于距阳极很近，电子迅速向阳极移动，电子到达阳极板后一部分电子被阳极板吸收，但剧烈的碰撞电离使得电子的增长速度明显高于吸收的速度，电子持续增长。当电子密度积累到电子崩转流注的临界值后，如此高的电荷密度加强了流注头部的电场引发剧烈的碰撞电离，外部的二次电子崩汇入主电子崩，流注逐渐形成。随着流注的形成，靠近阳极板一侧的流注尾部电子被与吸收过来的二次电子崩头部的正离子复合形成等离子体，电子密度降低，减小了尾部电场畸变程度。

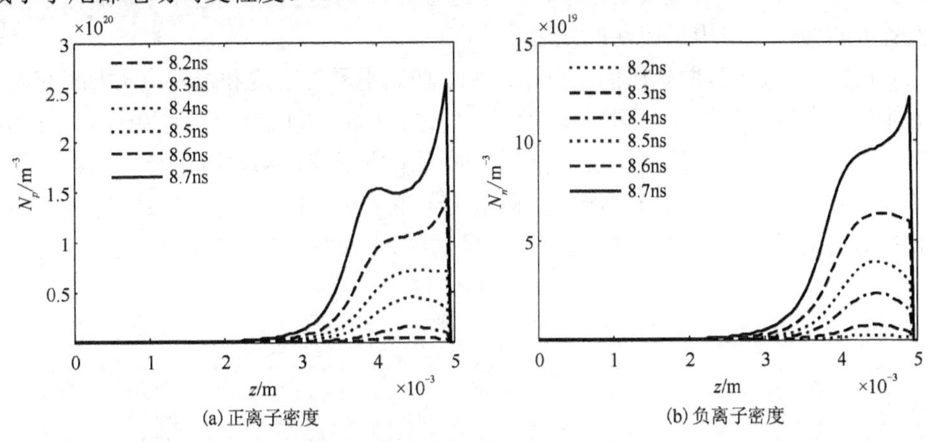


图 3-37　各时刻正、负离子变化曲线

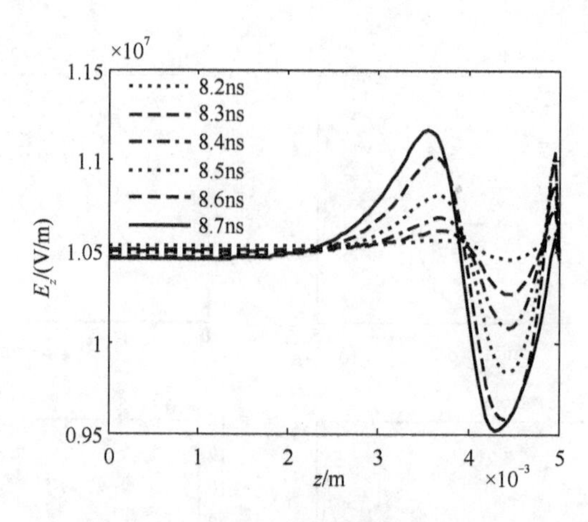


图 3-38　各时刻下轴向电场变化曲线

采用 PIC-MCC 方法对大气压下纳秒脉冲 5mm 间隙 $SF_6$ 的放电过程进行数值分析，并对计算结果进行分析比较得出以下结论。

(1)纳秒脉冲电压下，初始电子在轴向均匀电场的作用下向阳极运动，外施电压没有达到 $SF_6$ 临界击穿电压前，电子密度下降，电压达到并超过临界击穿电压后电子密度重新增长，电子密度不断积累。放电过程分为三个阶段，即电子崩阶段、电子崩-流注形成阶段和流注发展阶段。

(2)在电子崩阶段，空间电荷形成的电场对间隙内部的电场几乎没有造成影响，在电子崩-流注阶段，由于电子密度的不断积累，空间电荷形成的电场已开始对外加电场造成影响，电场开始出现波动，在流注发展阶段，流注的头部和尾部不断吸收二次电子崩，头部和尾部的电场持续畸变，而流注内部形成了等离子体通道，其内部电场反向于外界电场，造成了流注内部电场的凹陷现象。

(3)流注发展阶段，电子与 $SF_6$ 分子吸附产生的负离子与正离子中和成中性分子，中性分子又不断地吸附电子，正是由于 $SF_6$ 的电负性，能够有效地抑制的电子密度的增长，阻碍了流注的发展。

(4)通过改变脉冲电压的上升沿时间、初始电子的密度和位置，分析改变初始条件对放电过程的影响。可发现改变脉冲的上升沿时间会影响流注的形成时间；初始种子电子密度对流注出现的位置和时间造成影响，初始电子密度越大，流注形成得越快，加速了间隙的击穿；初始种子电子位置影响流注形成的位置，当电子的初始位置距阳极较近时，会产生由阳极向阴极发展的负向流注。

# 第 4 章　纳秒脉冲电压电极介质覆盖 $SF_6$ 放电特性

纳秒脉冲电压作用下的电极介质覆盖 $SF_6$ 放电过程，带电粒子将在介质覆盖层上快速积累，覆盖层和气隙交界面处各带电粒子浓度剧烈变化将对计算方法的稳定性提出更严格的要求。依据流体力学理论、方法及气体放电特性，建立了纳秒脉冲电压气体放电模型，采用 MacCormack 差分格式进行离散求解，此格式不但具有二阶精度，而且是一种反耗散的稳定格式，能在保证稳定性的前提下，兼顾计算精度、计算量和收敛速度的要求。

在全覆盖以及单侧电极介质覆盖条件下，通过改变外施纳秒脉冲的电压幅值及上升沿、气隙距离、覆盖层的厚度及相对介电常数、压强等外部参数的方式，理论研究了纳秒脉冲下 $SF_6$ 电极介质覆盖放电特性，以及放电过程带电粒子的运动行为与间隙电场的依赖关系，获得了放电过程间隙的电流、位移电流和传导电流的分布。

## 4.1　纳秒脉冲电压气体放电机理

关于纳秒脉冲电压气体放电机理的研究有以下典型的理论和模型，它们是经典流注机理、电子崩链模型、逃逸电子模型以及快速电离波理论，虽然能够解释一定条件的放电现象，但是，它们还存在某些局限性。

### 4.1.1　流注机理

在汤逊电子崩放电理论基础上，流注机理考虑了空间电荷的光致电离、二次崩及流注形成等效应，它是最早用来解释纳秒脉冲电压下气体放电现象机制的理论。流注理论认为光致电离对气体放电发展过程至关重要，流注的发展需要在临界电子崩时气体中已存在足够引发光致电离的光子，如果受激分子的寿命大于放电过程发展到临界电子崩的时间，则气体中的光子不足，印次依靠光致电离使一次电子崩向二次电子崩发展，进而形成流注的解释存在缺陷。实验证明受激分子的平均寿命为 1～10ns，而受激原子的平均寿命为 10～100ns，而按照经典流注机理来解释放电过程，流注形成存在 10ns 左右的延时，因此流注机理解释纳秒脉冲电压下的气体放电现象存在明显缺陷。

### 4.1.2　电子崩链模型

由于流注机理在解释纳秒脉冲放电时本身存在的缺陷，有些学者最先提出快电子的连续倍增理论，此理论指出从电子崩逃逸出来的快电子，在气隙发生电离作用并不断发生碰撞使电子数持续迅速增加。在快电子倍增学说基础上，Mesyats等提出电子崩链理论，探讨少量电子引起的放电变化趋势。电子崩链理论表明电子崩向前移动并且数值增长到一定程度后运动变慢且会中断，电子崩头部里一些逃逸电子(具有较高能量电子)从崩头逃离出来，接着发展为二次电子崩，循环进行以上过程，线性电子崩链就会逐渐产生，贯穿于两个电极中。

### 4.1.3 逃逸电子模型

逃逸电子模型更进一步强调快电子理论，最早由Kunhardt提出。假定电子崩里电子从能量角度划分为快电子与慢电子。快电子对分析纳秒脉冲气体放电尤为重要，其逃离出电子崩的能量阈值范围为大于或等于(3～5) $W_i$，其中 $W_i$ 为电离能，快电子的能量阈值由气压、外施场强和气体介质决定，场强越高，阈值就越小，可以从电子崩逃离的电子数就越多。该模型中电子崩运动如图4-1所示。

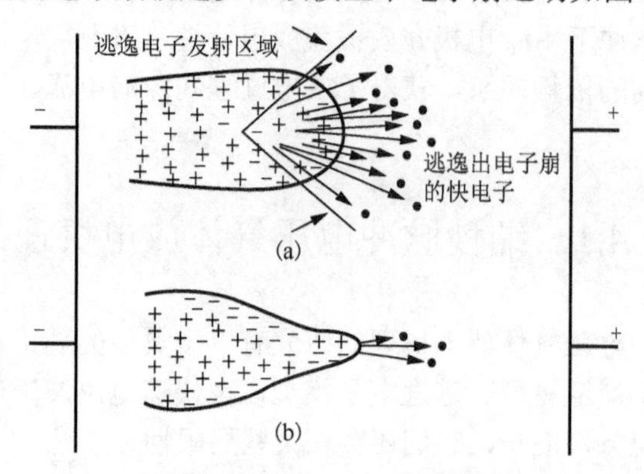


图4-1　逃逸电子理论的电子崩运动

逃逸电子模型认为，在电子崩向前发展时，电子崩头部里具有高能量的快电子会从崩头逃逸出来，接着会很快分散在电子崩头部靠近阳极区域内；同时这些快电子会与电子崩头部的气体发生电离作用，促使电子崩进一步向前运动，且电子崩的头部半径会变小，进而导致丝状通道的形成，电子崩的头部附近的场强也随之加强，因此快电子又会从崩头逃离出来，如此循环，电子崩将快速地朝着阳极运动。最后电子崩至阳极间隙击穿。

快电子逃逸产生的核心影响因素是电子崩运动时的能量分布，其能量值会有一定要求，必须大于最低的能量阈值，只要能量够大，电子就会从电子崩中完全逃逸。外施电场值变大，电子的平均能量值会增加，纳秒脉冲电压作用时的电子平均能量值相对直流电压作用时会更高。外加气压升高，对应的有效阻力(能量损失函数用此表示)就会增大，逃逸出来的电子就会减少。逃逸电子理论中，电子崩包含能量值较大的快电子和能量值一般的热电子。如果要使快电子能挣脱电子崩的束缚而逃离出来，就必须让电子快速运动获得较高能量。快电子一方面可朝电子崩轴线处逃离出电子崩，另一方面也可从与轴线夹角为$\delta$的某些区域逃离出来。逃逸条件为

$$\frac{\mathrm{d}\varepsilon}{\mathrm{d}x}=eE(x,\delta)-F(\varepsilon)/\cos\theta>0 \tag{4-1}$$

式中，$E(x,\delta)$是崩头的电场强度(空间电荷产生的场强和外施场强的合成)；$\delta$是空间电荷所形成电场与外施场间的夹角；$F(\varepsilon)$代表有效阻力。

与传统气体放电相比，逃逸电子模型中能量值较大的快电子与气体分子发生碰撞电离作用，并产生得到大量新电子，这种过程比流注放电的空间光电离过程更加快速和有效。

### 4.1.4 快速电离波理论

研究气体放电过程时，俄罗斯学者给出了电离波击穿模型，其理论发展基础也是电子逃逸学说。电离波理论指出高电压脉冲作用时，气体放电现象会有电离波出现，速度为$10^5$～$10^{10}$cm/s，随后电离波会在放电间隙中发展，最终电离波贯穿气隙形成导电通道。电离波形成初期，其移动速度并不大，其中扩散和迁移过程阻碍了电离波头的移动速度。若施加上升沿时间很短的纳秒脉冲电压，其中发生碰撞电离作用能出现许多高能量的快电子，逃逸出来的快电子形成速度较快的电离波，这样快速电离波缩短了间隙击穿时间。目前已有学者采取试验方法探索电离波击穿现象，如图 4-2 所示。

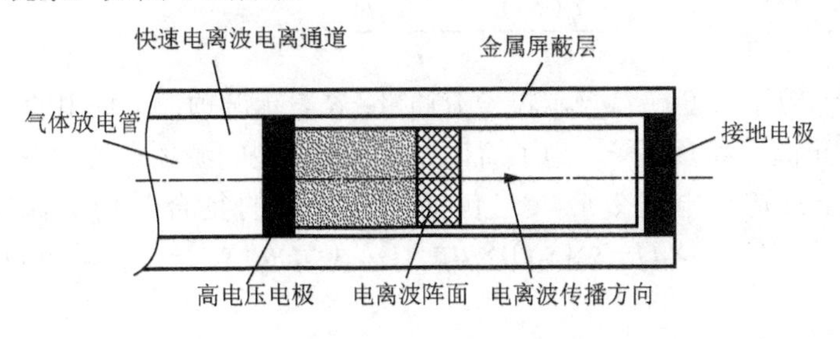


图 4-2 气体放电管里电离波的形成

## 4.2 纳秒脉冲电压下对称电极介质覆盖 $SF_6$ 放电特性

采用数学分析的方法对气体放电特性进行研究，可直接获得放电过程各带电粒子的动力学特性，有利于在微观尺度上发现纳秒脉冲电压下对称电极介质覆盖$SF_6$放电规律。

### 4.2.1 模型

在流体模型的基础上，引入对流-扩散机制并考虑各带电粒子的动力学行为特点，建立了 $SF_6$ 气体介质覆盖纳秒脉冲电压气体放电模型，如图 4-3 所示。

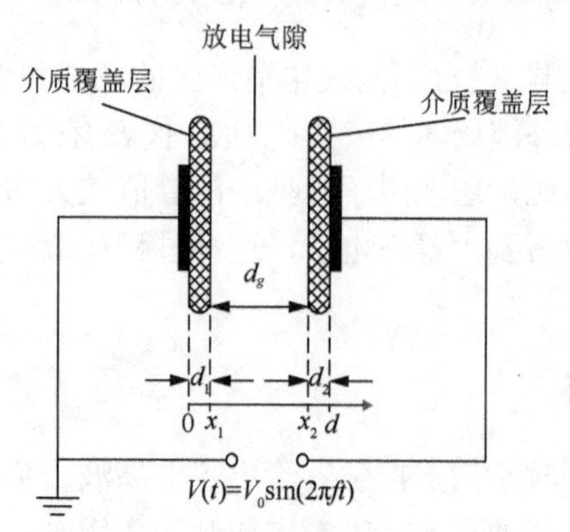


图 4-3　介质覆盖模型放电示意图

表述此模型的电子、正离子和负离子的流体力学模型方程分别为

$$\frac{\partial n_e(x,t)}{\partial t}+\frac{\partial \Gamma_e(x,t)}{\partial x}=S_e(x,t) \tag{4-2}$$

$$\frac{\partial n_i(x,t)}{\partial t}+\frac{\partial \Gamma_i(x,t)}{\partial x}=S_i(x,t) \tag{4-3}$$

$$\frac{\partial n_n(x,t)}{\partial t}+\frac{\partial \Gamma_n(x,t)}{\partial x}=S_n(x,t) \tag{4-4}$$

式中，$n$ 表示粒子密度；$\Gamma$ 表示粒子流通量；$S$ 表示源项；下标中的 $e$、$i$、$n$ 分别表示电子、正离子和负离子。为了简化计算，在模型的源项中仅考虑电子的碰撞、附着、复合和光致电离效应，也包括正负离子的复合效应。源项可表示为

$$S_e(x,t)=(\alpha_e(x,t)-\eta_e(x,t)+g_e(x,t))\times\mu_e(x,t)E_g(x,t)n_e(x,t)-\beta_{ei}(x,t)n_e(x,t)n_i(x,t) \tag{4-5}$$

$$\begin{aligned}S_i(x,t)=&(\alpha_e(x,t)+g_e(x,t))\mu_e(x,t)E_g(x,t)n_e(x,t)\\&-\beta_{ei}(x,t)n_e(x,t)n_i(x,t)\\&-\beta_{ni}(x,t)n_n(x,t)n_i(x,t)\end{aligned} \tag{4-6}$$

$$S_n(x,t)=\eta_e(x,t)\mu_e(x,t)E_g(x,t)n_e(x,t)-\beta_{ni}(x,t)n_n(x,t)n_i(x,t) \tag{4-7}$$

式中，$\alpha$、$\eta$、$g$、$\beta$ 分别表示电子碰撞系数、附着系数、光致电离系数和复合系数；$E_g$ 为气体间电场强度。各带电粒子流密度的通量分别表示为

$$\Gamma_e(x,t)=-\mu_e(x,t)n_e(x,t)E_g(x,t)-D_e(x,t)\frac{\partial n_e(x,t)}{\partial x} \tag{4-8}$$

$$\Gamma_i(x,t)=\mu_i(x,t)n_i(x,t)E_g(x,t)-D_i(x,t)\frac{\partial n_i(x,t)}{\partial x} \tag{4-9}$$

$$\Gamma_n(x,t)=-\mu_n(x,t)n_n(x,t)E_g(x,t)-D_n(x,t)\frac{\partial n_n(x,t)}{\partial x} \tag{4-10}$$

式中，$\mu$、$D$分别表示粒子的迁移率和扩散率。通常情况下，电场强度用泊松方程(4-11)求解：

$$\varepsilon_0\varepsilon_g\frac{\partial E_g(x,t)}{\partial x}=e(n_i(x,t)-n_e(x,t)-n_n(x,t))=e\rho(x,t) \tag{4-11}$$

式中，$\varepsilon_0$、$\varepsilon_g$分别表示真空中的介电常数和工作气体的相对介电常数。

为简化电场计算过程做如下处理，将式(4-2)减去式(4-3)再加上式(4-4)，并进行化简合并整理得到

$$\frac{\partial\rho(x,t)}{\partial t}=-\frac{\partial\Gamma_c(x,t)}{\partial x} \tag{4-12}$$

对式(4-11)左右两边对时间求导，可得

$$\frac{\partial^2 E_g(x,t)}{\partial x\partial t}=\frac{e}{\varepsilon_0\varepsilon_g}\frac{\partial\rho(x,t)}{\partial t} \tag{4-13}$$

将式(4-12)代入式(4-13)可得

$$\frac{\partial}{\partial x}\left[\frac{\partial E_g(x,t)}{\partial t}+\frac{e}{\varepsilon_0\varepsilon_g}\Gamma_c(x,t)\right]=\frac{\partial}{\partial x}\left[\frac{\partial E_g(x,t)}{\partial t}+\frac{e}{\varepsilon_0\varepsilon_g}j_c(x,t)\right]=0 \tag{4-14}$$

即可得到的电流平衡方程(4-15)代替泊松方程来求解电场：

$$\varepsilon_0\varepsilon_g\frac{\partial E_g(x,t)}{\partial t}+j_c(x,t)=j_T(t) \tag{4-15}$$

式中，$j_c$表示传导电流密度，$j_c(x,t)=e(\Gamma_i-\Gamma_e-\Gamma_n)$，在电极介质覆盖放电中，由于正离子碰撞阴极产生的二次电子发射效应对放电特性存在一定的影响，在阴极处绝缘介质处考虑二次发生效应，则

$$j_c(x_2,t)=\mathrm{e}[\Gamma_i(x_2,t)-(1+\gamma)\Gamma_e(x_2,t)-\Gamma_n(x_2,t)]$$

式中，$\gamma$为二次发生系数；$j_T(t)$表示总电流密度。

对电流平衡方程(4-15)两端求气隙$x_1$到$x_2$的积分：

$$\varepsilon_0\varepsilon_g\frac{\partial U_g(t)}{\partial t}=j_T(t)d_g-\int_{x_1}^{x_2}j_c(x,t)\mathrm{d}x \tag{4-16}$$

式中，$U_g(t)$为气体间隙两端的电压。施加在电极两端的电压$U(t)$、两侧绝缘介质层上的压降$U_b(t)$以及气隙压降$U_g(t)$间的关系可以表示为

$$U(t)=U_g(t)+U_b(t) \tag{4-17}$$

假设两侧覆盖介质的电导率为 0，可通过式(4-16)得到

$$\varepsilon_0\varepsilon_b\frac{\partial U_b}{\partial t}=j_T(t)(d_1+d_2) \tag{4-18}$$

式中，$\varepsilon_b$ 为绝缘介质的介电常数。如果绝缘介质厚度为 $d$，则式(4-18)可转化为

$$\varepsilon_0\varepsilon_b\frac{\partial U_b}{\partial t}=2j_T(t)d \tag{4-19}$$

将式(4-16)和式(4-19)代入式(4-17)中，并化简可以得到

$$j_T(t)=\left(\varepsilon_0 U(t)+\frac{1}{\varepsilon_g}\int_{x_1}^{x_2}j_c(x,t)\mathrm{d}x\right)\Bigg/\left(\frac{2d}{\varepsilon_b}+\frac{d_g}{\varepsilon_g}\right) \tag{4-20}$$

令 $d_d=2d/\varepsilon_b+d_g/\varepsilon_g$，$d_d$ 可称为折合距离。由于纳秒脉冲作用的持续时间很短并且固体覆盖介质的绝缘强度高于气体，因此可假设运动到边界处的电荷都在介质层上集聚，则可以得到两侧边界处的电荷密度：

$$n(x_1,t)=\int_0^t\Gamma(x_1,t')\mathrm{d}t' \tag{4-21}$$

$$n(x_2,t)=\int_0^t\Gamma(x_2,t')\mathrm{d}t' \tag{4-22}$$

### 4.2.2 MacCormack 算法

计算流体力模型均为有限的离散模型，用一个有限自由度的物理或力学系统来模拟一个连续介质系统。对于研究 4.2.1 节模型在纳秒脉冲下的 $SF_6$ 放电特性，其核心问题是求解方程(4-2)～方程(4-4)，均为典型的对流扩散方程，其通式可以写成：

$$\frac{\partial u}{\partial t}+a\frac{\partial u}{\partial x}-b\frac{\partial^2 u}{\partial x^2}-s_f=0 \tag{4-23}$$

式(4-23)为非齐次方程，由于存在源项 $s_f$，可能会出现计算精度下降的情况。又由气体放电理论可知，气体放电过程电子和离子密度在同一时刻在放电空间的不同位置可能相差几个数量级，同一位置在不同时刻的数值也可能相差几个数量级，导致了相应的电流密度和电场量变化的奇异性，对求解方法提出更高的要求。为了提高计算的稳定性和精度，采用 MacCormack 差分格式，计算过程如下。

由式(4-22)的齐次方程可得

$$\left(\frac{\partial u}{\partial t}\right)_i^t=-a\left(\frac{\partial u}{\partial x}\right)_i^t+b\left(\frac{\partial^2 u}{\partial x^2}\right)_i^t \tag{4-24}$$

$$\left(\frac{\partial^2 u}{\partial t^2}\right)_i^t=a^2\left(\frac{\partial^2 u}{\partial x^2}\right)_i^t-2ab\left(\frac{\partial^3 u}{\partial x^3}\right)_i^t+b^2\left(\frac{\partial^4 u}{\partial x^4}\right)_i^t \tag{4-25}$$

已知 $t$ 时刻 $u$ 求 $t$+1 时刻的 $u$ 值可对 $u$ 进行泰勒展开：

$$u_i^{t+1} = u_i^t + \Delta t\left(\frac{\partial u}{\partial t}\right)_i^t + \frac{1}{2}\Delta t^2\left(\frac{\partial^2 u}{\partial t^2}\right)_i^t + O(\Delta t^3) \tag{4-26}$$

将式(4-24)和式(4-25)代入式(4-26)可得

$$u_i^{t+1} = u_i^t + \Delta t\left[-a\left(\frac{\partial u}{\partial x}\right)_i^t + b\left(\frac{\partial^2 u}{\partial x^2}\right)_i^t\right] + \frac{1}{2}\Delta t^2\left[a^2\left(\frac{\partial^2 u}{\partial x^2}\right)_i^t \right.$$

$$\left. -2ab\left(\frac{\partial^3 u}{\partial x^3}\right)_i^t + b^2\left(\frac{\partial^4 u}{\partial x^4}\right)_i^t\right] + O(\Delta t^3) \tag{4-27}$$

因为

$$\left(\frac{\partial u}{\partial x}\right)_i^t = \frac{u_{i+1}^t - u_{i-1}^t}{2\Delta x} + O(\Delta x^2)，\quad \left(\frac{\partial^2 u}{\partial x^2}\right)_i^t = \frac{u_{i+1}^t - 2u_i^t + u_{i-1}^t}{\Delta x^2} + O(\Delta x^2)$$

$$\left(\frac{\partial^3 u}{\partial x^3}\right)_i^t = \left[\left(\frac{\partial^2 u}{\partial x^2}\right)_{i+1}^t - \left(\frac{\partial^2 u}{\partial x^2}\right)_i^t\right] \Big/ \Delta x + O(\Delta x^3)$$

$$\left(\frac{\partial^4 u}{\partial x^4}\right)_i^t = \left[\left(\frac{\partial^2 u}{\partial x^2}\right)_{i+1}^t - 2\left(\frac{\partial^2 u}{\partial x^2}\right)_i^t + \left(\frac{\partial^2 u}{\partial x^2}\right)_{i-1}^t\right] \Big/ \Delta x^2 + O(\Delta x^3)$$

所以有

$$\begin{cases} \overline{u}_i^{t+1} = u_i^t - \dfrac{a\Delta t}{\Delta x}(u_i^t - u_{i-1}^t) + \dfrac{b\Delta t}{\Delta x^2}(u_{i+1}^t - 2u_i^t + u_{i-1}^t) \\ u_i^{t+1} = \dfrac{1}{2}(u_i^t + \widehat{u}_i^{t+1}) \end{cases} \tag{4-28}$$

式中

$$\widehat{u}_i^{t+1} = \overline{u}_i^{t+1} - \frac{a\Delta t}{\Delta x}(\overline{u}_i^{t+1} - \overline{u}_{i-1}^{t+1}) + \frac{b\Delta t}{\Delta x^2}(\overline{u}_{i+1}^{t+1} - 2\overline{u}_i^{t+1} + \overline{u}_{i-1}^{t+1})$$

将式(4-28)进行改写，并在最后增加源项 $s_f$ 即可得到本书计算所用的 MacCormack 差分格式：

$$\begin{cases} \overline{u}_i^{t+1} = u_i^t - \dfrac{\Delta t}{\Delta x}(F_i^t - F_{i-1}^t) \\ u_i^{t+1} = \dfrac{1}{2}(u_i^t + \widehat{u}_i^{t+1}) + s_{fi}^{\,t}\Delta t \end{cases} \tag{4-29}$$

式中

$$\widehat{u}_i^{t+1} = \overline{u}_i^{t+1} - \frac{a\Delta t}{\Delta x}(\overline{F}_{i+1}^{t+1} - \overline{F}_i^{t+1})，\quad F_i^t = au_i^t - \frac{b}{\Delta x}(u_{i+1}^t - u_i^t)，\quad \overline{F}_i^t = a\overline{u}_i^t - \frac{b}{\Delta x}(\overline{u}_{i+1}^t - \overline{u}_i^t)$$

显式的 MacCormack 差分格式迭代过程如图 4-4 所示。

MacCormack 差分格式有以下特点。

(1) 此格式是一个相容的二阶精度格式，等价方程为

$\frac{\partial u}{\partial t}+a\frac{\partial u}{\partial x}=b\frac{\partial^2 u}{\partial x^2}+b_3\frac{\partial^3 u}{\partial x^3}+b_4\frac{\partial^4 u}{\partial x^4}+\cdots$，其中$b_3$，$b_4$和$a$，$b$，$\Delta t$，$\Delta x$相关。当$\Delta x\to 0$时，逼近原来的微分方程，截断误差为$O(\Delta x^4)$。稳定性条件为$\Delta t\leqslant 1\bigg/\left(\frac{|a|}{\Delta x}+\frac{2b}{\Delta x^2}\right)$。

(2)此格式具有三阶频散和四阶耗散特性。

(3)MacCormack 差分格式为反耗散格式。

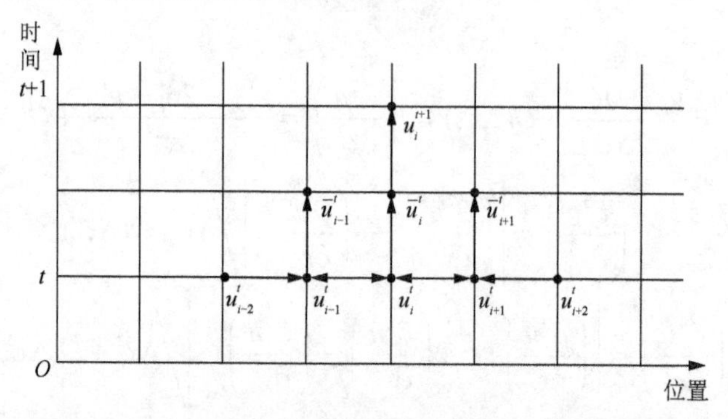


图 4-4　显式的 MacCormack 差分格式迭代过程示意图

### 4.2.3　边界条件

由图 4-4 可知，MacCormack 差分格式需要指定 $t$=0 时刻的初始条件，并且这个初始条件需要符合气体放电理论，初始条件对气体的放电规律影响很大。因此，设初始时刻电子及离子在气隙中均匀分布，并且为$n_{e0}=n_{i0}=n_{n0}=10^7\,\text{cm}^{-3}$。

(1)在两侧介质层上各正负粒子间不发生反应，由式(4-21)、式(4-22)分别计算两侧各带电粒子的密度。

(2)最靠近两侧介质层边界的两个节点粒子密度相等，即$\left.\frac{\partial u}{\partial x}\right|_{x=x_1}=0$和$\left.\frac{\partial u}{\partial x}\right|_{x=x_n}=0$。

采用一维自洽流体力学模型，引入流体对流-扩散机制，考虑各带电粒子间的相互反应，包括电子的电离效应、附着效应、复合效应，正离子与负离子的复合，同时也考虑光致电离效应。为消除放电过程带电粒子密度剧烈变化导致解的振荡收敛慢的困境，运用稳定性很高的 MacCormack 算法，可以满足此物理模型的计算精度。

## 4.3 电极介质覆盖放电影响因素

外电压作用在电极介质覆盖结构中，会形成一种均匀的、弥漫的、稳定的和低气压辉光放电类似的放电，但实际上电极介质覆盖放电是由大量细微的快脉冲放电通道构成的，是一个极其复杂的过程。因此通过研究外施纳秒脉冲电压幅值及上升沿、气隙尺度、覆盖层厚度及相对介电常数和压强等参数对其放电过程的影响，揭示其内在机制具有学术意义。

### 4.3.1 纳秒脉冲电压幅值的影响

在间隙上升沿为 20ns、脉宽为 35.3ns 的纳秒脉冲电压，通过改变其幅值研究 0.4MPa 下 $SF_6$ 电极覆盖放电特性。

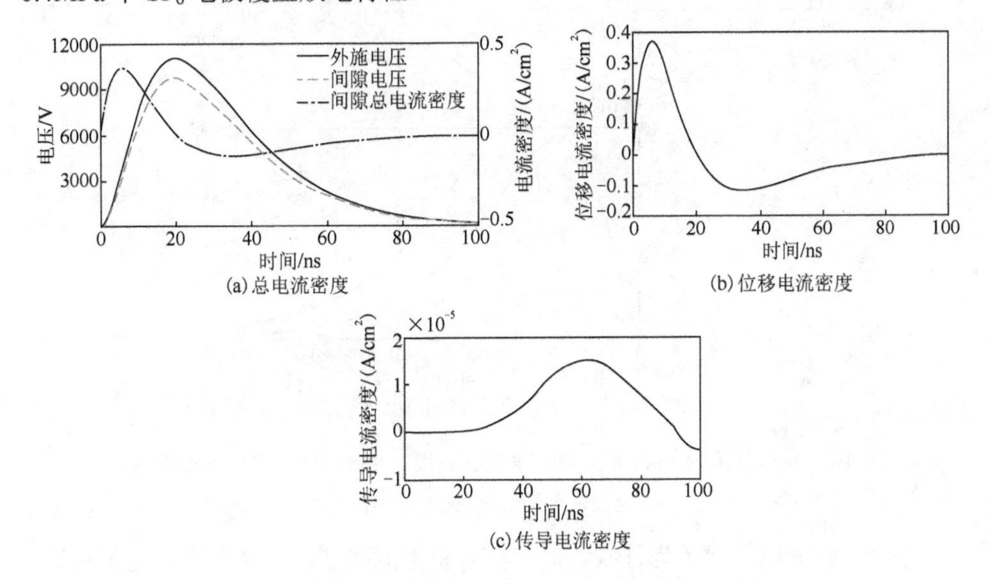


图 4-5 电压幅值为 10kV 时，电流密度随时间的变化

图 4-5 为电压幅值 10kV 时，间隙总电流密度、位移电流密度和传导电流密度随时间的变化规律。当纳秒脉冲电压幅值上升至 14kV 时，间隙总电流密度、传导电流密度和介质覆盖层电荷密度随时间的变化规律如图 4-6 所示。图 4-6(b)中可以看到间隙传导电流密度在 0～20ns 为 0，而在 20～33ns 时间内迅速增加，这是因为在 0～20ns 外电场强度较小，电子从外电场中获得的能量不足以通过碰撞电离产生大量的电子，但是电子将这部分能量通过碰撞传递给气体分子，使得气体分子处于激发态；在 20ns 时气体中已经存在大量气体分子处于激发态，并且电子经电场加速也具有足够的能量，在 20～33ns 和激发态的气体分子碰撞而发生雪崩效应，电子数量急剧上升，传导电流密度随之迅速上升。由于在脉冲上升

沿积累的激发态分子在 20～33ns 激发电离而密度迅速降低不能继续通过激发效应产生大量电子，另外由于介质覆盖层积聚电荷产生一个与外电场方向相反的反向电场，外电压也已经降低到 10kV 左右，使得气体电离度下降，因此在 33ns 后传导电流密度迅速降低。图 4-6(c)表示左侧介质覆盖层电荷密度随时间变化规律。图 4-6(c)中可以看出在 29ns，介质层上的电荷密度最大值为 $1.45\times10^{13}\,\text{cm}^{-3}$ 并在 29～37ns 内基本保持在最大值附近，37ns 后随着传导电流密度降低而迅速减小。

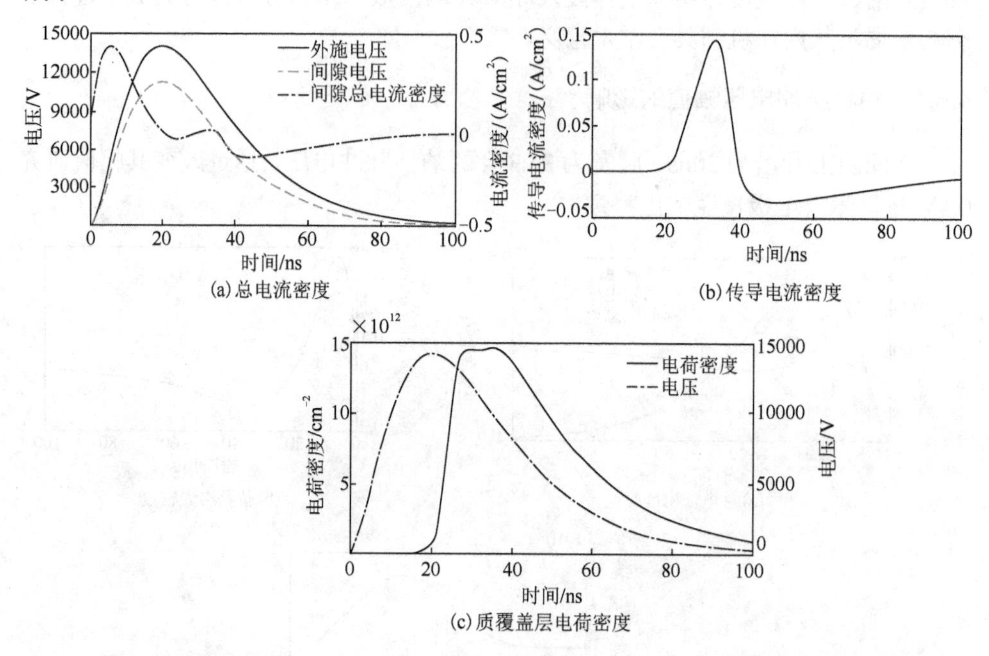


图 4-6　电压幅值为 14kV 时，间隙总电流密度、传导电流密度和介质覆盖层电荷密度随时间的变化规律

当纳秒脉冲电压幅值为 19kV 时，间隙总电流密度、传导电流密度和左侧介质覆盖层电荷密度随时间的变化规律如图 4-7 所示。看到间隙电压波形在 30ns 以后和外施电压波形存在明显差异。而间隙总电流密度在约 28ns 时出现一次小的幅值为 $0.65\text{A/cm}^2$ 放电，在 39ns 又出现了一次较大的幅值为 $1.85\text{A/cm}^2$ 放电。图 4-7(b) 表示脉冲电压幅值为 19kV 时传导电流随时间变化规律，在 23ns 后间隙总电流密度与传导电流密度值基本相等。在 28ns 时传导电流有小幅下降，由于外施电压幅值持续增加而有效电离系数($\overline{\alpha}=\alpha-\eta$)也迅速增大，气体的电离度增加，在 39ns 时传导电流达到最大覆盖值 $1.85\text{A/cm}^2$。图 4-7(c)中可以清晰地看到介质覆盖层上电荷密度在 18～22.5ns 出现第一次迅速增加，而 22.5～36.5ns 的增长速度则明显变慢，在 36.5～42ns 又出现第二次迅速增长的情况。

纳秒脉冲电压幅值为 25kV 时，间隙总电流密度和间隙电压、传导电流密度、左侧介质覆盖层上电荷密度随时间的变化规律如图 4-8 所示。此时，间隙电压波形畸变、介质覆盖层上电荷密度剧增，并且在 23.9ns 时发生了强烈放电，其传导电流密度最大值达到$12.3\text{A/cm}^2$。

图 4-9 表示脉冲电压幅值为 25kV 时气体间隙的电场强度变化规律，可以看到在 0～24ns 气体间隙上电场随着外施电压变化而变化并且在气隙间均匀分布，而在 20～40ns 电场分布极不均匀，主要集中在阳极侧介质覆盖层附近，其最大值可达$4.6\times10^5\text{V/cm}$。

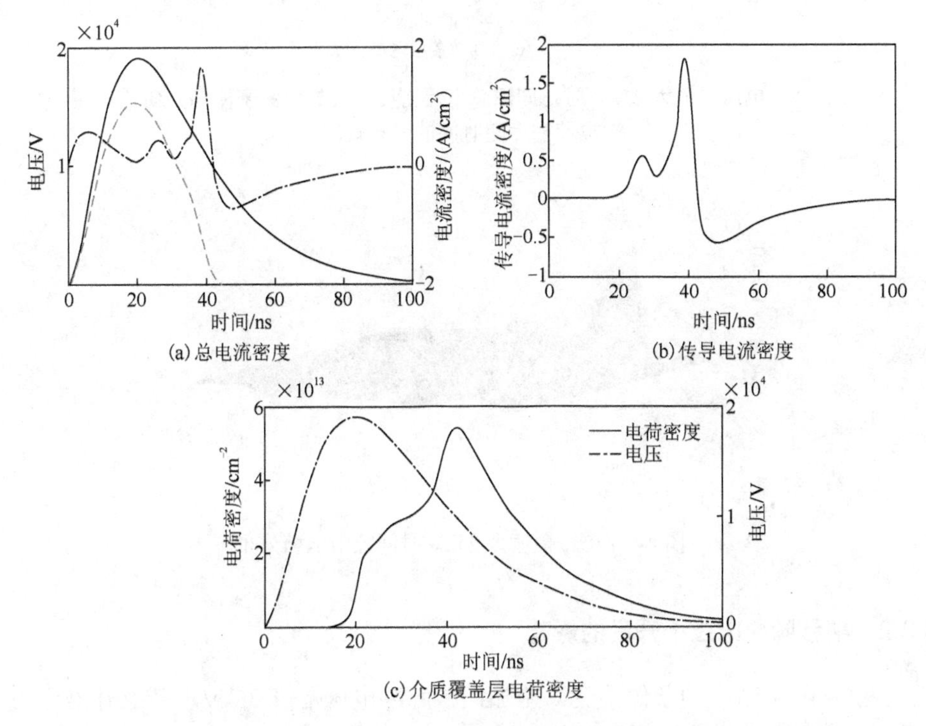


图 4-7　电压幅值为 19kV 时，间隙总电流密度、传导电流密度和介质覆盖层电荷密度随时间的变化规律

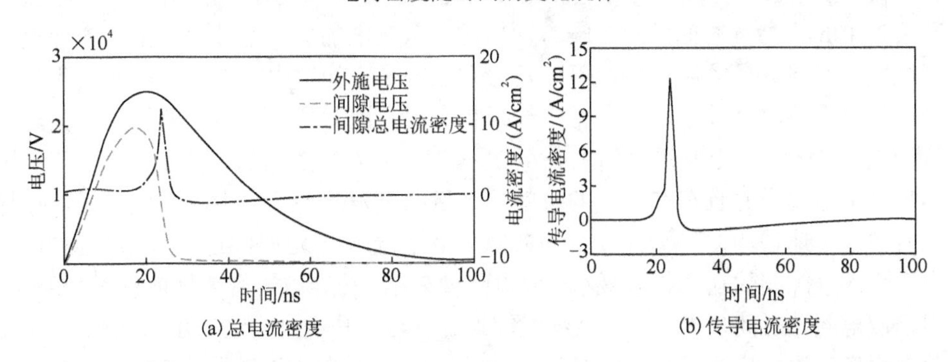

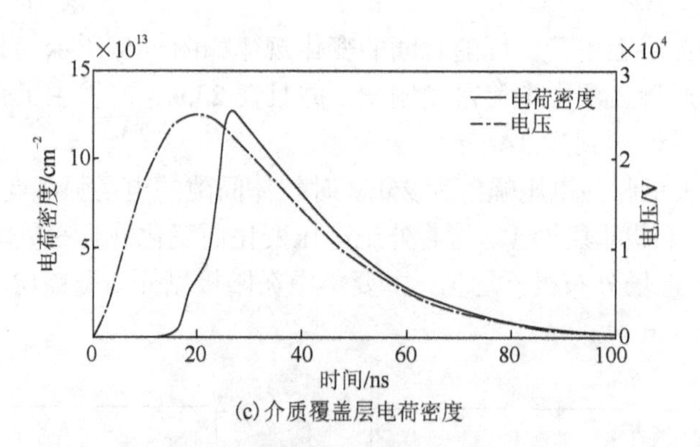


(c)介质覆盖层电荷密度

图 4-8　电压幅值为 25kV 时，间隙总电流密度、传导电流密度和介质覆盖层电荷密度随时间的变化规律

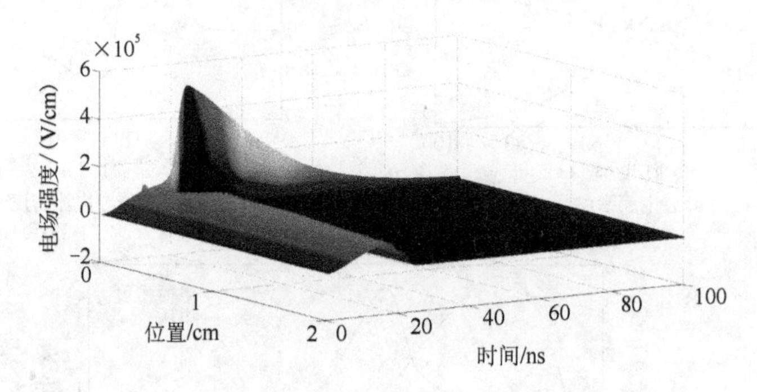


图 4-9　电压幅值为 25kV 时间隙中电场分布

### 4.3.2　纳秒脉冲电压上升沿的影响

保持 4.2.1 节中的条件不变，施加纳秒脉冲电压幅值 25kV，其上升沿分别为 10、20、30 和 40ns，脉宽分别为 17.1、35.3、55.7 和 67.2ns 的情况下，分析电极介质覆盖 $SF_6$ 放电特性。传导电流密度变化如图 4-10 所示，由于外施脉冲电压上升沿为 10ns，持续时间较短，一方面电源注入气隙的能量也较少，另一方面电子与激发态气体分子发生碰撞电离以及激发态分子之间发生潘宁电离的时间不足，导致气体电离程度较小，产生带电粒子也有限，因此传导电流密度较小，其最大值为 5.5A/cm$^2$。当上升沿时间上升至 20ns 时，注入气隙间的总能量增大，气体更容易发生电离，并且存在足够的时间使大量的激发态的分子电离产生电子，传导电流密度迅速增加，其最大值达到 12.3A/cm$^2$。随着上升沿时间进一步增加到 30ns，由于输入气隙间的功率相对减小，放电强度减小，传导电流密度峰值为 6.4A/cm$^2$，但是放电起始时间推迟，放电持续时间增加，当上升沿时间进一步增加到 40ns 时放电强度将进一步降低，放电时间起始时间和持续时间也将进一步增加。

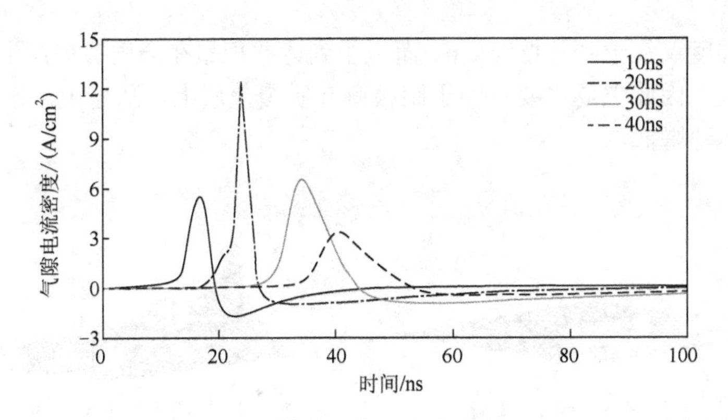


图 4-10 电压幅值为 25kV，上升沿分别为 10、20、30 和 40ns 时气体间隙传导电流密度变化

如图 4-11 所示，把电荷在介质覆盖层上的积累过程分为四个阶段：ab、bc、cd 和 de，其中 ab 阶段大量电子到达介质覆盖层并且在上面积累；cd 阶段则是由于积累电荷在介质覆盖层上积累后产生了一个反向电场，削弱了间隙中的总电场，使间隙气体分子的电离下降，导致介质覆盖层电荷积累速度降低；de 阶段由于外施脉冲电压急速下降导致介质覆盖层电荷积累迅速减少。当上升沿为 10、20、30 和 40ns 时，介质覆盖层上电荷密度分别在 19.1、27.2、43.2 和 51.7ns 时刻达到最大值，分别为$8.3\times10^{13}$、$1.3\times10^{14}$、$1.8\times10^{14}$和$1.2\times10^{14}\text{cm}^{-2}$。

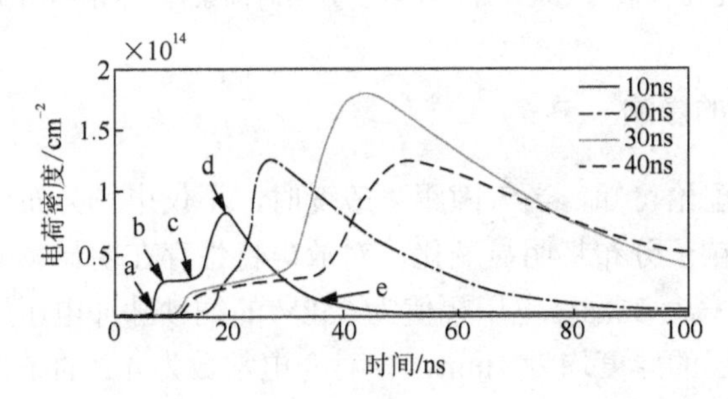


图 4-11 电压幅值为 25kV，上升沿分别为 10、20、30、40ns 时介质覆盖层电荷密度随时间变化规律

图 4-12 分别表示外施电压幅值为 25kV，不同上升沿时间下间隙电场的变化规律。在外施脉冲电压上升沿为 10、20、30 和 40ns 时，电场强度最大值均出现在靠近阳极侧介质覆盖层附近，并且分别出现在 19.4、27.8、34.8 以及 35.9ns 时刻，最大值分别为$3.0\times10^{5}$、$4.25\times10^{5}$、$4.75\times10^{5}$和$4.69\times10^{5}\text{V/cm}$。电场强度最大值出现的时间和各自传导电流密度最大值出现的时间基本保持一致；由式(4-8)～式(4-10)可知带电粒子流通量和电场强度、电子密度成正比，当气体放电后产生大量的电子往阳极运动，因此传导电流密度与电场强度最大值出现的时刻基本一致；当气体放电后，气体绝缘特性未恢复，因此间隙上处于阳极介质附

近的电场强度仅几十到几百 V/cm，而电子到达并积累在介质覆盖层上，出现很大的电场梯度，因此电场主要集中于阳极侧介质覆盖层上，随着电子密度减小，电场强度也迅速降低。

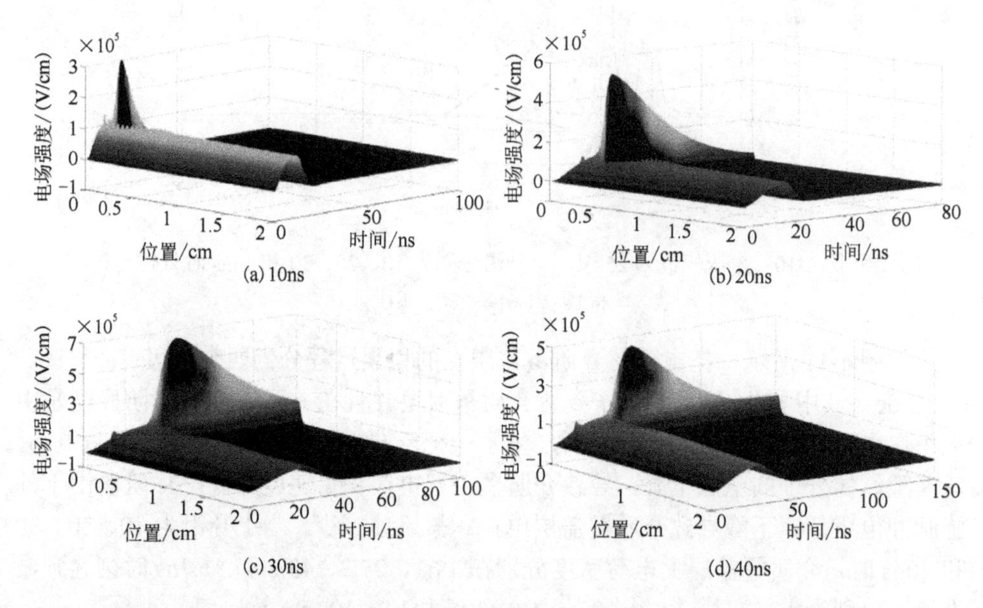


图 4-12 电压幅值为 25kV 时，不同上升沿时间条件下间隙中电场强度变化

### 4.3.3 气隙尺度的影响

由气体放电理论可知，当气隙距离改变时，不仅电场分布将发生变化，而且气隙中的各带电粒子分布将明显变化，对放电特性存在明显影响。将脉冲上升沿时间为 20ns、脉宽为 35ns、电压幅值为 25kV 的纳秒脉冲电压施加在模型上，两侧电极介质覆盖层的厚度均为 1mm，相对介电常数为 4.2 的条件下，改变气隙的距离研究气隙距离对纳秒脉冲电压放电的影响。

当间隙距离为 1mm 时，间隙电流密度以及间隙电压如图 4-13(a)所示，由于间隙距离较小，间隙中电场强度高，在 13ns 时刻外电压处于上升阶段时间隙电压已经达到最大值并发生放电，间隙电压迅速下降至 0V 左右；而传导电流密度则迅速增加，并在 13.5ns 时刻达到最大值 17.18A/cm$^2$。当间隙距离为 2mm 时，如图 4-13(b)所示，间隙中电场强度下降，传导电流密度在 23.9ns 时刻达到最大值 12.29A/cm$^2$；当间隙距离为 3mm 时，如图 4-13(c)所示，传导电流密度在 29.6ns 时刻达到最大值 5.2A/cm$^2$；当间隙距离增加到 4mm 时，传导电流最大值为 1.91A/cm$^2$，在 40.1ns 时刻出现，如图 4-13(d)所示。比较图 4-13(a)～(d)中传导电流密度可以发现：①间隙距离从 1mm 增大到 4mm，放电发生时刻不断推迟，而最大值则不断减小；②间隙电压在 1mm 间隙情况下畸变最严重，当间隙距离为 4mm 时，间隙电压和外电压波形基本接近，仅在传导电流密度值较大时才和外电压波形区别较大，而气隙和介质覆盖层上电压分布与双层介质电压分布的比例接近。

图 4-14 表示气隙间距分别为 1、2、3、4mm 时，阳极侧介质覆盖层上电荷密度随时间变化规律，图 4-14 中可以看到当间隙距离为 1mm 时，介质覆盖层上的电荷密度最大，可达到 $2.87\times10^{14}\,cm^{-2}$，随着气隙距离增大，电荷密度最大值逐渐减小，当气隙间距为 4mm 时，介质覆盖层上的电荷密度约为 $3.23\times10^{13}\,cm^{-2}$。气隙距离增大使气隙间的电场强度明显降低，电子从电场中获得的能量减小，电子的速度也就必然降低。在逃逸电子模型中，崩头部分的快速逃逸电子从电场中获得的能量减小，在下一次的电子崩产生的电子数量减少；此外电场强度降低也使电子加速到临界速度的时间延长，这样就使电子崩持续时间延长，这可以从电子的增长速率反映出来，图 4-13 中可看出当气隙间距为 1、2、3、4mm 时，电子快速增长的时间分别持续 5.5、10.3、15.3 和 19.4ns，并且电荷密度最大的时刻也逐渐推移，分别出现在 20.4、27.2、30.3 和 45.9ns 时刻。

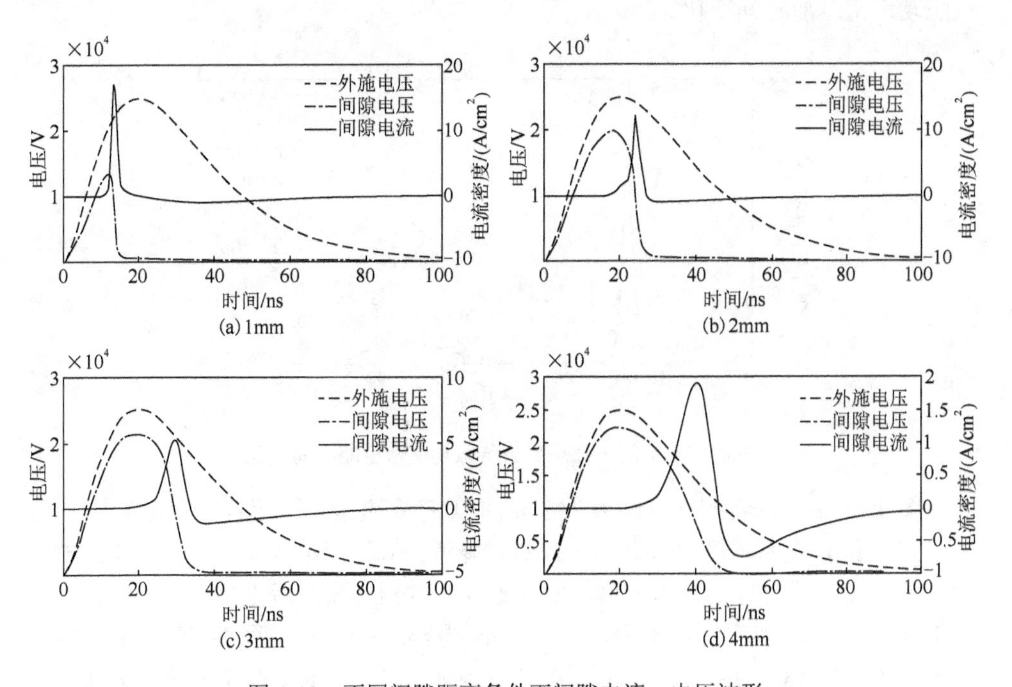


图 4-13 不同间隙距离条件下间隙电流、电压波形

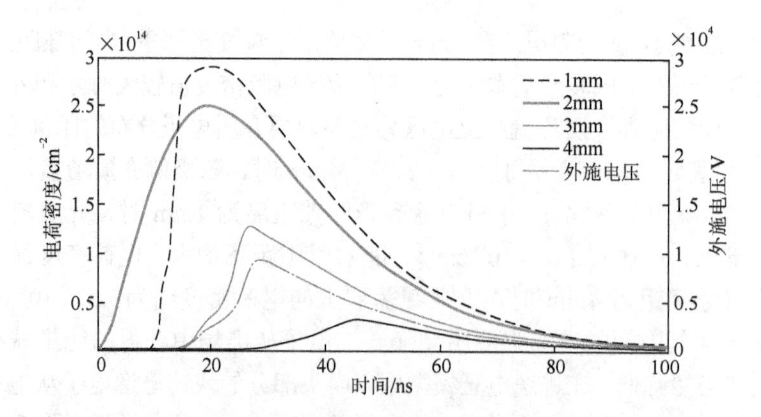


图 4-14　不同气隙距离条件下介质覆盖层电荷密度随时间变化规律

脉冲功率技术在高新技术领域有着极为广泛的应用，放电功率是脉冲功率技术的核心，也是气体纳秒脉冲介质覆盖放电特性研究的重要参数之一。间隙放电功率 $p_g=\int_{x_1}^{x_2}U_g(x,t)J_g(x,t)\mathrm{d}x$，图 4-15 表示气隙距离分别为 1、2、3、4mm 时气隙功率密度随时间变化。

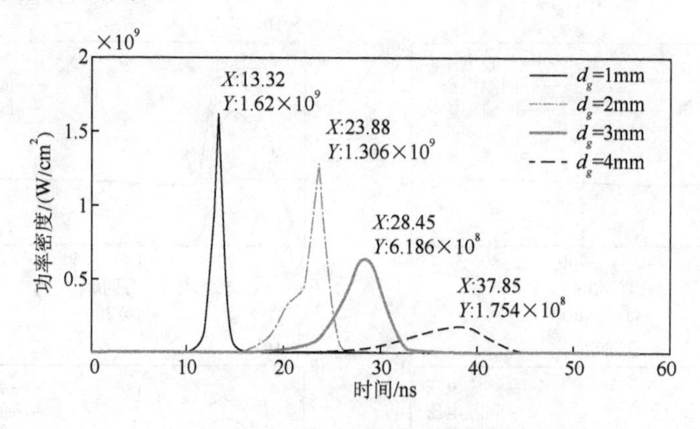


图 4-15　不同气隙距离下气隙功率密度随时间变化

图 4-15 中可以看到间隙距离为 1mm 时功率密度最高，随着气隙距离从 1mm 增大到 4mm，功率密度从 $1.62\times10^9\,\mathrm{W/cm^2}$ 降低到 $1.75\times10^8\,\mathrm{W/cm^2}$，功率密度峰值和电流密度出现的时刻基本一致，峰值出现的时刻逐渐向后推移；此外间隙距离为 1mm 时，功率密度主要集中在 10～15ns 共 5ns 时间段、间隙距离为 2mm 时功率密度集中在 18~25ns 共 7ns 时间段、当间隙距离为 3mm 时功率密度主要集中在 22～36ns 共 14ns 时间段、而间隙距离增加为 4mm 时功率密度分布更加分散，主要集中在 27～45ns 共 18ns 时间段，可见功率密度随间隙距离的增加其分散性变大。对 $P_g(t)$ 求时间的积分，可得一个脉冲下气隙的总放电功 $W=\int_0^t P_g(t)\mathrm{d}t$。当间隙距离为 1、2、3 和 4mm 时，气体间隙间放电的总功分别为 2.10、3.41、2.98 和

1.64W。一个脉冲下气体的总放电功随间隙距离的增大呈现先增大后减小的趋势，并且当间隙距离为 2mm 时放电总功最大。

### 4.3.4 介质覆盖层参数的影响

在电极介质覆盖放电中，介质覆盖层起分担气隙电压从而抑制放电电流增大的作用，其厚度、相对介电常数等参数直接影响电场分布，对气体的放电特性会产生影响。在电极介质覆盖放电中，介质覆盖层起分担气隙电压从而抑制放电电流增大的作用，其厚度、相对介电常数等参数直接影响电场分布，对气体的放电特性会产生影响。因此进行以下计算分析：①将上升沿为 20ns、脉宽为 35ns、幅值为 25kV 的纳秒脉冲电压施加在 $SF_6$ 气隙为 2mm 上，分析覆盖层介质厚度分别为 0.3、0.6、0.9 和 1.2mm（相对介电常数均为 4.2）条件下的放电特征；②参数不变的纳秒脉冲电压施加在 $SF_6$ 气隙为 2mm 上，并取介质覆盖层厚度为 1mm，分析当介质覆盖层的相对介电常数分别为 3.8、4.2、6 和 7 时的放电现象。

1. 介质厚度的影响

图 4-16 为介质覆盖层厚度分别为 0.3、0.6、0.9 和 1.2mm 时间隙传导电流密度随时间变化规律。当介质覆盖层厚度为 0.3mm 时，传导电流密度在 18.9ns 时刻到达峰值 51.9A/cm$^2$；当介质覆盖层厚度为 0.6mm 时，传导电流密度在 19.6ns 时刻到达峰值 22.0A/cm$^2$；当覆盖层介质厚度为 0.9mm 时，传导电流密度在 20.5ns 时刻到达峰值 12.6A/cm$^2$；当覆盖层介质厚度为 1.2mm 时，传导电流密度在 21.1ns 时刻到达峰值 8.3A/cm$^2$。随着覆盖层厚度增加，传导电流密度峰值减小、峰值出现的时刻向后推迟。

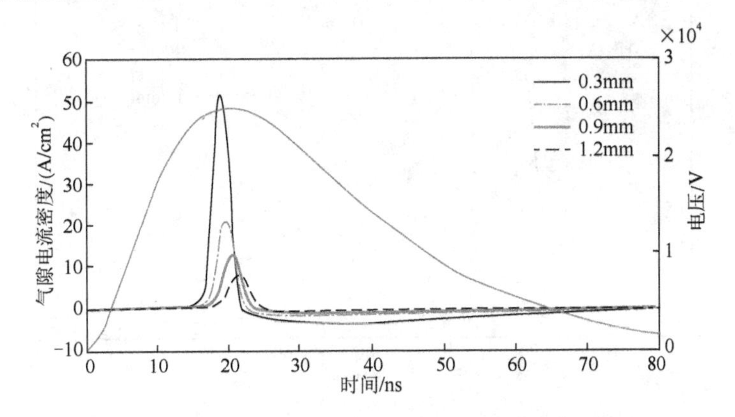


图 4-16 不同覆盖层介质厚度时传导电流密度变化规律

图 4-17 表示覆盖层介质厚度分别为 0.3、0.6、0.9 和 1.2mm 时，间隙电压和覆盖层电压随时间变化规律。由图 4-17 可知，在气隙发生放电前，外电压主要由

气隙承担，随着间隙厚度增加，介质覆盖层承担的电压比例上升，其比例与双层介质电压分布比例接近。当气隙发生放电时，气隙上的电压迅速降低，而介质覆盖层上的电压急剧上升，由于发生放电后气体绝缘性能尚未恢复，主要由介质覆盖层承担外电压的作用。

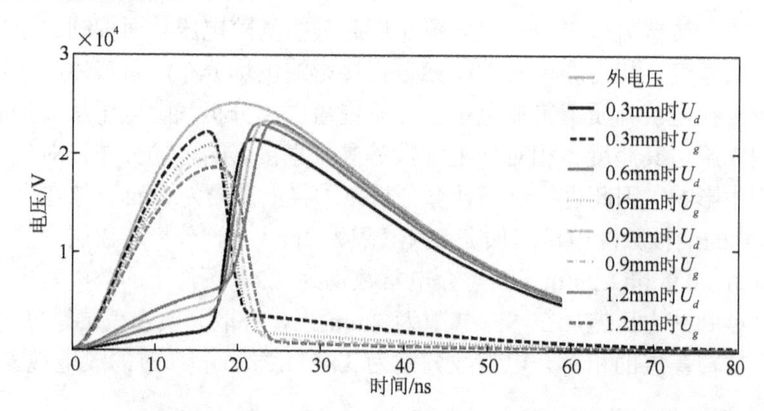


图 4-17　不同覆盖层介质厚度下间隙电压($U_g$)和介质覆盖层($U_d$)电压随变化规律

图 4-18 表示覆盖层介质厚度分别为 0.3、0.6、0.9 和 1.2mm 时介质覆盖层电荷密度随时间变化规律，电荷密度在 9ns 时刻存在一个小幅度上升过程，然后缓慢上升，当在 18ns 左右时气隙发生放电，电荷密度迅速上升到最大值，分别在 21.75ns 时刻到达峰值 $4.81\times10^{14}\text{cm}^{-2}$ 、22.66ns 时刻到达峰值 $2.39\times10^{14}\text{cm}^{-2}$ 、23.49ns 时刻到达峰值 $1.57\times10^{14}\text{cm}^{-2}$ 、24.4ns 时刻到达峰值 $1.16\times10^{14}\text{cm}^{-2}$ 。

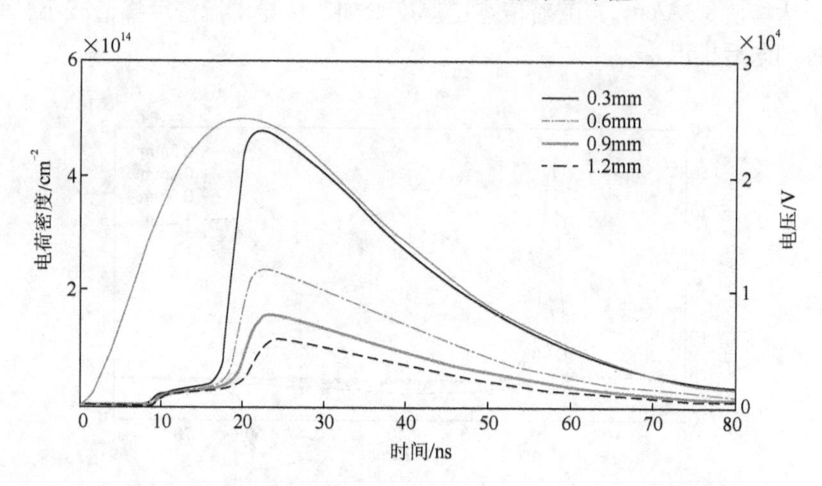


图 4-18　不同覆盖层介质厚度下介质覆盖层的电荷密度变化规律

图 4-19 表示覆盖层介质厚度分别为 0.3、0.6、0.9 和 1.2mm 时间隙电场强度变化规律。在发生放电前电场基本均匀分布在气隙上；在 20ns 左右在阳极侧存在一个电场下降的区域；当发生放电后，电场主要集中在阳极侧介质覆盖层附近，

并且电场强度迅速上升到峰值。当覆盖层介质厚度分别为0.3、0.6、0.9和1.2mm时，电场强度最大值分别达到$1.74\times10^{6}$、$8.63\times10^{5}$、$5.69\times10^{5}$、$4.20\times10^{5}$V/cm，与图4-18中阳极侧电荷密度最大值比较可发现其存在固定比例，即电荷密度最大值/电场强度最大值=$2.7\times10^{8}$。

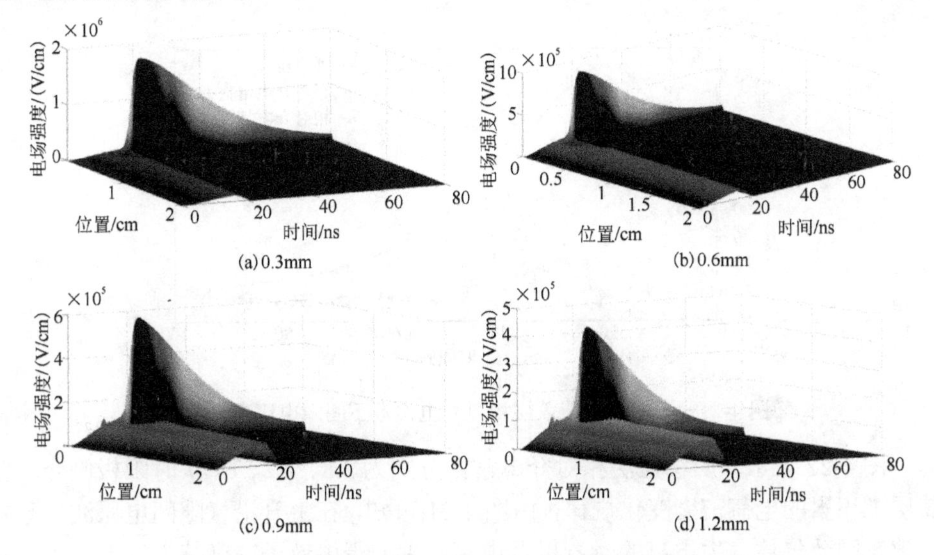


图4-19　不同覆盖层介质厚度时间隙电场强度变化规律

2. 介电常数的影响

图4-20为介质覆盖层相对介电常数分别为3.8、4.2、6、7时传导电流密度变化规律，其电流密度分别在33.7ns时刻达到最大值1.1A/cm$^2$、在23.9ns时刻达到最大值12.3A/cm$^2$、在17.7ns时刻达到最大值20.1A/cm$^2$、19.8ns时刻达到最大值21.9A/cm$^2$。随着相对介电常数的增大，气隙中所承担的电压也将增加，气隙发生放电的时刻提前、气体电离率增加使传导电流密度最大值增加，在外电压下降阶段出现一个反向放电电流，并且相对介电常数越大反向电流越高。

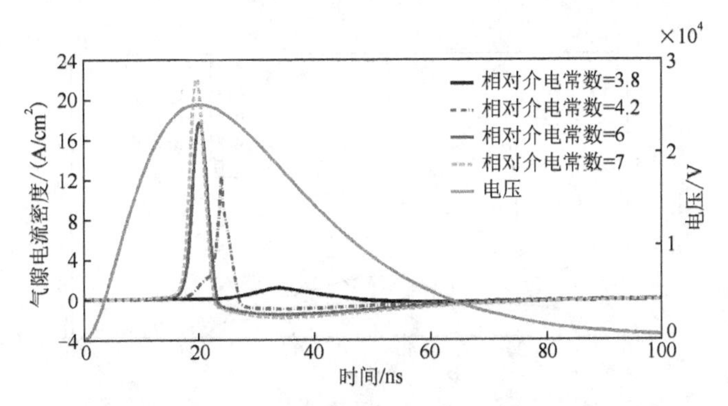


图4-20　不同介质覆盖层相对介电常数下电流密度变化规律

图 4-21 表示介质覆盖层相对介电常数分别为 3.8、4.2、6、7 时间隙电压变化规律，图 4-21 中可以看出在上升沿部分，气隙电压和外电压波形基本一致，在到达峰值后随着相对介电常数增加，气隙间电压越高，并且发生畸变也越严重，在 40ns 左右将出现反向电压。

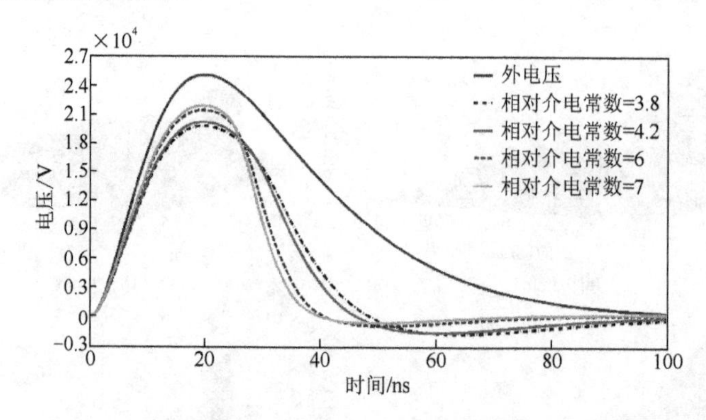


图 4-21　不同介质覆盖层相对介电常数下间隙电压变化规律

图 4-22 表示介质覆盖层相对介电常数分别为 3.8、4.2、6、7 时阳极侧介质覆盖层上积累的电荷密度变化规律，由图 4-21 可知，在上升沿气隙间电压波形基本一致，因此气体发生电离的时刻以及电离产生的带电粒子密度基本接近，因此都在 8.7ns 时刻，气体发生电离后的负电荷迁移运动到阳极侧介质覆盖层出现一次迅速上升的过程，在 8.7～20ns 负电荷密度基本都保持在 $3.3\times10^{13}\text{cm}^{-2}$ 左右。随外电压到达峰值后，气隙间电压发生畸变，介质覆盖层相对介电常数越大，间隙电压越高，电离产生的带电粒子数量越高，从电场中获得的能量越大其运动速度也越高，运动到阳极的时间越早，当相对介电常数为 3.8、4.2、6、7 时阳极侧介质覆盖层上积累的电荷密度分别在 44.5ns 时刻到达峰值 $5.3\times10^{13}\text{cm}^{-2}$、26.9ns 时刻到达峰值 $1.3\times10^{14}\text{cm}^{-2}$、23.0ns 时刻到达峰值 $2.0\times10^{14}\text{cm}^{-2}$、22.5ns 时刻到达峰值 $2.4\times10^{14}\text{cm}^{-2}$。

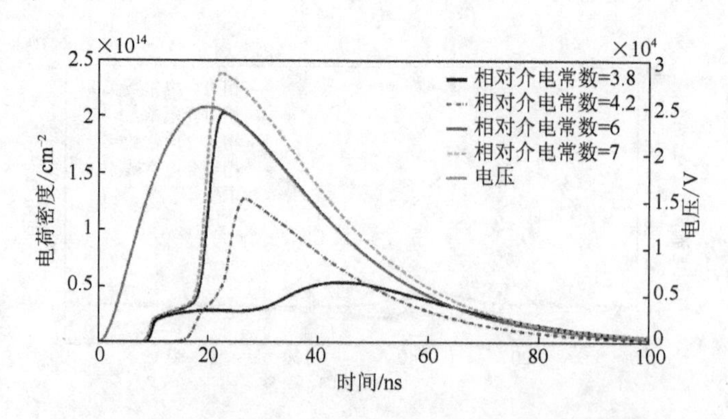


图 4-22　不同介质覆盖层相对介电常数下电荷变化规律

图 4-23 表示介质覆盖层相对介电常数分别为 3.8、4.2、6、7 时气隙电场强度变化规律，外电压上升沿前期，电场基本均匀分布于气隙中，当电子到达阳极侧介质覆盖层后在其附近出现一个电场下降的区域，随着气隙放电程度增强，电场主要向阳极侧集中，并且电场强度迅速增加，不同相对介电常数时电场强度的最大值及出现的时刻如图 4-23 所示。正离子的质量远大于电子，因此正离子流通量远小于电子，运动到阴极侧介质覆盖层的正离子密度较少，由于空间电荷效应将出现一个小幅的电场集中，随着气隙发生击穿，气隙中电场强度迅速降低，甚至出现负值，后续的正离子不再向阴极运动，阴极侧出现的小幅电场积聚也随之消失。

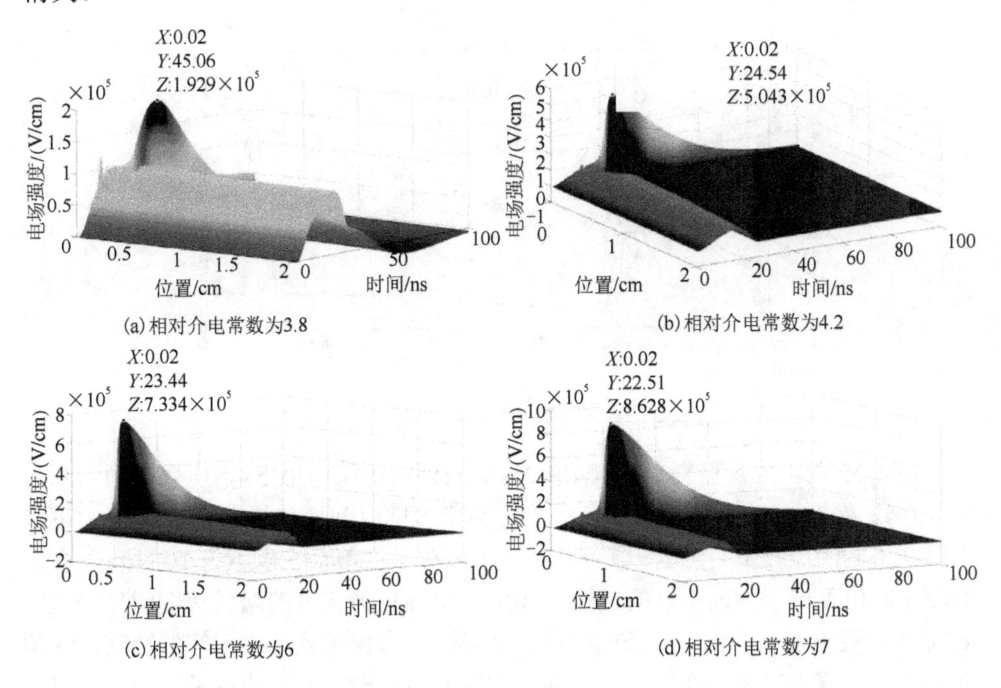


图 4-23　不同介质覆盖层的相对介电常数条件下电场强度变化规律

### 4.3.5　气体压强的影响

$SF_6$ 由于其良好的绝缘性能，目前作为绝缘气体广泛用于高压设备中，其使用压强一般为 0.3～0.6MPa。当气室的体积、内部气温保持不变时，电子的平均自由程 $\overline{\lambda}=1/N\sigma$，其中 $N$ 为气体粒子浓度，$\sigma$ 为碰撞截面，气室内压强增强和 $\overline{\lambda}$ 呈反比关系。因此当气体间电场强度不变时，随着气体压强增强，电子在两次碰撞间积累的能量减小，发生碰撞电离的概率减小即碰撞电离系数减小；对于 $SF_6$ 气体，其气体分子吸附电子的能力很强，当压强增大时，电子被中性粒子捕获的概率增强，其电子附着系数将呈正比例增加。

图 4-24 表示上升沿为 20ns、幅值 25kV 的外施电压作用下，当压强分别为 0.4、0.5、0.52 及 0.6MPa 时气体间隙中传导电流密度随时间变化规律。压强为 0.4MPa 时，传导电流密度最大值出现在 23.9ns 时刻，为 12.3A/cm$^2$；压强为 0.5MPa 时，传导电流密度最大值出现在 25.7ns 时刻，为 10.0A/cm$^2$；当压强为 0.52MPa 时，传导电流密度最大值出现在 26.2ns 时刻，为 9.5A/cm$^2$；而压强增加到 0.6MPa 时，传导电流密度最大值出现在 27.8ns 时刻，为 8.2A/cm$^2$。可以看出随着压强增加，电流密度最大值不断减小，并且减小的幅度有所减少，从 0.4MPa 上升到 0.5MPa，电流密度减小 2.3A/cm$^2$，从 0.5MPa 上升到 0.6MPa 时，电流密度仅减小 1.8A/cm$^2$；不同压强下，在放电末尾阶段产生的反向放电电流都约为 0.9A/cm$^2$。

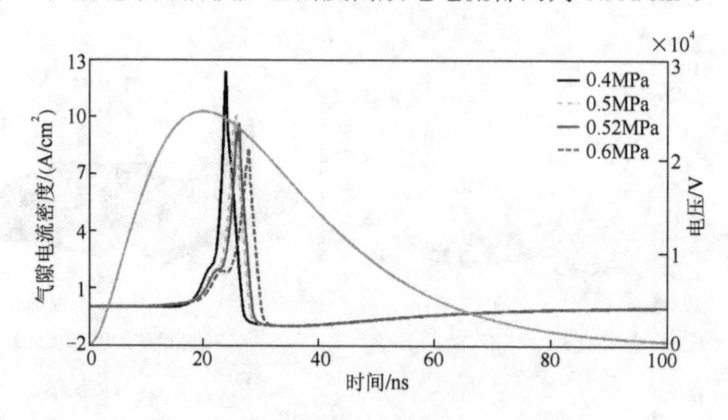


图 4-24　不同压强下传导电流密度变化规律

图 4-25 表示上升沿为 20ns、幅值 25kV 的外施电压作用下，当压强分别为 0.4、0.5、0.52 及 0.6MPa 时阳极侧覆盖层上电荷密度随时间变化规律。图 4-26 中可以看到在不同的压强下，阳极侧覆盖层介质上电荷密度都存在以下三个阶段：①10ns 时刻左右出现一个快速上升的过程；②10～20ns 电荷密度的增长速度明显变缓；③20ns 后又出现一个快速增长的阶段。在第①阶段由于外施电压幅值较高，气隙间的电场强度也很高，在电压到达峰值前即发生放电，产生的电子运动到阳极侧的覆盖层介质上并不断在其表面积累；而到第②阶段则是由于覆盖层上的电荷产生的反向电场对电子往阳极方向运动起阻碍作用，增长速度减缓；第③阶段认为是产生电子崩后在其崩头部分逃逸出的电子进一步产生连续崩，而外电场强度很高能克服反电场效应继续往阳极方向移动，使电子的数量再次急剧增加，由于压强增加过程中，电子的平均自由程减小而使电子从外电场获得的能量减小，一方面碰撞电离产生的电子数量将减少，另一方面速度减小必然使电子运动到覆盖层介质处的时间增加，并且纳秒脉冲电压已处于快速下降阶段，提供电子克服反向电场向阳极方向运动的能力必然降低，阳极侧覆盖层介质上电子数量必然下降得更快，图 4-25 中表现为随着压强从 0.4MPa 增加为 0.6MPa，在第③阶段覆盖层上积累的电子密度峰值分别为$1.41\times10^{14}$ 、$1.38\times10^{14}$ 、$1.34\times10^{14}$ 、$1.09\times10^{14}$ ，对应的峰值出现

时间分别为 23.85、25.73、26.04、27.41ns。

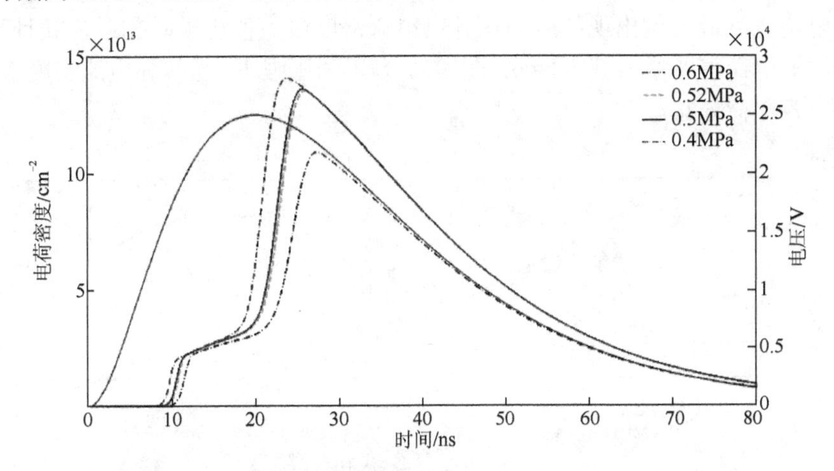


图 4-25　不同压强下阳极侧覆盖层上电荷密度随变化规律

图 4-26 表示上升沿为 20ns、幅值 25kV 的外施电压作用下，当压强分别为 0.4、0.5、0.52 及 0.6MPa 时电场强度的变化规律，可以看到电场强度在 15ns 前基本呈现均匀分布，在 15～20ns 时间段内，靠近阳极侧存在一个电场强度下降的区域，在这之后主要集中在阳极侧介质覆盖层处，随着时间推移不断下降，电场强度的

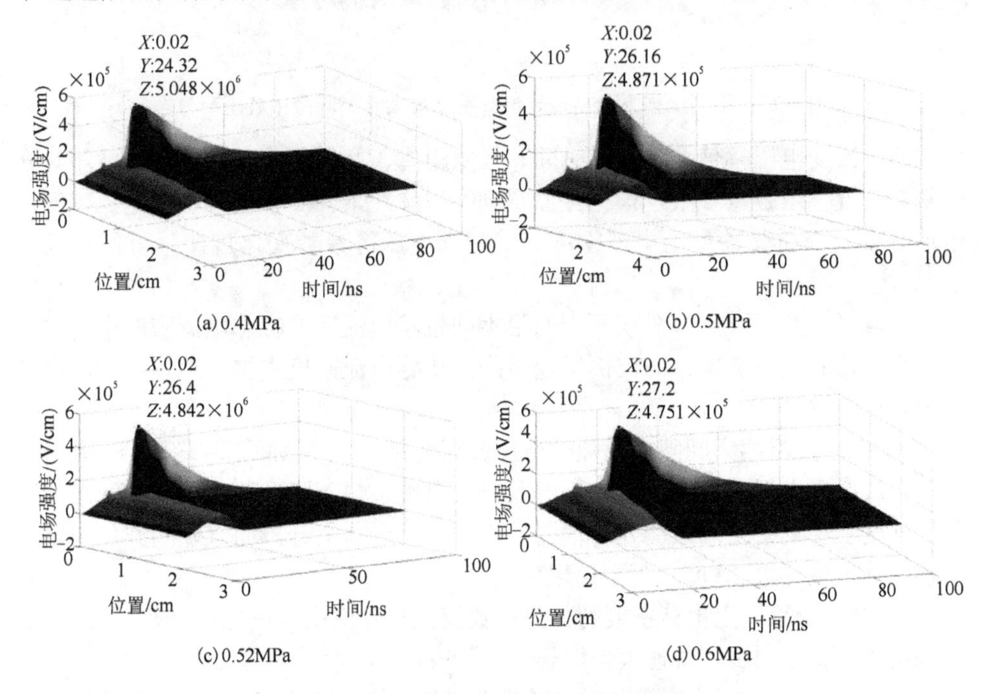


(a) 0.4MPa　(b) 0.5MPa

(c) 0.52MPa　(d) 0.6MPa

图 4-26　不同压强下间隙中电场强度

最大值分别为$5.04\times10^5$、$4.87\times10^5$、$4.84\times10^5$、$4.75\times10^5$ V/cm，最大值略有降低，电场强度最大值出现的时间在各自电流密度最大值出现时刻后，并且和覆盖层介质上电荷密度峰值基本接近。图 4-27 为不同压强下，当传导电流密度最大时，间隙中各电荷分布。

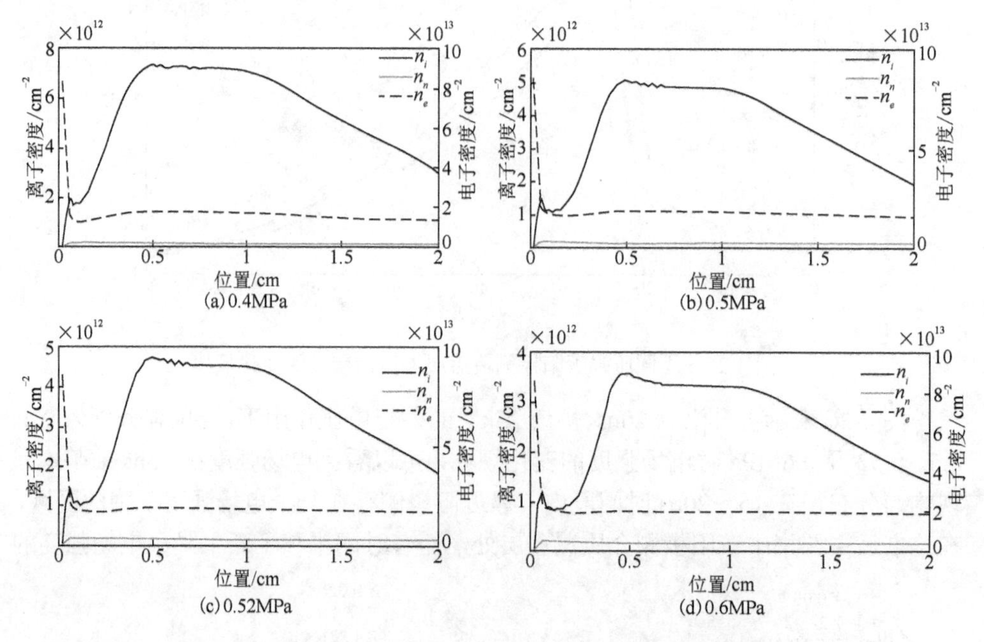


图 4-27　不同压强下，当传导电流密度最大时刻间隙中各电荷分布

通过改变电压幅值、上升沿时间、气隙距离、介质覆盖层的厚度以及相对介电常数、气体压强等参数，模拟计算得到纳秒脉冲下介质覆盖模型中电流密度、电场强度、介质覆盖层上电荷密度、气隙间电压等参数变化规律，可得到以下结论。

(1) 纳秒脉冲放电中，外电压上升沿期间位移电流密度在总电流密度中所占比例很高，随着气体放电，其比例迅速下降，传导电流密度占主导地位；放电电流呈现双极性放电。

(2) 在上升沿期间间隙电场随外电压波形变化，在气隙间基本均匀分布，当气体发生放电后电场会在阳极侧介质覆盖层处出现小幅下降，随着放电继续发展，电场强度主要集中在阳极侧介质覆盖层附近并且迅速上升，而气隙间其他位置电场强度几十至几百 V/cm，甚至出现负值。

(3) 介质覆盖层上电荷密度随外界参数变化将发生很大变化，一般可分为快速小幅增长、缓慢增长、快速大幅增长三个阶段。

(4) 未发生放电时，气隙电压波形基本和外部纳秒脉冲波形一致，当发生放电后，放电越强烈其畸变程度越大。

## 4.4 非对称电极介质覆盖 $SF_6$ 放电特性

介质覆盖放电按照电极形式的不同可以分为：平板型、同轴圆筒型、针板型、沿面型和共面型。在纳秒脉冲放电中由于介质覆盖层的存在，将显著影响各带电粒子的分布及其运动规律。当电极处存在绝缘介质时，各带电将在介质上不断积累，产生的反向电场将对电场分布、脉冲电流、空间电荷分布等存在显著影响，存在明显的极性效应。在纳秒脉冲介质覆盖放电中按照电极处是否覆盖介质可以分为以下三种典型类型，如图 4-28 所示。

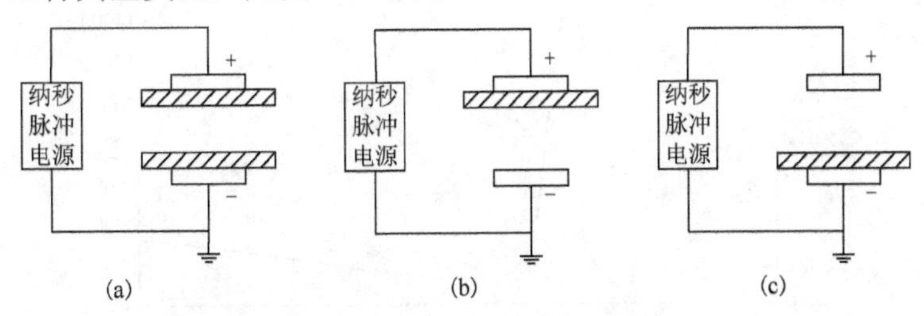


图 4-28　纳秒脉冲介质覆盖放电典型电极结构

与对称结构下的电极介质覆盖放电相比，非对称电极介质覆盖放电的数学模型仅在金属电极侧的介质厚度的取值以及其边界条件有所差异，其推导过程与对称电极覆盖相比，当仅单侧电极覆盖介质时，数学模型中式(4-16)变为

$$\varepsilon_0\varepsilon_b\frac{\partial U_b}{\partial t}=j_T(t)d \tag{4-30}$$

将式(4-15)和式(4-29)代入式(4-16)中，并化简可以得到单极覆盖时总电流密度

$$j_T(t)=\left(\varepsilon_0 U(t)+\frac{1}{\varepsilon_g}\int_{x_1}^{x_2} j_c(x,t)\mathrm{d}x\right)\Bigg/\left(\frac{d}{\varepsilon_b}+\frac{d_g}{\varepsilon_g}\right) \tag{4-31}$$

在覆盖侧边界条件与对称覆盖时一致，也可假设为当电荷运动到边界处时，电荷都在覆盖介质上积累，其边界条件可表示为

$$n(t,x)=\int_1^{t'}\Gamma(t',x)\mathrm{d}t' \tag{4-32}$$

由于金属电极处各带电粒子将自由通过金属电极，可得金属电极侧边界条件为

$$n(t,x)=\Gamma(t,x)\mathrm{d}t \tag{4-33}$$

### 4.4.1 电压幅值的影响

在参数与 4.2.1 节相同情况下，仅阳极侧覆盖介质时传导电流密度变化规律如图 4-29 所示。在 17ns 左右出现一次小的放电，当电压幅值分别为 10、14、19、

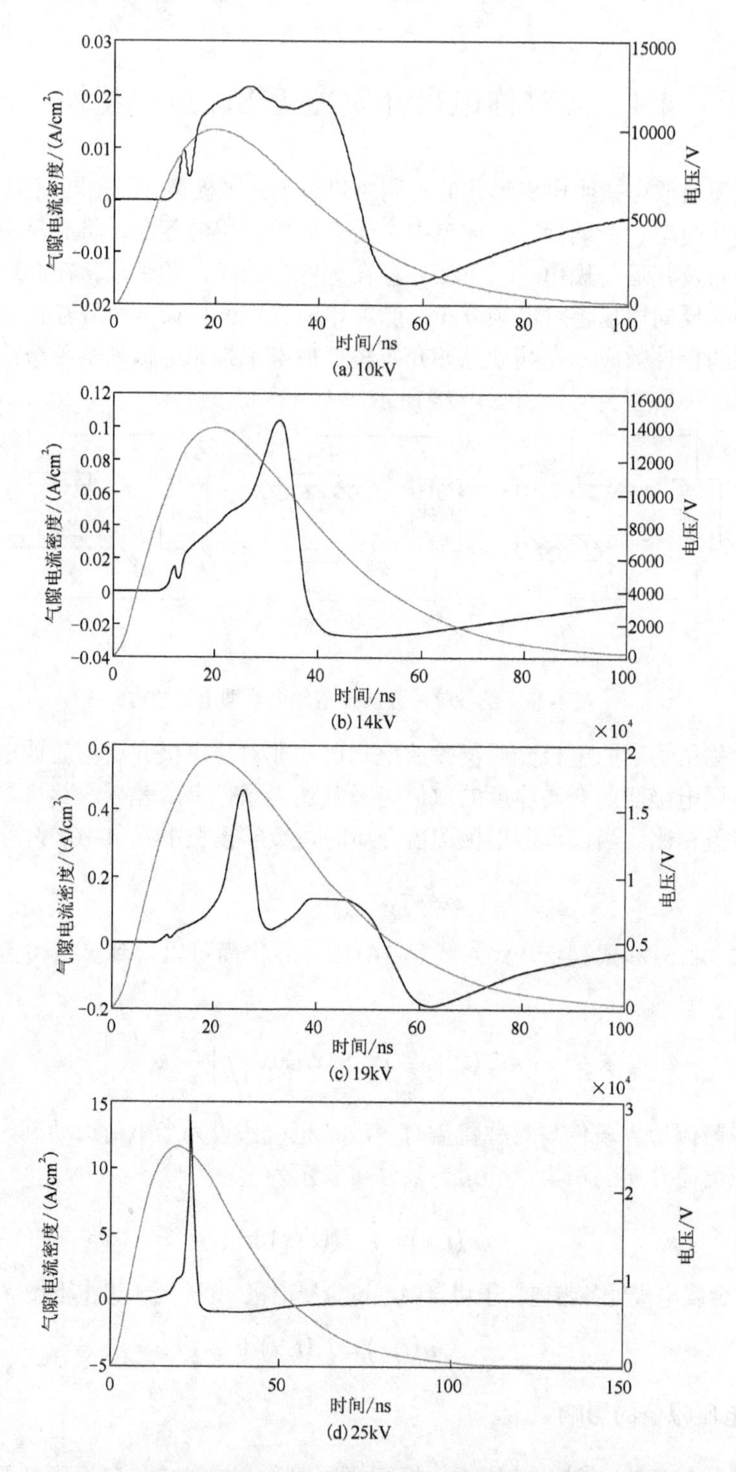


图 4-29　仅阳极侧覆盖介质，不同外电压幅值下传导电流变化规律

25kV 时，传导电流密度最大值分别为0.023、0.104、0.44和13.3A/cm$^2$，放电电流急剧增加，在放电电流急剧减小后将出现一个反向放电电流。

保持各放电参数不变，图 4-30 表示仅阴极侧覆盖介质时传导电流密度变化规律，随着电压升高，传导电流密度由0.83A/cm$^2$升高到11.6A/cm$^2$，并且放电持续时间减小，放电更加集中。

当仅阳极侧覆盖绝缘介质时，阳极侧绝缘介质上电荷密度变化如图 4-31(a)所示，在 18ns 左右电荷密度出现一个小幅快速增长的区域，随着外电压幅值升高，气隙间电场强度也随之增加，电子的运动速度增加，气体电离率增大，因此电荷快速增加的时刻提前，并且其大小略有增加；当外电压幅值为 25kV 时，20ns 后电荷密度将再次出现一个快速增加的区域，其最大值可达$1.26\times10^{14}$cm$^{-2}$。当仅阴极侧覆盖绝缘介质时，阴极侧绝缘介质上电荷密度变化如图 4-31(b)所示，阴极侧积累的主要为正离子，由于其质量远大于电子，速度相对较小，因此电荷密度开始快速增长的时间将推迟，此时外电压已处于下降阶段，阴极侧覆盖介质层附近的电场强度迅速减小，正离子将不能继续运动，其最大值较电子小约两个数量级，外电压幅值为 10、14、19、25kV 时，电荷密度最大值分别为$1.35\times10^{10}$、$5.19\times10^{10}$、$1.52\times10^{11}$和$2.69\times10^{11}$cm$^{-2}$。

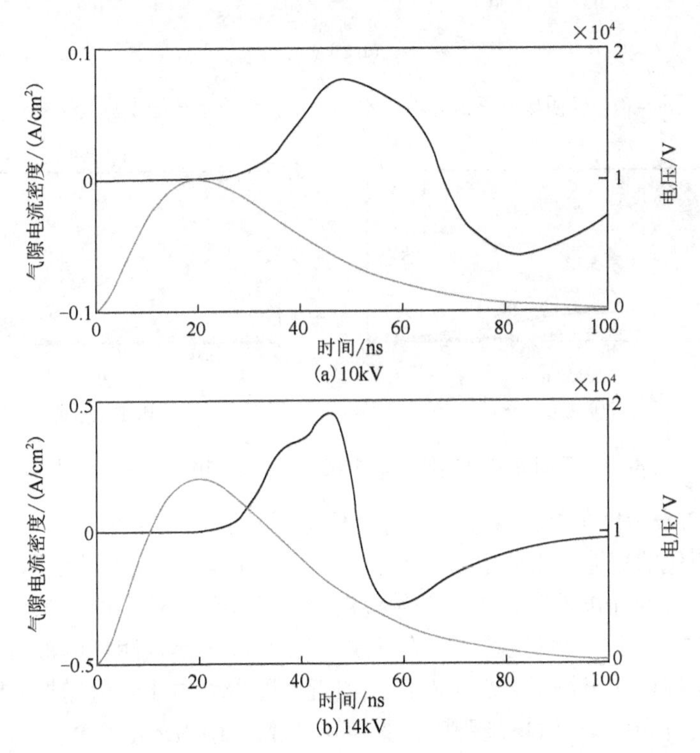

(a) 10kV

(b) 14kV

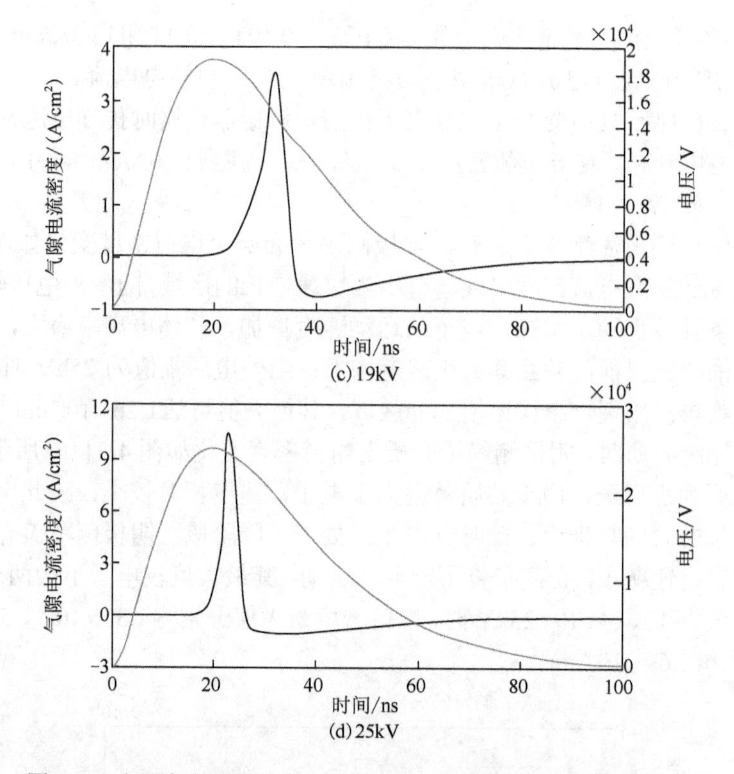


图 4-30　仅阴极侧覆盖介质，不同外电压幅值下传导电流变化规律

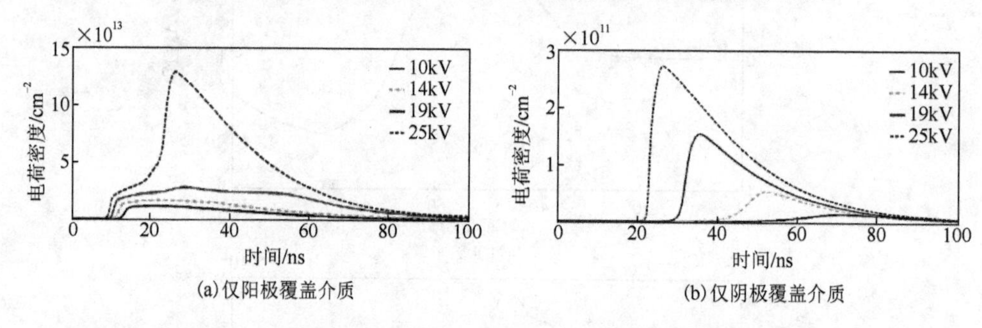


图 4-31　不同外电压幅值下，电极介质覆盖侧电荷密度变化规律

图 4-32 表示仅阳极侧覆盖介质时，外电压幅值分别为 10、14、19、25kV 时电场强度变化的规律。当外电压幅值小于 14kV 时，电场在气隙中基本均匀分布；当外电压幅值为 19kV 时，电场开始逐渐分布不均匀，逐渐向两侧集中；当外电压幅值为 25kV 时，电场主要集中在两侧。图 4-33 表示仅阴极侧覆盖介质时电场强度的变化规律。电场主要集中在阳极附近，随着外电压幅值增加而迅速增大，当外电压幅值为 25kV 时电场强度最大值可达 $4.8\times10^6$ V/cm 。

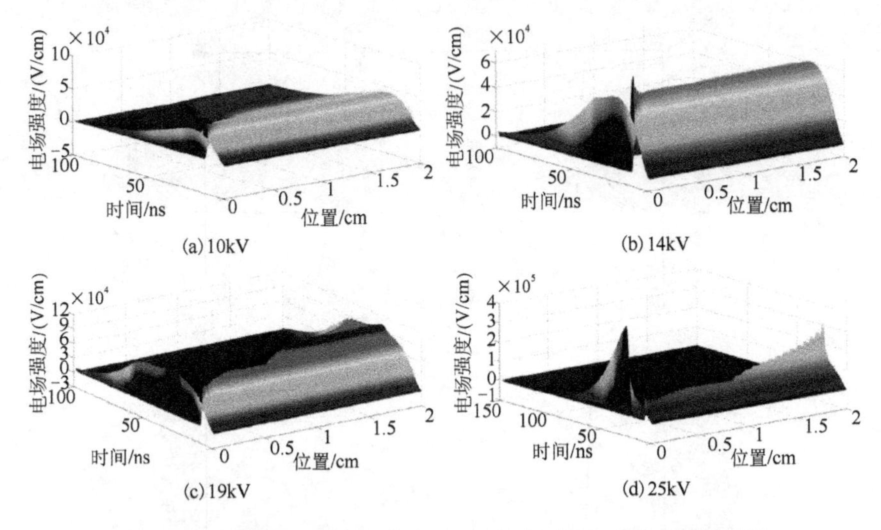


图 4-32　仅阳极侧覆盖介质时，不同外电压幅值下电场强度变化

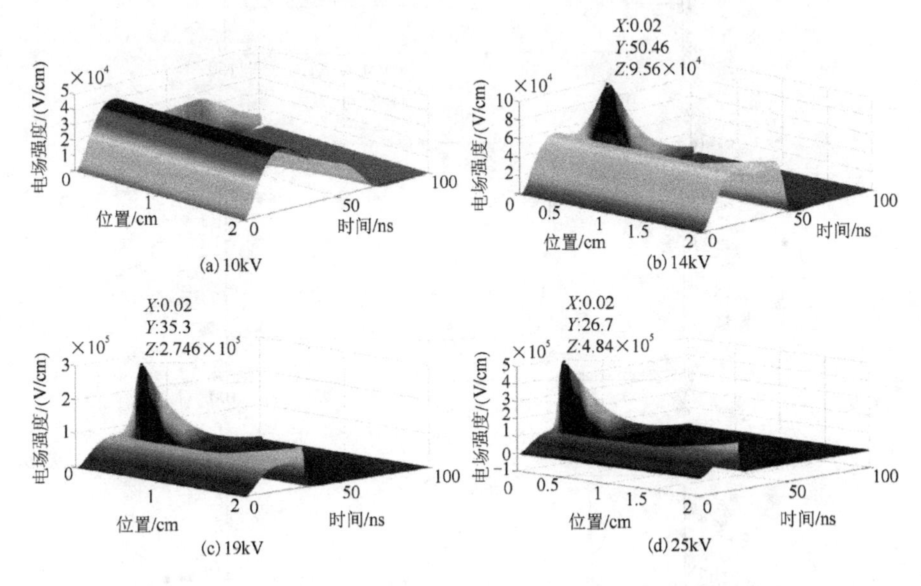


图 4-33　仅阴极侧覆盖介质时，不同外电压幅值下电场强度变化

### 4.4.2　脉冲电压上升沿的影响

图 4-34 与图 4-35 分别表示仅阳极覆盖和仅阴极覆盖介质条件下，在不同纳秒脉冲上升沿作用下传导电流密度变化规律，由图 4-34 和图 4-35 可知传导电流密度在两种非对称覆盖条件下都呈现先增加后减小的趋势，并且在外电压上升沿为 20ns 时最大。

图 4-36 分别表示不同外电压上升沿时间下电极介质覆盖侧电荷密度变化规律，仅阳极覆盖介质时，由于在阳极介质覆盖层上的电荷密度较高，产生较大的

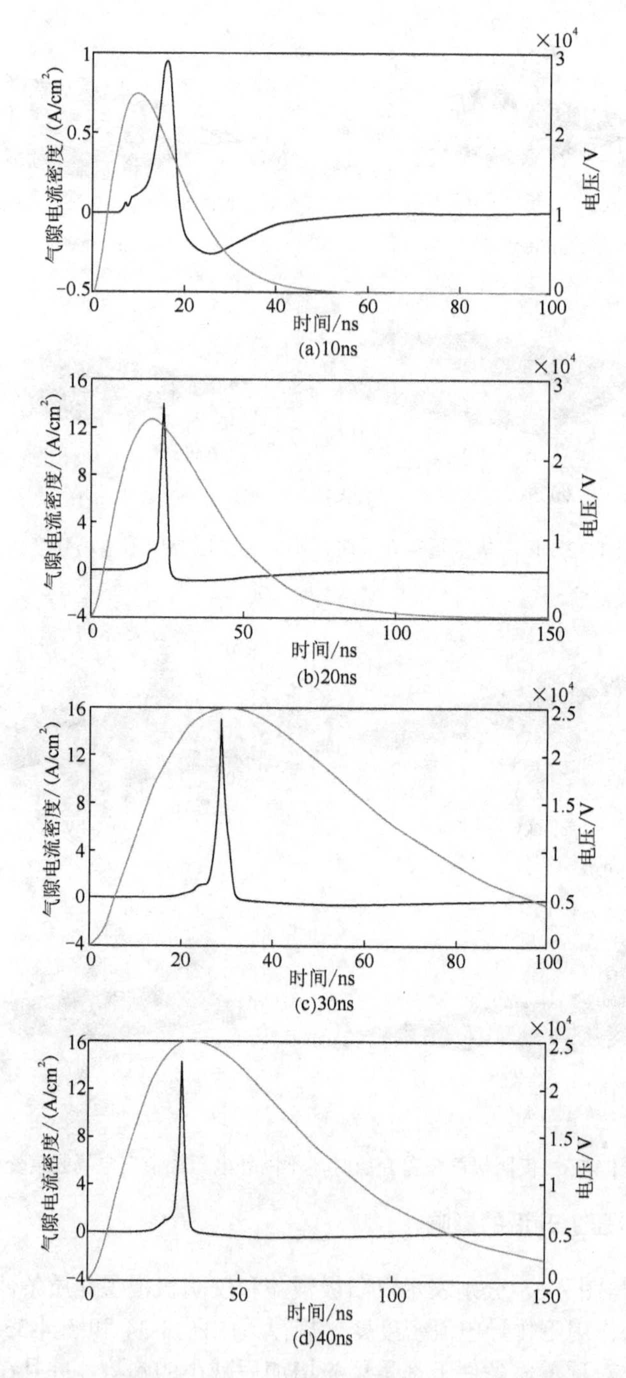


图 4-34　仅阳极覆盖介质时，不同上升沿时间下传导电流密度变化规律

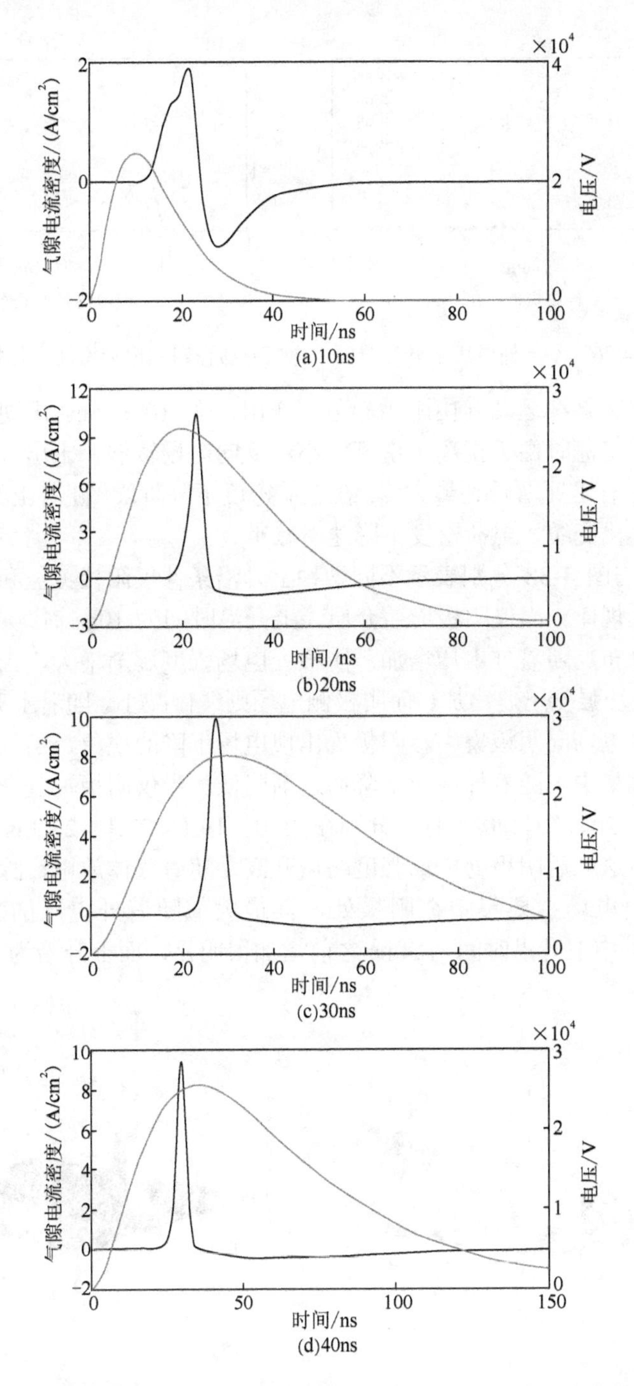


图 4-35　仅阴极覆盖介质时，不同上升沿时间下传导电流密度变化规律

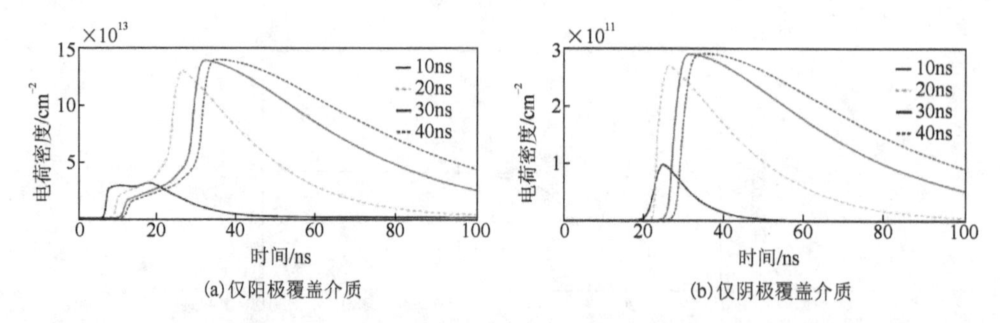

(a)仅阳极覆盖介质　　(b)仅阴极覆盖介质

图 4-36　不同外电压上升沿时间下电极介质覆盖侧电荷密度变化规律

反向电场对电子继续运动向由阳极起阻碍作用，在 10～25ns 出现增速放缓的情况，而仅阴极覆盖时由于正离子密度较小，反向电场较弱，未出现增速放缓的情况，在 20ns 左右迅速增长到最大值。在电荷密度下降阶段，随着上升沿时间增加，由于外电压变化变缓，电荷密度下降速率减小。

图 4-37 与图 4-38 分别表示不同纳秒上升沿条件仅阳极覆盖和仅阴极覆盖时电场强度变化规律。当仅阳极覆盖介质，上升沿时间为 10ns 时，电场 0～8ns 在气隙中均匀分布，随着外电压增加，阴极处电场强度逐渐增大，当气体发生放电后，阳极侧电场强度迅速增加，而阴极侧电场则缓慢减小。随着上升沿时间增加，外电压较小时电场向阴极集中，阳极处出现电场下降的现象，当气体放电时，电场迅速向两侧集中，随着外电压下降而逐渐降低。当仅阴极覆盖介质时，当上升沿时间在 10、20、30、40ns 时，分别在 10.0、19.1、23.1、27.3ns 之前在气隙中均匀分布，在这之后阴极处电场强度略微升高，随着气体放电，除阳极外电场强度迅速降低，电场主要集中在阳极处，其最大值随着外电压的上升沿时间增加而增强，其中上升沿时间为 30ns 之前增加很明显，而上升沿为 30ns 后增加不明显。

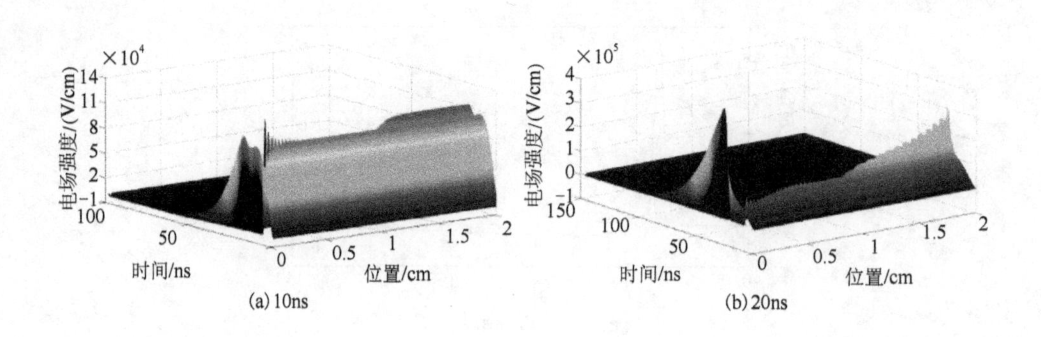

(a) 10ns　　(b) 20ns

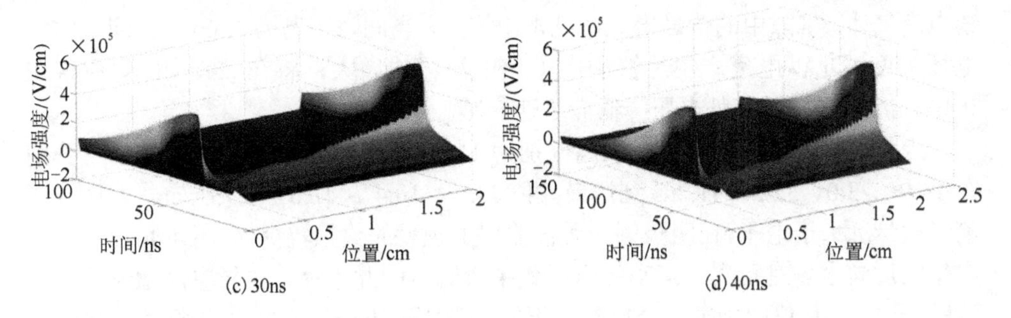


(c) 30ns　　(d) 40ns

图 4-37　仅阳极覆盖介质时，不同上升沿时间下电场强度变化规律

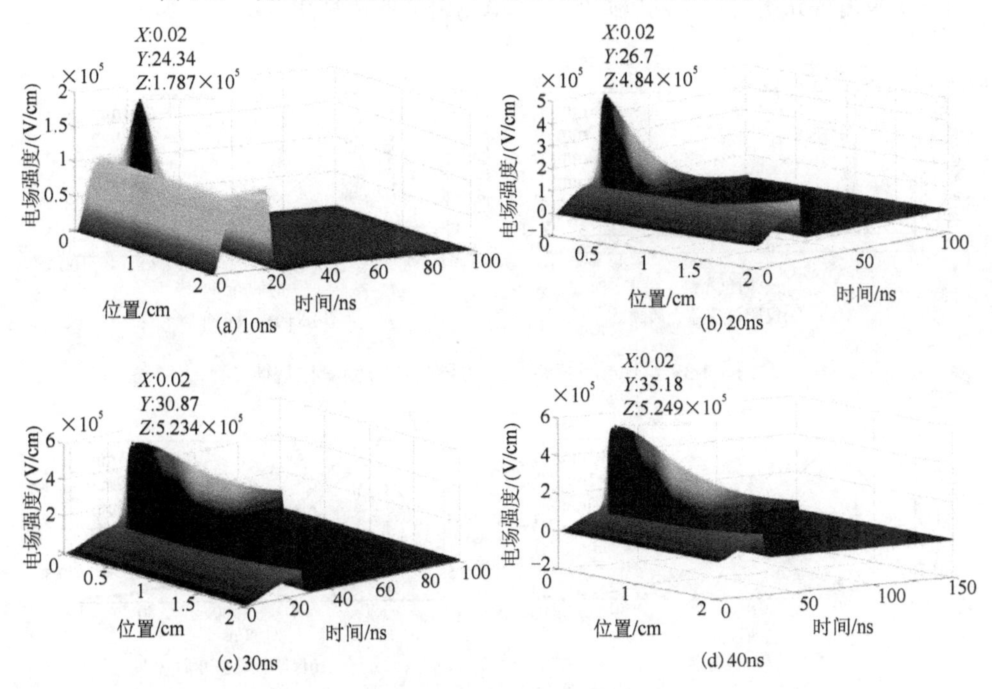


(a) 10ns　　(b) 20ns

(c) 30ns　　(d) 40ns

图 4-38　仅阴极覆盖介质时，不同上升沿时间下电场强度变化规律

### 4.4.3　气隙尺寸的影响

图4-39所示的不同间隙距离下传导电流密度变化规律。当仅阳极覆盖介质时，在外电压较低时电离产生到少量电子运动并积累到覆盖介质后，产生的反向电场对电子继续向阳极运动起阻碍作用，介质覆盖层上积累电子的速度将出现明显降低，传导电流密度增加的速度也变慢。随着气隙距离的增加，一方面气隙间电场强度减小，使电离产生的电子数量明显减少，传导电流密度迅速减小，介质覆盖层上的电子数量增加的速度降低；另一方面电子运动的距离增加，使电子崩到达覆盖介质层的时间增大，覆盖介质层上电荷密度变化曲线将出现明显向右平移，如图 4-40(a)所示；当间隙距离小于 3mm 时，随着外电压升高，间隙中场强能继

续电离气体，气隙中的传导电流密度再次增加，当间隙距离为 4mm 时，间隙中的电场强度不足以电离产生足够的电子使电流再次增大，将在 20～40ns 保持在 0.4A/cm$^2$ 左右并随着外电压降低而迅速衰减。

当仅阴极覆盖介质，气隙距离分别为 1、2、3、4mm 时，传导电流密度分别在 14.9、23.0、32.3、41.2ns 到达最大值 23.9、10.4、4.26、1.73A/cm$^2$。由于正离子质量远大于电子，在阴极侧介质覆盖层上积累的数量较少，如图 4-40(b)所示，产生的反向电场对正离子运动的阻碍效果较弱，因此不存在传导电流增速放缓的阶段。图 4-41 仅阳极覆盖介质时，不同气隙距离下电场强度变化规律，图 4-42 为仅阴极覆盖介质时，不同气隙距离下电场强度变化规律。

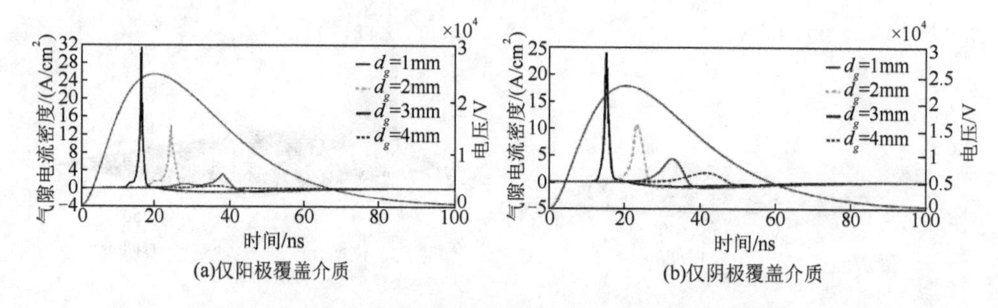


图 4-39 不同间隙距离下传导电流密度变化规律

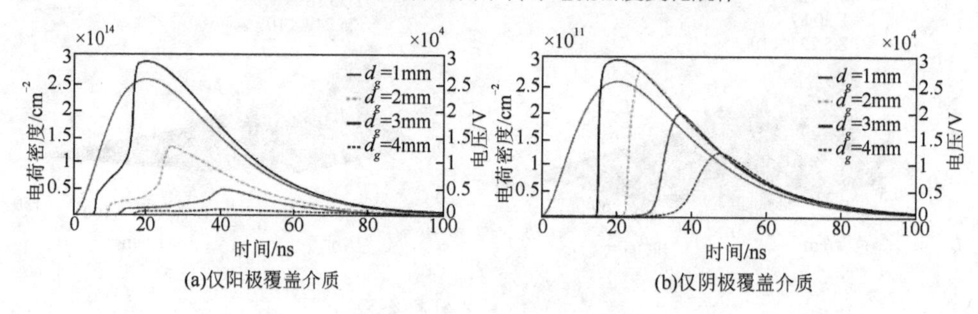


图 4-40 电极介质覆盖侧电荷密度变化规律

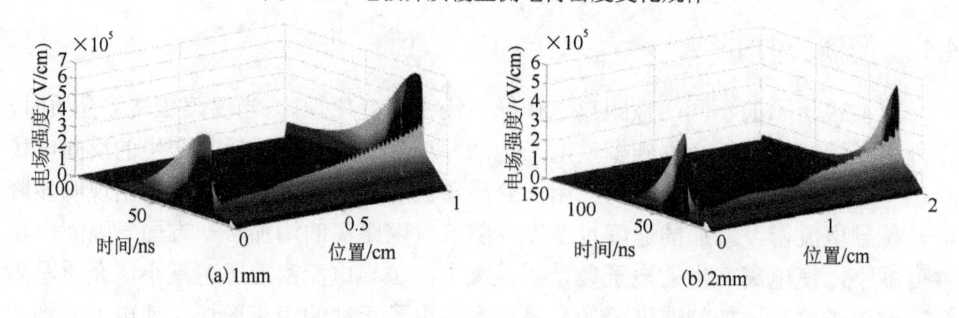

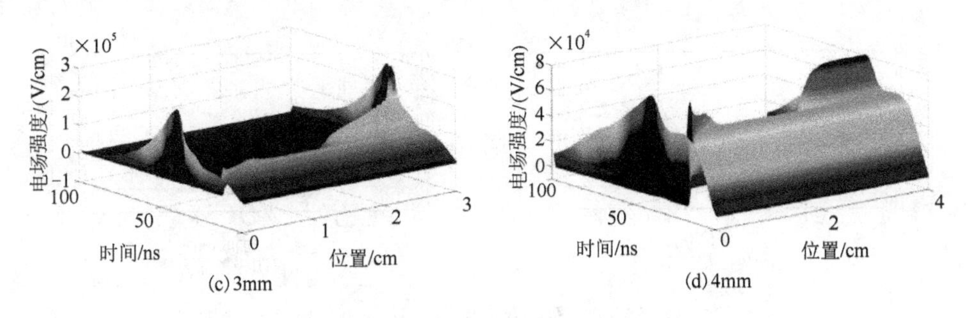


图 4-41 仅阳极覆盖介质时，不同气隙距离下电场强度变化规律

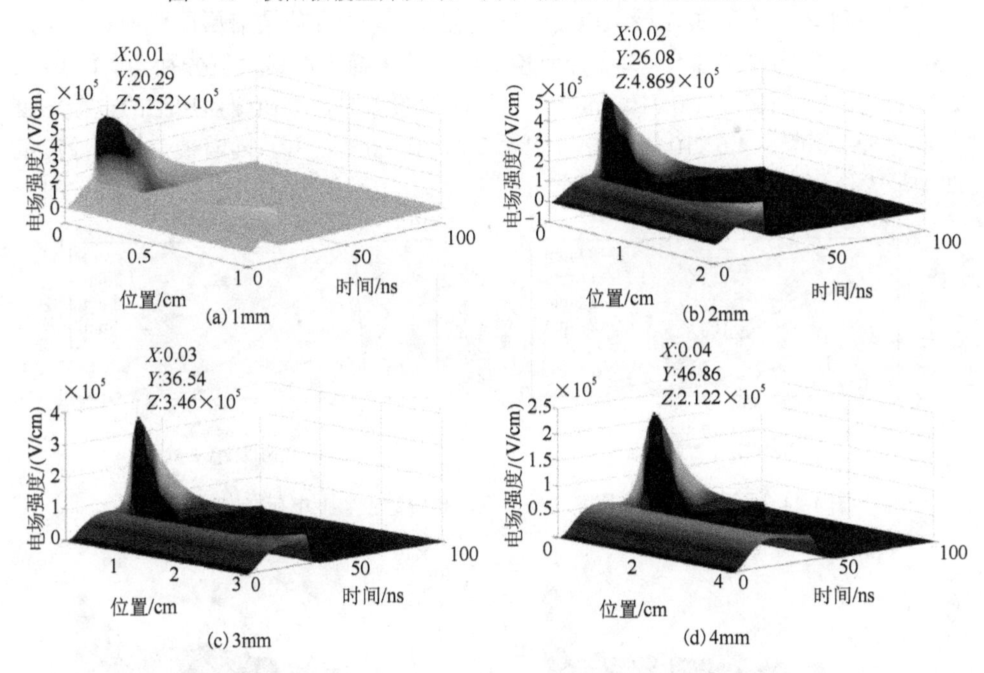


图 4-42 仅阴极覆盖介质时，不同气隙距离下电场强度变化规律

### 4.4.4 覆盖介质层厚度的影响

覆盖介质层主要起分担气隙电场的作用，对气体的放电特性存在明显影响。图 4-43 表示覆盖介质厚度为 0.6、1.2、1.8、2.4mm 时传导电流密度变化规律，仅阳极侧覆盖介质时，传导电流密度分别为 52.5、28.7、14.1、9.6A/cm$^2$，而仅阴极覆盖时传导电流密度分别为 53.1、21.4、12.1、7.9A/cm$^2$，当介质厚度从 1.2mm 减小到 0.6mm 时传导电流密度将迅速增大，同时由图 4-43 可知仅阳极覆盖时传导电流密度最大值比仅阴极覆盖时略大，但是出现的时刻略晚。

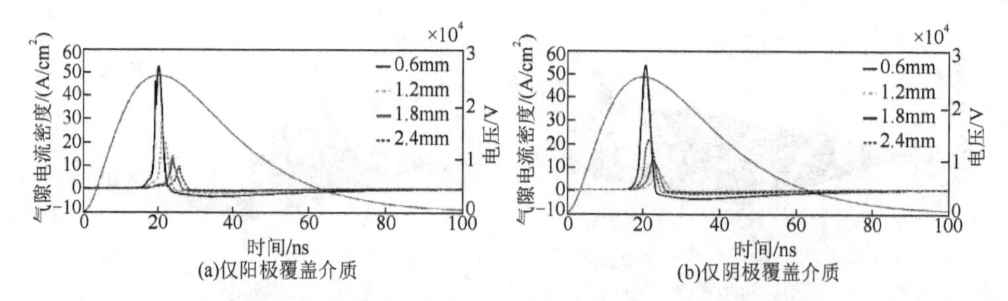


图 4-43 不同覆盖介质厚度条件下，传导电流密度变化规律

图 4-44 表示介质覆盖层上电荷密度变化规律，当介质覆盖层厚度为 0.6、1.2、1.8、2.4mm，仅阳极覆盖介质时，介质覆盖层上的电荷密度最大值分别为 $4.1\times10^{14}$、$2.2\times10^{14}$、$1.3\times10^{14}$、$1.0\times10^{14}\text{cm}^{-2}$，而仅阴极覆盖时，介质覆盖层上的电荷密度分别为 $5.9\times10^{11}$、$4.6\times10^{11}$、$3.0\times10^{11}$、$2.2\times10^{11}\text{cm}^{-2}$，并且随着覆盖介质厚度的增加最大值出现的时间略向后延时。

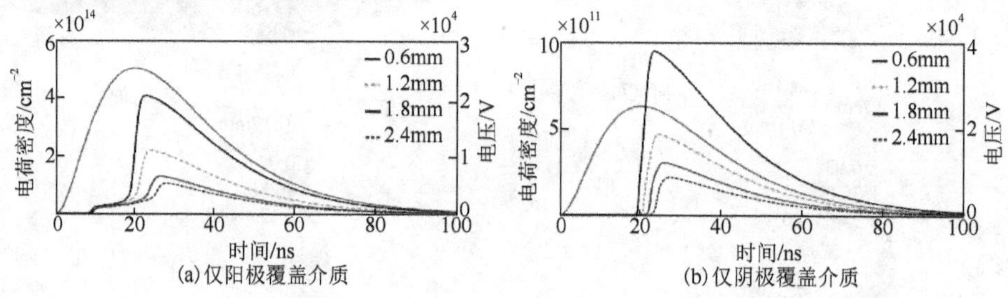


图 4-44 不同覆盖介质层厚度条件下，介质覆盖层上电荷密度变化规律

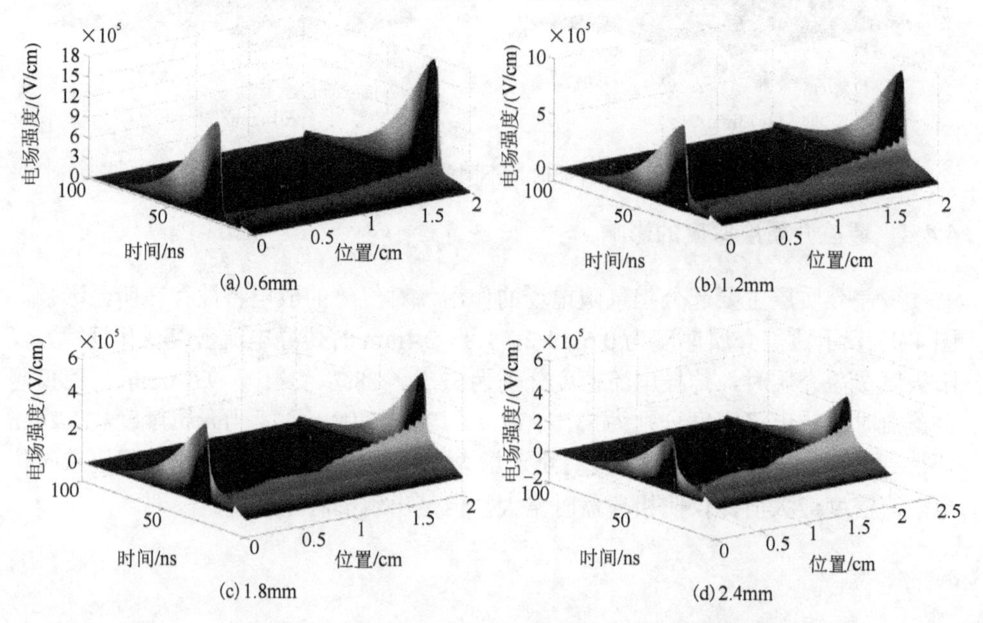


图 4-45 不同覆盖介质层厚度下，仅阳极覆盖介质时电场强度变化规律

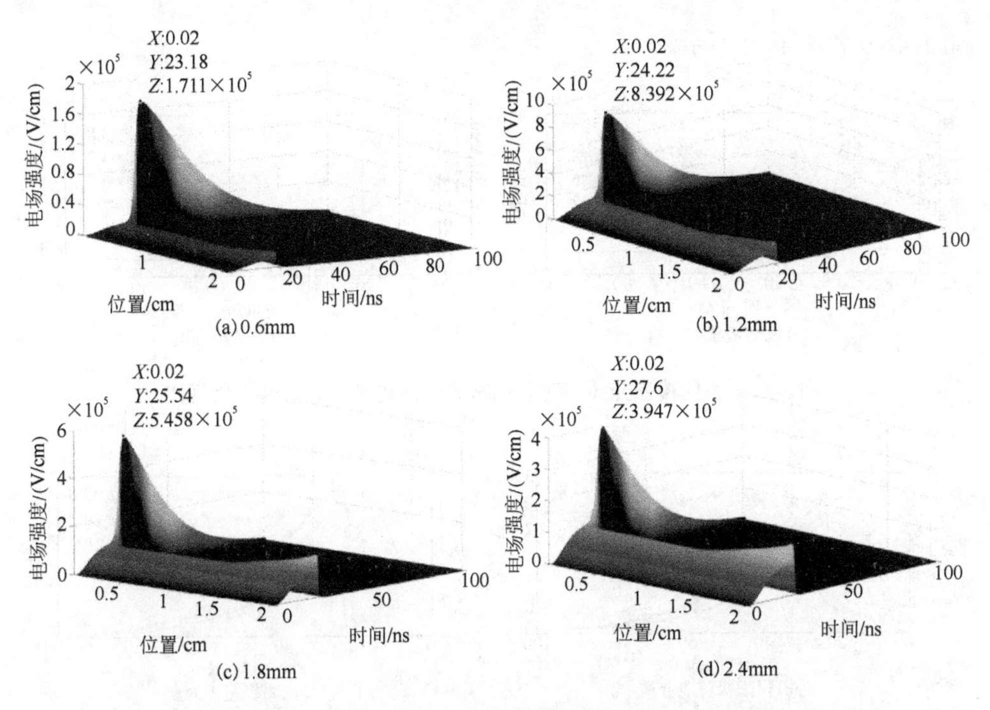


图 4-46　不同覆盖介质层厚度下，仅阴极覆盖介质时电场强度变化规律

图4-45表示仅阳极侧覆盖介质时，不同覆盖介质层厚度下电场强度变化规律。发生放电前在气隙间均匀分布，随着外电压增加逐渐向两侧集中，并且随着放电结束两侧的场强迅速衰减。比较不同厚度下的电场强度，发现随着覆盖介质厚度增加而迅速减小。图 4-46 表示仅阴极侧覆盖介质时，不同覆盖介质层厚度下电场强度变化规律。电场主要集中在阳极侧，而阴极覆盖介质侧由于少量正离子在覆盖介质上积累，电场强度在覆盖介质处略有上升，随着气体放电，其强度迅速降低，随着介质厚度增加，电场强度在覆盖介质处增加幅度不大，而在阳极处则迅速增强。

### 4.4.5　介电常数的影响

覆盖介质的相对介电常数主要通过影响气隙间电场分布来改变各放电参量，并且与气隙间的传导电流密度、介质覆盖层上电荷密度、电场强度总体上呈现正比例关系。由图 4-47 可知，当覆盖介质的相对介电常数 3.8、4.2、6、7 时，仅阳极覆盖介质时的传导电流密度最大值分别为9.8、13.7、22.5、28.6A/cm$^2$，而仅阴极覆盖介质时则分别为8.8、11.5、17.2、22.6A/cm$^2$，仅阳极覆盖时的传导电流密度较大。在仅阳极侧覆盖介质时，在其表面积累的电子的反向作用下，电荷密度将出现增速放缓的情况，而仅阴极覆盖介质时积累的正离子数量较少将不出现上述情况，如图 4-48 所示。至于不同介电常数的覆盖层对 $SF_6$ 间隙电场的影响如图 4-49 和图 4-50 所示。

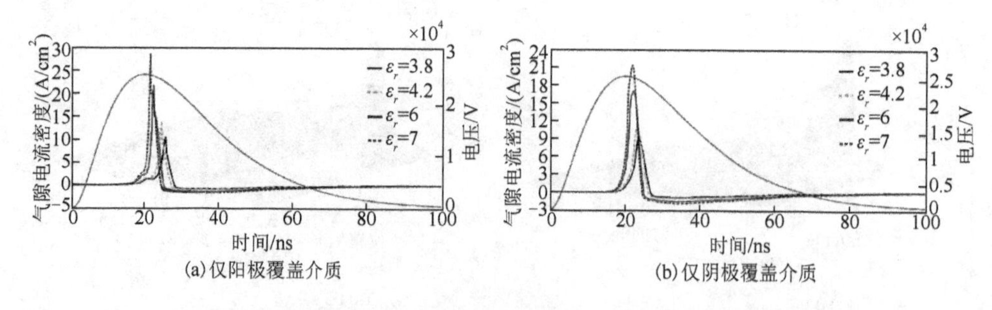


图 4-47　不同覆盖介质相对介电常数下，传导电流密度变化规律

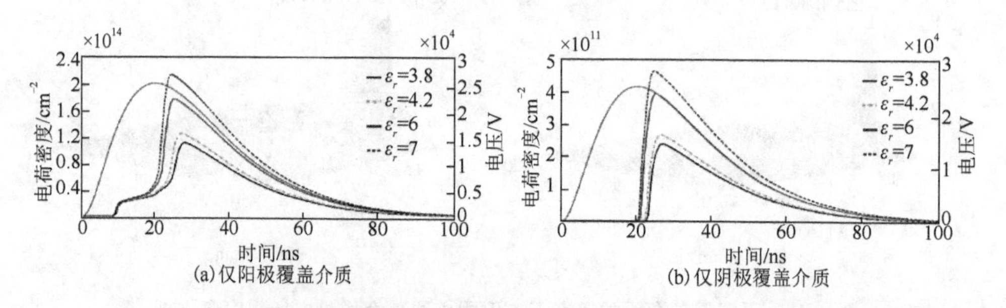


图 4-48　不同覆盖介质的相对介电常数条件下，覆盖层上电荷密度变化规律

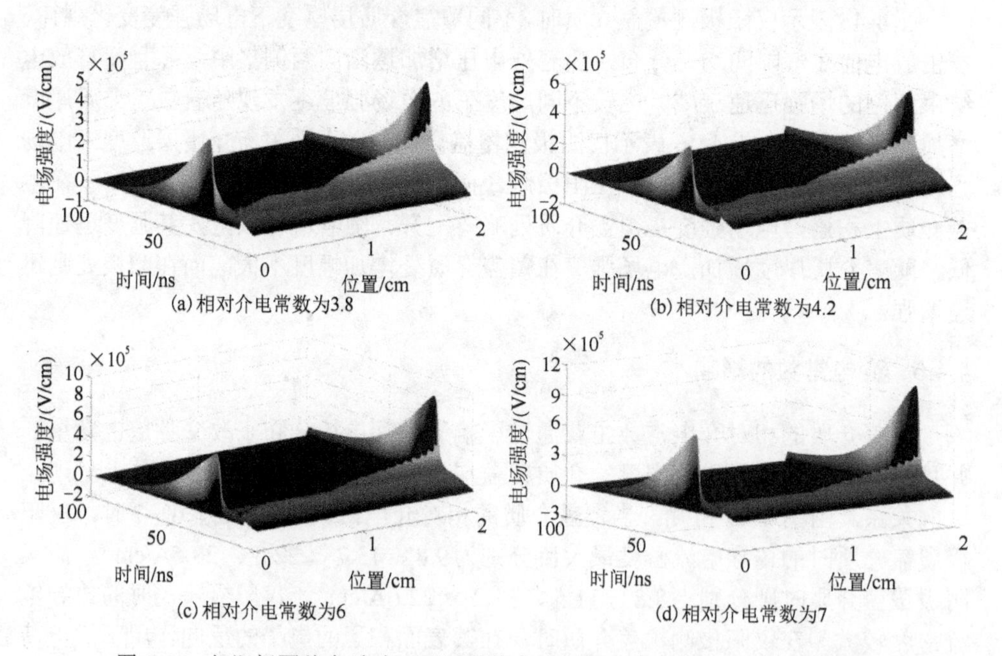


图 4-49　仅阳极覆盖介质时，不同覆盖介质层相对介电常数下电场强度变化

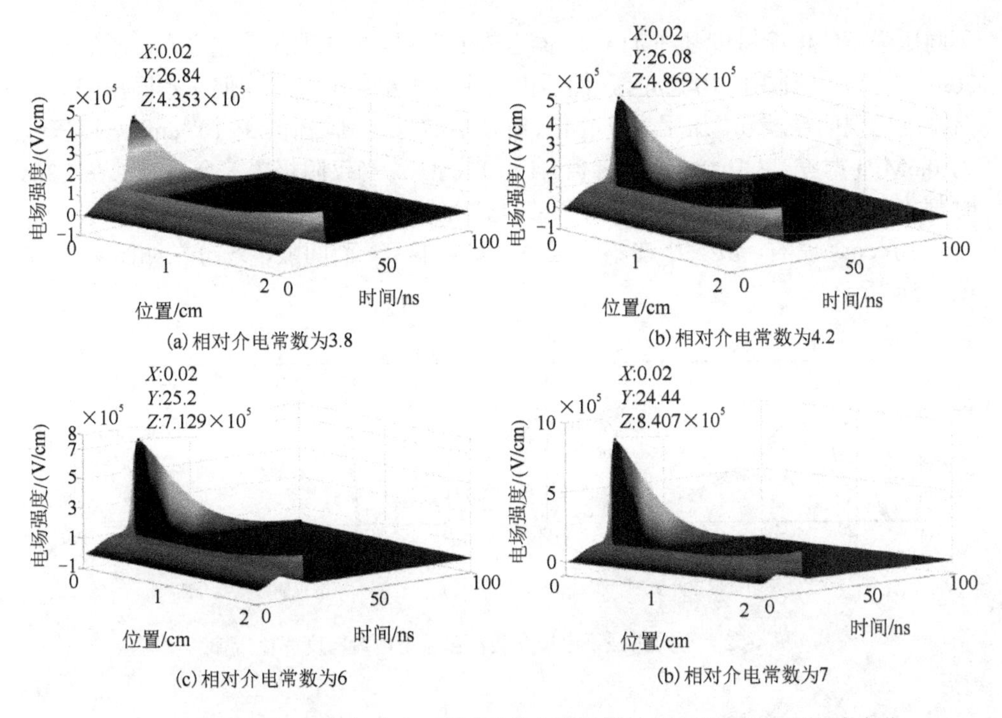

(a) 相对介电常数为3.8

(b) 相对介电常数为4.2

(c) 相对介电常数为6

(b) 相对介电常数为7

图 4-50　仅阴极侧覆盖介质时，不同覆盖介质层相对介电常数下电场强度变化

### 4.4.6　压强的影响

图 4-51 表示不同压强下传导电流密度变化规律。随着压强从 0.4MPa 上升到 0.6MPa，由于平均自由程减小，电子在电场作用下在一个自由程内积累的能量减少，因此发生碰撞电离的概率减小，当仅阳极覆盖介质时，传导电流密度从 13.9A/cm$^2$ 下降为 5.7A/cm$^2$，同时电子的速度减小，发生电子崩的时间必然增加使放电发生延时，可能在纳秒脉冲作用下会在外电压峰值后才发生放电；仅阴极覆盖介质对应的传导电流密度略低于仅阳极覆盖时的值，并且对放电的时间变化相对较小。

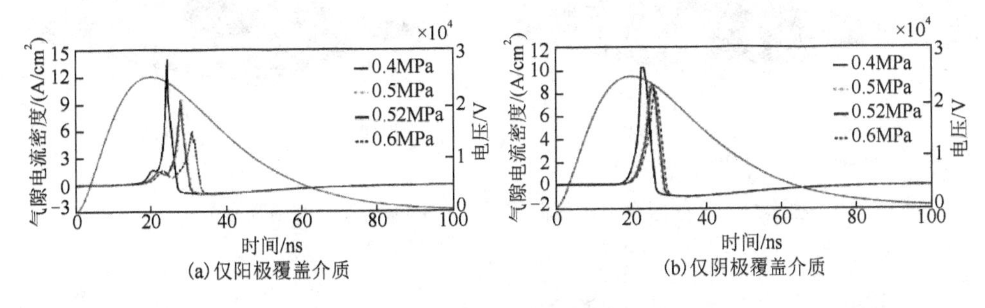

(a) 仅阳极覆盖介质

(b) 仅阴极覆盖介质

图 4-51　不同压强下传导电流密度变化

图4-52表示不同压强下电极介质覆盖侧电荷密度变化规律。仅阳极覆盖介质，

不同压强下的电荷密度都在 11～13ns 迅速上升到$2.2\times10^{13}\text{cm}^{-2}$左右，接着在 13～20ns 缓慢上升到$3.1\times10^{13}\text{cm}^{-2}$，然后电荷密度再次急剧上升，但在不同压强的电荷密度出现明显差异，压强为 0.4MPa 时在 26.7ns 达到峰值$1.3\times10^{14}\text{cm}^{-2}$，而压强为 0.6MPa 时在 33.1ns 才达到峰值$1.1\times10^{14}\text{cm}^{-2}$。当仅阴极覆盖介质时，在 23ns 时刻才出现迅速上升现象，并且不存在缓慢增长的过程，直接在 29ns 达到最大值$2.5\times10^{11}\text{cm}^{-2}$左右，其大小在不同压强下差异不大。而间隙电场分布如图 4-53 和图 4-54 所示。

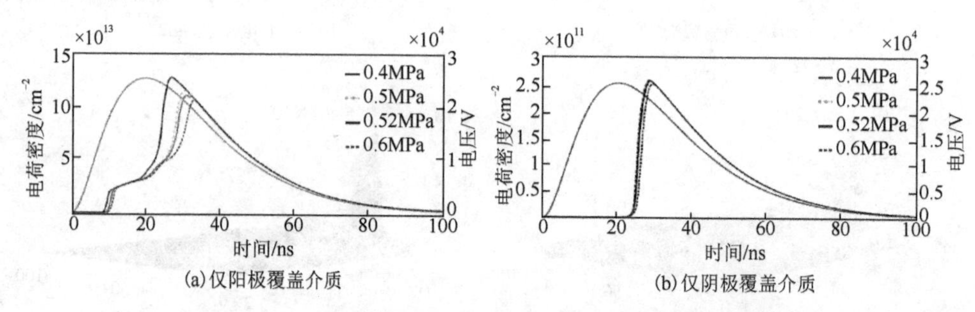


图 4-52　不同压强下电极介质覆盖层上电荷密度变化规律

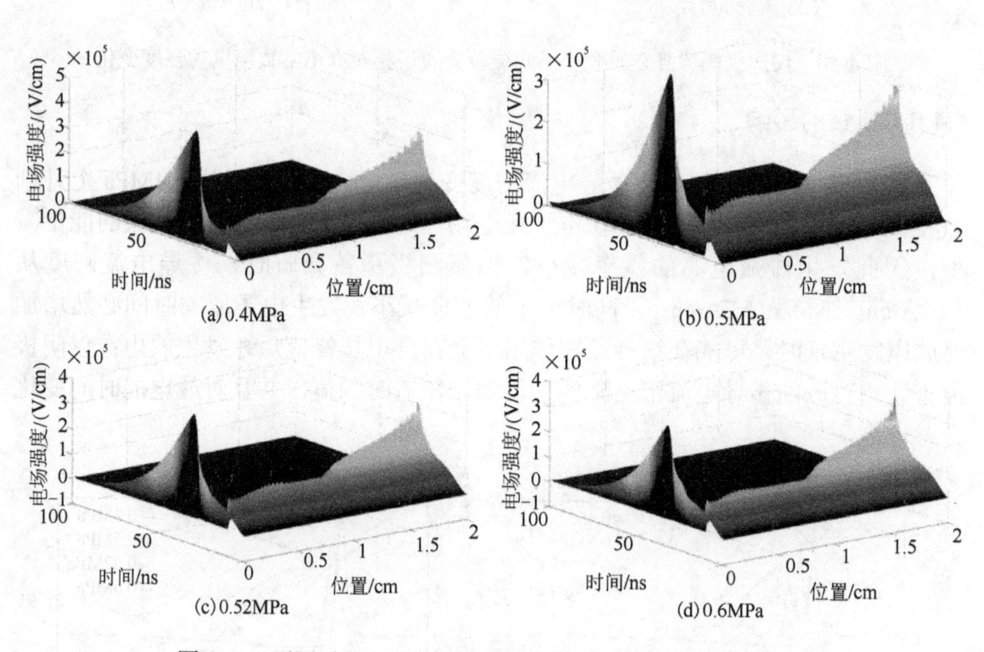


图 4-53　不同压强下，仅阳极覆盖介质时气隙中电场强度变化

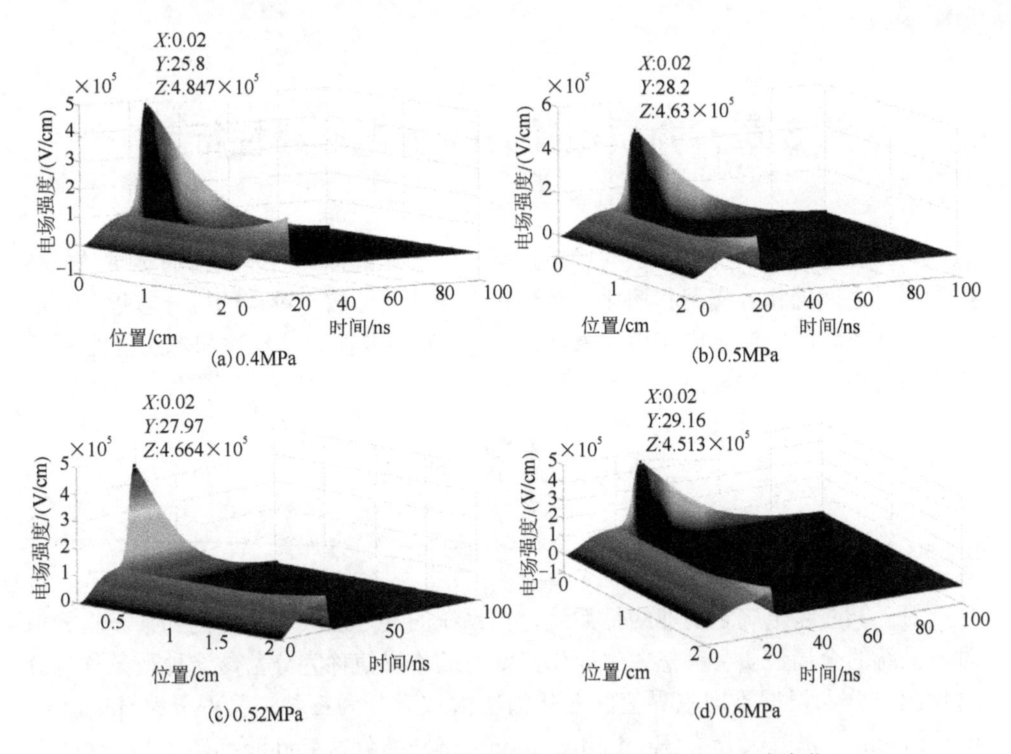


图 4-54　不同压强下，仅阴极覆盖介质时气隙中电场强度变化

采用一维自洽流体力学模型，引入流体的对流-扩散机制，考虑电子的电离效应、附着效应、复合效应，正离子与负离子的复合以及光致电离效应，建立了 $SF_6$ 气体电极介质覆盖的纳秒脉冲放电模型，并采用 MacCormack 算法进行编程离散化求解。

在对称覆盖以及单侧电极介质覆盖条件下，通过改变外施纳秒脉冲的电压幅值及上升沿、气隙距离、覆盖层的厚度及相对介电常数、压强等外部参数的方式，理论研究了纳秒脉冲下 $SF_6$ 电极介质覆盖放电特性，以及放电过程带电粒子的运动行为与间隙电场依赖关系，获得了放电过程间隙的电流、位移电流和传导电流的分布。结果表明：双侧覆盖时在纳秒脉冲下气隙中将出现双极性电流，在上升沿处第一个幅值较小的脉冲是由外电压快速变化引起的，外部参数对放电的剧烈程度存在着显著的影响；阳极侧介质覆盖层上积累电荷的过程总体分为快速上升、缓慢上升和再次快速上升三个阶段，受到外部参数变化将出现明显变化并且和传导电流变化密切相关；在发生放电前电场基本均匀分布在气隙上，发生放电后则主要集中在阳极侧介质覆盖层附近。仅阳极覆盖时传导电流密度以及介质覆盖层上电荷密度变化与双侧覆盖时变化接近，而电场主要集中在两侧。仅阴极覆盖时传导电流密度以及介质覆盖层不存在缓慢上升的阶段，电场主要集中在阳极侧。本章理论模拟的部分结果已经获得相关实验的印证，进一步研究仍在进行中。

# 第 5 章　介质覆盖 $SF_6$ 放电非线性行为

气体放电的复杂性，源于其放电控制参量的非线性。而非线性的实质是放电控制参量之间的相互作用和演化，且聚焦在表述气体放电过程的微分方程(组)的求解及其解域时空演化内在规律表现。其基本特点是产生多样性和多尺度性,而非线性系统中一定产生混沌等现象。

## 5.1　混 沌 概 念

### 5.1.1　Hopf 分岔

对于某些完全确定的非线性系统，当系统的某一参数连续变化到某一临界值时，系统的全局性质会突然发生变化，此时的临界值称为分岔，这种现象称为分岔现象。分岔根据不同临界值的变化情况大致可分为三种：叉型分岔(pitchfork bifurcation)、霍普夫分岔(Hopf bifurcation)、鞍-结分岔(saddle-node bifurcation)。对于电力系统中所产生的混沌现象，大多是基于 Hopf 分岔所产生的。

给定一个形如下式的非线性方程，当它的线性部分在奇点附近的矩阵有一对复特征值，并且随参数变化而穿越过虚轴时，奇点的稳定性发生反转，从而导致在奇点附近产生闭环轨迹现象，称为 Hopf 分岔，即

$$\frac{\mathrm{d}X}{\mathrm{d}t}=F(\mu,X),X\in \mathrm{R}^n$$

Hopf 分岔点是连接定态点和周期态的开关，一个系统若出现 Hopf 分岔点，则意味着系统存在周期解。Hopf 分岔是一种很重要的分岔结构，它主要体现在定态点的稳定性突然变化而出现极限环(limit cycle)。所以，Hopf 分岔被形象地称为平衡点和周期解的开关。

### 5.1.2　混沌现象

混沌现象只出现在非线性动力系统中，它是既普遍又极其复杂的现象。它不是通常意义下的 3 种定常状态：平衡态、周期态和准周期态。它是一种始终限于有限区域且轨道永不重复的一种形态复杂的运行。混沌主要具有以下几个特征。

(1)敏感依赖于初始条件。混沌对于初始条件的敏感依赖性使得系统的长期运行结果很难预测，几乎是不可预测的。洛伦兹把其称为“蝴蝶效应”。

(2)伸长与折叠。这是系统对初始条件敏感依赖性的主要机制。伸长是指系统

内部不稳定所引起的点之间的距离的扩大；折叠是指系统整体所形成的点之间的距离限制。一个系统经过多次的伸长和折叠，轨迹被打乱了，混沌形成了。

(3)具有自相似性。混沌运动不同于完全无规则的随机运动，其区域内有窗口(即稳定的周期态)，窗口里面还包含混沌……，这种结构无穷多次重复着，并具有各态遍历和层次分明的特征。同时伸长和折叠使得混沌运动具有大大小小的、无特征的各种尺度，这称为系统的自相似结构。

### 5.1.3 最大李雅普诺夫指数

一般地说，把$t \to \infty$时的状态归宿称为吸引子(attractor)，它是由所有不同初始状态出发的轨道最后构成的不随时间变化的集合，常见的四种吸主要包括：定常吸引子、周期吸引子、拟周期吸引子和混沌吸引子。

通常用李雅普诺夫指数(Lyapunov exponents，LEs)判断系统吸引子的类型。不同吸引子具有不同的特征，对于气体放电系统：

$$\begin{cases} \lambda_1 < 0, \text{ 定常吸引子} \\ \lambda_1 = 0, \ \lambda_2 < 0, \text{周期吸引子} \\ \lambda_1 = \lambda_2 = \cdots = \lambda_n = 0, \lambda_{n+1} < 0 \text{ ，拟周期吸引子} \\ \lambda_1 > 0, \quad \text{混沌吸引子} \end{cases}$$

从上述关系可以看出，最大李雅普诺夫指数在系统吸引子的类型上起着决定性的作用，求出最大李雅普诺夫指数的数学方法——Benettin 算法，其基本思想如下。

选取两个任意$x_0$和$y_0$为空间中两个靠近的初始状态，随着时间的演化，它们的状态分别为$x(t)$和$y(t)$，它们所构成的轨迹之间的距离为$\omega(t) = \|y(t) - x(t)\|$，并且距离$\omega$随时间的变化满足方程$\dfrac{\mathrm{d}\omega}{\mathrm{d}t} = L\omega$，其中$L$为李雅普诺夫矩阵。设第$n$时刻两轨迹的状态为$x(nt)$和$y(nt)$，它们之间的距离为

$$d_n = \|y(nt) - x(nt)\|$$

在$n+1$时刻两轨迹上的状态分别是

$$x[(n+1)t] = T^t x(nt), \quad y[(n+1)t] = T^t y(nt)$$

所以$n+1$时刻两轨迹之间的距离变为

$$d_{n+1} = \|T^t y(nt) - T^t x(nt)\|$$

为了避免计算时出现溢出，选取一个新的计算起点$\overline{y} = [(n+1)t]$代替$y = [(n+1)t]$，其中$\overline{y} = [(n+1)t]$在$x = [(n+1)t]$和$y = [(n+1)t]$的连线上，但是两者之间的距离总保持最初的$d_0$，如图 5-1 所示。这样，每次都可以看作从距离为$d_0$的两状态出发，得到一系列的距离$d_1, d_2, \cdots$。当$t$趋近于无穷小时可得一系列的值：

$\frac{1}{t}\ln\frac{d_1}{d_0},\frac{1}{t}\ln\frac{d_2}{d_1},\cdots$，于是便可计算出 $\lambda_1$：

$$\lambda_1 = \lim_{k\to\infty}\sum_{k=1}^{n}\ln\frac{d_1}{d_0}$$

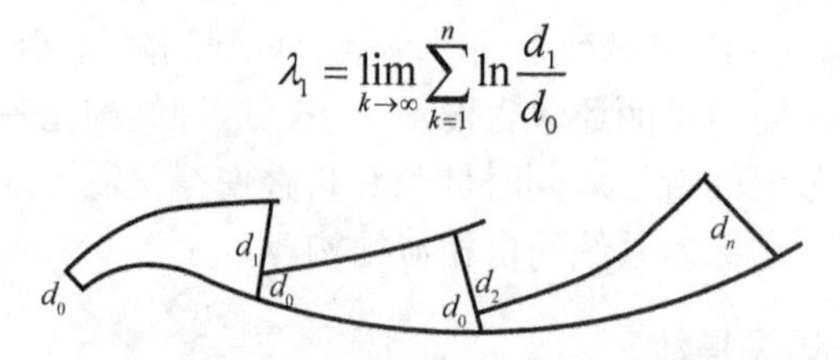


图 5-1　Benettin 算法求最大李雅普诺夫指数

本章通过上述方法求解了最大李雅普诺夫指数，从而确定系统是否进入了混沌状态。

## 5.2　介质覆盖 $SF_6$ 短间隙放电模型

采用一维自洽流体力学模型对大气压下 $SF_6$ 间隙板-板电极放电过程非线性行为进行表征，采用 SG 算法对此非线性方程组进行求解，获得 $SF_6$ 间隙放电过程及其带电粒子动力学行为与外施控制参量的制约机制，从而加深对 $SF_6$ 极端条件下放电机理的认知，可拓宽其应用领域。

采用的放电系统结构如图 5-2 所示，两平板电极之间距离为 $d$，两覆盖介质层厚度分别为 $d_1$ 和 $d_2$，其相对介电常数为 $\varepsilon_B$，气体介电常数为 $\varepsilon_0$。两极板间外施电压为 $V(t)=V_0\sin(2\pi ft)$，$V_0$ 为幅值，$f$ 为频率。

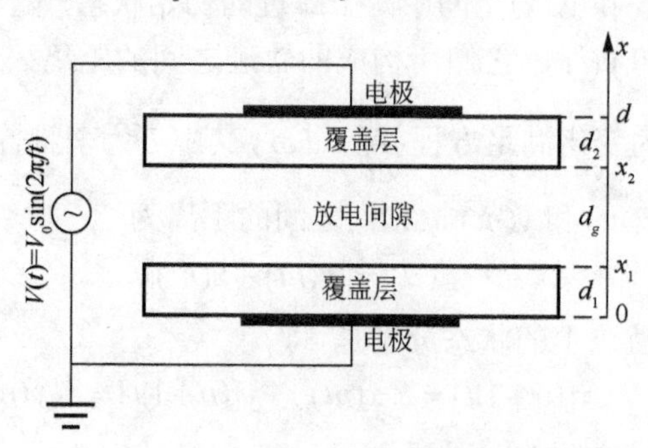


图 5-2　放电系统结构示意图

### 5.2.1　$SF_6$ 电负性气体放电过程表述

电子、正离子和负离子的粒子密度变化同样是通过一维自洽流体模型表示，其连续性方程、动量转换方程及泊松方程如下所示：

$$\frac{\partial n_e}{\partial t}+\frac{\partial \varphi_e}{\partial x}=n_e\left|W_e\right|(\alpha-\eta)-\beta_{ep}n_e n_p \tag{5-1}$$

$$\frac{\partial n_p}{\partial t}+\frac{\partial \varphi_p}{\partial x}=\alpha n_e|W_e|-\beta_{ep}n_e n_p-\beta_{np}n_n n_p \tag{5-2}$$

$$\frac{\partial n_n}{\partial t}+\frac{\partial \varphi_n}{\partial x}=\eta n_e|W_e|-\beta_{np}n_n n_p \tag{5-3}$$

式中，$n_e$、$n_p$、$n_n$分别是电子、正离子和负离子密度；$\alpha$与$\eta$分别是电离系数和附着系数；$\beta_{ep}$与$\beta_{np}$分别是电子-正离子复合系数和负离子-正离子复合系数。各种带电粒子的密度变化如式(5-1)、式(5-2)和式(5-3)所示。电子密度的变化不仅取决于碰撞电离过程，其数量还随着附着过程和复合过程而减少。在电场较弱的情况下，电子-正离子发生复合和电子-气体分子发生附着效应更明显。正离子随着碰撞电离而产生，但相对于电子其体积大，且质量重，运动速度较低，易与负电荷粒子复合。由于电负性气体分子具有较强的吸引电子的能力，所以在电负性气体发生放电过程中，会产生许多负离子。带电粒子流密度变化与粒子的迁移速度及扩散速度相关，如下所示：

$$\varphi_e=n_e W_e-\frac{\partial(n_e D_e)}{\partial x} \tag{5-4}$$

$$\varphi_p=n_p W_p-\frac{\partial(n_p D_p)}{\partial x} \tag{5-5}$$

$$\varphi_n=n_n W_n-\frac{\partial(n_n D_n)}{\partial x} \tag{5-6}$$

式中，$W_k$、$D_k$和$\phi_k$是第$k$种带电粒子的漂移速度、扩散系数和流密度。负电性气体放电过程中各种粒子相互作用，电离、复合和附着只是放电最基本的动力学特征，带电粒子运动形成传导电流，与交变电场的位移电流相加，形成总的放电电流，如下所示：

$$\varphi_g=e(\varphi_p-\varphi_e-\varphi_n) \tag{5-7}$$

$$\varphi=\left(\int_0^{d_g}\varphi_g\mathrm{d}x+\varepsilon_0\frac{\mathrm{d}V}{\mathrm{d}t}\right)\Bigg/\left(d_g+\frac{d_1+d_2}{\varepsilon_B}\right) \tag{5-8}$$

式中，$\varphi_g$与$\varphi$是传导电流密度和总的放电电流。

气隙放电总的放电电流的变化由式(5-9)和式(5-10)确定，而介质表面电荷集聚过程由式(5-11)和式(5-12)表征。

$$\nabla^2 U=-e(n_p-n_e-n_n);\ E=-\nabla U \tag{5-9}$$

$$U_g=\int_{x_1}^{x_2}-E\mathrm{d}x \tag{5-10}$$

$$\delta_1=\int_0^t-\varphi_{g(x_1)}\mathrm{d}t \tag{5-11}$$

$$\delta_2=\int_0^t-\varphi_{g(x_2)}\mathrm{d}t \tag{5-12}$$

式中，$E$ 与 $U$ 是局部电场矢量和电位；$\delta$ 是介质表面电荷密度，而 $U_g$ 是气体间隙电压。在电极处的边界条件为二次电子发射项，通过传导电流密度给出：

$$\varphi_{g(x_1 \ or \ x_2)} = e[\varphi_p - (\varphi_e + \varphi_n - \gamma\varphi_p)] \tag{5-13}$$

### 5.2.2 非线性方程的 SG 算法

对于上述非线性方程组的求解，最有效的方法是由 Scharfetter 和 Gummel 两人提出的有限差分方法，简称 SG 算法，此方法能同时精确地求解电子、离子密度及电子、离子流的变化。

SG 算法的思想是：将整个放电空间剖分为由两种类型的节点组成的空间，一种为整节点 $k$，电子和离子密度在这些点上取值；另一种为半节点 $k \pm 1/2$，电流和电场则在这些点上取值，如图 5-3 所示。为了得到电流密度在半节点 $j_{k\pm1/2}$ 上的表达式，假设两个整节点 $k$ 和 $k \pm 1/2$ 之间的电场 $E$、扩散系数 $D$ 都是常数，均等于 $E_{k\pm1/2}$ 和 $D_{k\pm1/2}$，这样描述电子、离子流密度的方程就变成了定义在气隙 $(x_k, x_{k+1})$ 上的微分方程，解这个方程可得

$$n(x) = \left(n_k - \frac{j_{k+1/2}}{D_{k+1/2}} \int_0^{\xi} \mathrm{e}^{\alpha\xi} \mathrm{d}\xi\right) \mathrm{e}^{\alpha\xi} \tag{5-14}$$

式中，$h_k = x_{k+1} - x_k$；$\xi = (x_{k+1} - x_k)/h_k$；$\alpha$ 可以写成如下形式：

$$\alpha = \frac{\mu_e h_k E_{k+1/2}}{D_{k+1/2}} \tag{5-15}$$

如果令 $x = x_{k+1}$，也就是 $\xi = 1$，可得到电流密度 $j$ 的表达式：

$$j_{k+1/2} = \frac{D_{k+1/2}}{h_k R_0}(n_k - \mathrm{e}^{\alpha} n_{k+1}) \tag{5-16}$$

式中，$R_0 = \dfrac{\mathrm{e}^{\alpha} - 1}{\alpha}$。

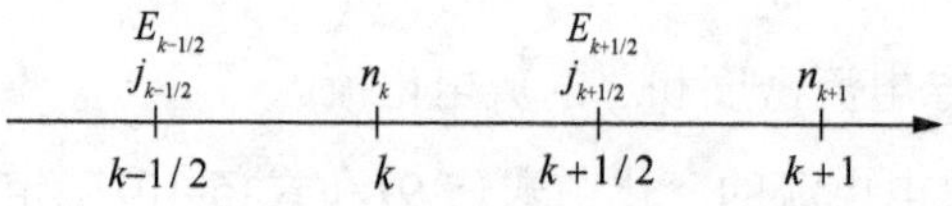

图 5-3 计算单元的划分

知道了电流密度在半节点取值以后，令整节点的电流取值与其相等，则可以利用一般的差分方法求电子密度的取值：

$$\frac{n_k^{m+1} - n_k^m}{\Delta t} = \frac{j_{k+1/2}^m - j_{k-1/2}^m}{h_{k-1/2}} + S_k \tag{5-17}$$

以上便是 SG 算法的基本思想，采用 SG 算法对上述非线性方程组进行联立求解本章的问题。

## 5.3 电极覆盖 $SF_6$ 短气隙放电过程的时空行为

以 $SF_6$ 为工作气体来模拟其在电极覆盖下短气隙放电的各种动力学行为，所用到 $SF_6$ 的相关参数(带电粒子的迁移率、扩散系数及电离系数、复合系数等)均取自文献，二次电子发射系数取 0.01。电极上所覆盖的介质均为环氧树脂，相对介电常数取其在常温下 $\varepsilon_B = 3.8$，气体压强 $p = 760\text{torr}$（1torr=1.333×$10^2$Pa）。

### 5.3.1 电极覆盖 $SF_6$ 短气隙放电动力学特性

采用 SG 算法对流体模型的非线性方程组求解。在 $t$=0 时刻，假设电子、离子密度分别为 $n_e(x,0) = n_p(x,0) = 10^{-7}\,\text{cm}^{-3}$，且均匀分布。板-板电极所覆盖厚度为 $d = 0.2\text{cm}$ 的环氧树脂（$\varepsilon_B = 3.8$），放电间隙为 $d_g = 0.1\text{cm}$，同时在两侧极板上施加一个频率为 $f$=5000Hz 幅值 $V_0$=1.5kV 的正弦交流压。

图 5-4 给出两个放电周期的电流密度随时间演化情况。由于电极两侧覆盖着绝缘介质，因此放电每半个周期内有一个电流脉冲出现且具有较好的周期性。其放电量为毫安级别，同时放电持续时间约为几十纳秒。

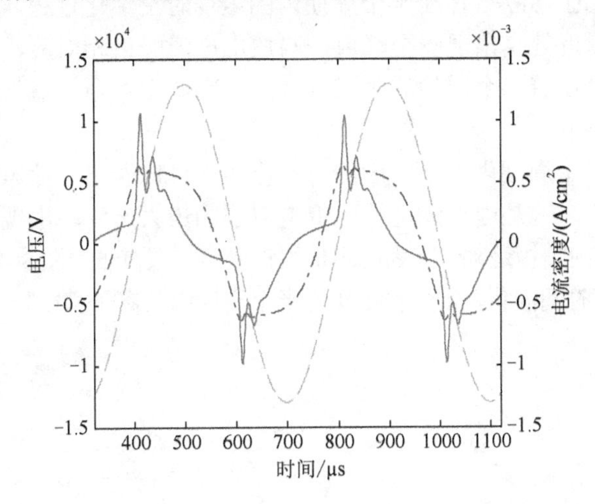


图 5-4 放电电流密度随时间变化

图 5-5 给出了外施电压、$SF_6$ 气体和覆盖介质上电压随时间的演化规律。可以看到在每个周期开始时 $U_g = -U_d$，然后气隙间电压 $U_g$ 随着外施电压 $U_a$ 增加直到放电开始。在放电持续时间内 $U_g$ 迅速减小，而介质上的电压 $U_d$ 则快速增加，表明覆盖介质层对放电的抑制作用。因此介质层的引入是产生稳定放电的关键条件之一，它的作用主要是通过介质电容的充放电来实现的。当气体放电时电荷在介质上积累，产生一个反向电场，该电场使得气体中的电场迅速减小，此时放电快

速停止，避免了电弧放电的产生。当外施电压改变方向时，前半个周期积累电荷产生的场与外加电场同方向，降低了开启下一次放电所需要的外施电场，因此放电电流的峰值并不出现在外施电压的峰值处。

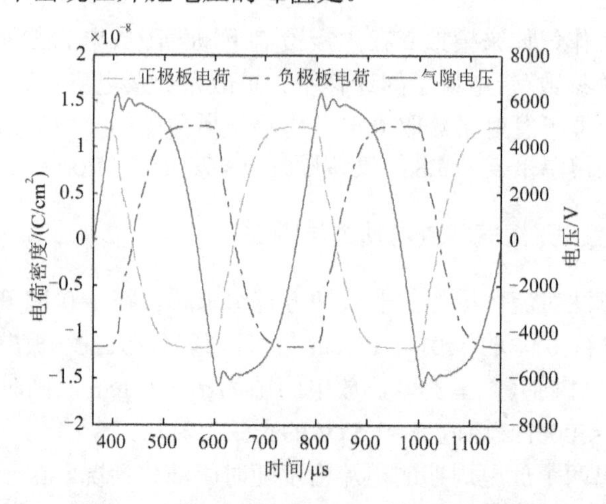


图 5-5　外施电压、气体和介质上电压变化

图 5-6 给出了 $SF_6$ 气体在半个周期内的电场时空演化过程。可以观察到每半个周期在阴极附近处会出现一个峰值，与放电电流峰值相对应，即放电时阴极附近电场最强，存在着一个明显的阴极位降区，因此电极覆盖短气隙放电类似于低气压下的辉光放电。

图 5-7 为半个周期内电子密度的时空分布。可以看出，放电时电子密度出现在阴极板边界处，这是由于汤逊放电带电粒子的最大产生率出现在强电场区。在放电之后，电子向阳极运动，因为此阴极附近密度明显降低。图 5-8 给出了半个周期内正离子密度随时间演化情况，图 5-9 为半个周期内负离子密度随时间演化情况。

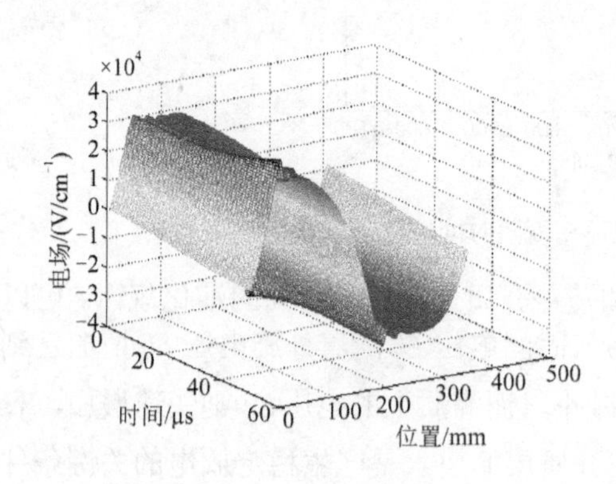


图 5-6　电场分布

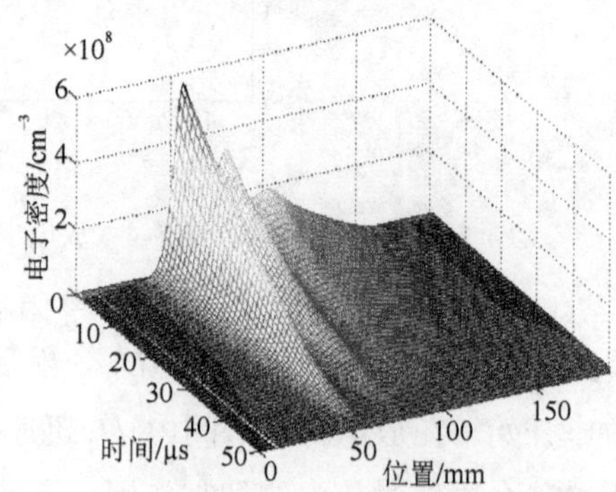


图 5-7　电子密度分布

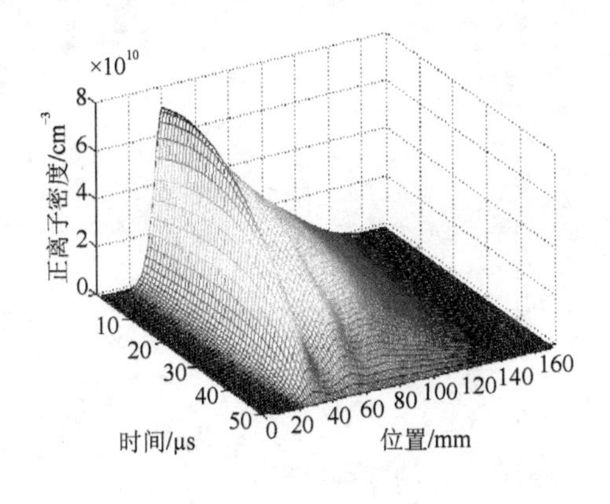


图 5-8　正离子密度分布

图 5-9　负离子密度分布

## 5.3.2　电荷输运与放电电流脉冲的关系

令外施电压为 30kV，气隙间距离 $d_g$=0.1cm，各放电参量的变化如图 5-10 所示。图 5-10(a)为放电电流与介质表面积聚电荷的关系。由于整个系统的放电电流存在零点，因此本书利用微分电阻这个参量来表征气隙的绝缘特性。图 5-10(b)为电压与电荷的微分电导，由图 5-10(b)中可看出气体电压梯度的变化先于电流梯度，表明高场强会促进电子雪崩形成，当气隙间电场等于或超过气体的临界电场强度，就会发生放电，并将电荷积聚到介质表面，导致气体绝缘的微分电阻迅速改变。图 5-10(b)中 0.885～0.945ms 时刻，放电系统在弱电场下发生复合、附着，同时气隙通道通过气体扩散恢复自绝缘，可见图 5-10(b)中 0.945～0.985ms。为了更直观地说明这一放电过程，利用二维和三维相图表征多脉冲放电特性，来加深对电极覆盖短气隙放电动力学行为的理解，如图 5-10(c)、(d)所示。

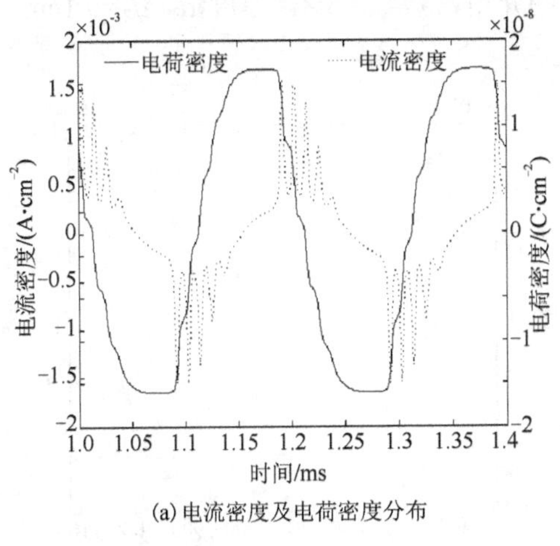


(a) 电流密度及电荷密度分布

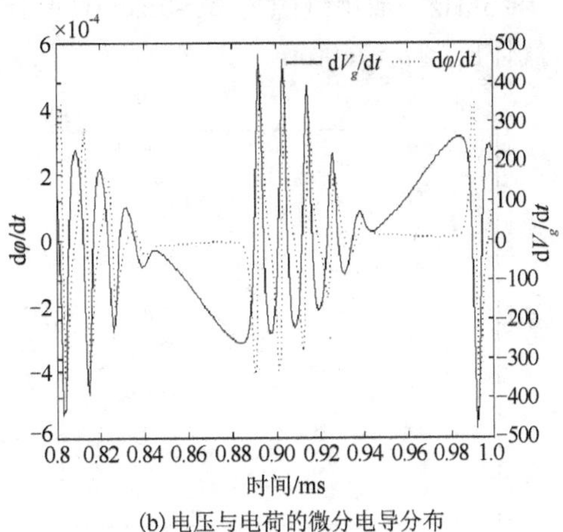


(b) 电压与电荷的微分电导分布

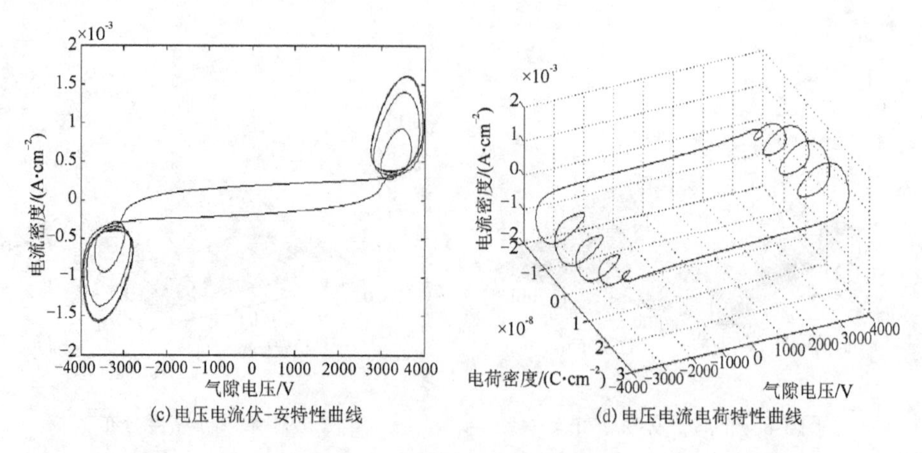

(c) 电压电流伏-安特性曲线

(d) 电压电流电荷特性曲线

图 5-10 短间隙放电动力学特性

## 5.4 影响因素

由于电极覆盖短气隙放电系统是一个多参数的系统，因此任何一个外部参量的改变，对放电都有着至关重要的影响，因此本节以电极覆盖系统中主要的几个参量的改变为研究，来模拟不同放电条件对放电产生的影响，这将有助于深入理解电力设备绝缘系统中气隙放电的过程，同时还为气体放电机理的研究提供重要的参数及方法。

### 5.4.1 电压幅值的影响

图 5-11 给出不同外施电压幅值下的放电特性，此时所加正弦电压频率 $f$=5kHz，放电气隙为 $d_g$=0.2cm，介质的介电常数 $\varepsilon_B$=3.8，厚度 $d_1$=$d_2$=0.1cm，气体压强 $P$=760torr。

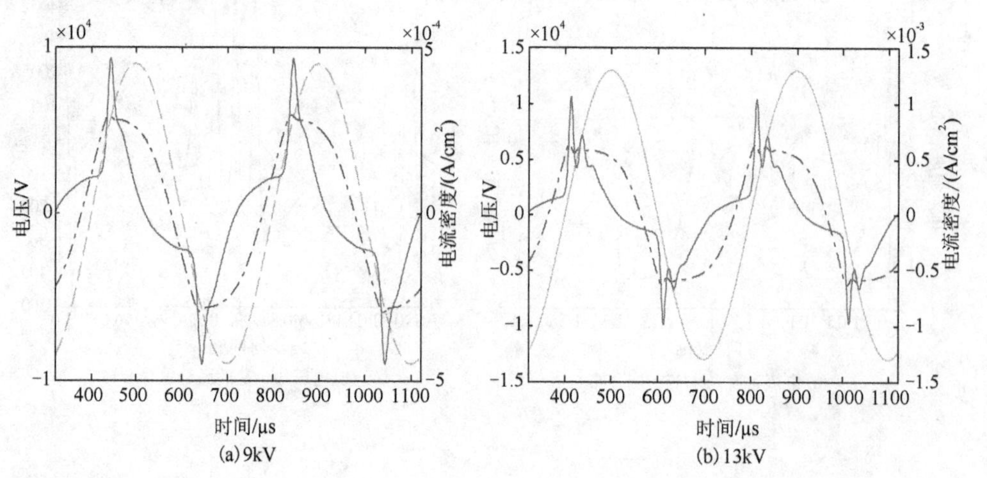

(a) 9kV

(b) 13kV

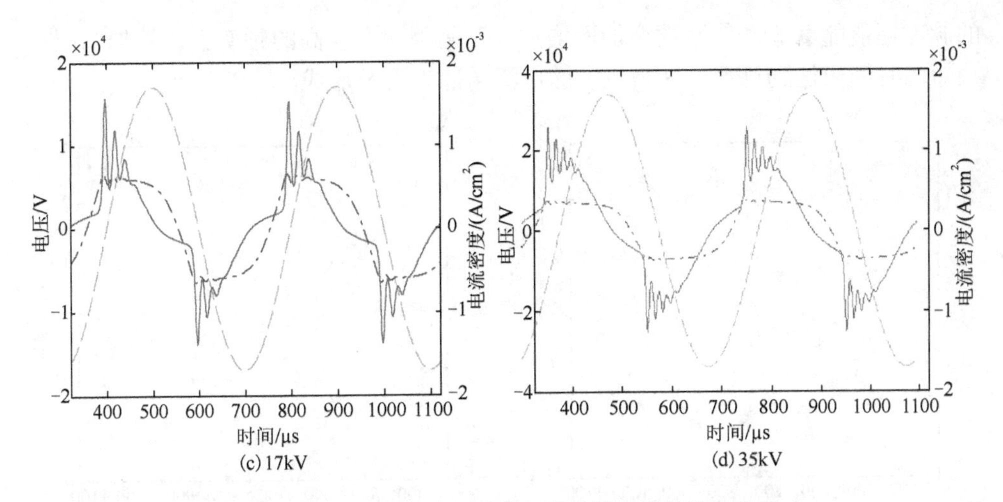


图 5-11 不同外施电压幅值下的电流密度随时间变化

图 5-11(a)外施电压为 9kV 时，每半个外施电压周期存在一个较大的电流脉冲，其幅值约为 0.5mA/cm²，脉冲宽度约为20μm 。在击穿前随着外施电压 $U(t)$ 的增加，气体两端电压 $U_g$ 也随之增加。当气体电压 $U_g$ 达到击穿电压时，发生汤森放电，气体两端电压急剧下降。达到击穿时，放电空间会产生大量带电粒子，带电粒子在外电场的作用下分别向阳极和阴极漂移，并积累在绝缘介质表面产生反向电场，从而削弱了气隙间的电场，使得气隙间的电压逐渐下降，进而达到熄灭电压。

当外施电压持续增加，每半个外施电压周期出现两个或两个以上的电流脉冲，随着外施电压的增加，气体电压也随之增加直到达到气体的击穿电压，从而发生放电。在放电过程中，气体电压 $U_g$ 由于表面电荷的作用急剧下降直至放电结束。在放电结束后，气体电压开始随着外施电压的增加而再次增加，外施电压较大，使得气体间电压可以克服介质表面电荷所产生的反向电场再次达到击穿电压，即 $U_g > U_{击穿}$，发生新的放电。此外，随着外施电压的增加，放电电流的幅值也随之增加，如图 5-11(b)～(d)所示，其幅值分别为 1.3、1.8、2.5mA/cm²，脉冲宽度分别约为40 、50 、70μs 。

### 5.4.2 电压频率的影响

外施电压幅值 $U_0$=15kV，频率分别为 5、8、13、30kHz，气体间隙 $d_g$=0.2cm，介质层厚度 $d_1$=$d_2$=0.1cm，介质的介电常数 $\varepsilon_B$=3.8，气体压强 $P$=760torr。

图 5-12 给出了不同外施电压频率下的放电电流特性。可以看出，当其他条件不变时，每半个周期内的电流脉冲数目随着驱动频率的增加而减少，且放电电流

的脉冲幅值随着驱动频率的增加而增加。这是因为在较高的频率下，外加电压在很短的时间内达到峰值，使得更多的电流脉冲来不及形成。

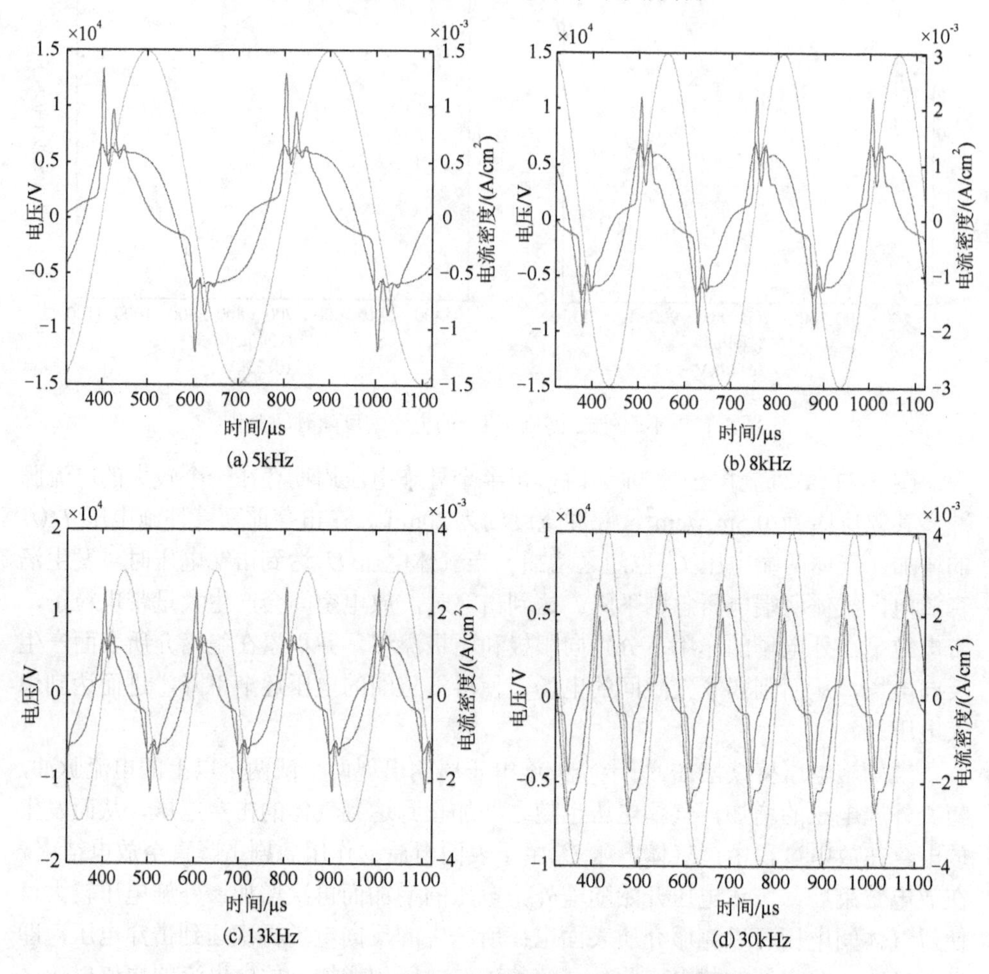


图 5-12　不同驱动频率下的放电电流密度随时间演化

另外，电流密度的大小与放电之前保留在放电空间的带电粒子密度有关，存留在放电空间的粒子密度越大，放电电流密度越大。而带电粒子在两次放电之间损失的主要原因是附合在介质表面，随频率的升高，两个放电脉冲序列的间隔缩短，减小了带电粒子的损失，使更多的带电粒子在快速变化的电场中被俘获，从而导致放电电流的幅值升高。

### 5.4.3　气隙尺寸的影响

电极覆盖 $SF_6$ 短气隙放电的性质不仅取决于外施电压幅值的大小，同时也受其他放电参数的影响。图 5-13 给出外施电压为幅值 $U_0$=15kV 下，不同放电间隙下的放电电流特性。此时外施电压频率 $f$ =5kHz，介质层厚度 $d_1$=$d_2$=0.1cm，介质的介电常数 $\varepsilon_B$=3.8，气体压强 $P$=760torr。

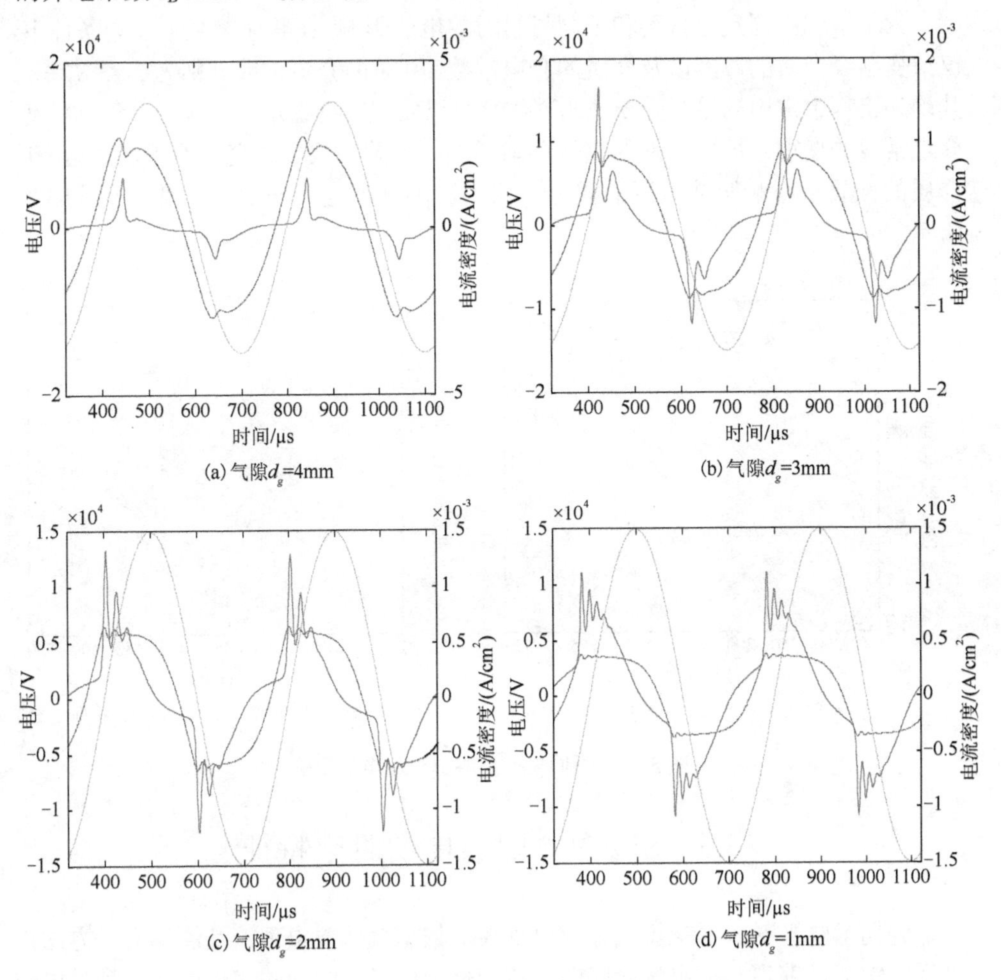


图 5-13　不同放电间隙下的电流放电密度随时间演化

由图 5-13 可知，随着放电间隙的减小，在外施电压的半个周期内，击穿发生越来越早，电流脉冲的数目由单脉冲向多脉冲逐渐增加。同时相邻两个电流脉冲之间的时间间隔减小。这是因为在外施电场作用下，放电空间中的电子从电场中获得能量与周围粒子发生碰撞，使粒子激发产生电子雪崩，发生汤森放电。在放电阶段，大量的带电粒子在外加电场下向两个极板漂移并积累在介质表面，产生一个反向电场，使气体中的电场减小。当反向电场大于击穿电场时放电停止。当气体间隙减小时，带电粒子到达介质表面距离缩短，使积累在介质表面的粒子的速度大大增加，从而使放电提早放生。

### 5.4.4 介质 $\varepsilon_B$ 的影响

为了了解不同尺寸材料和不同材料对放电的影响，在其他参数不变的条件下，仅改变绝缘介质的厚度以及介质的介电常数，介质的介电常数分别为 3、3.8、7.5，其均为工程中常用的绝缘介质。通过仿真可以发现，随着介质参数，如介质厚度、介电常数的增加，放电脉冲的幅值逐渐增加。但脉冲数目改变并不明显。这表明介质的性质只影响脉冲电流的幅值，而不影响脉冲电流的脉冲个数，如图 5-14 所示。

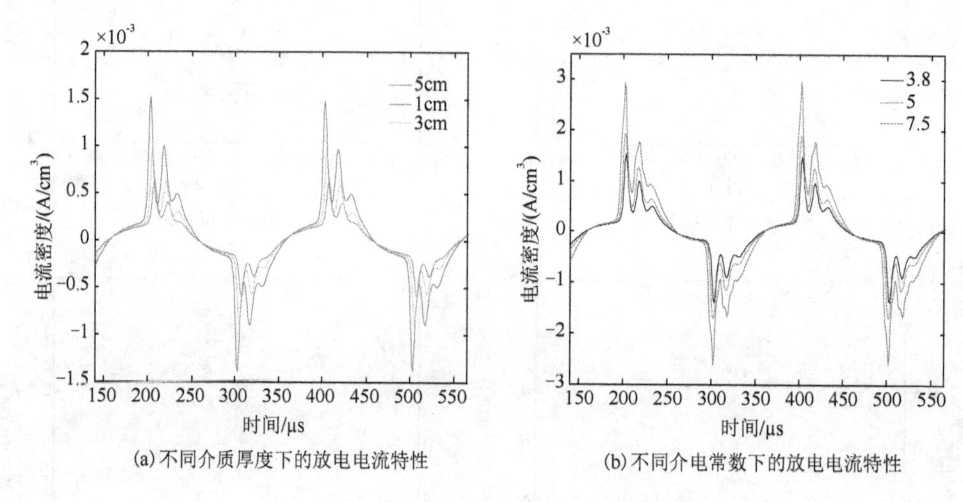


(a) 不同介质厚度下的放电电流特性　　(b) 不同介电常数下的放电电流特性

图 5-14　不同电介质参数对放电的影响

## 5.5　$SF_6$ 短气隙放电的时空特征

为揭示电极覆盖 $SF_6$ 短气隙放电规律，依据气体放电理论及流体力学方法，采用 SG 算法获得了放电气隙间的电流变化及电场随时间的演化以及各种带电粒子密度随时间分布。

图 5-15 为不同外施电压幅值下各带电粒子密度随时空演化的情况。可见，当放电开始时，放电空间会产生大量带电粒子，带电粒子在外电场的作用下分别向阳极和阴极漂移，并积累在绝缘介质表面产生反向电场，从而削弱了气隙间的电场，使得气隙间的电压逐渐下降，进而达到熄灭电压。且各带电粒子密度随外施电压幅值的增加而增加。

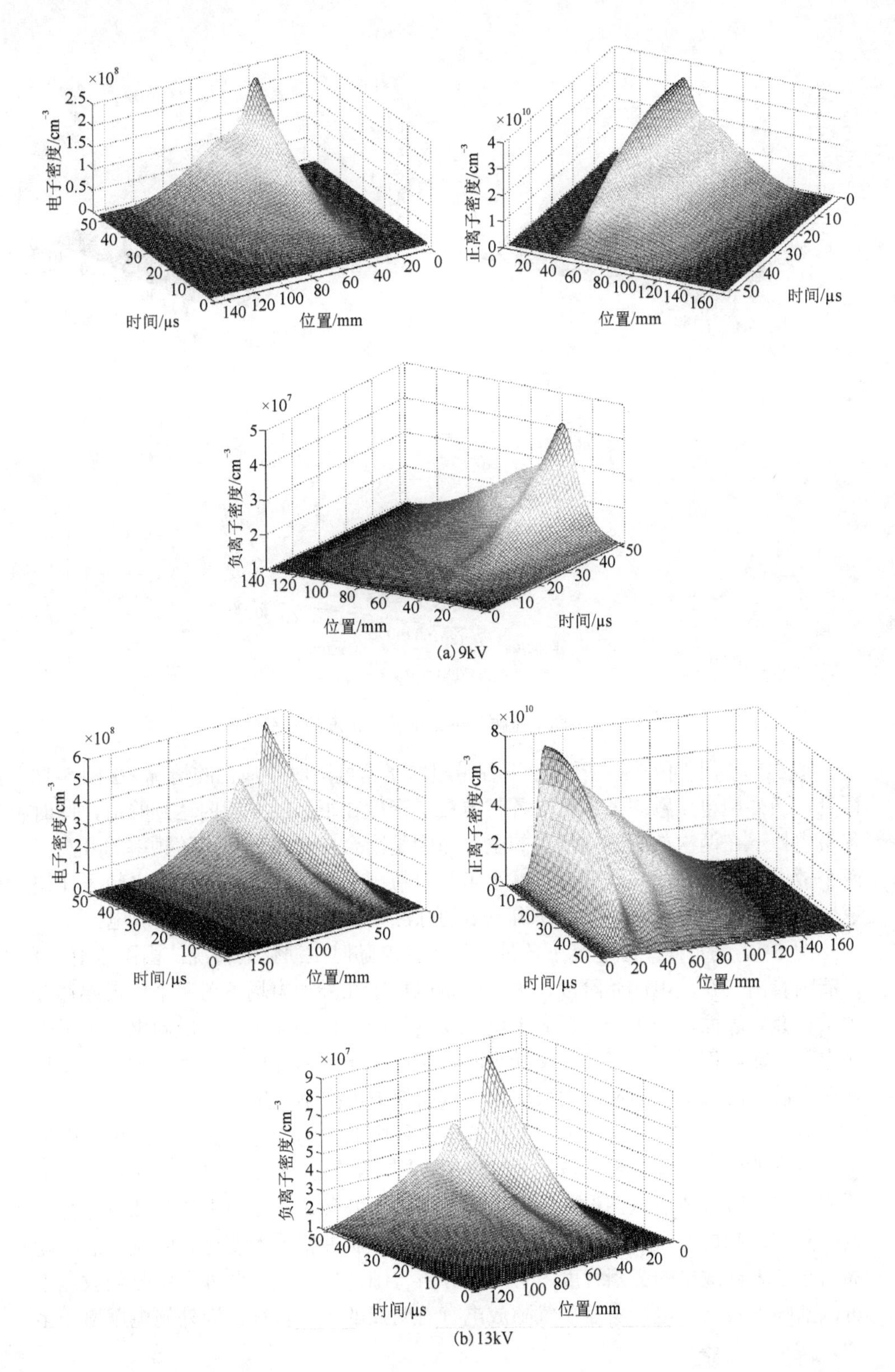

×10^8
电子密度/cm^-3
时间/μs
位置/mm
×10^10
正离子密度/cm^-3
时间/μs
位置/mm
×10^7
负离子密度/cm^-3
位置/mm
时间/μs

(a) 9kV


×10^8
电子密度/cm^-3
时间/μs
位置/mm
×10^10
正离子密度/cm^-3
时间/μs
位置/mm
×10^7
负离子密度/cm^-3
时间/μs
位置/mm

(b) 13kV

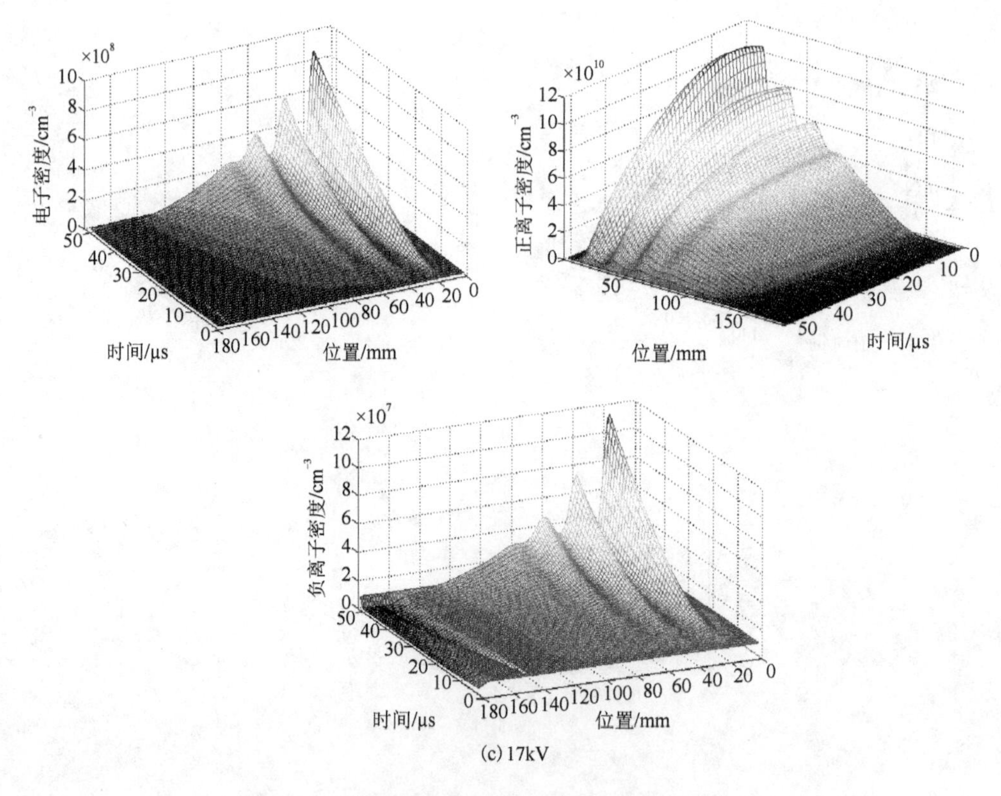


(c) 17kV

图 5-15　不同电压幅值下带电粒子密度的时空分布

图 5-16 为不同外施电压频率下各带电粒子密度随时空演化的情况。由图 5-16 可见，当外施电压频率增加时，各带电粒子密度在很短的时间内达到峰值，此时各带电粒子在两次放电之间损失的主要原因是附合在介质表面，随频率的升高，两个放电脉冲序列的间隔缩短，减小了带电粒子的损失，使更多的带电粒子在快速变化的电场中被俘获，因此使得更多的脉冲来不及形成便结束一次放电。

图 5-17 为不同气隙宽度下各带电粒子密度随时空演化的情况。由图 5-17 可以清晰看出，在放电起始阶段，大量的带电粒子在外加电场下向两个极板漂移并积累在介质表面，产生一个反向电场，使气体中的电场减小。当反向电场大于击穿电场时放电停止。当气体间隙减小时，带电粒子到达介质表面距离缩短，使积累在介质表面的粒子的速度大大增加，从而使放电提早放生。

为了更清晰地表明各带电粒子在放电过程中的运动趋势，图 5-18 给出了电极覆盖短气隙放电过程中带电粒子的时频散点图，从图 5-18 中可以看出随着外施电压的增加，时频值散点图形成的圆环逐渐增多，其环数与放电电流脉冲数保持一致；其实部和虚部数的值的变化表征着放电电流脉冲幅值的变化。时频散点图能够清晰地表征放电的强烈程度，可用于分辨气隙放电模式。此外，由时频散点中可以清晰地看出，电极覆盖短气隙放电有着明显的混沌特征，当外施电压增加至某一阈值时，放电系统出现了明显的自相似性，这些现象与前面所述的混沌现象有着相似之处。

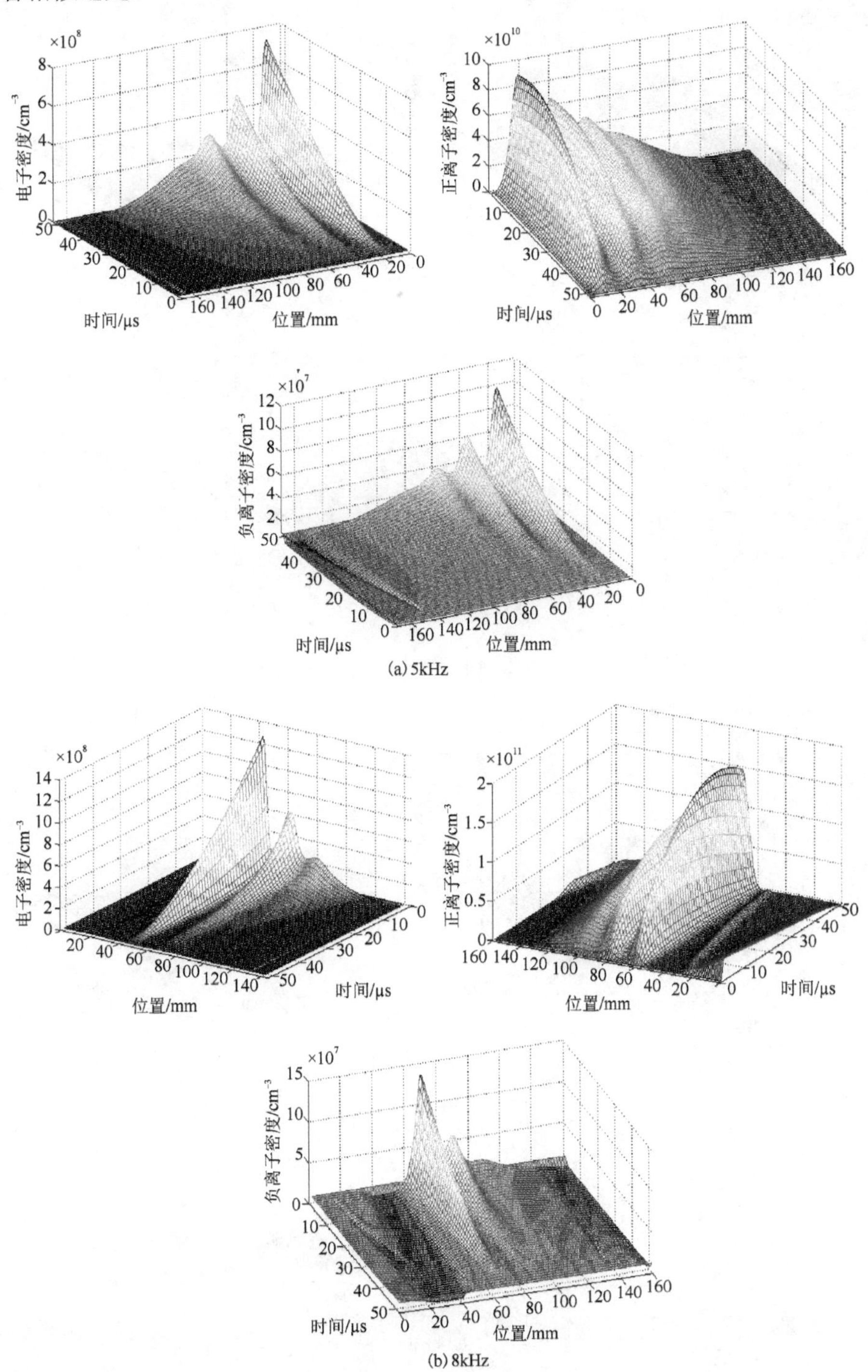

(a) 5kHz

(b) 8kHz

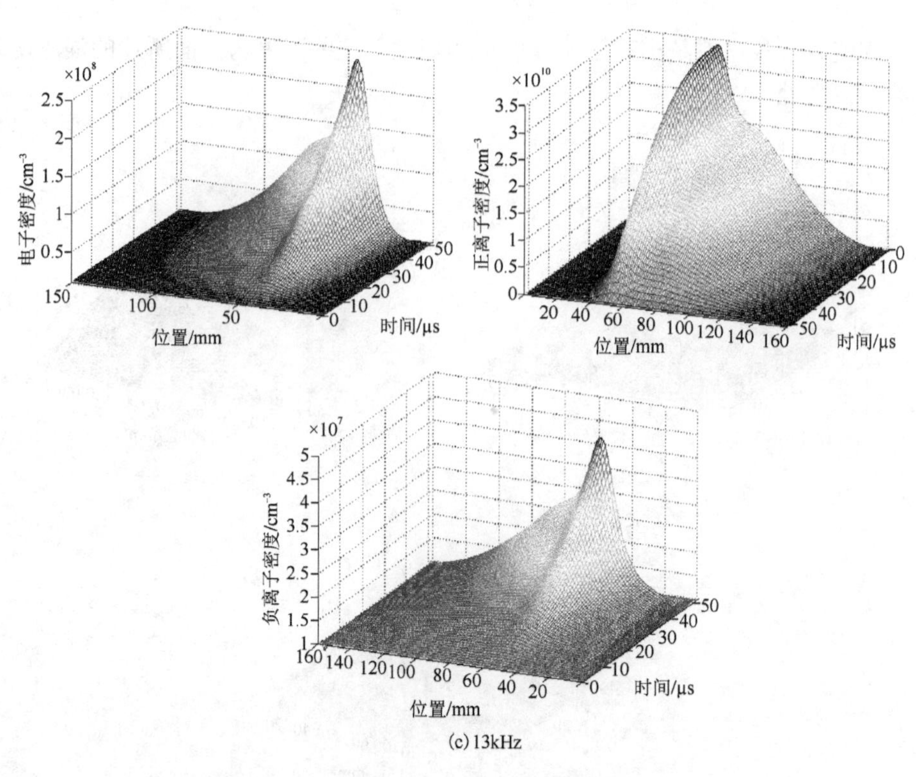

(c) 13kHz

图 5-16　不同电压频率下带电粒子密度的时空分布

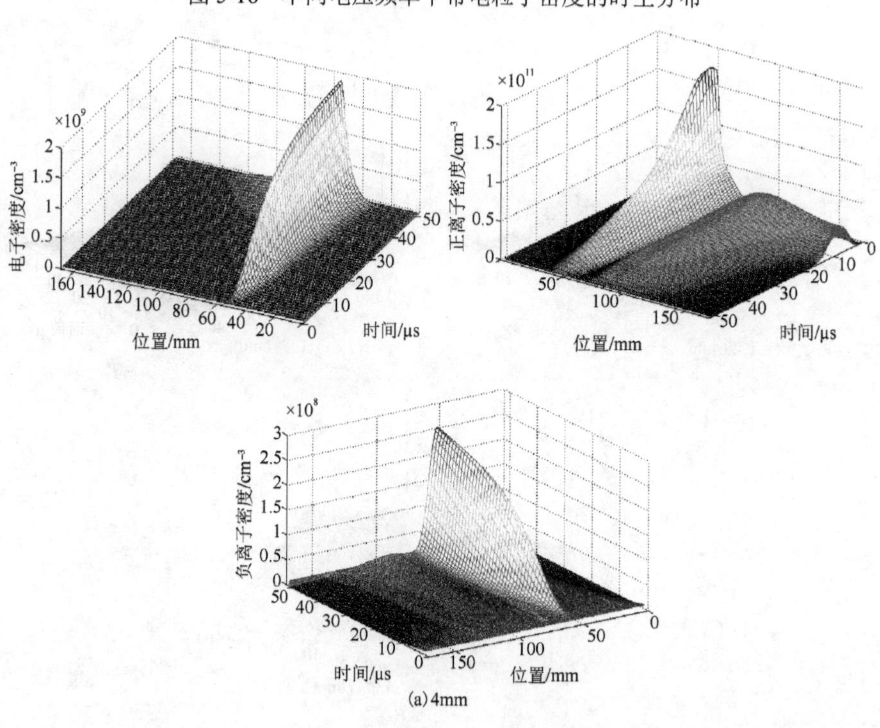

(a) 4mm

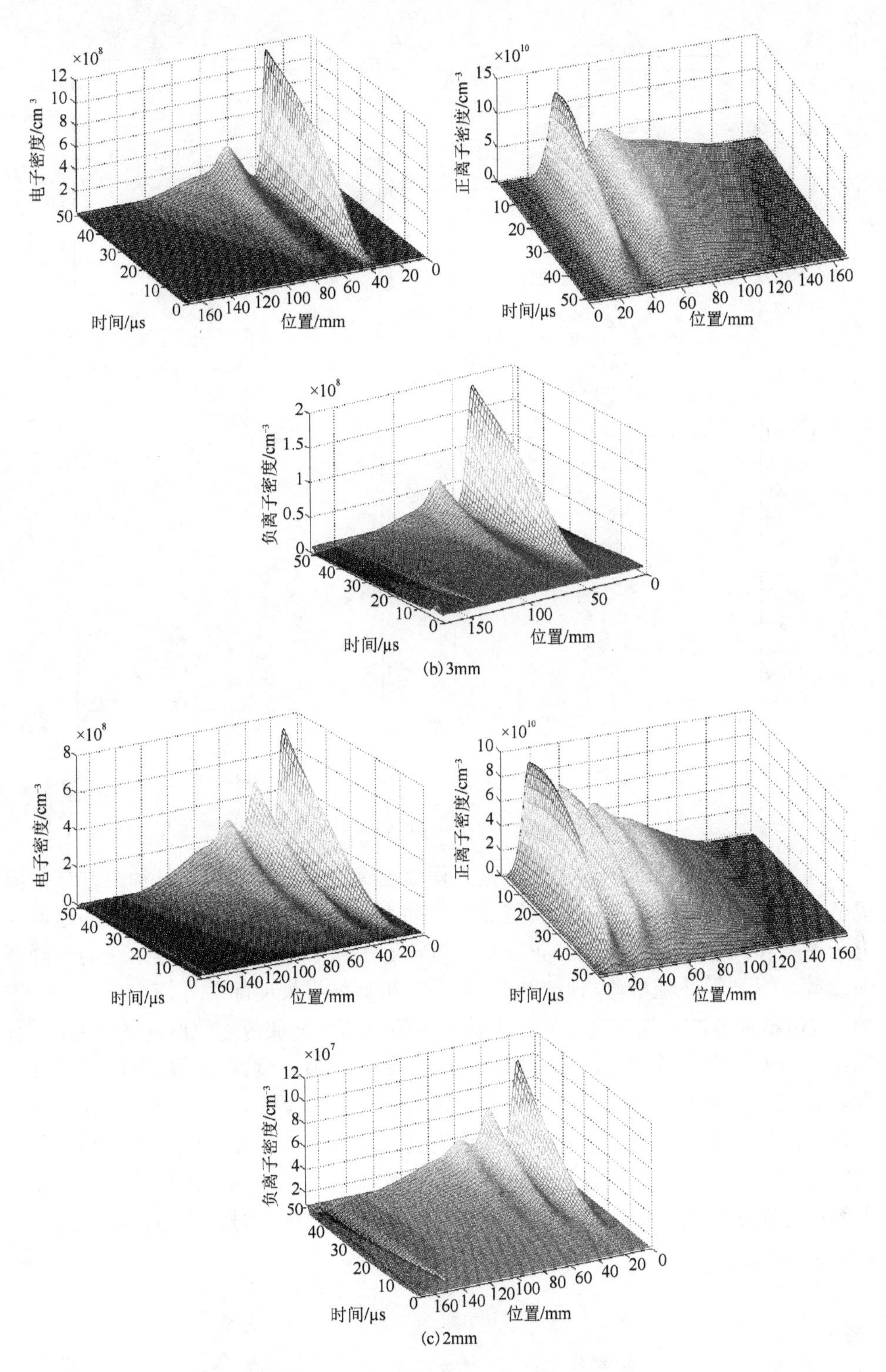


图 5-17　不同气隙尺度下带电粒子密度的时空分布

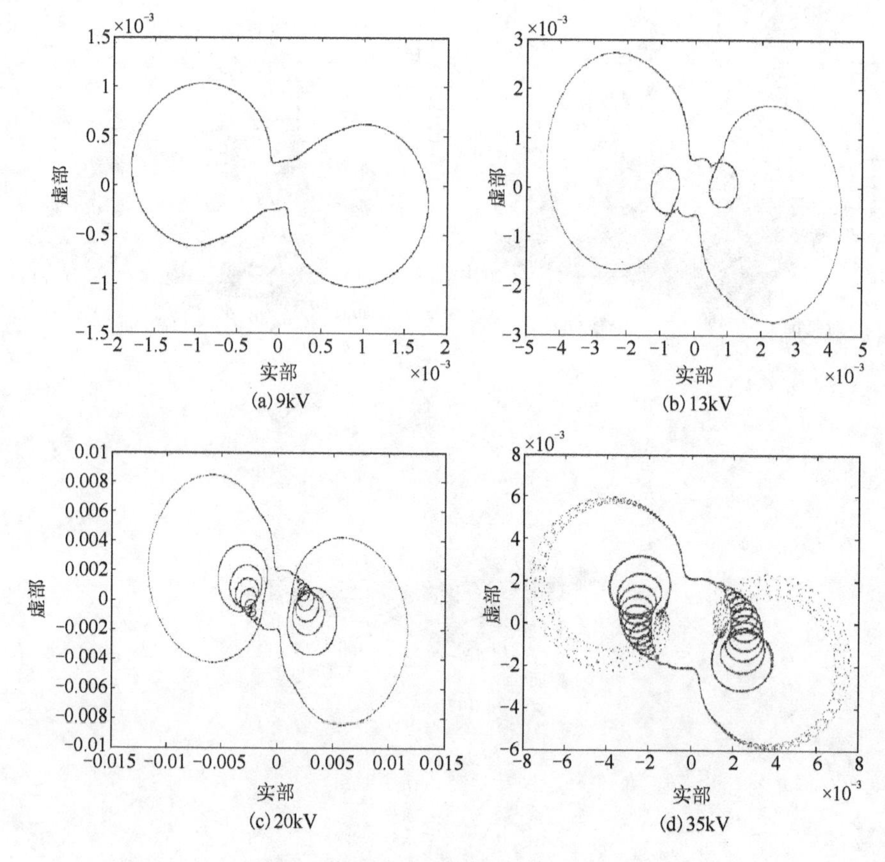


图 5-18　带电粒子的时频散点图($d_g$=0.2cm)

利用 SG 算法对带电粒子的动量方程及连续性方程等非线性方程组进行数值求解，得到了电极覆盖 $SF_6$ 短气隙放电的动力学特性，其中包括气隙间的电场、电子密度和离子密度的时空分布以及电荷输运关系。同时改变放电系统的不同外施参量，得到了外施参量与脉冲间的关系。仿真结果表明随着外施电压幅值的增加，放电电流脉冲个数随之增加；随着外施频率的增加放电电流脉冲的个数减少，单位时间内放电次数增加，幅值相应增加；随着气隙宽度减小，放电电流脉冲个数随之增加；仅改变介质参数，如介电常数和覆盖层厚度，脉冲电流个数不随之变化，但幅值随之变化。此外，仿真还得到了气隙间的电场、电子密度和离子密度的时空分布，以及带电粒子的时频散点图。仿真结果表明，电极覆盖短气隙放电系统存在明显的混沌特征，当外施电压增加至某一阈值时，放电系统出现了明显的自相似性。

## 5.6 $SF_6$短气隙放电的混沌演化

混沌运动是确定性非线性动力学系统所特有的复杂运动状态。对于一个可用确定性方法描述的非线性系统，在一定条件下会产生非周期性的、表面上看来毫无规律的运动，这种无规则运动称为混沌或内在随机性。气体放电系统是一类远离平衡态多自由度的非线性动力学系统，其从确定性运动过渡到混沌态的方式，主要有两种：倍周期分岔道路和准周期分岔道路。通过改变系统参量得到了这两条通往混沌态的典型道路，不仅为气体放电中混沌的特征量有了一个定性定量的解释，还为气体放电机理做了进一步的解释，使得放电的机理更加清晰。

### 5.6.1 准周期道路通向混沌的演化

准周期分岔一般也称作 Hopf 分岔，其典型路径是：不动点(平衡态)→极限环(周期运动)→准周期运动(二维环面)→……→混沌，此种规则的运动状态最多经过 3 次 Hopf 分岔就能转变为混沌运动状态。

图 5-19 为电压频率 $f$ =5kHz，放电气隙 $d_g$=0.2cm，介电常数 $\varepsilon_B$ =3.8，厚度 $d_1$=$d_2$=0.1cm，气体压强 $P$=760torr，外加电压幅值 9kV 时,气隙间发生单脉冲放电过程。图 5-19(a)给出脉冲电流 $J$ 与气隙电压 $U_g$之间的关系，在外施电源的正半周期，随着外加电压的增加，气体电压 $U_g$也相应增加，当气隙中的场强达到击穿场强时，会引起气隙间的电子雪崩，在放电空间会产生大量带电粒子。带电粒子在外电场作用下分别向两极移动，积累在介质表面并形成反向电场，所产生的反向电场会使气隙电场迅速衰减，电离能力下降，空气分子扩散到放电空间，使得气隙恢复绝缘。图 5-19(b)为气隙放电的伏安特性，其伏安特性曲线为一闭合曲线，从非线性动力学角度来看，这是一个二维的极限环。这表明这种放电是稳定的周期运动。但由于曲线存在自相交，无法完全描述短气隙放电的特点。为了更好地描述放电的轨迹，采用介质表面电荷 $Q_x$、气隙电压 $U_g$、脉冲电流 $J$ 所组成的三维相图来描述短气隙放电特点，如图 5-19(c)所示。这是一个三维的极限环，可以很好地表现了气隙被击穿的全过程。由预放电到气隙发生电子雪崩放电，放电系统的轨迹结构由二维极限环变成了三维极限环，从非线性动力学的角度讲这发生了一次 Hopf 分岔。

图 5-19(d)给出了系统的微分电导随时间的变化曲线，根据微分电导的定义 $\mathrm{d}J/\mathrm{d}U_g$ 可以看出系统总是存在正的微分电导，即脉冲电流 $J$ 和气隙电压 $U_g$ 总是保持一致变化，一起增长或降低。

保持其他参数不变，增加外施电压至 13kV 时，气隙中会出现双脉冲放电现象，即每半个周期出现了两个电流脉冲。由图 5-20(a)可以看出，随着外施电压的增加，气体电压也随之增加直至达到气体的击穿电压，从而发生放电。在放电过程中，气隙电压 $U_g$ 由于介质表面聚积电荷的作用急剧下降直至放电结束。但气隙电压 $U_g$ 随着外加电压的增加而增加，外加电压较大，使得气隙电压可以克服介质表面积累电荷形成的反向电场，再次达到击穿电压，发生新的放电。

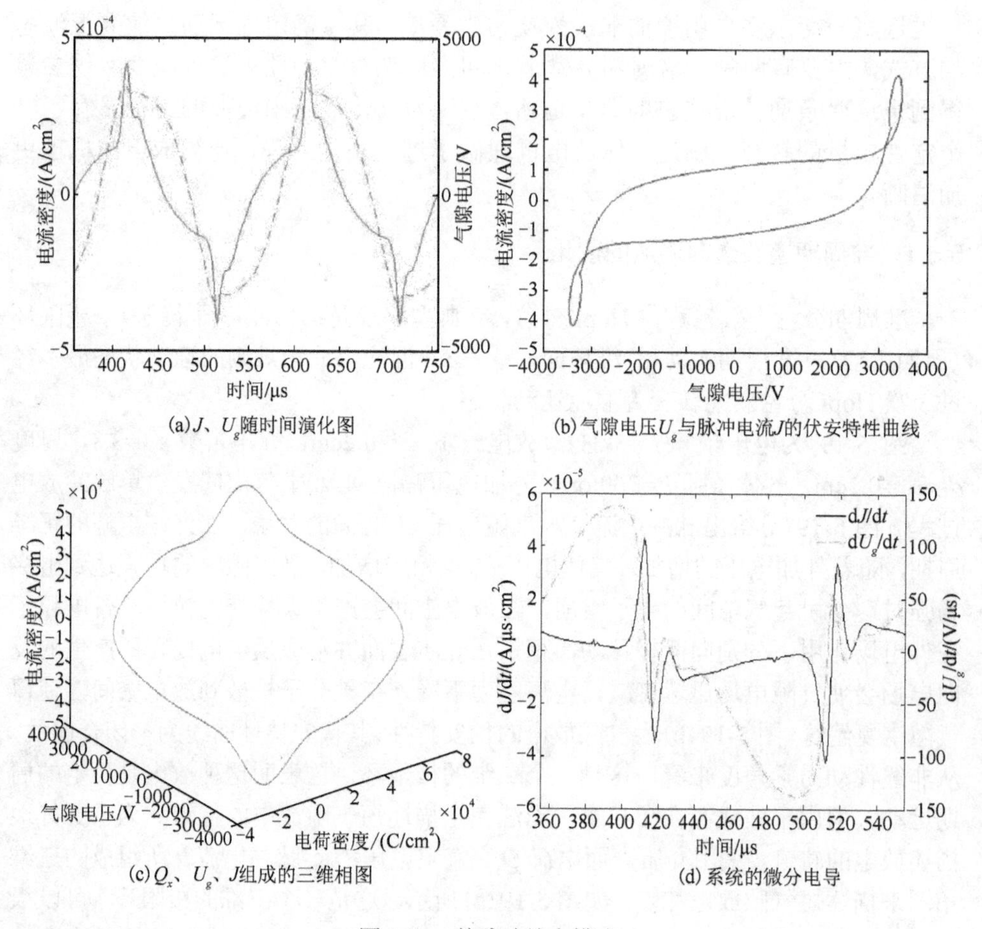


(a) $J$、$U_g$随时间演化图

(b) 气隙电压$U_g$与脉冲电流$J$的伏安特性曲线

(c) $Q_x$、$U_g$、$J$组成的三维相图

(d) 系统的微分电导

图 5-19 单脉冲放电模式

图 5-20(b)为双脉冲模式下的伏安特性曲线，其中每半个周期会出现两个闭合的环，这与放电电流 $J$ 的脉冲个数是一一对应的。图 5-20(c)仍是三维极限环，但相比单脉冲放电模式，放电要更加强烈。另外，此时系统的微分电导仍然保持正的微分电导。

继续增加外加电压至 30kV，气体间隙出现了四个脉冲电流，同时系统的伏安特性曲线出现了四个闭合的环。如图 5-21 所示。

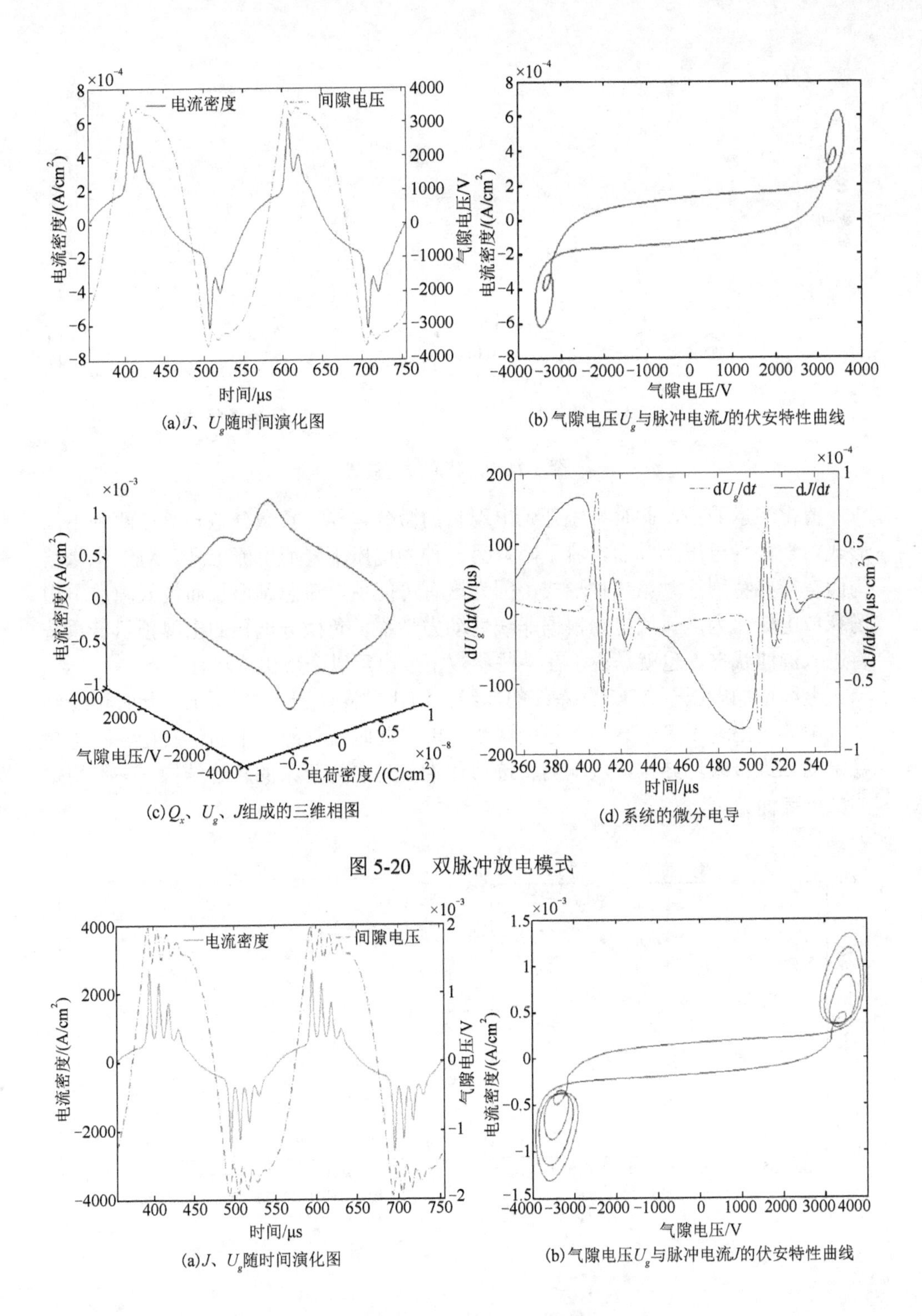


(a) $J$、$U_g$随时间演化图

(b) 气隙电压$U_g$与脉冲电流$J$的伏安特性曲线

(c) $Q_x$、$U_g$、$J$组成的三维相图

(d) 系统的微分电导

图 5-20　双脉冲放电模式

(a) $J$、$U_g$随时间演化图

(b) 气隙电压$U_g$与脉冲电流$J$的伏安特性曲线

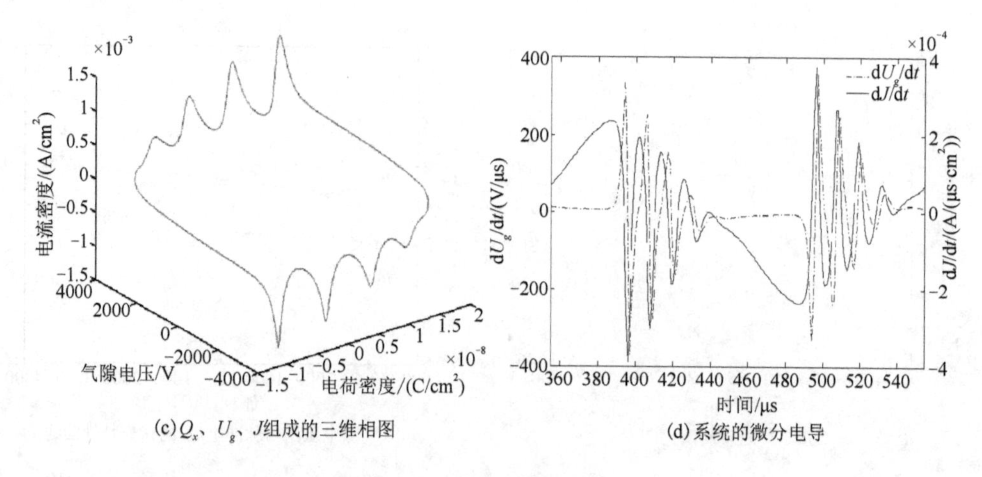


(c) $Q_x$、$U_g$、$J$组成的三维相图　　(d)系统的微分电导

图 5-21　四脉冲放电模式

值得注意的是，此时系统开始出现负的微分电导。负微分电导存在两种不同形式，一种为电压上升而电流下降，另一种为电压下降而电流上升。对于绝缘结构而言需要特别注意第二种形式，因为这有可能使电流急剧增长而使气隙放电由汤森放电转化为电弧放电。根据非线性动力学说，负微分电导的出现预示着系统将进入混沌状态。也就是说，在某些参数下放电可以表现出混沌行为。

继续增加电压至 37kV，系统的非线性演化过程如图 5-22 所示，此时绝缘结构气隙放电出现了多个脉冲。仔细观察发现，此时短气隙放电的伏安特性不再是稳定的二维极限环结构，放电的轨迹演化为一种更为复杂的轨迹结构——不稳定的二维环面。

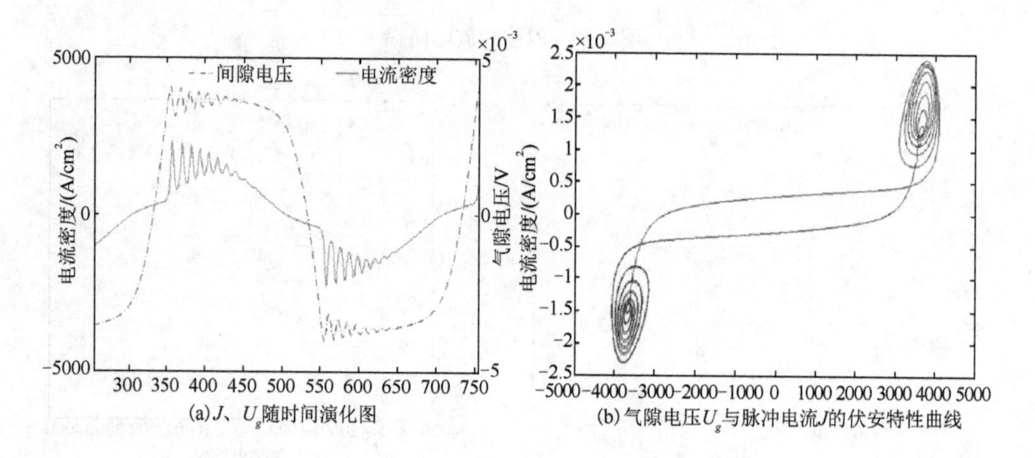


(a) $J$、$U_g$随时间演化图　　(b)气隙电压$U_g$与脉冲电流$J$的伏安特性曲线

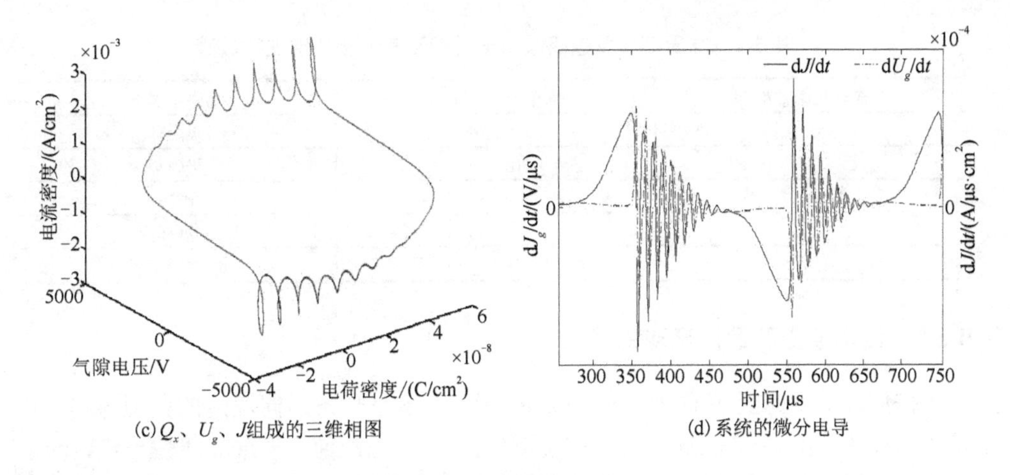


(c) $Q_x$、$U_g$、$J$组成的三维相图　　(d) 系统的微分电导

图 5-22　多脉冲放电模式

将电压增加到 37.5kV，并将气隙 $d_g$ 减小至 5mm，此时系统的拓扑结构发生了本质变化，电流的振荡已经不存在特定的周期。二维极限环和三维极限环的相轨迹几乎连在一起，系统的局部与整体存在着自相似性。从非线性动力学理论来讲，此时系统已经进入了混沌状态。通过计算最大李雅普诺夫指数 $\lambda_1=0.238057>0$，可知此时系统确实进入了混沌状态，如图 5-23 所示。

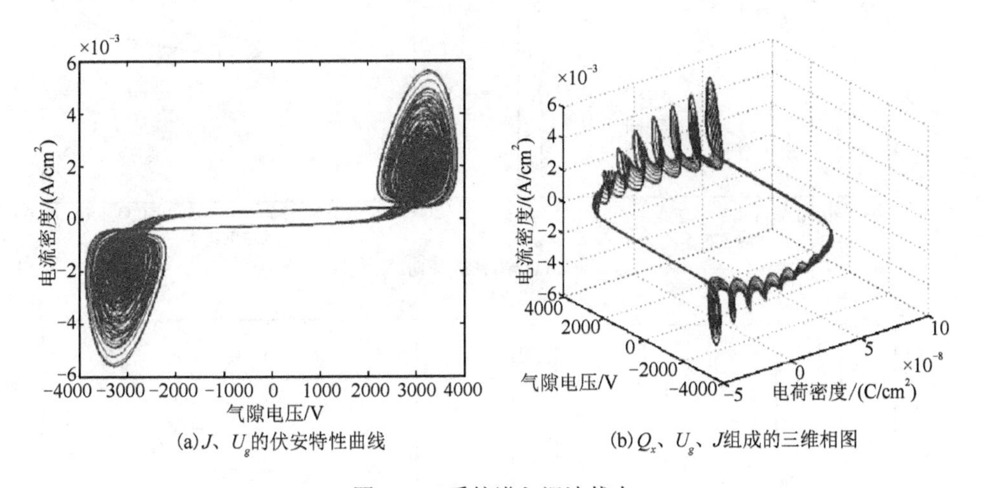


(a) $J$、$U_g$的伏安特性曲线　　(b) $Q_x$、$U_g$、$J$组成的三维相图

图 5-23　系统进入混沌状态

为了确认系统已进入混沌状态，本书利用 Benettin 算法计算了表征吸引子结构的重要参数——李雅普诺夫指数(LEs)，其中最大李雅普诺夫指数最为重要。系统的 LEs 如表 5-1 所示。

表 5-1　准周期分岔道路吸引子类型及其李雅普诺夫指数谱

| 外施电压幅值/kV | 李雅普诺夫指数 | 吸引子类型 |
|---|---|---|
| 9 | (0,-,-) | 极限环 |
| 13 | (0,-,-) | 极限环 |
| 30 | (0,0,+) | 二维环面 |
| 37 | (0,0,+) | 二维环面 |
| 37.5 | (+,0,-) | 混沌吸引子 |

### 5.6.2　倍周期道路通向混沌的演化

倍周期分岔道路又称为 Feigenbaum 道路，这是一条通向混沌的典型道路，其基本途径为：不动点→2 周期点→4 周期点→……→混沌。根据非线性理论，一个系统一旦发生倍周期分岔则该系统必然导致混沌。

保持气隙 $d_g$=0.1cm，电压幅值为 $U_0$=9000V。通过改变外加电压的频率使电极覆盖系统以倍周期方式进入混沌状态。其演化过程如图 5-24 所示。

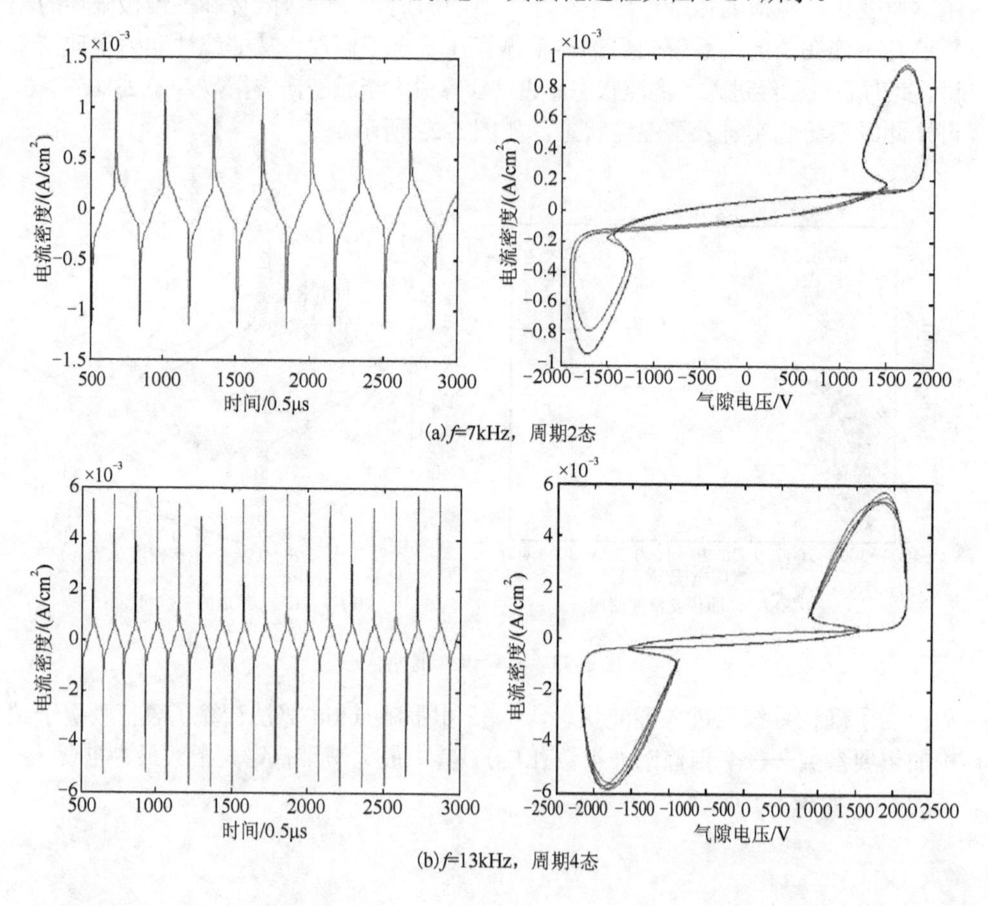


(a) $f$=7kHz，周期2态

(b) $f$=13kHz，周期4态

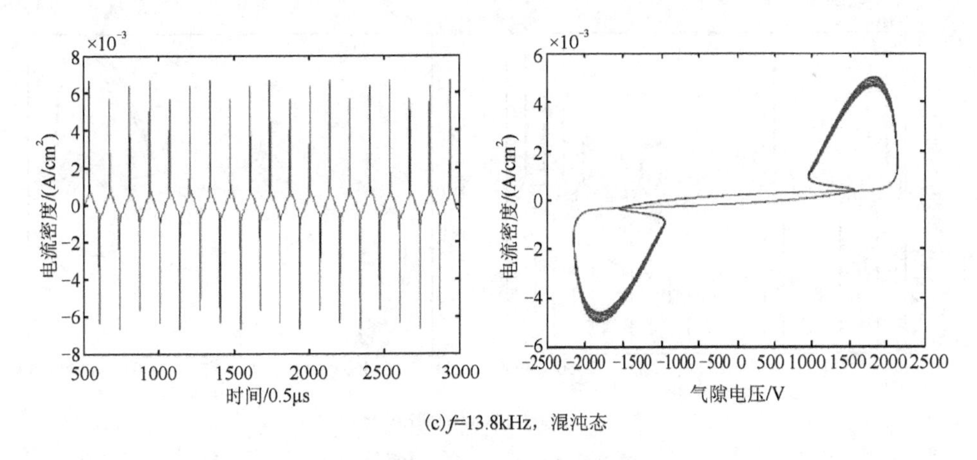


(c) $f$=13.8kHz，混沌态

图 5-24　以倍周期分岔道路通向混沌演化图

图 5-24(a) 频率为 7kHz 时，系统放电进入周期 2 态，记作 2P，如图 5-24(b)所示。在周期 2 态，电流脉冲每隔 $2T$ 重复一次，也就是说，2P 态的振荡周期 $T_{2P}=2T$，则振荡频率为 $f_{2P}=1/2f$，每个周期出现 4 个脉冲电流，电流脉冲的幅值明显不同，且正负周期不对称。继续增加至 13kHz，系统由 2P 态再次进入周期 4 态，记作 4P(图 5-24(c))。4P 态的振荡周期 $T_{4P}=4T$，振荡频率 $f_{4P}=1/4f$，每个周期出现 8 个脉冲电流，放电仍然是不对称，且放电更为剧烈。当频率超过 13.8kHz 时，放电不再具有周期性。放电电流随时间的演化变为无序，且电流幅值为随机波动，相轨线几乎连在一起，已不具有周期性。通过计算最大李雅普诺夫指数 $\lambda_1=0.07532>0$，系统此时确实进入了混沌状态。

进一步计算分析发现，进入混沌区后，随着外施电压频率的增加，周期性振荡和混沌交替出现。混沌区域内的这些周期态称为周期性窗口(periodic windows)，如图 5-25 所示。

当频率增加到 14kHz 时，放电由混沌态突然进入周期 7 态，记作 7P，如图 5-25(a)所示。其放电电流脉冲的循环周期是 $7T_a$，即 $T_{7P}=7T_a$。每个周期包含 14 个电流脉冲，且正负半周期的放电是对称的。随着频率的增加，7P 态可以持续一个较小的频率范围，当频率增加到 14.4kHz 时，周期窗口 5P 出现，如图 5-25(b)所示。电流脉冲 $5T_a$ 的循环周期及相空间 5 周期的极限环清晰地表明此时放电的振荡周期 $T_{5P}=5T_a$。当频率增加到 15kHz 时，周期窗口 3P 出现，如图 5-25(c)所示，此时放电每隔 $3T_a$ 重复一次，且正负周期对称。如果继续增加频率，可发现周期窗口 3P 具有很宽的频率范围，直到频率增加到 18.5kHz 时，3P 态才会再次通过倍周期分岔进入 6P 态，然后再变为混沌振荡。由 3P 态到 6P 态的分岔称为次级分岔。从第一次混沌态到第二次混沌态，系统出现了脉冲个数随频率的增加而减少的现象，这称作倍周期分岔过程特有的现象——逆瀑布现象(inverse cascade)。

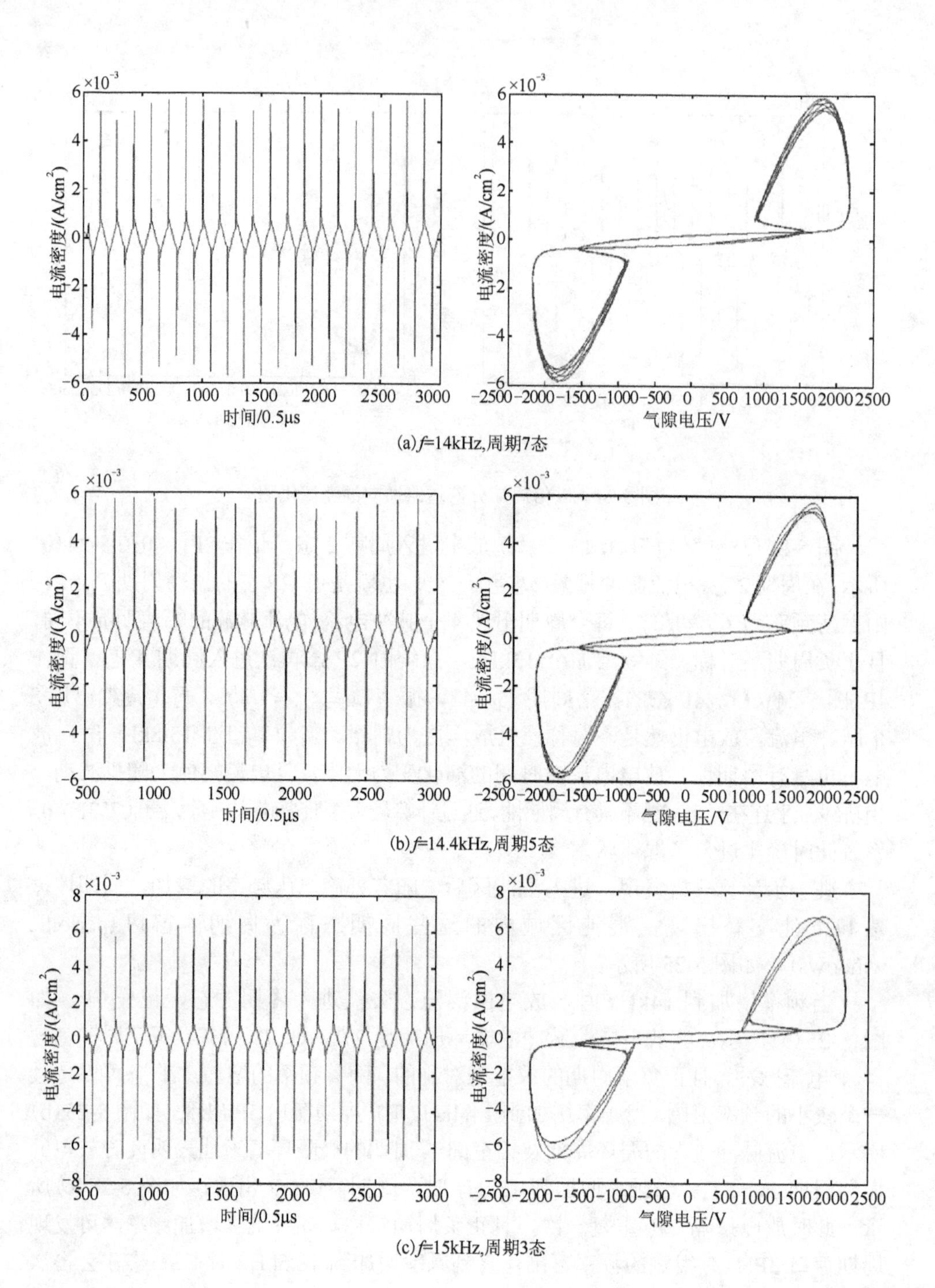

(a) $f$=14kHz,周期7态

(b) $f$=14.4kHz,周期5态

(c) $f$=15kHz,周期3态

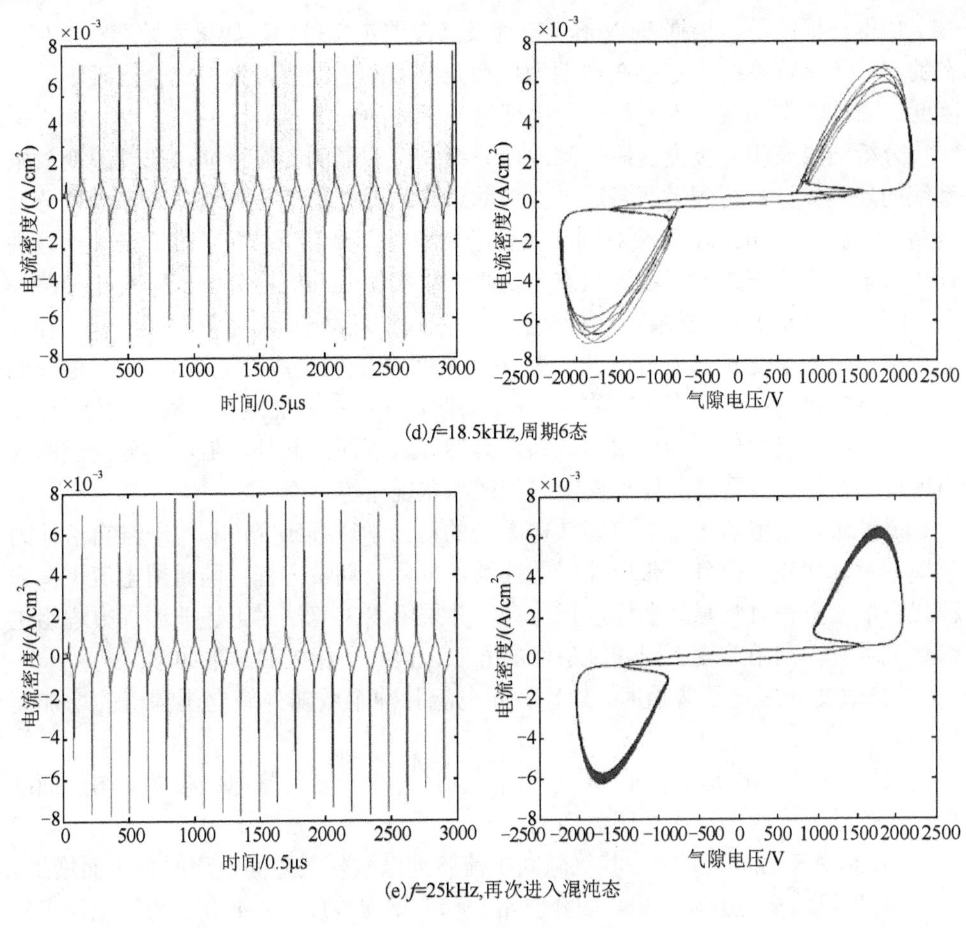


(d) $f$=18.5kHz,周期6态

(e) $f$=25kHz,再次进入混沌态

图 5-25　倍周期的周期性窗口

表 5-2 给出了倍周期分岔道路吸引子类型及其李雅普诺夫指数，如表 5-2 所示。

**表 5-2　倍周期分岔道路吸引子类型及其李雅普诺夫指数谱**

| 外施电压频率/kHz | 李雅普诺夫指数谱 | 吸引子类型 |
|---|---|---|
| 7 | (0,–,–) | 极限环 |
| 13 | (0,–,–) | 极限环 |
| 13.8 | (+,0,–) | 混沌吸引子 |
| 14 | (0,0,+) | 二维环面 |
| 14.4 | (0,0,+) | 二维环面 |
| 15 | (0,–,–) | 二维环面 |
| 18.5 | (0,–,–) | 二维环面 |
| 25 | (+,0,–) | 混沌吸引子 |

值得一提的是，根据 Li-Yorke 定理及其混沌定义可知，如果系统存在周期 3 态的解，那么该系统一定存在周期为任何正整数的周期解，则一定会出现混沌。因此，周期 3 态通常作为系统能否出现混沌运动的一个判据。

分析结果表明电极覆盖短气隙放电系统具有明显的混沌特征，通过改变放电系统的外施参量，得到了两条通过混沌的道路，即准周期分岔道路及倍周期分岔道路。并利用 Benettin 算法对判断吸引子类型的重要参量——李雅普诺夫指数进行求解，确保系统进入了混沌状态。仿真结果表明：准周期分岔道路其典型路径是：不动点(平衡态)→极限环(周期运动)→准周期运动(二维环面)→……→混沌，即一种规则的运动状态最多经过 3 次 Hopf 分岔就能转变成混沌运动状态；倍周期分岔道路途径为：不动点→2 周期点→4 周期点→……→混沌。根据非线性理论，一个系统一旦发生倍周期分岔则该系统必然导致混沌。此外，倍周期分岔道路会出现许多其特有的现象，如周期窗口和逆瀑布现象等。

通过对电极覆盖 $SF_6$ 短气隙放电系统的动力学进行研究，利用一维自洽体力学模型对其建模，得到了带电粒子的连续性方程及动量方程，同时用电流平衡方程代替泊松方程对气隙间电场进行仿真，并采用 SG 算法对上述非线性方程组进行数值求解。利用改变不同外施条件的方法，得到了相应的结果如下。

(1)改变外施电压幅值时，其气隙间电流脉冲个数随外施电压幅值的增加而增加。

(2)改变外施电压频率时，其气隙间电流脉冲个数随外施电压频率的增加而减少，单位时间内的击穿次数明显增加。

(3)改变气隙间距离时，其气隙间电流脉冲个数随气隙间距离的减小而增加。

(4)仅仅改变电介质参数，如介电常数和介质层厚度，并不会影响气隙间电流脉冲个数。

此外，还得到了电子、正离子、负离子以及电场的时空分布。同时对放电电流进行时频分析，可以明显观察到，电极覆盖短气隙放电具有明显的混沌特征。改变外施参量的办法，得到了两条不同的通往混沌的道路。所得仿真结果如下。

(1)准周期分岔道路其典型路径是：不动点(平衡态)→极限环(周期运动)→准周期运动(二维环面)→……→混沌，即一种规则的运动状态最多经过 3 次 Hopf 分岔就能转变成混沌运动状态。

(2)倍周期分岔道路途径为：不动点→2 周期点→4 周期点→……→混沌。根据非线性理论，一个系统一旦发生倍周期分岔则该系统必然导致混沌。此外，倍周期分岔道路会出现许多其特有的现象，如周期窗口和逆瀑布现象等。

为了确保系统进入了混沌状态，利用 Benettin 算法对判断吸引子类型的重要参量——李雅普诺夫指数进行计算。其计算结果与大连理工大学所做实验结果具有很好的一致性，为电极覆盖短气隙放电的动力学研究提供了一种新的、行之有效的解决方法。

# 第 6 章　$SF_6$ 放电轨迹的分岔现象

气体放电理论是一门由多个基础学科交叉组成的理论体系，其主要研究内容为带电粒子在电场中的运动规律及其实际应用。气体放电形式多种多样，其过程随机复杂。实验发现气体放电通道经常呈现曲折线状且伴有分叉现象，强烈的分枝趋势构成复杂的随机图形，表现出一定的分形特征。所以基于分形几何理论的气体放电现象研究已经是重要的理论方法。分形理论透过混乱的客观现象和不规则结构的自然图形，揭示隐藏在放电现象背后的本质联系和运动规律，成为描述气体放电通道结构的一种有效分析手段。

## 6.1　气体放电经典理论

### 6.1.1　汤逊理论

汤逊认为，电子碰撞电离作用是导致气体击穿的最重要的过程，而阴极表面的电子发射是维持自持放电的必要条件。假设在外电离因素光辐射的作用下，从阴极发射的初始电子自电场获得动能后，在向阳极运动的过程中不断引起碰撞而产生新的电子，新电子和原有的电子一起又将从电场获得动能，同样碰撞电离产生更多的电子，使得电子数目迅速增加，如同雪崩状，如图 6-1 所示。

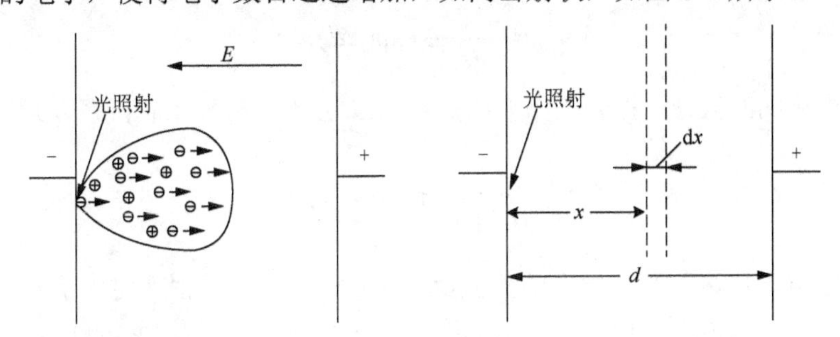


图 6-1　电子崩形成示意图

为了分析雪崩现象，汤逊引入了电离系数 $\alpha$，它表示一个电子沿电场方向单位长度路径内所完成碰撞电离次数的平均值。假设从阴极表面发射产生的 $n_0$ 个初始电子在电场作用下向阳极运动，并不断发生碰撞电离，在到达距离阴极 $x$ 处时，电子数变为 $n$，而这 $n$ 个电子再行经 $\mathrm{d}x$ 后增加了 $\mathrm{d}n$ 个新电子，数值为：$\mathrm{d}n = n\alpha\mathrm{d}x$，对此式进行积分，可得到电子的增长规律为

$$n = n_0 \exp\int_0^x \alpha \mathrm{d}x \tag{6-1}$$

气隙中碰撞电离而产生的正离子在沿电场方向运动的过程中，和气体分子碰撞电离的过程称为$\beta$过程。但是由于正离子质量大、体积大、平均自由行程短，所以在运动过程中不易积累起引起碰撞电离的能量，因而一般不考虑$\beta$过程。正离子依靠它所具有的动能及位能，在撞击阴极时能引起阴极表面电离，使阴极释放出自由电子，同时，气体中原子或分子由激励态跃迁回常态释放出的光子、正负离子复合而释放出的光子在阴极表面引起光电离，这些过程概括称为$\gamma$过程。

汤逊理论是建立在低气压、$pd$值较小的放电实验基础上的，能够较好地解释该实验条件下的放电现象。然而，当$pd$值过小或过大时，气体放电机理将出现变化，很多现象无法在汤逊理论的范围内加以解释。

### 6.1.2 流注理论

在工程上主要关注压力较高气体的击穿，如一个大气压到数十个大气压下气体的击穿，这种情况下则应采用流注理论来说明。流注理论认为电子碰撞电离与空间光致电离是维持自持放电的主要因素，同时强调了空间电荷对原有电场的畸变作用。

实现由电子崩到流注的转变有两个基本条件：其一是初崩内电荷密度足够大，使光致电离强烈到可以在电子崩外部出现二次电子；其二是初崩的空间电荷电场足够强，能产生二次崩和吸引二次崩汇入初崩。这两个条件都是在初崩发展至一定程度后才能达到，根据判断流注形成条件的雷特-米克判据指出，电子崩形成的空间电荷场$E_q$与外电场$E$关系如下：

$$E_q = \frac{e}{4\pi\varepsilon_0 r_a^2}\exp(\alpha d) \approx E \tag{6-2}$$

当电极间距为$d$，雪崩头部半径$r_a \approx (2vd / E)^{1/2}$，雪崩增长因子$\alpha d \geqslant 20$达到临界值：

$$\alpha d = \ln\frac{4\pi\varepsilon_0(2vd)}{e} \tag{6-3}$$

即初崩中电子数达到某个很大的数值$\mathrm{e}^{\alpha d} > 10^8$时，放电过程就将由于光致电离而发生质变，转入流注阶段。在电极间距相对较小或电极间场强较低时，该转变只在电子崩头部达到阳极时发生，称为正流注；如果是较大的电极间距或极间形成足够强的电场，电子崩在间隙中经过很短一段距离后，立刻转入流注阶段，流注随即向阳极方向发展，此种情况称为负流注。

### 6.1.3 非均匀电场的气隙击穿

在非均匀电场中，气隙内各点的电场强度是不相等的，当外施电压增加到一定程度时，放电一定先从曲率半径相对较小的那个电极表面(即电场强度最高的地方)开始，该处的气体首先被电离，随着外加电压的升高，放电通道快速发展直至贯通间隙，即击穿。在极不均匀电场中，放电存在明显的极性效应，即施加电压的极性对放电过程和击穿电压影响很大。

对针–平板电极而言，在针电极正电压作用下，电子碰撞电离只能在针电极附近碰撞电离系数$\alpha$大于附着系数$\eta$的强电场区域开始，如图 6-2 所示。该区域内的自由电子在电场作用下迎向针电极运动，不断发生碰撞电离而形成初电子崩；初崩崩头电子到达针电极后迅速进入并复合，在针电极前方留下正离子形成空间电荷，这种情况相当于正电极向负电极延伸了一段距离，必然导致原来的气隙电场分布畸变，于是原来极板侧的弱电场被正离子所加强。同时气体分子(原子)从激发态回到基态和正负离子复合产生的大量光子引发了光致电离效应，从而产生许多二次电子。

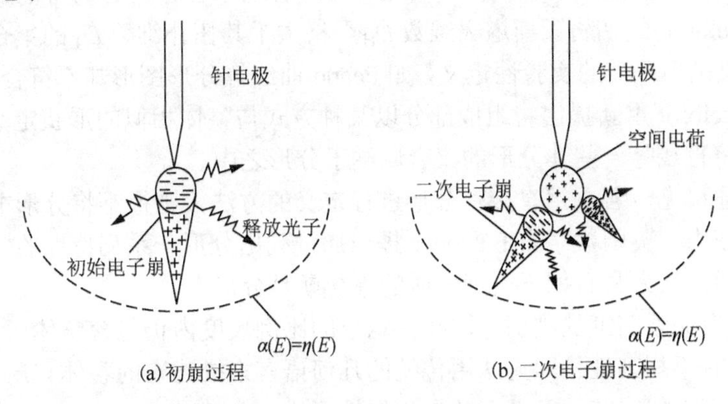


图 6-2　针–平板正流注传播机制示意图

此时气隙内畸变的空间电场为二次电子运动中的碰撞电离提供了有利的发展条件，从而产生大量二次电子崩，其电子被流注头部正电荷所吸引从不同方向同时汇入流注，形成分枝并延长流注通道，促进流注通道曲折发展，逐渐向阴极推进，直到贯穿整个间隙。值得强调的是，由于二次电子崩在空间的形成和发展带有统计性，因此发展方向与原来的电子崩路径不一致，这是观察到放电通道分叉的根本原因。

由前述可知，气体放电的击穿过程非常复杂，其放电通道常呈现随机的分叉现象，难以用确定的数字语言刻画。但这些放电通道结构都存在一个明显的特征，即自相似性，而分形理论正是描述该特征的强有力的数学工具。因此可以采用分形理论描述放电通道分叉现象，度量放电通道结构的复杂程度。

## 6.2 $SF_6$气体放电轨迹与分形

$SF_6$气体放电过程是一个典型的非线性过程，因此利用将放电理论与非线性科学相结合的方法来研究气体放电现象已成为气体放电研究领域中的重要工作内容。分形学作为非线性科学中的重要理论支柱，直接从未简化或抽象的研究对象自身入手来认识其内在的规律性，用更加便捷的定量方法来表述以前无法或难以定量描述的复杂对象，目前在研究电介质击穿领域中获得较多应用。

分形源于20世纪70年代对非规则几何形态(病态几何)的研究，最初的含义为“不规则的、破碎的、分数的”。概括地讲，分形是对没有特征长度，但具有一定意义下的自相似图形、结构和形态的总称。其中，特征长度通常指的是某个物体长度中具有代表意义的长度，如可用一个球体的半径作为它的特征长度。

Mandelbrot 最初将豪斯道夫维数$D_H$严格大于其拓扑维数$D_T$的集合定义为分形。但这仅是不严谨的实验性定义，如Peano曲线等分形图形却不符合这个定义。而后Mandelbrot重新提出将组成部分以某种方式与整体相似的形状定义为分形，然而这又将直线等一些非分形的集合归纳于分形之中。

由上述可见，若采用直接对分形进行定义的方法，则很难将分形丰富的内容全部包含在内。英国数学家Falconer提出通过列出分形一系列特性的方法来对分形加以说明，认为具有如下所列性质的集合就是分形。

(1)具有无限精细的结构，即在任意小的比例尺度内仍包含整体。

(2)具有不规则性，即无法用传统的几何语言来描述它的整体与局部。

(3)具有近似或统计意义下的自相似性形式。

(4)它在某种方式下定义的分形维数，通常大于它相应的拓扑维数。

(5)可由非常简单的方法定义，并可由递归、迭代等方式产生。

其中，满足幂律关系的自相似性或标度不变性是分形的核心。第(1)、(2)和(3)反映了分形结构内在的规律性。第(4)表明了分形的复杂性，通过使用特定的分形维数来描述对象的复杂程度。分形的生成机制则在第(5)进行了说明。

分形结构通常有两类：一是确定性分形(有规分形)；二是统计性分形(无规分形)。确定性分形指的是遵循一定规则生成的且具有严格自相似性的分形结构，如科赫曲线、康托集及谢尔宾斯基海绵等。如果在一定规则下产生，同时又伴有随机因素的影响，则称为统计性分形。这种分形结构的特征为只在统计意义上是自相似的，而不具有严格的自相似性，如愈渗集团、无规行走及扩散置限凝聚等。由于统计性分形在生成过程中引入了随机性，因此无法预知最终的图形结构，这与绝缘介质击穿中的物理现象相类似。

## 6.3 $SF_6$放电过程的分形表征

在研究绝缘介质中的击穿现象时，一般都是通过分析不同条件下整个放电通道分形维数的变化来对放电规律进行研究总结，它是衡量放电通道曲直和分枝密集程度的一个重要参数。

目前分形维数有多种计算方法，常用的有豪斯道夫维数、计盒维数、相似维数、关联维数、信息维数等。可根据不同的研究对象选择不同的计算方法。由于计盒维数(box counting dimension)适用结构较多且便于计算，因此采用该方法对所得结果进行分形维数计算。

### 6.3.1 计盒维数

设集合 $F$ 是由放电通道内的点构成的，若$|U_i|$为有限个直径不超过$\delta$ 的集构成的覆盖 $F$ 的集类，即 $F \subset \bigcup_{i=1}^{\infty} U_i$，且对每一个 $i$ 都有 $0<|U_i|\leqslant\delta$。则用$\delta$ 集覆盖 $F$ 所需的最少 $U_i$ 的个数 $M_\delta(F)$ 可写为

$$M_\delta(F) = M_0\delta^{-D} \tag{6-4}$$

则分形维数表示为

$$D = \lim_{\delta\to 0}\frac{\ln M_\delta(F)}{-\ln\delta} \tag{6-5}$$

可改写为

$$D = \lim_{\delta\to \infty}\frac{\ln M_\delta(F)}{\ln\delta} \tag{6-6}$$

采用二维小方格作为二维电介质分形模型中$\delta$集的形状，则式(6-6)可表示为

$$D = \frac{\ln M_L(F)}{\ln L} \tag{6-7}$$

式中，$L$ 代表二维小方格的边长；$M_L(F)$代表覆盖整个放电通道所需的小方格个数。通过逐渐增大 $L$，分别计算出相应的 $M_L(F)$的值，就可以得到一组$(\ln L,\ln M_L(F))$的数据，对这组数据进行线性拟合，直线部分斜率的绝对值为所求的分形维数 $D$。

### 6.3.2 计盒维数的计算

数字图像在 MATLAB 中是由一系列像素点顺次组成的，每个像素点位置都对应着矩阵中的相应元素位置，元素的值为像素点的颜色或索引色。本书针对放电通道分叉发展的图像，采用二维网状格子完成对图像分形维数的计算，其具体步骤如下。

(1)将读入的原始图像转换为灰度图像，之后进行滤波、边界识别等处理，再采用合适的阈值将图像相对应的数字矩阵二值化，即转化为黑白位图，在相应矩阵中分别用 0 和 1 表示。

(2)选取不同的观测尺度 $r$ 的值，以 $r\times r$ 的盒子对二值图像矩阵进行划分，统计不同 $r$ 时图形矩阵中包含像素值为 1 的格子数，记作 $N(r)$，从而得到数据组 $(r,N(r))$。

(3)对这组数据进行线性拟合，经拟合得到直线斜率的绝对值为所求的分形维数 $D$。

## 6.4 基于 WZ 模型的 $SF_6$ 放电通道分叉特性

目前应用于研究 $SF_6$ 气体放电结构分形特性的随机模型主要有 NPW 模型和 WZ 模型二种。虽然气体放电过程是一个牵涉物质结构各个层次的复杂运动，有其自身的特殊规律，但也应遵循物质运动的普遍规律，如经典力学、统计物理学、量子力学等规律。NPW 模型建立在统计物理学的基础上，将气体介质视作在时空上是连续而无间隙地分布的，描述了气体放电结构的分形特性。WZ 模型提出了对 NPW 模型的两点修订：一是确立了临界电场强度(即放电阈值电场)；二是引入了放电通道发展时的内部压降，从而使模拟结果更加接近于实验事实。因此，本章采用 WZ 模型完成了对短 $SF_6$ 气隙气体放电通道发展过程的模拟，并研究分析了模型中各参数对放电通道的影响。

### 6.4.1 计算模型

作为一个随机性模型，WZ 模型遵循 NPW 模型中由电场分布和多种随机因素综合作用来决定放电通道发展的核心思想，即放电通道中各点的发展概率 $P$ 依赖于局部电场，而局部电场通过随机过程控制发展。这说明了放电通道不恰好在最大局部电场处发展，而是在发展概率最高点生长。由此将放电通道的发展从决定性过程变为随机过程，在统计意义上给出了分枝可能性。WZ 模型采用的发展概率函数如下所示：

$$P=\begin{cases}\dfrac{\left|E_{i,j}\right|^{\eta}\cdot \text{rand}}{Z}, & \left|E_{i,j}\right|>E_c \\ 0, & \left|E_{i,j}\right|\leqslant E_c\end{cases} \tag{6-8}$$

式中，$|E_{i,j}|$是可能放电发展点$(i,j)$处的电场强度；$E_c$ 代表放电阈值场强；$Z=\sum|E_{i,j}|^{\eta}$是归一化系数，其求和包含$(i,j)$点周围所有可能的放电发展方向；rand 为可产生(0，1)之间的均匀分布的随机数函数，表征了放电过程中随机因素的影响；$\eta$ 是放电发展的概率指数，表征了放电发展对电场强度依赖的程度。随着 $\eta$ 的增加，

$|E_{i,j}|$对 $P$ 的贡献差异逐渐加大，即 $P$ 对局域电场强度的选择性逐渐增强。考虑两个特殊的取值，当$\eta=0$时，$|E_{i,j}|$对 $P$ 的贡献均等，发展概率函数 $P$ 是一个与场强 $E$ 无关的等概率事件；$\eta=1$时，$|E_{i,j}|$对 $P$ 的贡献就是$|E_{i,j}|$的代数权重(呈线性关系)，即发展概率函数 $P$ 只与电场因素 $E$ 有关。$E$ 和$\eta$ 分别表征了确定性因素及随机性因素对放电发展的影响。从式(6-8)可看出，该发展概率函数服从幂律分布，即满足无标度特征的分布，其与分形、非线性、复杂性密切相关。

空间各点的电位满足 Laplace 方程，而场强 $E$ 则由 $E=-\nabla\varphi$ 给出。空间电位的 Laplace 方程为

$$\nabla^2\varphi=0 \tag{6-9}$$

在二维平面场中，对式(6-9)采用有限差分法迭代求解，可将其离散化为如下的差分方程：

$$\varphi_{i,j}=\frac{1}{4}(\varphi_{i-1,j}+\varphi_{i+1,j}+\varphi_{i,j-1}+\varphi_{i,j+1}) \tag{6-10}$$

在放电通道发展过程中，放电通道内各点的电位是不相等的，内部的电压降为 $E_s l$，即新发展点的电位为

$$\varphi(l)=\varphi_0-E_s l \tag{6-11}$$

式中，$E_s$为放电通道内部的维持电场；$l$为连接已发展点和新发展点之间的通道长度；$\varphi_0$为连接新发展点的已发展点的电位。采用超松弛迭代法对式(6-10)进行电位计算，继而得到与各节点电位值相对应的电场分布，之后利用式(6-8)得到各方向待发展点的发展概率 $P$，从而选出新发展点。

在放电过程中，放电采用“步进式”发展模式，为了使模拟的图形更加接近实际的生长过程，本书在原模型中添加了四个对角线方向，将原来的四个直角方向改为八个方向，因此在发展过程中，放电通道中的每一个点都可能向周围八个方向的待发展点发展。在如图 6-3 所示的待发展点选择方式示意图中，黑色实心点代表已发展点，白色空心点代表待发展点。

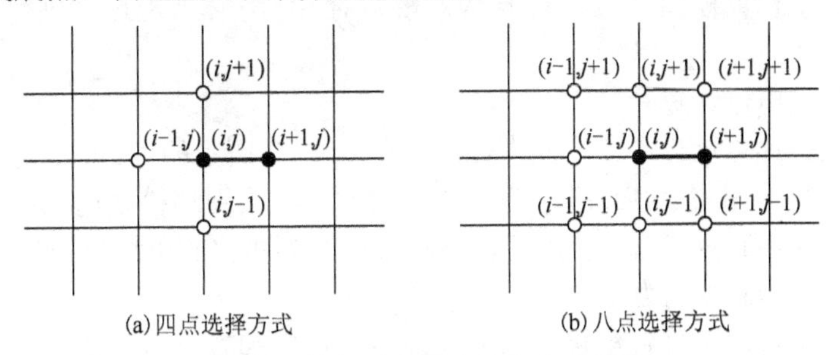


图 6-3　待发展点的选择方式示意图

WZ 模型通过引入发展概率函数，将放电过程从决定性过程转变为随机过程，给出了统计意义上的分支可能性。

### 6.4.2 模型电极结构及求解区域剖分

在高压电气 $SF_6$ 绝缘结构中，放电主要是由极不均匀电场引起的，并在电场作用下不断发展直至击穿。极不均匀电场的形成原因则可能由电极表面突起或介质中绝缘缺陷等引起的。

在此采用的仿真计算模型如图 6-4 所示，设置针电极位于求解区域的中央，电极间隙充满 $SF_6$ 气体。在模拟过程中，采用等步长划分法对网格进行划分，将整个二维空间离散为 200×200 的正方形网格。设步长为 $d$，则 $d$ 应远远小于所求区域的尺寸，本书中每个网格边长 $d$ 代表距离为100μm。针-平板间距离 $D$ 为10mm，针电极长度为10mm，针尖角约为10°，针杆直径为0.2mm，平板电极直径为20mm。

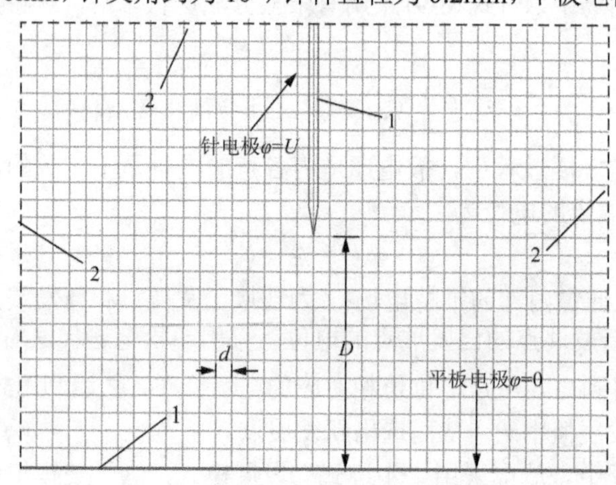


图 6-4　针-平板电极结构中的计算模型示意图

1-第一类边界条件；2-第二类边界条件

### 6.4.3 计算步骤

在确定了计算模型之后，基于 WZ 模型对 $SF_6$ 气体放电过程进行数值模拟，具体步骤如下。

1) 各节点电位计算

在电位的计算过程中，空间电位满足如式(6-9)所示的 Laplace 方程。通过将其离散化而得到如式(6-10)所示的二维离散方程。采用超松弛迭代法并结合边界条件对式(6-10)中各节点电位进行计算，进而得到相应的电场分布。

2) 选择出所有的待发展点

放电起始时，选择针电极正前方最前点为放电起始点。由图 6-4 所示的待发展点的选择方式可知，可将每个已发展点周围的八个方向的未发展点都视作待发展点，并把这些待发展点全部放入到同一个集合中，新发展点将从这个集合里选出。

3) 选择出与每一个待发展点连接的放电通道点

当放电通道发展到一定程度后，在某个待发展点周围八个方向中可能会出现两个或两个以上的已发展点。在这种情况下，假如其被选为新发展点，即它可能与放电通道存在多种连接方式。所以必须先在这些已发展点当中选出一个点来连接这个待发展点，这个连接过程中存在着概率分布的问题。在此采用概率分布函数 unifrnd 进行计算，并根据计算结果进行选择。在这一步的选择过程中反映了放电发展过程中随机因素的影响。

4) 从所有待发展点中选择出新发展点

WZ 模型采用步进式(step-by-step)发展模式，即放电通道的发展是按步进行的，且每一步只有一条新路径连接到放电通道中。因此，在利用式(6-8)进行判断并计算各点的发展概率之后，需要利用随机函数 rand 进行计算，进而从第 2 步中的待发展点集合中选择发展概率最大的作为新发展点。在 WZ 模型中，这一步的计算意味着，放电通道不恰好在最大局部电场处发展，而是在发展概率最高点生长，这就将放电过程从决定性过程变为随机过程，给出了统计意义上的分枝可能性。

此外，根据式(6-8)引入一个判断发展结束条件。假如所有待发展点的局部电场均不满足$|E_{i,j}|>E_c$条件时，则放电通道停止发展，整个程序结束。

5) 添加放电路径并修改边界条件

在确定了新发展点之后，将其与步骤 3 中所选择的同新发展点相对应的已发展点连接起来，将此路径添加到放电通道中。同时，由于 WZ 模型引入了维持电场 $E_s$，故通过式(6-11)对新发展点的电位进行计算，同时判断此刻放电是否已发展至边界。如果没有，则对边界条件进行修改，即将新发展点的电位计入边界条件，返回步骤 1；如果已发展至边界，则在对放电通道总长度和放电击穿路径的长度进行计算之后，程序终止并输出模拟结果。

## 6.5 $SF_6$放电通道分叉特性

在 WZ 模型中，主要参数有放电发展概率指数$\eta$、放电阈值场强$E_c$和维持电场 $E_s$。通过研究以上三个参数对放电通道发展的影响，从而确定参数的取值方法。

前面已提到，确定性因素和随机因素是决定本模型中放电通道发展的主要因素。在确定性因素(即电场因素)作用下，放电有沿着最大电场强度的方向而发展的趋势；在多种微小和独立的随机因素综合作用下，放电通道存在向每个方向的可能性。放电发展概率指数$\eta$反映了放电发展对电场强度依赖的程度，由介质特性和具体的放电过程来决定它的取值。

放电阈值场强$E_c$是反映放电起始场强的参数。若某点的电场强度不满足$|E_{i,j}|>E_c$ 条件时，放电通道将会停止发展。取针-板电极结构下 $SF_6$ 气体放电的 $E_c$ 为 89kV/cm。

维持电场$E_s$是反映通道内部电压降大小的参数，它在抑制放电通道分枝发展方面起到一定的效果。对 $SF_6$ 来讲，维持电场$E_s$的范围为$E_s$=2～4kV/cm，可取维

持电场 $E_s$ 为 3kV/cm。

### 6.5.1　$\eta$ 对放电通道发展的影响

图 6-5 所示为外施电压 $U$、放电阈值场强 $E_c$ 和维持电场 $E_s$ 取固定值时（$U$=92kV，$E_c$=89kV/cm，$E_s$=3kV/cm），不同发展概率指数 $\eta$ 下的模拟结果。图 6-6 反映了发展概率指数 $\eta$ 分别与分形维数 $D$、放电通道总长度 $L_{\mathrm{all}}$ 之间的变化关系。由图 6-6 可见，当发展概率指数 $\eta$ 取不同的值时，放电通道受到的影响很大，分叉程度变化明显。随着发展概率指数 $\eta$ 值的增大，流注的分支数越少，放电通道总长度越小，相应的分形维数也越小。这是由于，发展概率指数 $\eta$ 反映了放电发展过程对局部电场强度的依赖程度，它的值越大，则代表放电过程中电场因素优势越大，所以放电通道的发展有沿着电场强度最大方向呈一条直线发展的趋势，放电树枝分枝数减小，导致相对应的分形维数也降低了。考虑到特殊情况下，若 $\eta$ 取值为 1，那么放电通道发展只依赖于确定性因素，即沿唯一固定方向（电场最大方向）发展；若 $\eta$ 取值为 0，则放电发展可能在随机因素影响下朝各个方向发展，故此时分形维数 $D$=2。

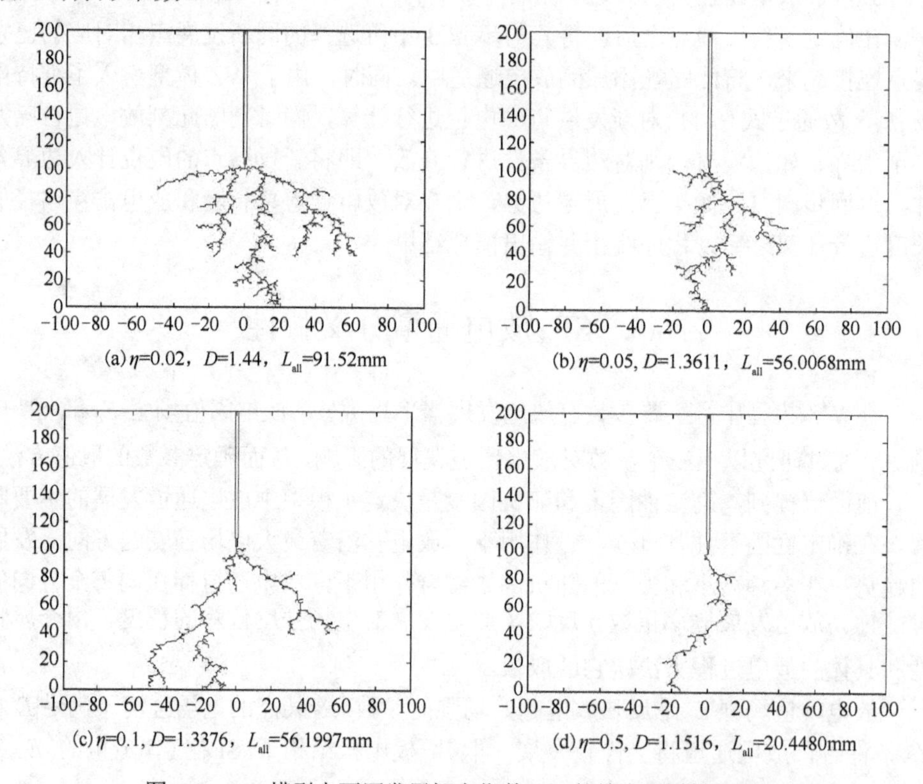

(a) $\eta$=0.02，$D$=1.44，$L_{\mathrm{all}}$=91.52mm　(b) $\eta$=0.05, $D$=1.3611，$L_{\mathrm{all}}$=56.0068mm

(c) $\eta$=0.1, $D$=1.3376，$L_{\mathrm{all}}$=56.1997mm　(d) $\eta$=0.5, $D$=1.1516，$L_{\mathrm{all}}$=20.4480mm

图 6-5　WZ 模型中不同发展概率指数 $\eta$ 下的放电通道模拟图形

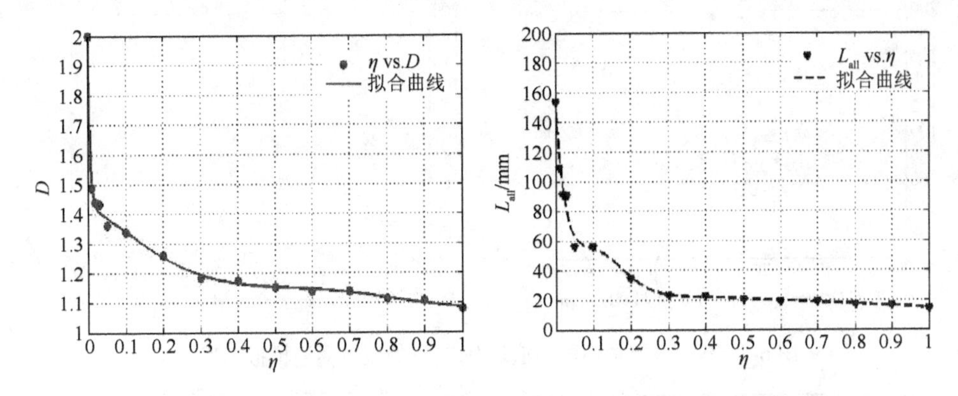


图 6-6　分形维数 $D$、放电通道总长度 $L_{all}$ 与发展概率指数 $\eta$ 的关系

需要指出的是，由于模型中随机因素的作用，每一次的放电发展情况均不同。所以采取对每种情况下的 10 次模拟结果求平均值的方法，以减小计算过程中产生的误差。

### 6.5.2　放电阈值场强 $E_c$ 对放电通道发展的影响

为了探讨放电阈值场强 $E_c$ 对放电通道发展结构的影响，选取外施电压 $U$=92kV、发展概率指数 $\eta$=0.02 和维持电场 $E_s$=3kV/cm 的情况下，获得了如图 6-7 所示的在不同阈值场强 $E_c$ 下的放电通道发展路径。通过对分形维数 $D$ 及放电通道总长度 $L_{all}$ 进行计算，可得到如图 6-8 所示的关系曲线。从图 6-8 中结果可以看出，当其他条件固定时，以上二者都随着放电阈值场强 $E_c$ 的增加而呈现下降趋势。这主要是由于随着放电阈值场强 $E_c$ 的增加，满足$|E_{i,j}|>E_c$ 的点减少，树枝的尖端效应增加，流注的侧向分枝数降低，从而导致放电通道总长度越少，降低了分形维数。

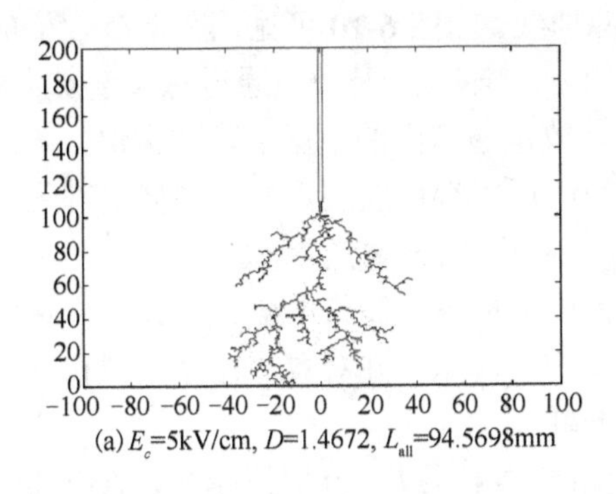

(a) $E_c$=5kV/cm, $D$=1.4672, $L_{all}$=94.5698mm

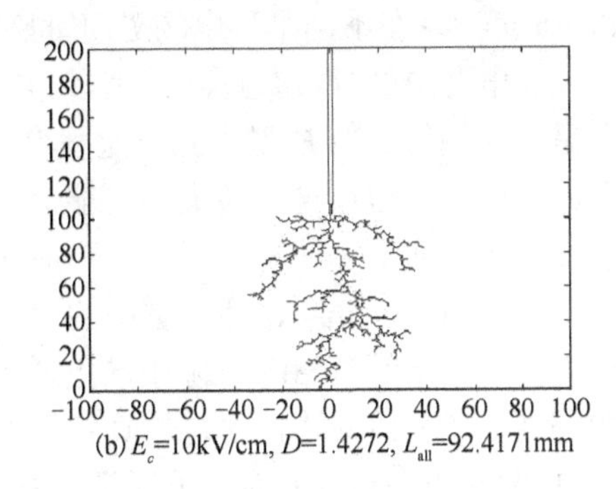

(b) $E_c$=10kV/cm, $D$=1.4272, $L_{all}$=92.4171mm

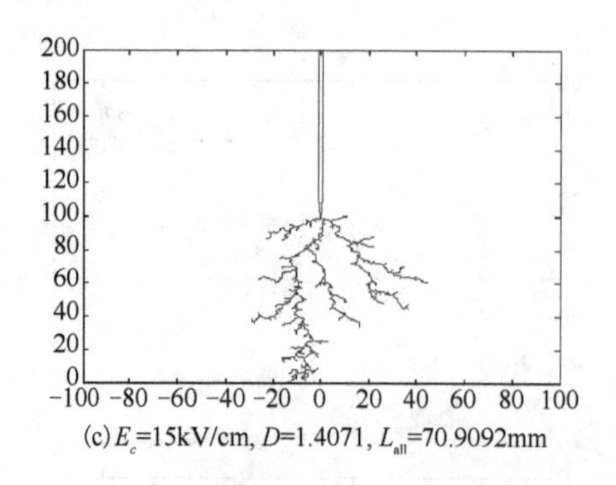

(c) $E_c$=15kV/cm, $D$=1.4071, $L_{all}$=70.9092mm

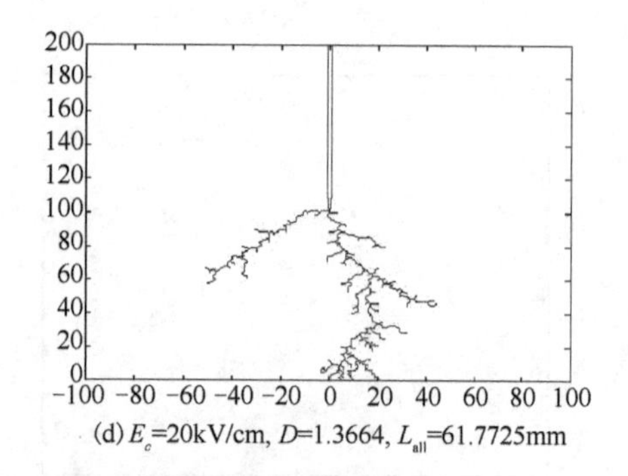

(d) $E_c$=20kV/cm, $D$=1.3664, $L_{all}$=61.7725mm

图 6-7　WZ 模型中不同阈值场强 $E_c$ 下的放电通道模拟图形

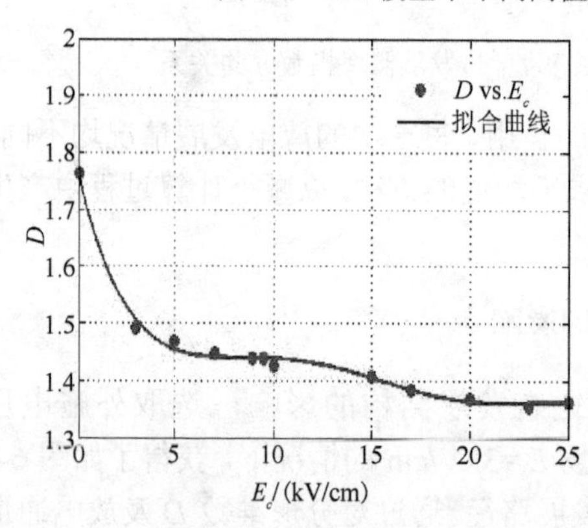


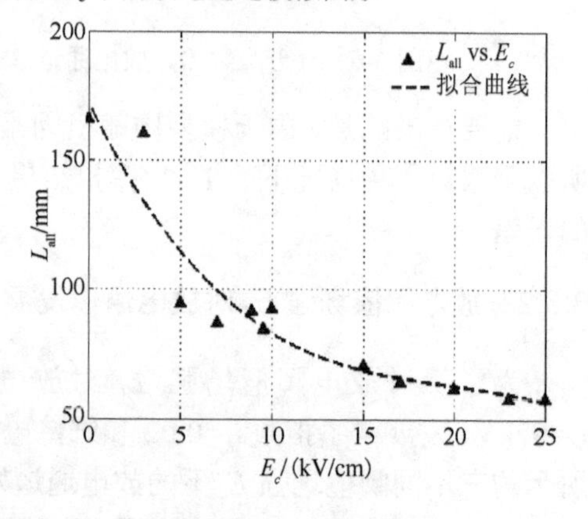


图 6-8　分形维数 $D$ 及放电通道总长度 $L_{all}$ 与阈值场强 $E_c$ 的关系

### 6.5.3　维持电场 $E_S$ 对放电通道发展的影响

图 6-9 为外施电压 $U$=92kV、发展概率指数 $\eta=0.02$ 和放电阈值场强 $E_c$=89kV/cm 时，维持电场 $E_s$ 变化得到的模拟图形，图 6-10 为分形维数 $D$ 及放电通道总长度 $L_{all}$ 在不同维持电场 $E_s$ 下的对应曲线。由图 6-10 可见，随着 $E_s$ 取值的增大，放电通道的分枝数逐渐减小，相应的分形维数 $D$ 及放电通道总长度 $L_{all}$ 曲线也呈下降趋势。当 $E_s$ 增大到一定程度时，放电通道内的电压下降非常快，若外施电压较低，放电通道分枝尖端可能会存在附近所有待发展点的发展概率都为 0 的情况，放电通道无法贯穿两极，形成如图 6-11 的电晕放电模式。

以上应用分形介质击穿模型中的 WZ 模型来描述气体放电结构，实现了对针-平板电极结构下的短 $SF_6$ 气隙中放电通道结构的模拟，并对数值计算模型和模拟步骤等进行了具体描述，通过仿真获得如下事实。

(1)发展概率指数 $\eta$ 对放电通道的发展路径影响很大。$\eta$ 取值越大，放电通道发展对局部电场强度的依赖性越强，这时确定性因素(即电场因素)占主导地位，模拟得到的放电通道的分枝数量越少，放电通道总长度和分形维数越小；$\eta$ 取值越小，随机性因素越占优势，放电通道的分枝数越多，放电通道总长度和分形维数越大。

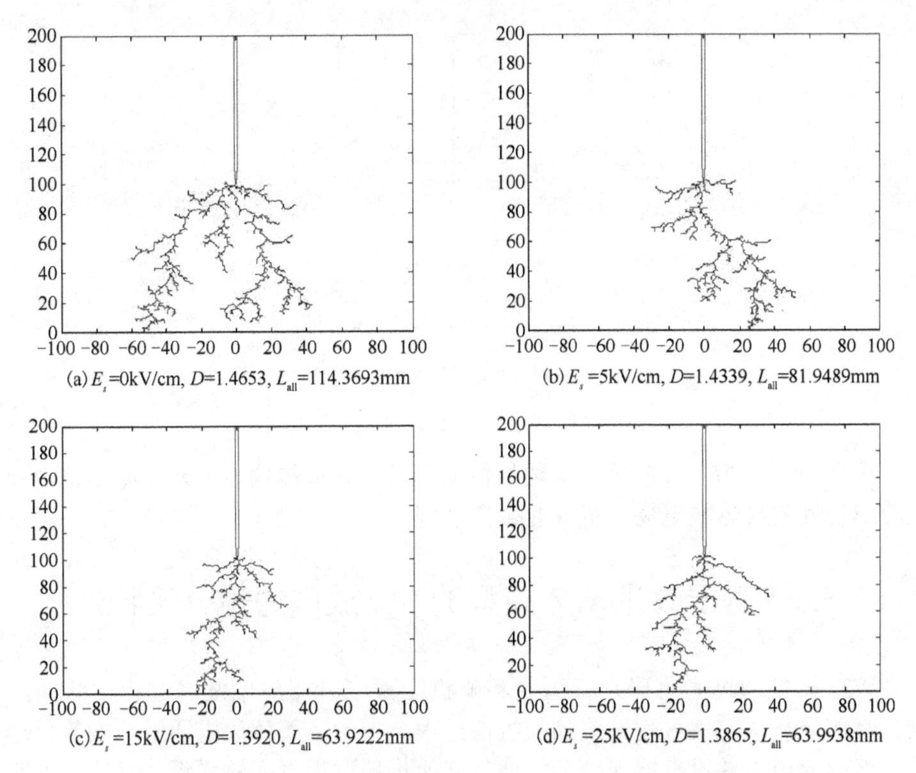


图 6-9　WZ 模型中不同维持电场 $E_s$ 下的放电通道模拟图形

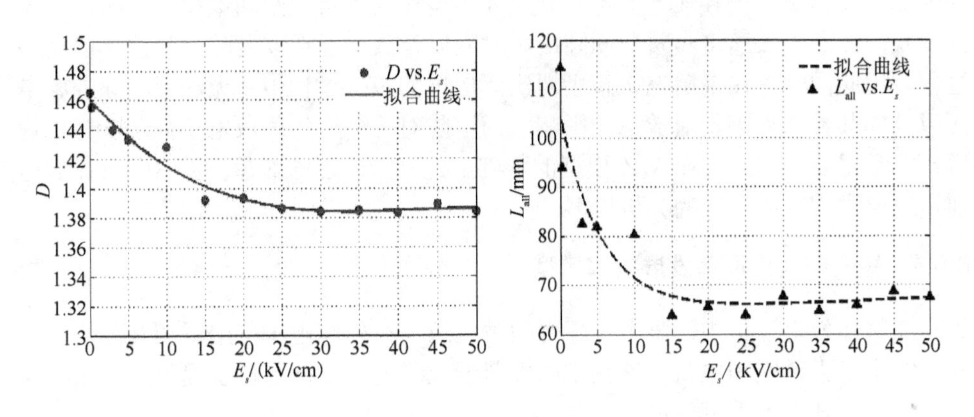


图 6-10　分形维数 $D$ 及放电通道总长度 $L_{all}$ 与维持电场 $E_s$ 的关系

(2) 放电阀值电场 $E_c$ 取值的增大会使满足判断条件的待发展点减少，放电通道的分枝数量降低，放电通道总长度和分形维数减小；反之，放电阀值电场 $E_c$ 取值的降低则会使放电通道的分枝数量增多，放电通道总长度和分形维数增大。

(3) 放电通道的分枝数会随着维持电场 $E_s$ 的增大而减小，相应的分形维数、放电通道总长度也会减小。在模拟过程中，由于引入了维持电场 $E_s$，在外施电压较低时，放电通道可能会发展为电晕放电形式，无法贯穿间隙。

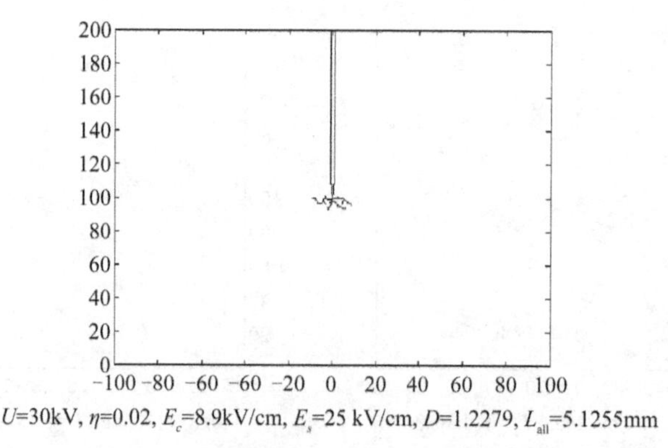


图 6-11 WZ 模型中的电晕放电形式

虽然 WZ 模型可以应用于描述气体放电通道发展结构，但是在此模型中却缺乏分形特性与气体放电物理背景的融合过程。

## 6.6 基于改进 WZ 模型的 $SF_6$ 放电通道分叉特性

WZ 模型通过考虑确定性因素和随机因素二者在放电发展过程中的共同影响，将放电从决定性过程发展到随机性过程，揭示了气体放电通道结构的分形特性。然而该模型并没有展现分形特性与其他物理过程之间的联系，只能反映路径的宏观分叉情况，仍存在一些不足。主要体现在它未考虑空间电荷的影响，也无法反映流注的生长速度、贯穿间隙所用时间以及放电通道发展随时间演化的动态过程。与此同时，在采用 WZ 模型对实际放电的模拟过程中，无法反映除外施电压以外的其他物理因素对放电的影响，而这些对于分析气体放电特性及击穿机理等都非常重要。因此，在 WZ 模型的基础上建立一个能够对短间隙 $SF_6$ 气体放电通道发展过程有所反映的分析模型。

### 6.6.1 短气隙放电通道发展概率模型

在气体放电过程中，整个气隙内的带电粒子在外施电压作用下相互碰撞反应从而产生了大量空间电荷，这些空间电荷形成的空间电荷场畸变促使放电随时间不断发展，其作用不可忽视。

针对针-平板电极而言，在针电极正电压作用下，在针电极附近的碰撞电离系数 $\alpha$ 大于附着系数 $\eta$ 的强电场区域内的自由电子在电场作用下迎向针电极运动，并不断发生碰撞电离而形成初电子崩：初崩崩头电子到达针电极后迅速进入并复合，在针电极前方留下正离子形成空间电荷场，必然导致原来的气隙电场分布畸变。同时气体分子(原子)从激发态回到基态和正负离子复合产生的大量光子引发了光致电离效应，从而产生许多二次电子，这些二次电子在畸变电场作用下形成大量二次电子崩，其头部被流注头部正电荷所吸引从不同方向汇入流注，形成分枝并延长流注通道，促进流注通道曲折发展，逐渐向阴极推进，直到贯穿整个间隙。

因此，为使数值模型更加完善，建立了考虑空间电荷和放电发展时间的短气隙放电通道发展概率模型。

仍采用 WZ 模型中的发展概率函数，即由式(6-8)描述。

由于在本模型中考虑了空间电荷的影响，因此改为采用泊松方程来对空间各点电位分布进行计算，即

$$\nabla^2\varphi = -\frac{\rho}{\varepsilon_r\varepsilon_0} \tag{6-12}$$

式中，$\rho$、$\varepsilon_r$ 和 $\varepsilon_0$ 分别代表放电通道内电荷密度、相对介电常数和真空介电常数。

在 2 维平面场中，对式(6-12)采用有限差分法迭代求解，离散化为如下的差分方程：

$$\varphi_{i,j} = \frac{1}{4}(\varphi_{i-1,j} + \varphi_{i+1,j} + \varphi_{i,j-1} + \varphi_{i,j+1}) + \frac{\rho_{i,j}}{4\varepsilon_r\varepsilon_0} \tag{6-13}$$

由于本模型中是由概率分布函数来确定放电通道发展方向的，因此，可引入一个由概率分布转化得到的时间参量，用以描述放电通道随时间发展的动态过程。在本模型中，采用引入时间转移系数 $\theta$ 的方式，放电通道任一点的生长率函数 $R(E)$ 依赖于电场强度，即 $R(E)=|E|^\eta/\theta$。

由于放电通道发展每一步在统计意义上都是相对独立的，故可将所有待发展方向上的生长率的相加，即总生长率 $S=\Sigma R(E)$。令放电通道发展每一步的平均时间 $\Delta t$ 为 $S$ 的倒数，即

$$\Delta t = 1/S = 1/\sum R(E) = \theta/\sum|E|^\eta = \theta/Z \tag{6-14}$$

由式(6-14)可得到模型中放电通道每发展一步所对应的平均时间。其中 $\theta$ 的值可由介质特性和具体的放电发展过程决定。将整个模拟过程中每一步的 $\Delta t$ 相加就得到放电击穿时延(discharge breakdown delay time)，即

$$t_{br} = \sum \Delta t \tag{6-15}$$

由于在放电的发展过程中，放电通道内存在着大量的空间电荷，故可采用如下方程对通道内的电荷转移进行描述

$$J = \sigma \cdot E \tag{6-16}$$

$$E = -\nabla\varphi \tag{6-17}$$

$$\frac{\partial\rho}{\partial t} = -\nabla \cdot J \tag{6-18}$$

式中，$J$ 为电流密度矢量；$\sigma$ 为流注区电导率。

在 2 维空间中，将放电通道中的电荷密度 $\rho$ 离散化，可得

$$\frac{\partial\rho}{\partial t} = \frac{\rho^{k+1} - \rho^k}{\Delta t} \tag{6-19}$$

将式(6-16)与式(6-17)代入式(6-19)，得

$$\frac{\partial\rho}{\partial t}=-\nabla\cdot J=-\nabla\cdot(\sigma E)=\nabla(\sigma\nabla\varphi)=\sigma\nabla^2\varphi \tag{6-20}$$

结合式(6-19)，得

$$\rho^{k+1}=\rho^k+\Delta t\sigma\nabla^2(\varphi^{k+1}) \tag{6-21}$$

将式(6-21)代入式(6-13)，可得

$$\varphi_{i,j}^{k+1}=\frac{1}{4}(\varphi_{i-1,j}^{k+1}+\varphi_{i+1,j}^{k+1}+\varphi_{i,j-1}^{k+1}+\varphi_{i,j+1}^{k+1})+\frac{\rho_{i,j}^k}{4(\varepsilon_r\varepsilon_0+\sigma\Delta t)} \tag{6-22}$$

本模型中引入了时间参量，考虑了空间电荷、流注区电导率等因素，从而能够更好地描述短气隙气体放电过程。

### 6.6.2 数值仿真流程

在确立了发展概率模型之后，仍采用图 6-4 所示的针-平板电极计算模型，对 $SF_6$ 气体放电通道发展过程进行模拟计算。

与 WZ 模型的计算步骤相比，模型考虑了空间电荷的影响，采用了泊松方程，同时，在完成对所有待发展点的发展概率计算之后，还要采用式(6-14)与式(6-21)分别对放电发展时间和通道内电荷转移进行计算，因而整个运算过程比较复杂且运行时间明显增长。

## 6.7 $SF_6$ 放电通道分叉演化过程

选取充满 $SF_6$ 气体的针-平板电极结构短间隙作为计算对象，针电极施加电压 $U$=92kV，平板电极接地，$SF_6$ 相对介电常数 $\varepsilon_r$ 取 1.002，发展概率指数 $\eta$ 取 0.02，放电阈值场强 $E_c$=89kV/cm，维持电场 $E_s$=3kV/cm，时间转移系数 $\theta$ 为 $3.44\times10^{-3}$。流注作为弱电离等离子体，其通道电导率 $\sigma$ 为 $10^{-2}\sim10^{-1}\text{S/m}$ 数量级，取流注区电导率为 $\sigma=1.2\times10^{-2}\text{S/m}$。考虑放电过程中的随机因素，在上述条件下模拟 10 次，得到其中某 1 次放电中 6 个不同时刻的放电通道发展过程如图 6-12 所示。

当放电开始时，由于针电极附近点的电场强度高于阈值电场，所以引起了流注放电过程的发生，产生了局部放电。由图 6-12 可见，当放电发展至 $t$=2.0059ns 阶段，针极附近先出现了由流注组成的高度电离气体的导电丝带通道，分叉数量较低。当放电进入到 $t$=2.0059～6.2074ns 阶段，放电通道随着时间的推移而出现三个大分支和若干小分支。当 $t$=6.2074～29.0499ns 阶段，各个分枝都得到了显著的发展，同时每个分枝又发展出更多细小的小分枝，每个分枝随时间发展不断沿轴向延伸，直到气隙被击穿。根据式(6-7)，可计算得出此次放电结果的分形维数为 $D$=1.4556。

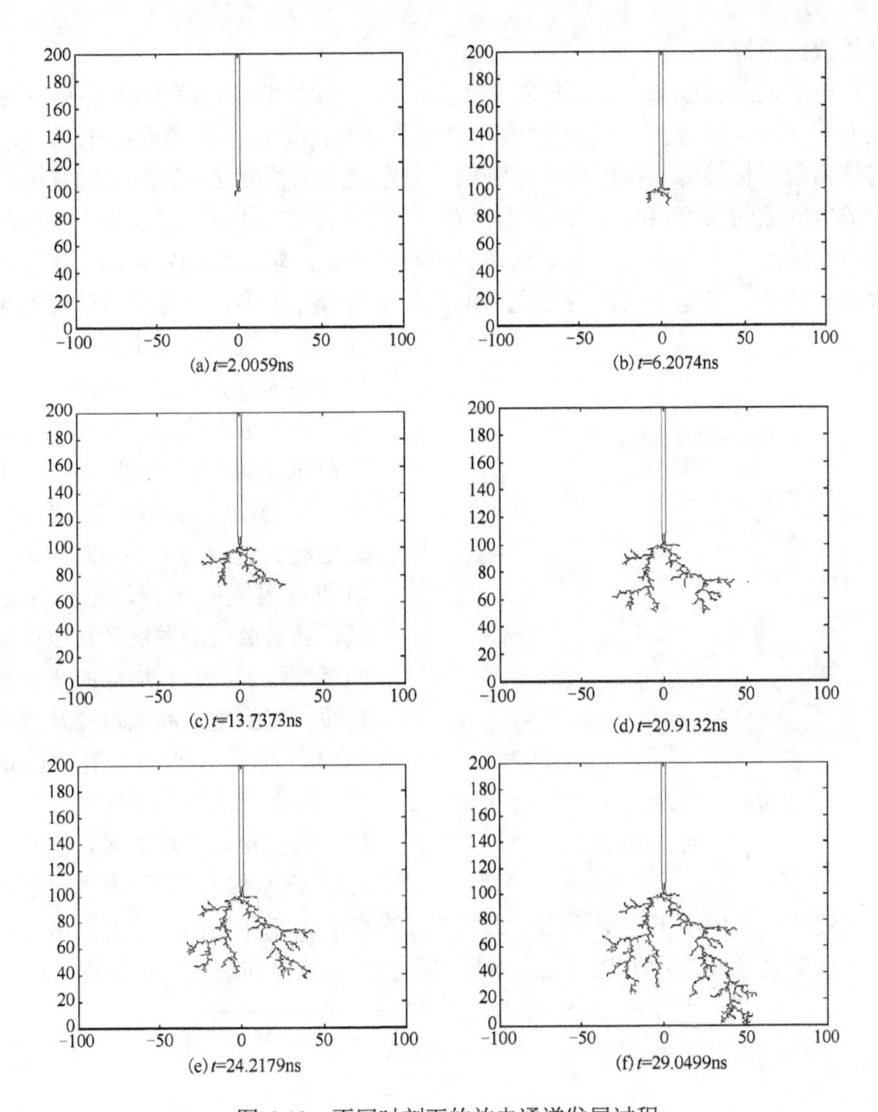

(a) $t$=2.0059ns (b) $t$=6.2074ns

(c) $t$=13.7373ns (d) $t$=20.9132ns

(e) $t$=24.2179ns (f) $t$=29.0499ns

图 6-12 不同时刻下的放电通道发展过程

从图 6-12 中可见，整个放电过程中，放电通道随着放电时间的发展而沿径向分叉出现若干分枝，分枝的数目可以达到很多，它们彼此排斥而不相交，而且形状都是不规则的，之后这些分枝迅速发展直至气隙击穿。这是由于放电过程中，流注头部附近的由异性电荷复合以及电子由高能级向低能级跃迁而辐射出的光电子在电场作用下发生碰撞电离，从而在空间不同位置形成二次电子崩，同时由于在非均匀场中存在径向电场分量，这些二次电子崩沿不同方向形成并汇入流注头部，因此流注头部增长若干分枝，同时不断向平板电极发展。

改进的 WZ 模型不仅得到了 $SF_6$ 气体中放电通道随时间的发展情况，还可以考察如放电击穿时延 $t_{br}$、击穿路径平均发展速度 $v_m$ 以及流注通道内电荷量 $Q$ 等其他的放电特性。

放电通道总长度 $L_{all}$ 以及击穿路径长度 $L_{max}$ 与时间 $t$ 的关系如图 6-13 所示。由图 6-13 可见，在整个放电过程中，放电通道总长度 $L_{all}$ 和击穿路径长度 $L_{max}$ 均呈持续指数增长趋势。在放电击穿时刻，放电通道总长度 $L_{all}$ 达到 93.41mm，远大于放电间隙的长度(10mm)，而击穿路径长度在 $t$=29.0499ns 增长为 16.16mm，为放电间隙的 1.6 倍左右。这说明击穿路径并不是沿轴向直线发展的，而是曲折并存有分枝的，且整个气隙内放电通道的分枝数量非常多。根据分析计算结果可知，整个放电过程中的击穿路径平均发展速度为 $5.56\times10^5$m/s。

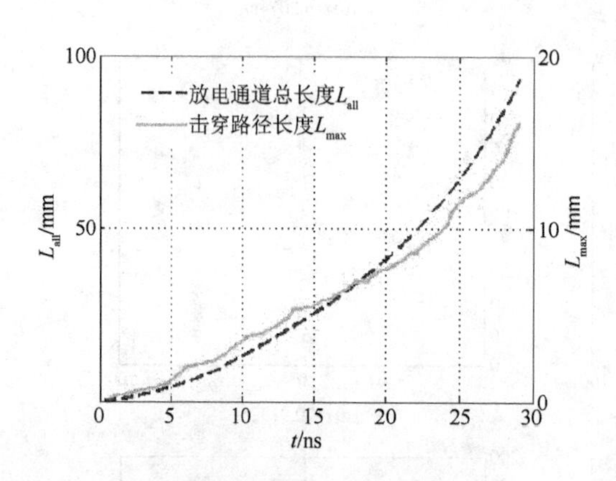


图 6-13　放电通道总长度 $L_{all}$(或击穿路径长度 $L_{max}$)随时间 $t$ 变化关系

放电发展过程中放电通道内电荷量 $Q$ 随时间 $t$ 的变化曲线如图 6-14 所示。由图 6-14 可见，在放电起始之后的一小段时间内，放电通道内空间电荷量增长速率较低，随着放电的发展，其电荷量开始逐渐增加，并且增加的速率越来越快，直到整个间隙击穿，放电通道内电荷量达到最大值。这是因为，随着流注在向平板电极发展的过程中越接近平板电极，空间电场的畸变越严重，空间带电粒子间的反应在畸变电场作用下也更剧烈，大量的二次崩汇入流注头部，使得放电通道内的空间电荷大量增长。由此可见，本模型可以反映放电通道内电荷累积过程。

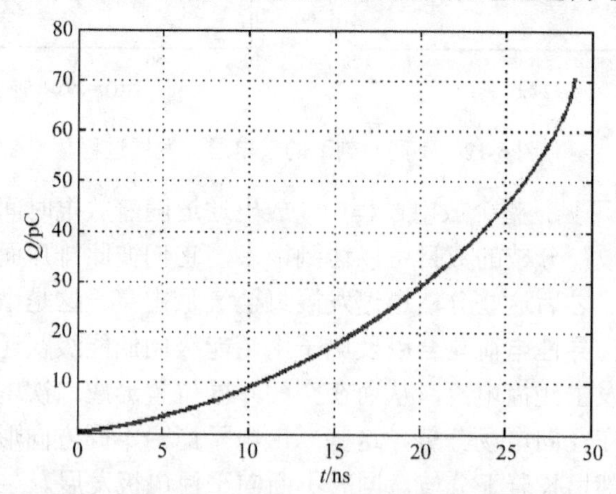


图 6-14　放电通道内电荷量 $Q$ 随时间变化关系

### 6.7.1 外施电压对放电通道发展的影响

在讨论了放电具体过程之后，在其他条件取固定值的情况下，考察不同外施电压对放电通道结构的影响，如图 6-15 所示。

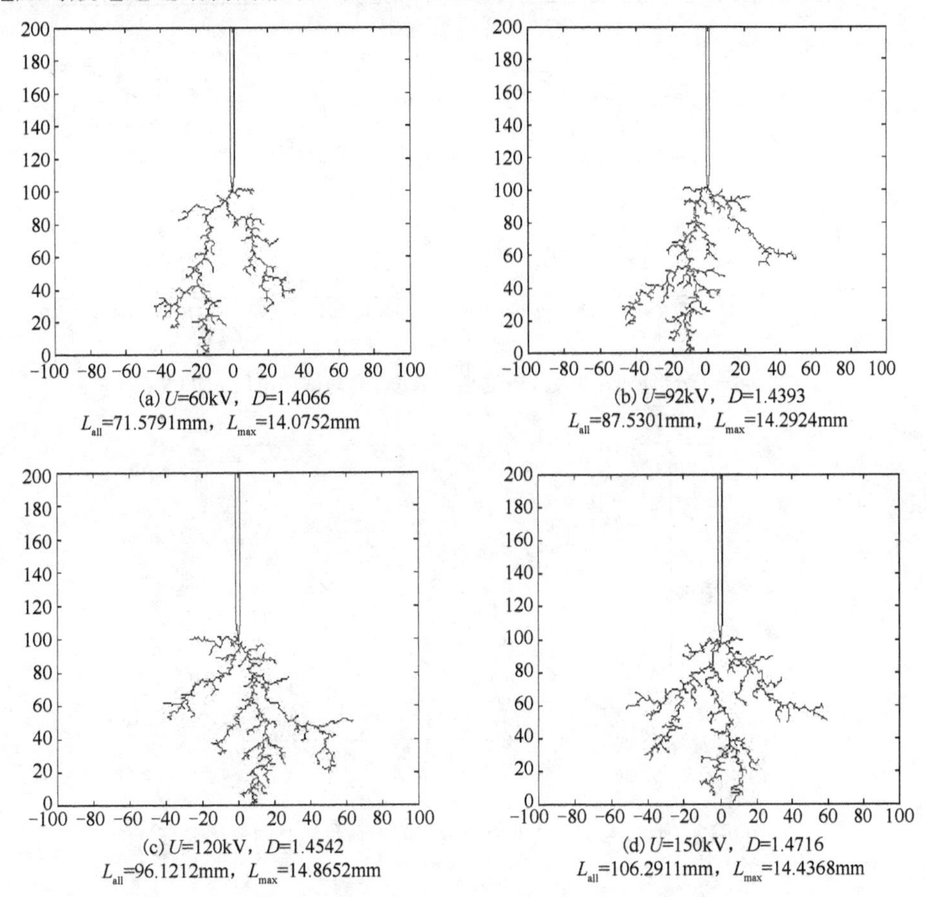


(a) $U$=60kV，$D$=1.4066
$L_{all}$=71.5791mm，$L_{max}$=14.0752mm

(b) $U$=92kV，$D$=1.4393
$L_{all}$=87.5301mm，$L_{max}$=14.2924mm

(c) $U$=120kV，$D$=1.4542
$L_{all}$=96.1212mm，$L_{max}$=14.8652mm

(d) $U$=150kV，$D$=1.4716
$L_{all}$=106.2911mm，$L_{max}$=14.4368mm

图 6-15 不同外施电压下的放电通道模拟图形

图 6-16 所示为模拟得到放电通道图像的分形维数 $D$、流注放电通道总长度 $L_{all}$ 与外施电压 $U$ 的关系曲线。由图 6-16 可见，随着外施电压的增加，放电图像的分形维数 $D$ 和放电通道总长度 $L_{all}$ 呈现阶段性上升趋势。即二者在某一电压范围内急剧升高，放电通道分叉数目急剧越多，使得分形维数上升。而当外施电压超过一定程度后，二者增长速率降低，但仍保持续缓慢增长的趋势。

不同外施电压下，放电通道内电荷量 $Q$ 随时间 $t$ 的变化曲线如图 6-17 所示。从图 6-17 可知，随着外施电压的增大，放电间隙内带电粒子间的碰撞电离更加激烈，空间电荷数量大量增多，从而导致放电通道内电荷量不断增大。

图 6-18 为模拟得到的放电击穿时延 $t_{br}$、击穿路径平均发展速度 $v_m$ 随外施电压变化的曲线。由图 6-18 可见，随着针电极电压的逐渐升高，击穿路径平均发展

速度 $v_m$ 不断增大，放电击穿时延 $t_{br}$ 不断减小。这主要是随着外施电压的增加，空间电荷数量大量增多，从而加速了电子崩与二次崩的产生和发展，同时空间电场畸变严重，使得流注向板电极快速延伸，缩短了放电击穿时延。

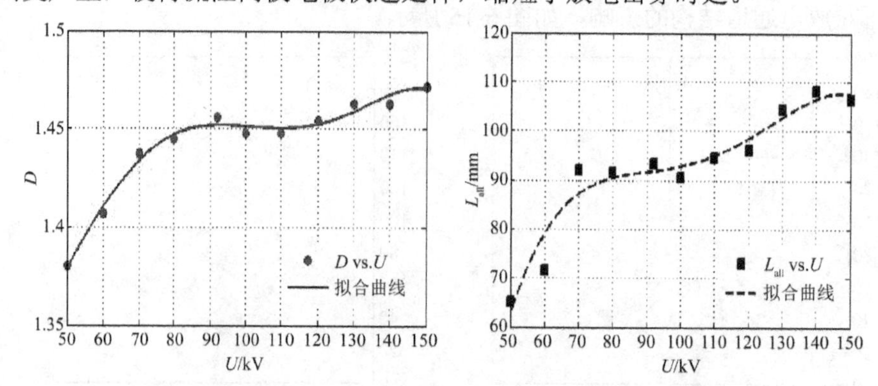


图 6-16　分形维数 $D$ 及放电通道总长度 $L_{all}$ 与施加电压 $U$ 的关系

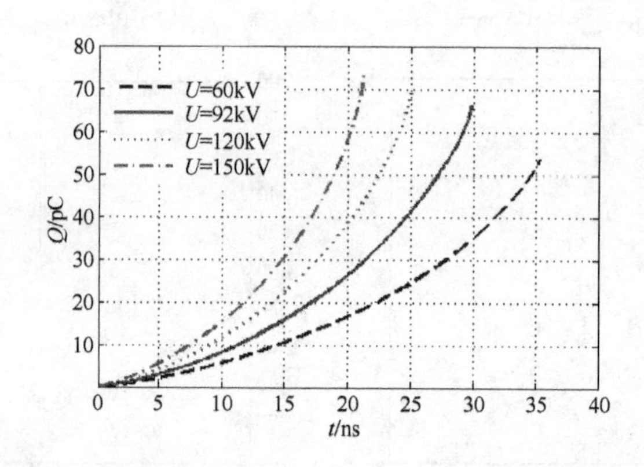


图 6-17　不同电压下放电通道内空间电荷量随时间变化关系

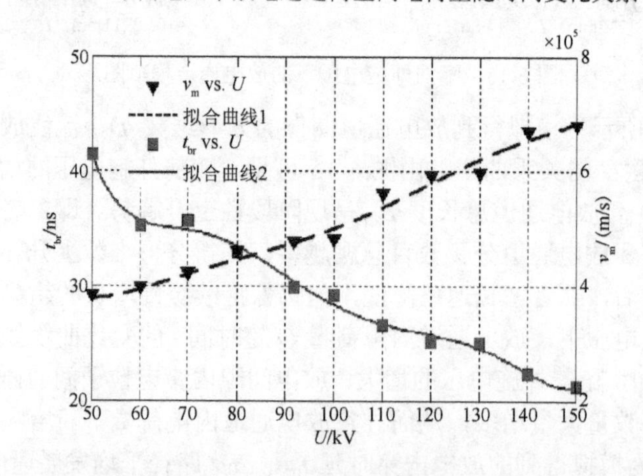


图 6-18　放电击穿时延 $t_{br}$ 及击穿路径平均发展速度 $v_m$ 与外施电压 $U$ 的关系

### 6.7.2 电导率的影响

在其他条件固定的情况下，通过改变流注区电导率$\sigma$，考察其对放电通道发展结构的影响。图 6-19 为不同流注区电导率下的放电通道发展情况。分析计算结果表明，分形维数 $D$、放电通道总长度 $L_{all}$ 及击穿路径长度 $L_{max}$ 都随着流注区电导率的增加而降低。

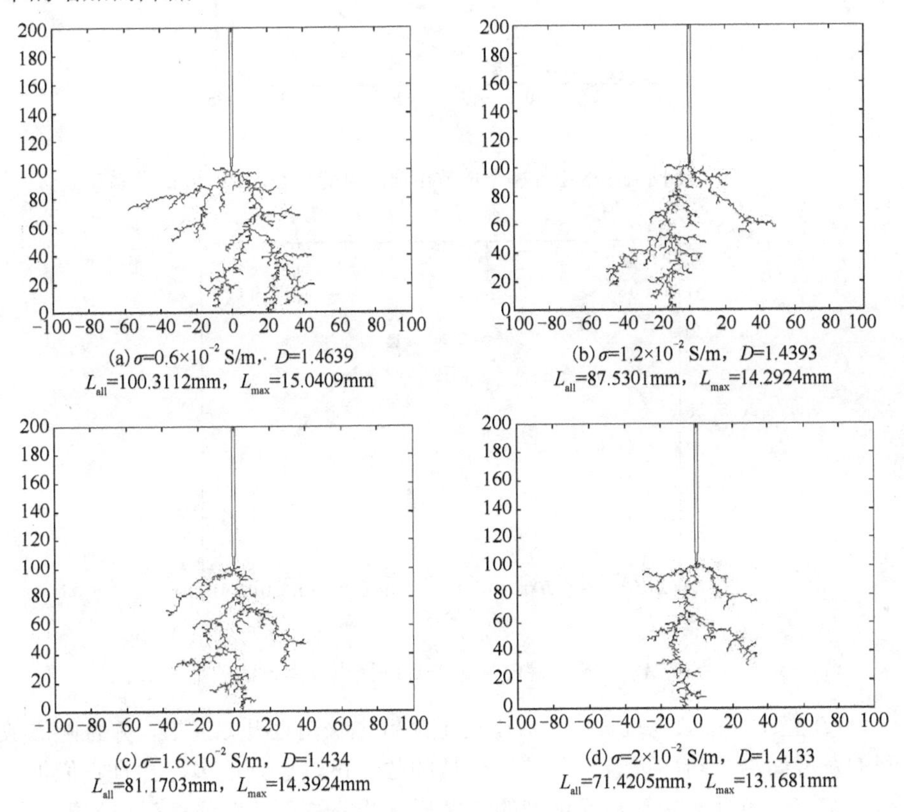


(a) $\sigma$=0.6×10$^{-2}$ S/m，$D$=1.4639
$L_{all}$=100.3112mm，$L_{max}$=15.0409mm

(b) $\sigma$=1.2×10$^{-2}$ S/m，$D$=1.4393
$L_{all}$=87.5301mm，$L_{max}$=14.2924mm

(c) $\sigma$=1.6×10$^{-2}$ S/m，$D$=1.434
$L_{all}$=81.1703mm，$L_{max}$=14.3924mm

(d) $\sigma$=2×10$^{-2}$ S/m，$D$=1.4133
$L_{all}$=71.4205mm，$L_{max}$=13.1681mm

图 6-19 不同流注区电导率下的放电通道模拟图像

在不同流注区电导率下，放电通道内电荷量 $Q$ 随时间的变化如图 6-20 所示，放电击穿时延 $t_{br}$ 随流注区电导率$\sigma$变化曲线如图 6-21 所示。由图 6-20 和图 6-21 所示的模拟结果分析可知，随着流注区电导率的增大，空间电荷数量大量增加，放电通道的发展速度加快，从而缩短了放电击穿时延。

在 WZ 模型的基础上建立了考虑空间电荷及放电发展时间的短气隙放电通道发展概率模型，其放电通道内电荷转移由欧姆定律和电流连续性方程表述，并根据此模型仿真分析了 $SF_6$ 放电通道总长度和击穿路径发展平均速度、通道内电荷量等随时间的变化规律以及影响因素，获得以下事实。

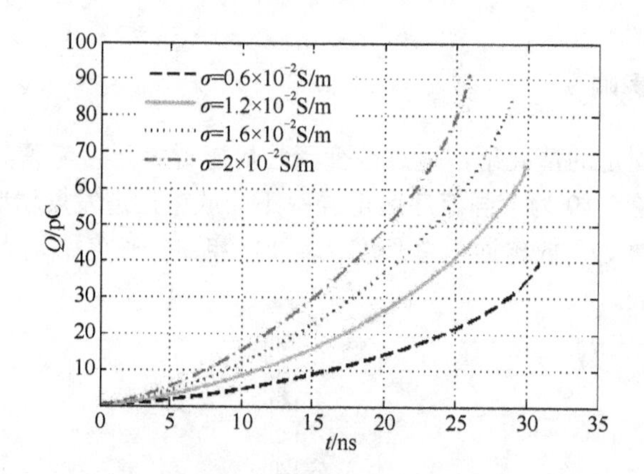


图 6-20　不同流注区电导率下的放电通道电荷量 $Q$ 与时间 $t$ 的关系

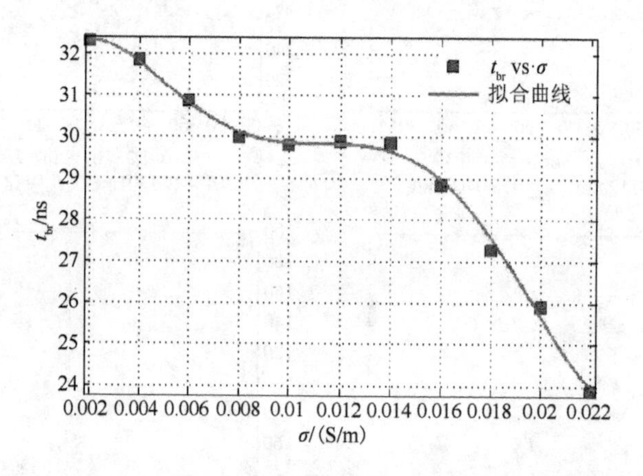


图 6-21　放电击穿时延 $t_{br}$ 与流注区电导率 $\sigma$ 的关系

(1)在整个 $SF_6$ 放电过程中，放电通道从针电极附近开始发展，并且随着放电时间的发展而沿径向出现若干分枝，分枝的数目可以达到很多，并且它们彼此排斥而不相交，而且形状都是不规则的，之后这些分枝迅速发展直至气隙击穿。

(2)在整个放电过程中，放电通道总长度 $L_{all}$ 和击穿路径长度 $L_{max}$ 均呈持续指数增长趋势。在放电击穿时刻，放电通道总长度 $L_{all}$ 达到 93.41mm，远大于放电间隙的长度(10mm)，而击穿路径长度达到 16.16mm，为放电间隙的 1.6 倍左右。这说明击穿路径并不是沿轴向直线发展的，而是曲折并存有分枝的，且放电通道的分枝数量非常多。根据分析计算结果可知，整个放电过程中的击穿路径平均发展速度为 $5.56\times10^5$m/s。

(3)随着外施电压的增加，放电图像的分形维数 $D$ 和放电通道总长度 $L_{all}$ 呈现阶段性上升趋势。即二者在某一电压范围内急剧升高，放电通道分叉数目急剧增多，使得分形维数上升。而当外施电压超过一定程度后，二者增长速率降低，但仍保持续缓慢增长的趋势。同时，随着针电极电压的逐渐升高，击穿路径平均发展速度 $v_m$ 不断增大，因而放电击穿时延 $t_{br}$ 不断减小，放电通道内电荷量不断增大。

(4) 随着流注区电导率的增大，放电通道总长度 $L_{all}$ 和击穿路径长度 $L_{max}$ 减小，放电通道内空间电荷量增加，同时放电通道发展速度加快，从而缩短了放电击穿时延 $t_{br}$。

# 第 7 章　$SF_6$混合气体放电特性

迫于环境保护的压力，少用和禁用 $SF_6$ 已经成为全世界各个国家的共识。20 世纪 70 年代开始了以 $SF_6$ 为基本成分，与一些非电负性缓冲气体混合作为 $SF_6$ 的替代介质，不但减少了 $SF_6$ 用量，而且又规避了 $SF_6$ 对电场不均匀高度敏感性，解决高寒地区 $SF_6$ 的液化问题。除了 $SF_6$ 之外，寻找一种电气绝缘强度高、捕捉高能电子能力强的环境友好的电负性气体，以及与之混合的气体，既能在较宽的电子能量范围内有效地吸附自由电子，又能使高能电子减速，改善高能电子存在条件下气体介质的耐电强度成为本领域现阶段的热点课题。

## 7.1　$SF_6$ 混合气体放电研究方法

研究 $SF_6$ 混合气体放电机理和绝缘特性，应该进行 $SF_6$ 混合气体的击穿实验和电子崩阶段的放电机理研究。在确定的实验条件下，如不同的电场分布、不同的电压波形条件下，可以直接获得 $SF_6$ 混合气体的耐电强度，但是无法获得混合气体的放电机理，很难提出抑制击穿的方法。$SF_6$ 混合气体击穿机理的研究是研究气体在外施电场作用下，放电触发、碰撞电离、带电粒子倍增、复合附着直至击穿过程，以及与控制参量的制约关系，对于预测和控制混合气体的击穿放电至关重要。

研究气体放电的电子崩和流注发展机理的方法分为实验方法与理论计算方法。实验方法是基于电子崩发展的宏观模型进行研究的，即用电子崩放电参数来描述电子崩的发展以及转化为流注过程。理论计算方法是基于动量守恒、质量守恒和能量守恒物理定律而建立的气体放电数学模型，此模型确定了气体放电过程的各种碰撞截面和电子能量分布的关系。

### 7.1.1　获取放电参数方法

获取气体放电参数的方法是通过测量气体放电间隙中电流和光通量来实现的，主要有以下两种方法。

稳态汤逊法(SST)：1900 年，Townsend 首先提出了用第一电离系数 $\alpha$ 来描述气体放电，并提出了测量 $\alpha$ 的方法，即稳态汤逊法(SST)。后来，人们发现电负性气体的放电特性非同一般气体，于是在气体放电中引入了附着系数 $\eta$ 、二次电离系数 $\gamma$ 等参数，发展了 SST 方法。这个方法就是测量平板电极间的由连续的初始电子发射所形成的稳态电流。初始电子是由一定强度的紫外光照射阴极而释放出来的，由于碰撞电离和附着过程的存在，极间距离不同时，回路中形成的稳态电流值也不相同。这样便得到了极间电流和极间距离的相关关系，通过计算机进行曲线拟合，最终可求得碰撞电离系数和附着系数。

脉冲汤逊法(PT)：PT 法是对气体放电中电子和离子暂态过程的研究。它是使用脉冲激光或$\gamma$射线照射在已加电压的阴极上，使阴极在极短的时间(ns 级)内，释放出大量的初始电子，这些脉冲的初始电子在电场的作用下，向阳极运动。由于碰撞电离、附着过程和扩散过程的作用，在电极间形成电子崩，这样便可在外环路上测到电子崩电流波形。通过合适的数学模型便可由电子崩电流波形求出气体的电子崩放电参数。

### 7.1.2 理论计算方法

理论计算气体放电的电子崩发展过程，一般采用玻尔兹曼(Boltzmann)法和蒙特卡罗(Monte Carlo)法。

玻尔兹曼法是在已知各种碰撞截面的条件下，运用玻尔兹曼方程来求解气体放电的微观参数。它是在由实验求得的、合适的各种碰撞截面数据的基础上，通过求解玻尔兹曼方程，用一系列弹性碰撞和非弹性碰撞来描述气体放电电子崩发展过程，最终求得电子能量分布、电离系数、附着系数、漂移速度和扩散系数等参数。

蒙特卡罗法属于试验数学的一个分支，又称随机抽样法或统计试验法。具体到气体放电的计算，蒙特卡罗法可以直接模拟粒子在气体中的运动过程，即由计算机产生一些随机数来模拟电子崩发展，其先决条件也是已知各类碰撞截面。而且因为蒙特卡罗法是一个随机过程，一次模拟不能得出正确的结论，必须重复运算，增大样本容量来减小随机误差。

玻尔兹曼法和蒙特卡罗法都是在已知各种碰撞截面(如动量转换截面、激发碰撞截面、电离碰撞截面和附着截面等)的基础上，求解电子能量分布和其他放电参数，其计算结果的准确性直接取决于碰撞截面的选取。近几年来，国内外许多研究人员在现有气体截面积的基础上，通过遗传算法、迭代等理论，整理出和稳态或脉冲汤逊实验测得气体放电参数一致的碰撞截面，为理论计算获得气体放电参数提供了极大方便。

## 7.2 $SF_6/N_2$放电特性

由于 $N_2$ 在较宽的电子能量范围内具有比 $SF_6$ 大得多的电子散射截面$\sigma_{sc}$，$N_2$ 来源丰富、化学性质稳定、无毒性且价格低廉，$N_2$ 液化点非常低。所以，选择

$N_2$气体与 $SF_6$ 混合，研究不同分压比、不同压力下施加交流电压和脉冲电压下的 $SF_6/N_2$ 放电特性具有实际应用价值。

### 7.2.1 电场特性及电极布置

试验电极均采用导电性能良好的黄铜为材料。尽管在高压电器绝缘结构中采用均匀场结构，但是由于工件的加工缺陷，如毛刺、金属残留颗粒以及绝缘与电极交接面等因素，都会造成局部电场增强。局部电场的不均匀程度可以分为极不均匀场、不均匀场、稍不均匀场以及均匀场。它们可以分别由针-板、球-板、同轴、同心球和板-板电极实验模拟。

基于电介质物理理论，电场的不均匀程度可以根据能否维持气体介质电晕放电进行划分。如果不均匀到可以维持电晕放电的程度，就称为极不均匀场。虽然电场不均匀，但还不能维持稳定的电晕放电，一旦放电达到自持，必然会导致整个间隙立即击穿，就称为稍不均匀场。若在稍不均匀电场和极不均匀电场之间划出清楚的界线是困难的。为了比较不同电极结构电场的均匀程度，引入电场不均匀系数 $g_e$，它是最大场强 $E_{max}$ 与平均场强 $E_{av}$ 的比值：

$$g_e = \frac{E_{max}}{E_{av}} \tag{7-1}$$

$$E_{av} = \frac{U}{d} \tag{7-2}$$

式中, $U$ 为电极电压； $d$ 为电极间隙。

不同电场分布情况下的气体击穿试验均在密闭的气体容器中进行。实验装置及技术线路如图 7-1 所示。

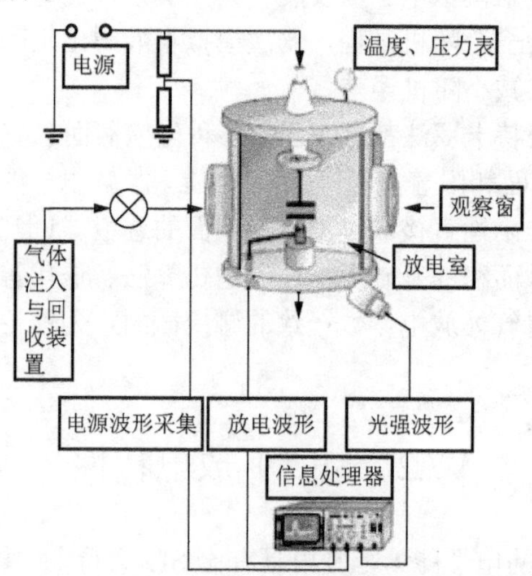


图 7-1　实验装置及技术线路示意图

### 7.2.2 工频电压 $SF_6/N_2$ 击穿特性

1. 均匀电场击穿

平板电极、同轴圆柱电极和球-球电极的电场不均匀系数分别为 $g_e = 1.0$ 、$g_e = 1.05$ 和 $g_e = 1.07$，属于均匀电场，$SF_6/N_2$ 混合气体施加工频电压在均匀场下的击穿特性如图 7-2～图 7-10 所示。

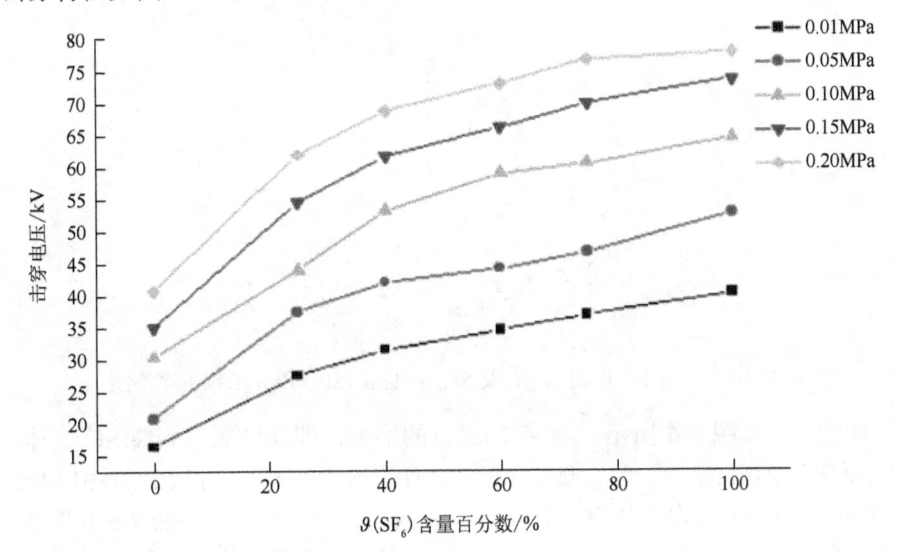


图 7-2　$g_e = 1.0$ 时 $SF_6$、$N_2$ 及 $SF_6/N_2$ 与 $\vartheta(SF_6)$ 含量工频击穿特性

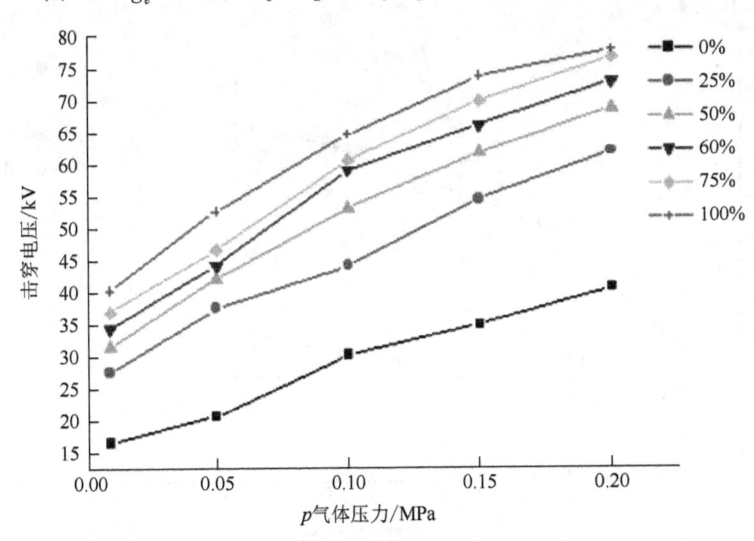


图 7-3　$g_e = 1.0$ 时 $SF_6$、$N_2$ 及 $SF_6/N_2$ 与 $p$ 工频击穿特性

如图 7-2 和图 7-3 所示，随着 $\vartheta(SF_6)$ 的增大，即从纯氮气到纯 $SF_6$ 气体，击

穿电压值逐渐升高；同时，随着气体压力的增大，即压力从 $p=0.01\,\text{MPa}$ 到 $p=0.20\,\text{MPa}$，击穿电压值逐渐升高，曲线向上移动，图 7-4 为图 7-2 和图 7-3 综合，显示在 $g_e=1.0$ 电场下的 $SF_6/N_2$ 混合气体随着混合比的不同、气体压力与击穿电压的关系。

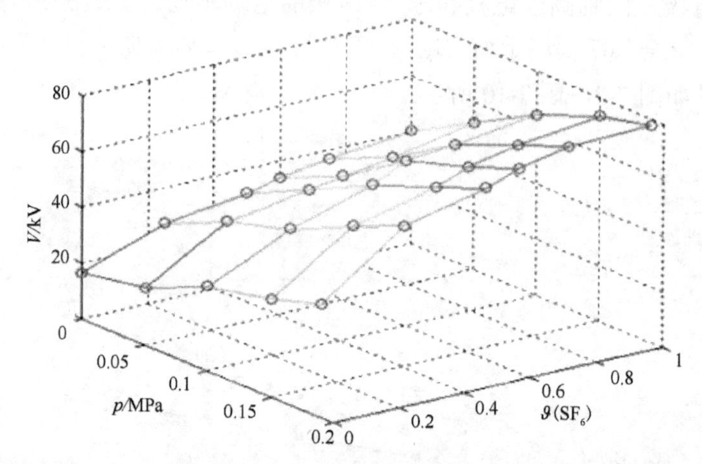


图 7-4　$g_e=1.0$ 时 $SF_6$、$N_2$ 及 $SF_6/N_2$ 与 $\vartheta\,(SF_6)$ 和 $p$ 工频击穿特性

如图 7-5 与图 7-6 所示，随着 $\vartheta\,(SF_6)$ 的增大，即从纯氮气到纯 $SF_6$ 气体，击穿电压值逐渐升高；同时，随着气体压力的增大，即压力从 $p=0.01\,\text{MPa}$ 到 $p=0.20\,\text{MPa}$，击穿电压值逐渐升高，曲线向上移动，图 7-7 为图 7-5 和图 7-6 的综合，显示在 $g_e=1.05$ 电场下的 $SF_6/N_2$ 混合气体随着混合比的不同、气体压力与击穿电压的关系。

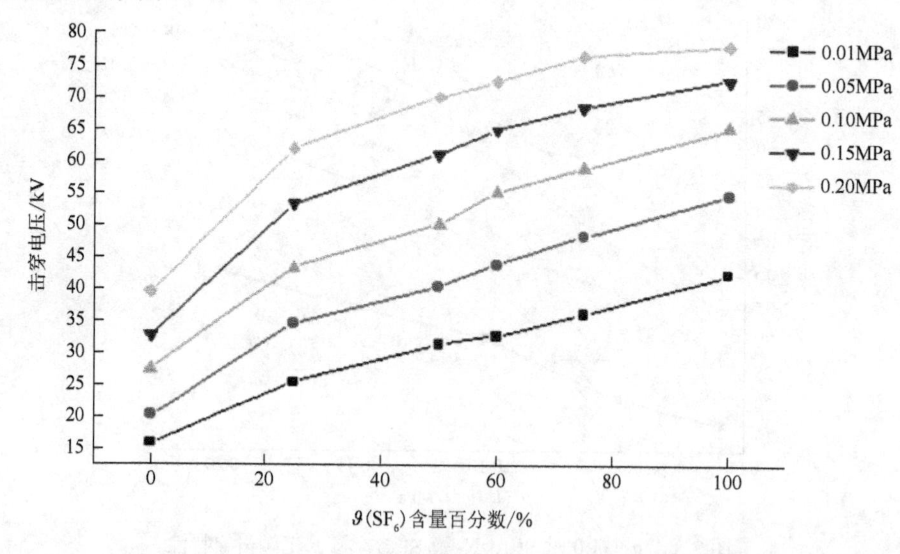


图 7-5　$g_e=1.05$ 时 $SF_6$、$N_2$ 及 $SF_6/N_2$ 与 $\vartheta\,(SF_6)$ 工频击穿特性

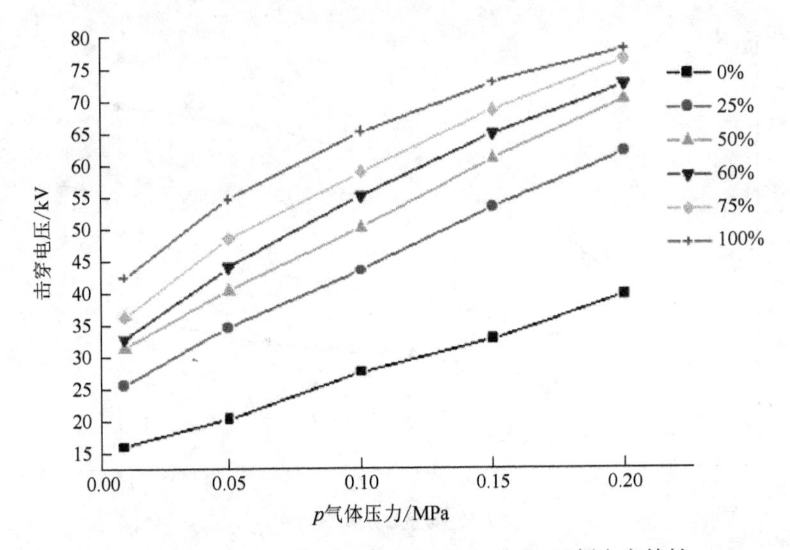


图 7-6　$g_e = 1.05$ 时 $SF_6$、$N_2$ 及 $SF_6/N_2$ 与 $p$ 工频击穿特性

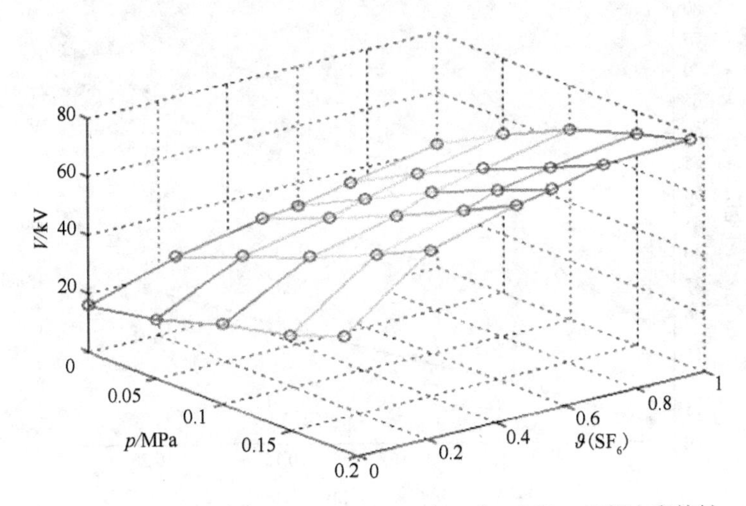


图 7-7　$g_e = 1.05$ 时 $SF_6$、$N_2$ 及 $SF_6/N_2$ 与 $\vartheta(SF_6)$ 和 $p$ 工频击穿特性

如图 7-8 与图 7-9 所示，随着 $\vartheta(SF_6)$ 的增大，即从纯氮气到纯 $SF_6$ 气体，击穿电压值逐渐升高；同时，随着气体压力的增大，即压力从 $p = 0.01$ MPa 到 $p = 0.20$ MPa，击穿电压值逐渐升高，曲线向上移动，图 7-10 为图 7-8 和图 7-9 的综合，显示在 $g_e = 1.07$ 电场下的 $SF_6/N_2$ 混合气体随着混合比的不同、气体压力与击穿电压的关系。

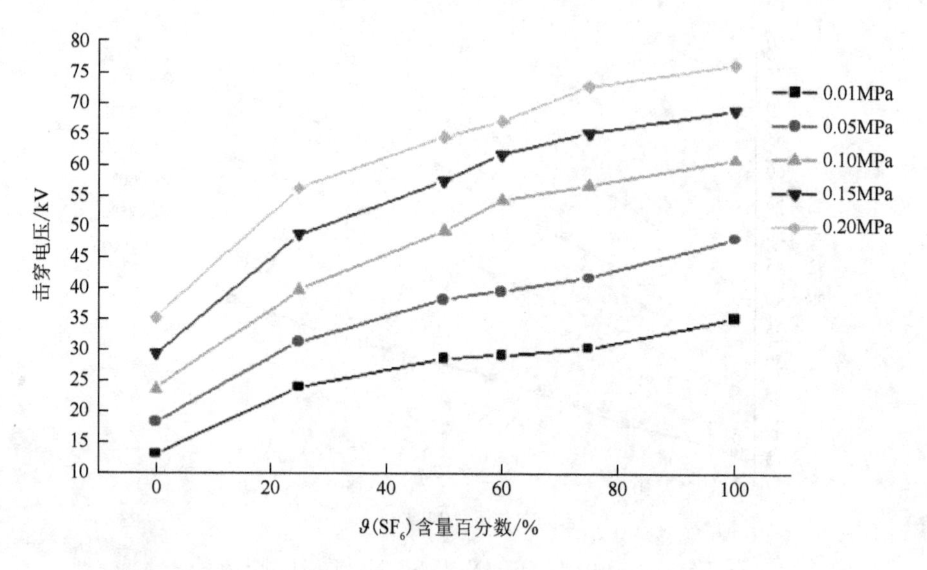


图 7-8　$g_e = 1.07$ 时 $SF_6$、$N_2$ 及 $SF_6/N_2$ 与 $\vartheta(SF_6)$ 含量工频击穿特性

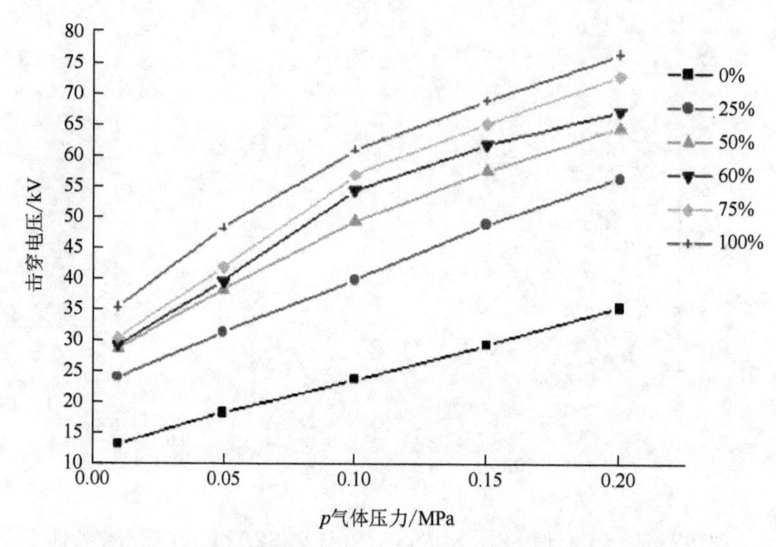


图 7-9　$g_e = 1.07$ 时 $SF_6$、$N_2$ 及 $SF_6/N_2$ 与 $p$ 工频击穿特性

2. 稍不均匀电场击穿特性

同心球电极与球-板电极电场不均匀系数分别为 $g_e = 1.20$ 和 $g_e = 1.22$，属于稍不均匀电场，$SF_6$、$N_2$ 及 $SF_6/N_2$ 施加工频电压在稍不均匀场下的击穿特性如图 7-11～图 7-16 所示。

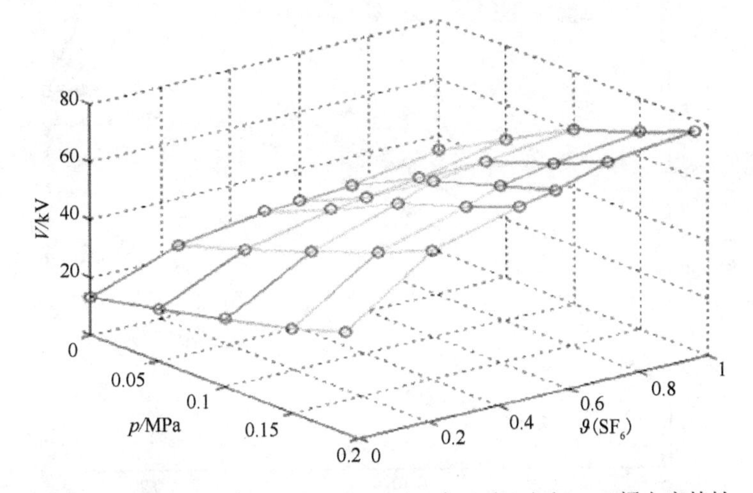


图 7-10　$g_e=1.07$ 时 $SF_6$、$N_2$ 及 $SF_6/N_2$ 与 $\vartheta(SF_6)$ 和 $p$ 工频击穿特性

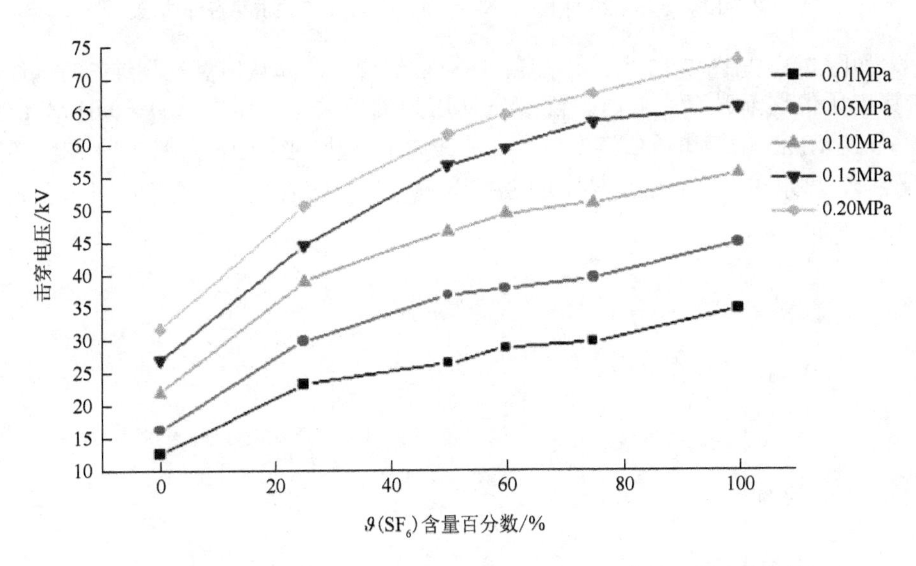


图 7-11　$g_e=1.20$ 时 $SF_6$、$N_2$ 及 $SF_6/N_2$ 与 $\vartheta(SF_6)$ 含量工频击穿特性

如图 7-11 与图 7-12 所示，随着 $\vartheta(SF_6)$ 的增大，即从纯氮气到纯 $SF_6$ 气体，击穿电压值逐渐升高；同时，随着气体压力的增大，即压力从 $p=0.01\,\text{MPa}$ 到 $p=0.20\,\text{MPa}$，击穿电压值逐渐升高，曲线向上移动，图 7-13 为图 7-11 和图 7-12 的综合，显示在 $g_e=1.20$ 电场下的 $SF_6/N_2$ 混合气体随着混合比的不同气体压力与击穿电压的关系。

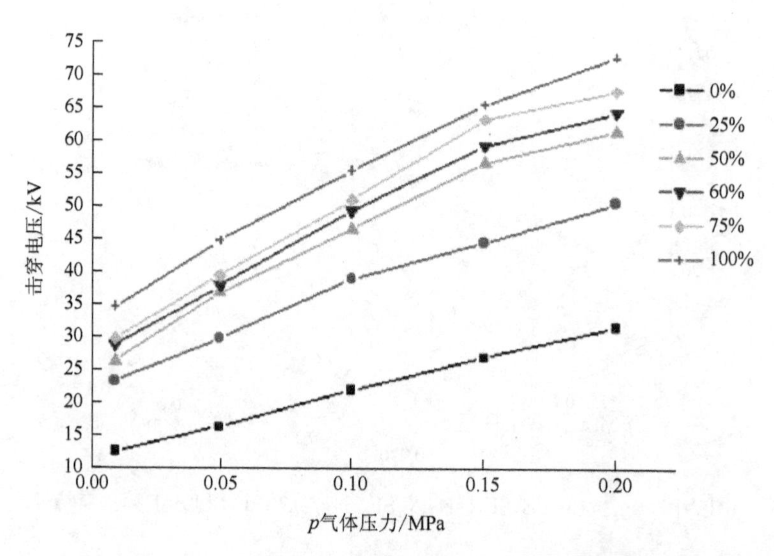


图 7-12　$g_e=1.20$ 时 $SF_6$、$N_2$ 及 $SF_6/N_2$ 与 $p$ 工频击穿特性曲线

如图 7-14 与图 7-15 所示，随着 $\vartheta(SF_6)$ 的增大，即从纯氮气到纯 $SF_6$ 气体，击穿电压值逐渐升高；同时，随着气体压力的增大，即压力从 $p=0.01$ MPa 到 $p=0.20$ MPa，击穿电压值逐渐升高，曲线向上移动，图 7-16 为图 7-14 和图 7-15 的综合，显示在 $g_e=1.22$ 电场下的 $SF_6/N_2$ 混合气体随着混合比的不同气体压力与击穿电压的关系。

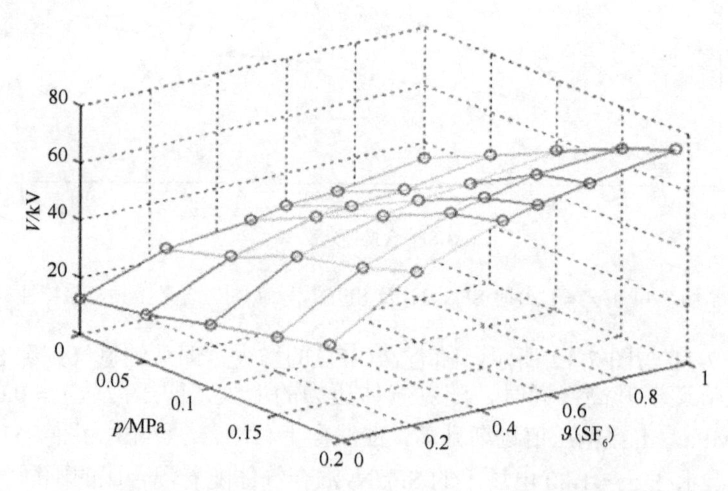


图 7-13　$g_e=1.20$ 时 $SF_6$、$N_2$ 及 $SF_6/N_2$ 与 $\vartheta(SF_6)$ 和 $p$ 工频击穿特性

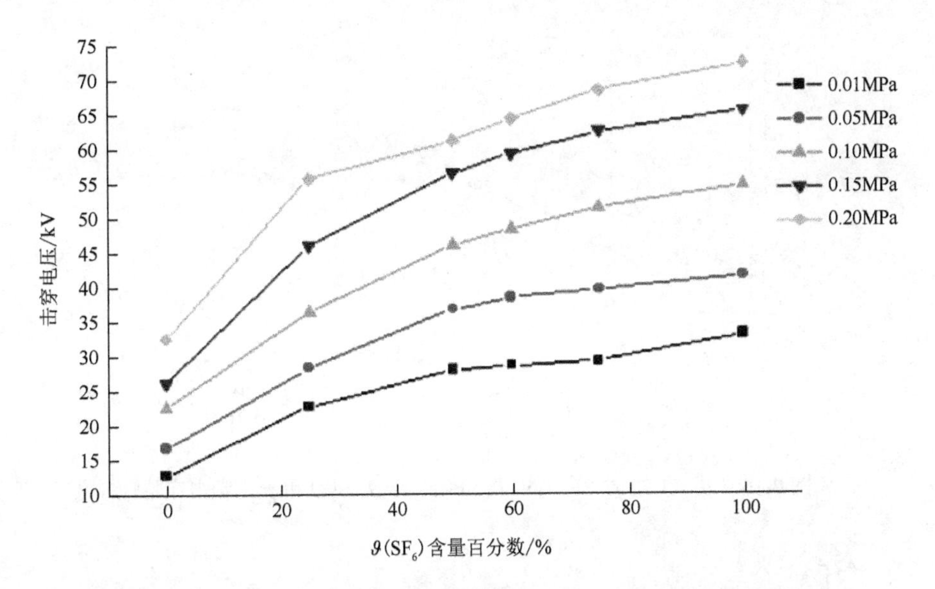


图 7-14　$g_e=1.22$ 时 $SF_6$、$N_2$ 及 $SF_6/N_2$ 与 $\vartheta$ ($SF_6$) 含量工频击穿特性

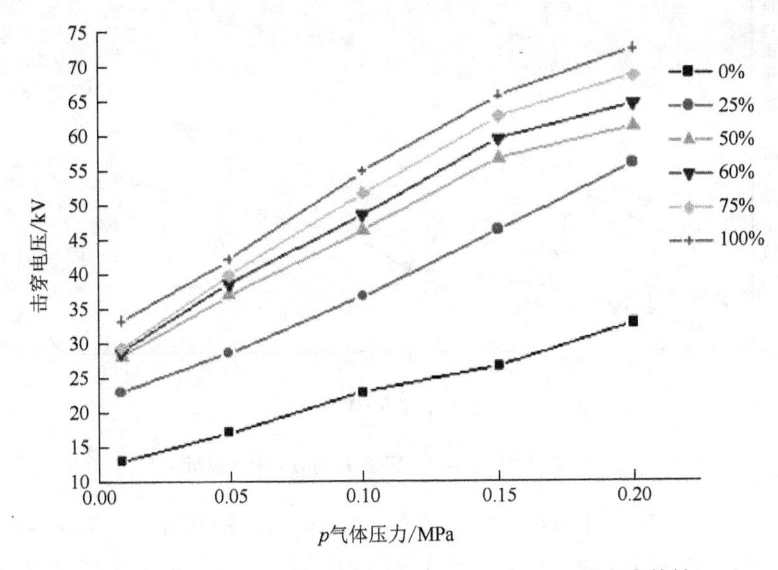


图 7-15　$g_e=1.22$ 时 $SF_6$、$N_2$ 及 $SF_6/N_2$ 与 $p$ 工频击穿特性

3. 极不均匀电场击穿特性

尖-板电极电场不均匀系数 $g_e=4.27$，$SF_6$、$N_2$ 及 $SF_6/N_2$ 施加工频电压在极不均匀场下的击穿特性如图 7-17～图 7-19 所示。

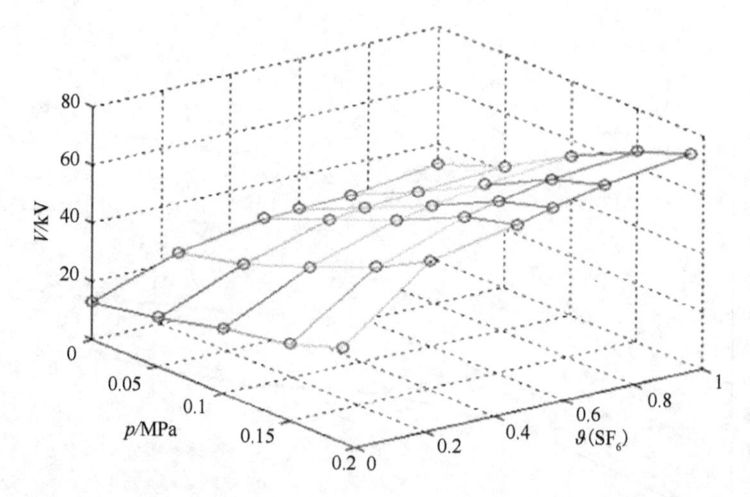


图 7-16 $g_e=1.22$ 时 $SF_6$、$N_2$ 及 $SF_6/N_2$ 与 $\vartheta$ $(SF_6)$ 和 $p$ 工频击穿特性

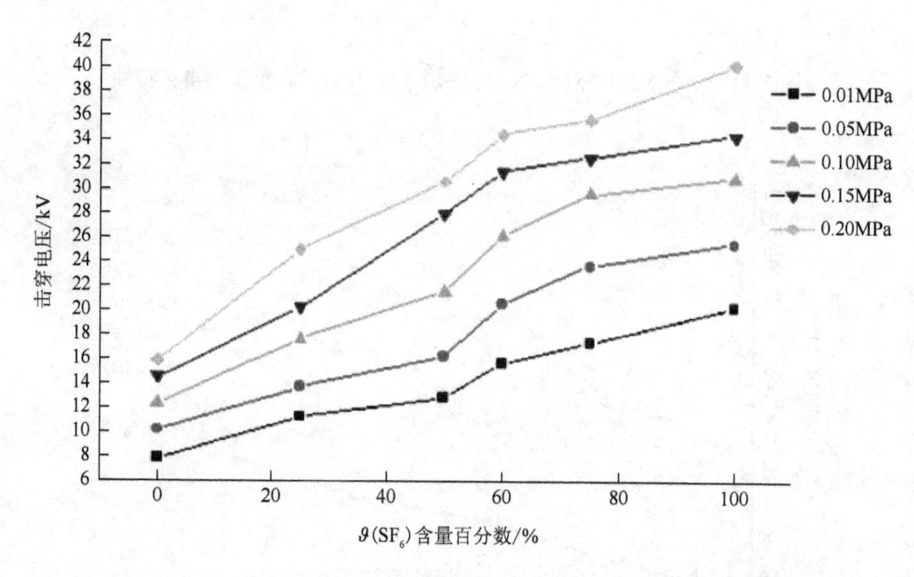


图 7-17 $g_e=4.27$ 时 $SF_6$、$N_2$ 及 $SF_6/N_2$ 与 $\vartheta$ $(SF_6)$ 含量工频击穿特性

如图 7-17 与图 7-18 所示，随着 $\vartheta$ $(SF_6)$ 的增大，即从纯氮气到纯 $SF_6$ 气体，击穿电压值逐渐升高；同时，随着气体压力的增大，即压力从 $p=0.01$ MPa 到 $p=0.20$ MPa，击穿电压值逐渐升高，曲线向上移动，图 7-19 为图 7-17 和图 7-18 综合，显示在 $g_e=4.27$ 电场下的 $SF_6/N_2$ 混合气体随着混合比的不同气体压力与击穿电压的关系。

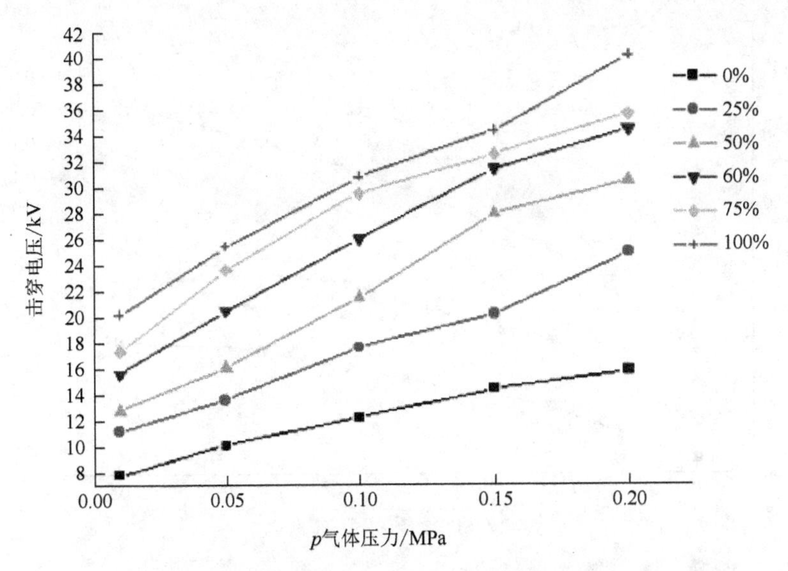


图 7-18 $g_e = 4.27$ 时 $SF_6$、$N_2$ 及 $SF_6/N_2$ 与 $p$ 工频击穿特性曲线

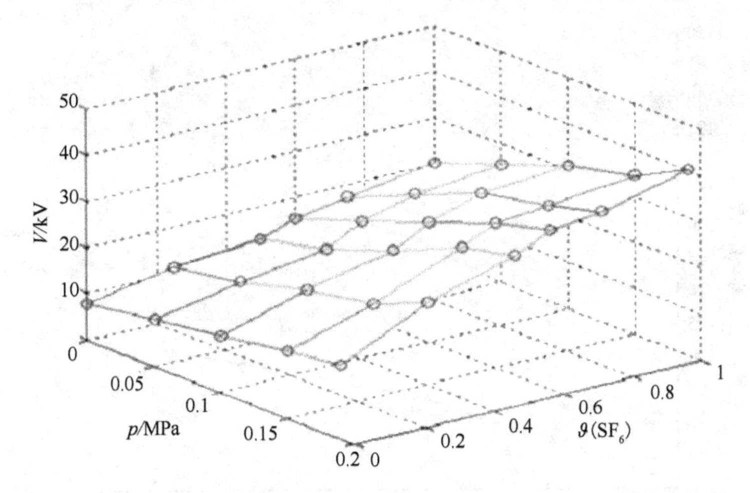


图 7-19 $g_e = 4.27$ 时 $SF_6$、$N_2$ 及 $SF_6/N_2$ 与 $\vartheta(SF_6)$ 和 $p$ 工频击穿特性

## 7.2.3 冲击电压 $SF_6/N_2$ 击穿特性

1. 均匀电场

平板电极、同轴圆柱电极和球-球电极的电场不均匀系数分别为 $g_e = 1.0$ 、 $g_e = 1.05$ 和 $g_e = 1.07$ ，属于均匀电场。$SF_6$、$N_2$ 及 $SF_6/N_2$ 施加工频电压在均匀场下的击穿特性如图 7-20～图 7-28 所示。

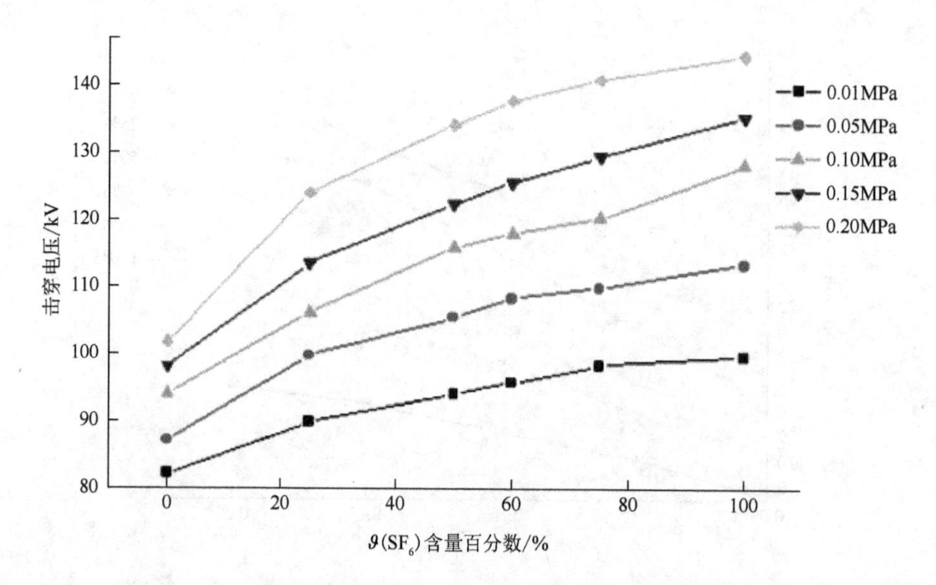


图 7-20 $g_e=1.0$ 时 $SF_6$、$N_2$ 及 $SF_6/N_2$ 与 $\vartheta\ (SF_6)$ 含量冲击击穿特性

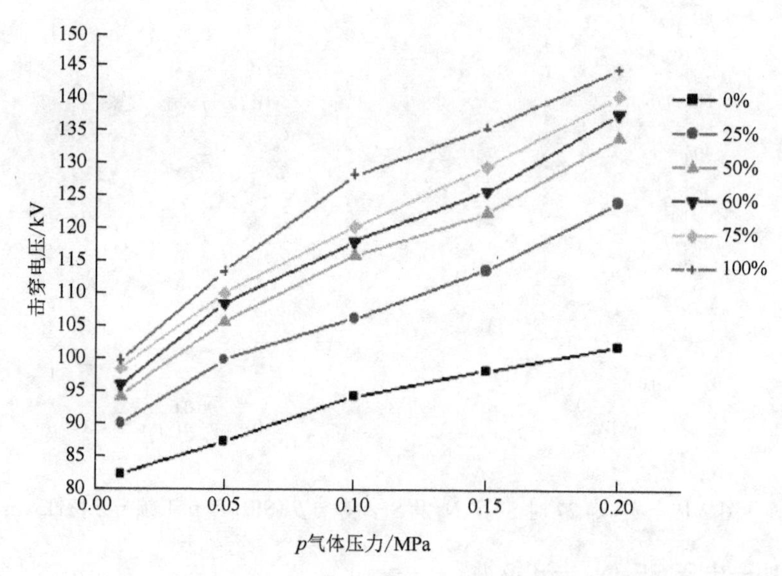


图 7-21 $g_e=1.0$ 时 $SF_6$、$N_2$ 及 $SF_6/N_2$ 与 $p$ 冲击击穿特性

如图 7-20 与图 7-21 所示，随着 $\vartheta\ (SF_6)$ 的增大，即从纯氮气到纯 $SF_6$ 气体，击穿电压值逐渐升高；同时，随着气体压力的增大，即压力从 $p=0.01\,\text{MPa}$ 到 $p=0.20\,\text{MPa}$，击穿电压值逐渐升高，曲线向上移动，图 7-22 为图 7-20 和图 7-21 的综合，显示在 $g_e=1.0$ 电场下的 $SF_6/N_2$ 混合气体随着混合比的不同气体压力与击穿电压的关系。

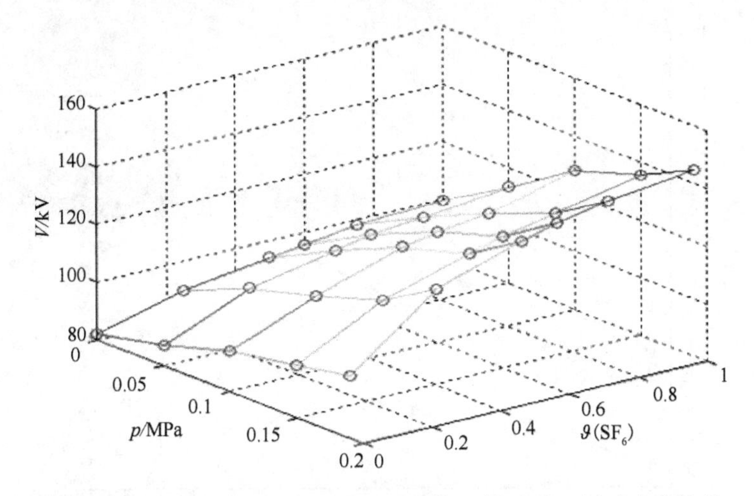


图 7-22 $g_e=1.0$ 时 $SF_6$、$N_2$ 及 $SF_6/N_2$ 与 $\vartheta\,(SF_6)$ 和 $p$ 冲击击穿特性

如图 7-23 与图 7-24 所示，随着 $\vartheta\,(SF_6)$ 的增大，即从纯氮气到纯 $SF_6$ 气体，击穿电压值逐渐升高；同时，随着气体压力的增大，即压力从 $p=0.01\,\text{MPa}$ 到 $p=0.20\,\text{MPa}$，击穿电压值逐渐升高，曲线向上移动，图 7-25 为图 7-23 和图 7-24 综合，显示在 $g_e=1.05$ 电场下的 $SF_6/N_2$ 混合气体随着混合比的不同气体压力与击穿电压的关系。

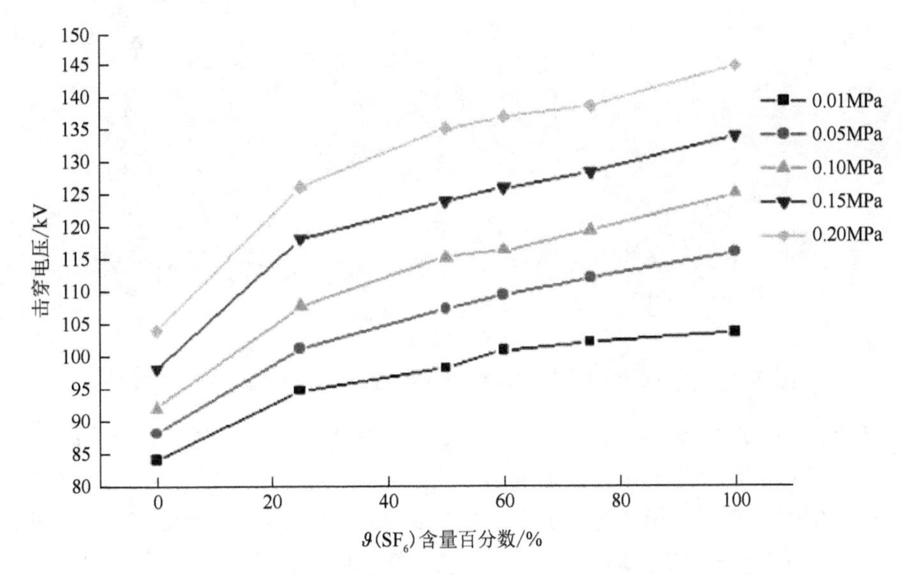


图 7-23 $g_e=1.05$ 时 $SF_6$、$N_2$ 及 $SF_6/N_2$ 与 $\vartheta\,(SF_6)$ 含量冲击击穿特性

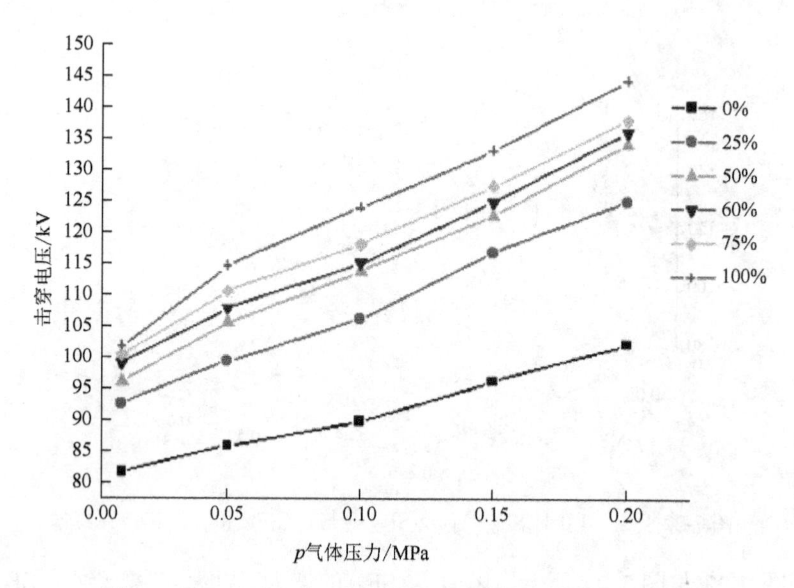


图 7-24　$g_e = 1.05$ 时 $SF_6$、$N_2$ 及 $SF_6/N_2$ 与 $p$ 冲击击穿特性

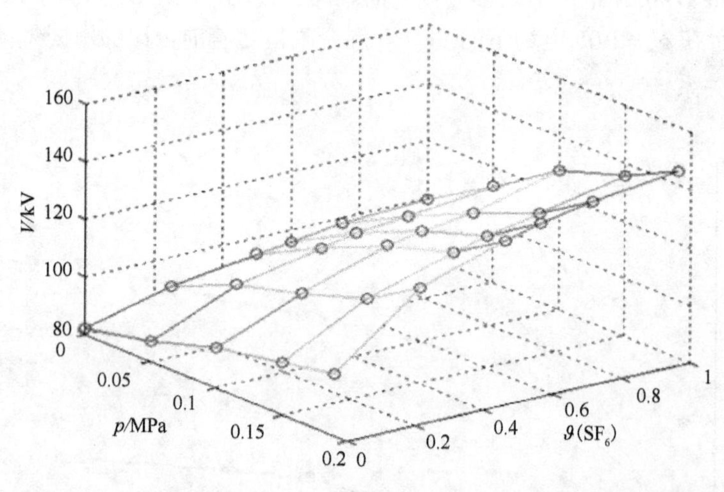


图 7-25　$g_e = 1.05$ 时 $SF_6$、$N_2$ 及 $SF_6/N_2$ 与 $\vartheta(SF_6)$ 和 $p$ 冲击击穿特性

如图 7-26 和图 7-27 所示，随着 $\vartheta(SF_6)$ 的增大，即从纯氮气到纯 $SF_6$ 气体，击穿电压值逐渐升高；同时，随着气体压力的增大，即压力从 $p = 0.01$ MPa 到 $p = 0.20$ MPa，击穿电压值逐渐升高，曲线向上移动，图 7-28 为图 7-26 和图 7-27 综合，显示在 $g_e = 1.07$ 电场下的 $SF_6/N_2$ 混合气体随着混合比的不同气体压力与击穿电压的关系。

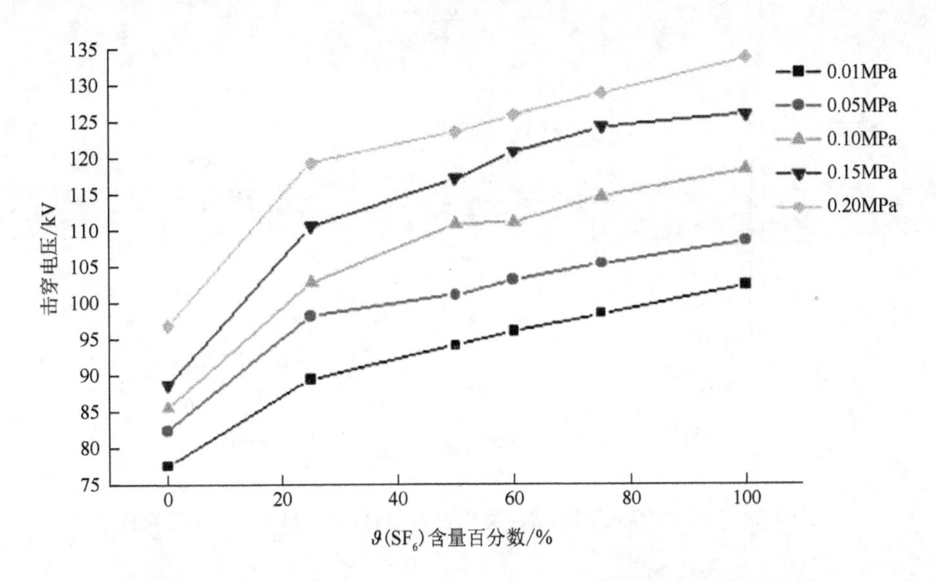


图 7-26　$g_e=1.07$ 时 $SF_6$、$N_2$ 及 $SF_6/N_2$ 与 $\vartheta$ $(SF_6)$ 含量冲击击穿特性

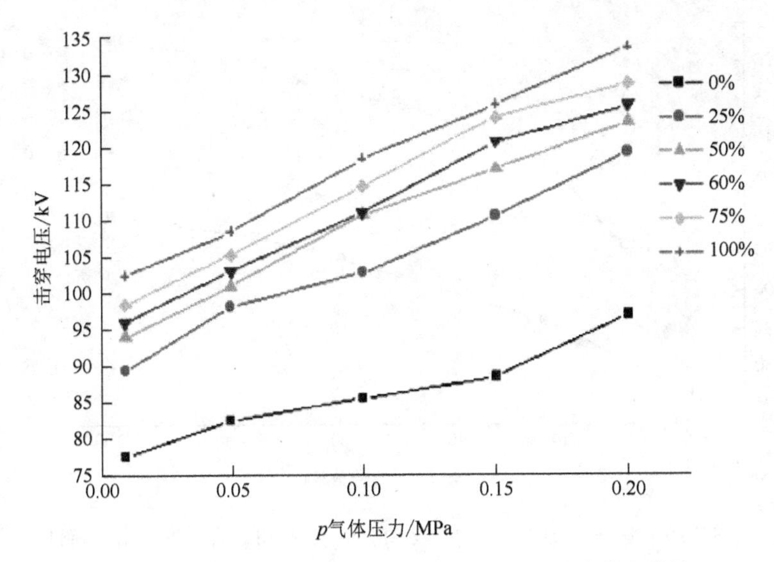


图 7-27　$g_e=1.07$ 时 $SF_6$、$N_2$ 及 $SF_6/N_2$ 与 $p$ 冲击击穿特性

2. 稍不均匀电场

同心球电极和球-板电极电场不均匀系数分别为 $g_e=1.20$ 和 $g_e=1.22$，属于稍不均匀电场，$SF_6$、$N_2$ 及 $SF_6/N_2$ 施加冲击电压在稍不均匀场下的击穿特性如图 7-29～图 7-34 所示。

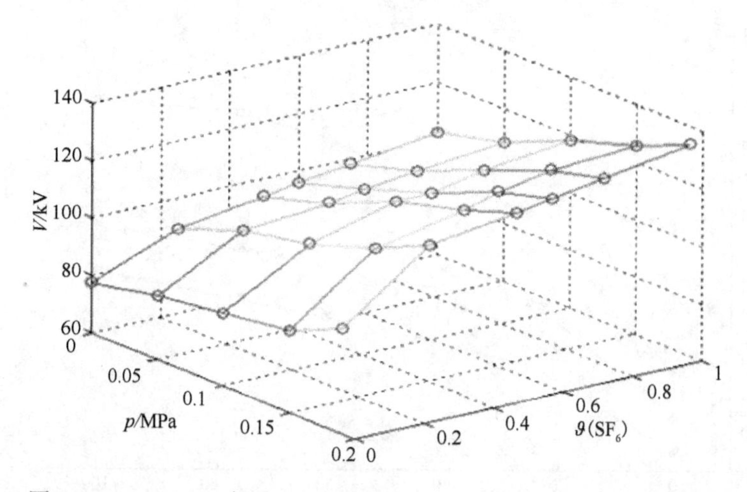


图 7-28　$g_e=1.07$ 时 $SF_6$、$N_2$ 及 $SF_6/N_2$ 与 $\vartheta$ $(SF_6)$ 和 $p$ 冲击击穿特性

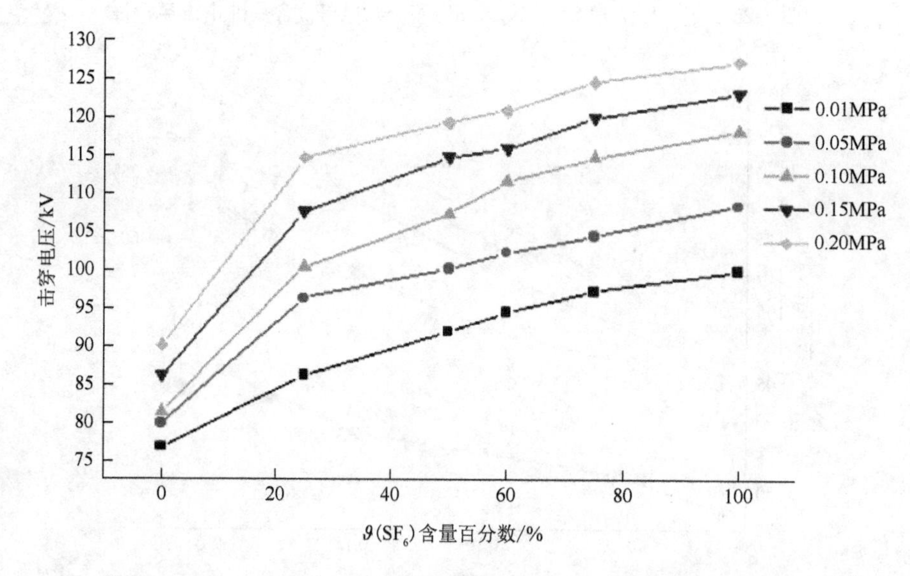


图 7-29　$g_e=1.20$ 时 $SF_6$、$N_2$ 及 $SF_6/N_2$ 与 $\vartheta$ $(SF_6)$ 含量冲击击穿特性

如图 7-29 与图 7-30 所示，随着 $\vartheta$ $(SF_6)$ 的增大，即从纯氮气到纯 $SF_6$ 气体，击穿电压值逐渐升高；同时，随着气体压力的增大，即压力从 $p=0.01$ MPa 到 $p=0.20$ MPa，击穿电压值逐渐升高，曲线向上移动，图 7-31 为图 7-29 和图 7-30 的综合，显示在 $g_e=1.20$ 电场下的 $SF_6/N_2$ 混合气体随着混合比的不同气体压力与击穿电压的关系。

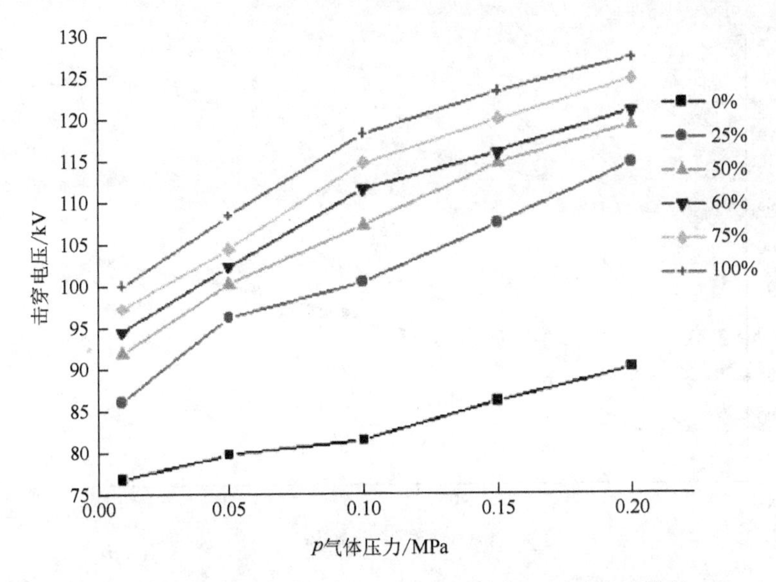


图 7-30　$g_e = 1.20$ 时 $SF_6$、$N_2$ 及 $SF_6/N_2$ 与 $p$ 冲击击穿特性

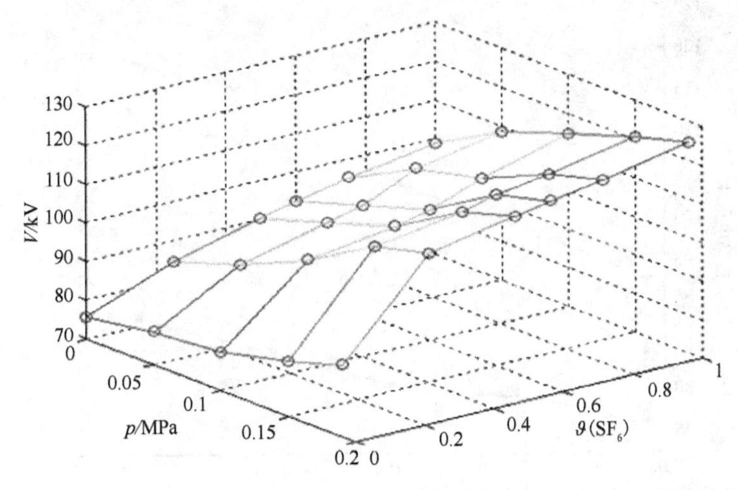


图 7-31　$g_e = 1.20$ 时 $SF_6$、$N_2$ 及 $SF_6/N_2$ 与 $\vartheta(SF_6)$ 和 $p$ 冲击击穿特性

如图 7-32 与图 7-33 所示，随着 $\vartheta(SF_6)$ 的增大，即从纯氮气到纯 $SF_6$ 气体，击穿电压值逐渐升高；同时，随着气体压力的增大，即压力从 $p = 0.01$ MPa 到 $p = 0.20$ MPa，击穿电压值逐渐升高，曲线向上移动，图 7-34 为图 7-32 和图 7-33 的综合，显示在 $g_e = 1.22$ 电场下的 $SF_6/N_2$ 混合气体随着混合比的不同气体压力与击穿电压的关系。

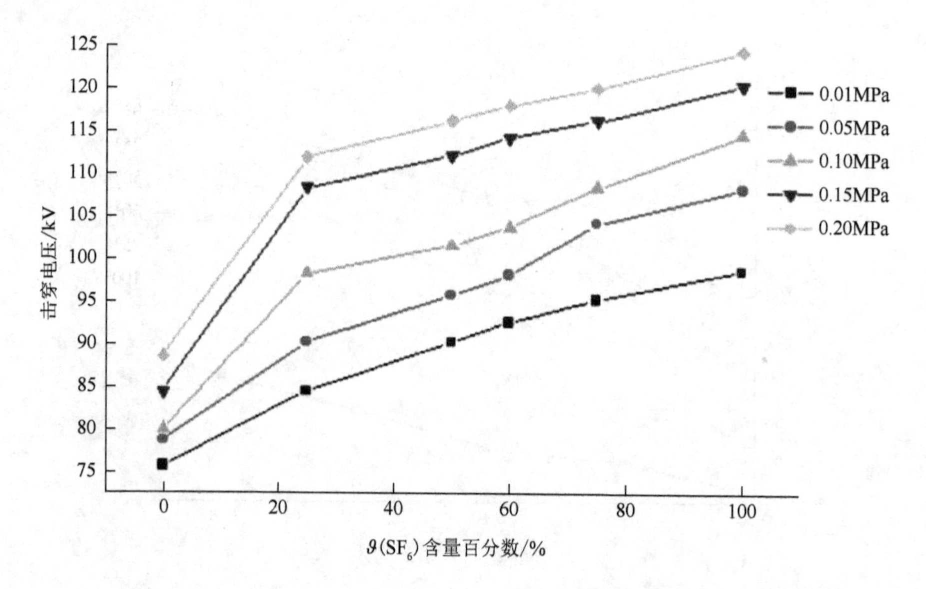


图 7-32　$g_e = 1.22$ 时 $SF_6$、$N_2$ 及 $SF_6/N_2$ 与 $\vartheta$ ($SF_6$) 含量冲击击穿特性

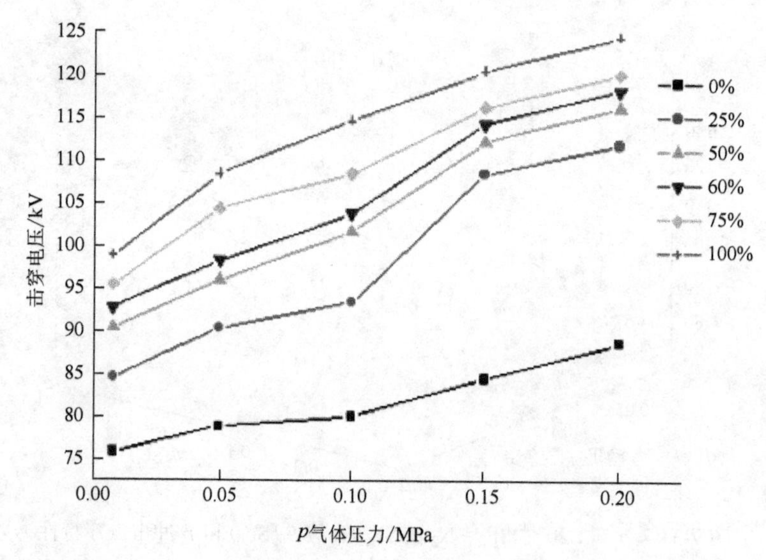


图 7-33　$g_e = 1.22$ 时 $SF_6$、$N_2$ 及 $SF_6/N_2$ 与 $p$ 冲击击穿特性

3. 极不均匀电场

尖-板电极电场不均匀系数 $g_e = 4.27$，$SF_6$、$N_2$ 及 $SF_6/N_2$ 施加冲击电压在极不均匀场下的击穿特性如图 7-35～图 7-37 所示。

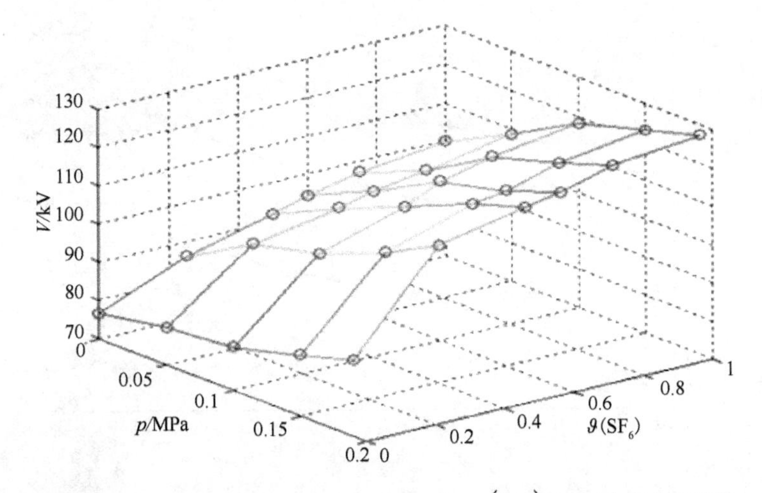


图 7-34　$g_e = 1.22$ 时 $SF_6$、$N_2$ 及 $SF_6/N_2$ 与 $\vartheta$ ($SF_6$) 和 $p$ 冲击击穿特性

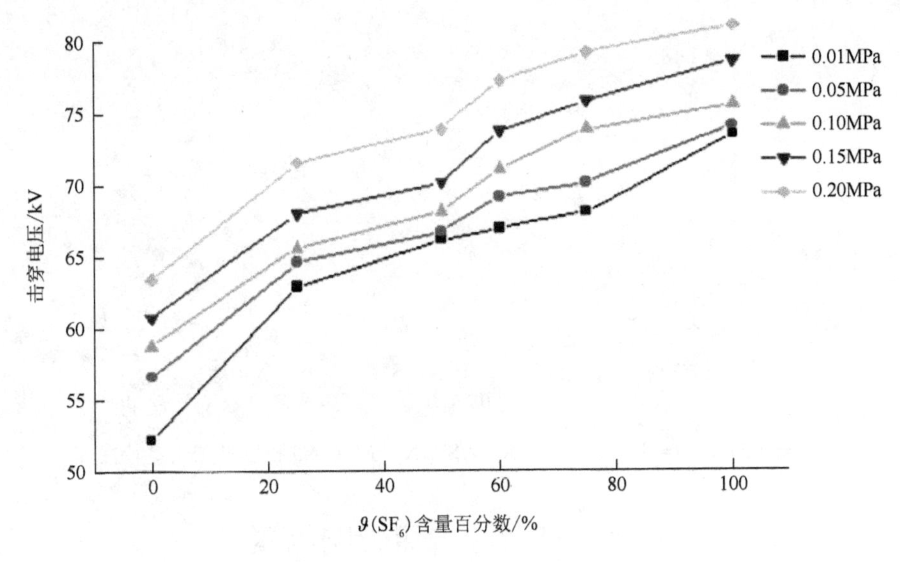


图 7-35　$g_e = 4.27$ 时 $SF_6$、$N_2$ 及 $SF_6/N_2$ 与 $\vartheta$ ($SF_6$) 含量冲击击穿特性

如图 7-35 与图 7-36 所示，随着 $\vartheta$ ($SF_6$) 的增大，即从纯氮气到纯 $SF_6$ 气体，击穿电压值逐渐升高；同时，随着气体压力的增大，即压力从 $p = 0.01$ MPa 到 $p = 0.20$ MPa，击穿电压值逐渐升高，曲线向上移动，图 7-37 为图 7-35 和图 7-36 的综合，显示在 $g_e = 4.27$ 电场下的 $SF_6/N_2$ 混合气体随着混合比的不同气体压力与击穿电压的关系。

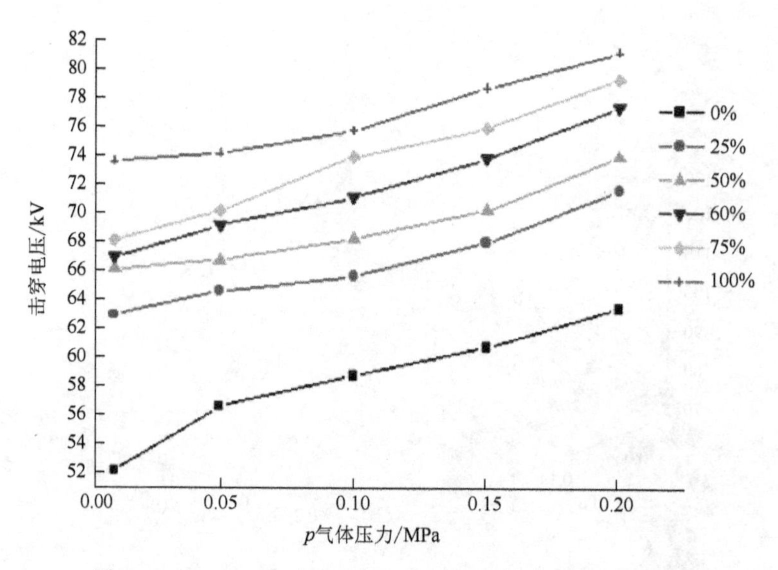


图 7-36　$g_e = 4.27$ 时 $SF_6$、$N_2$ 及 $SF_6/N_2$ 与 $p$ 冲击击穿特性

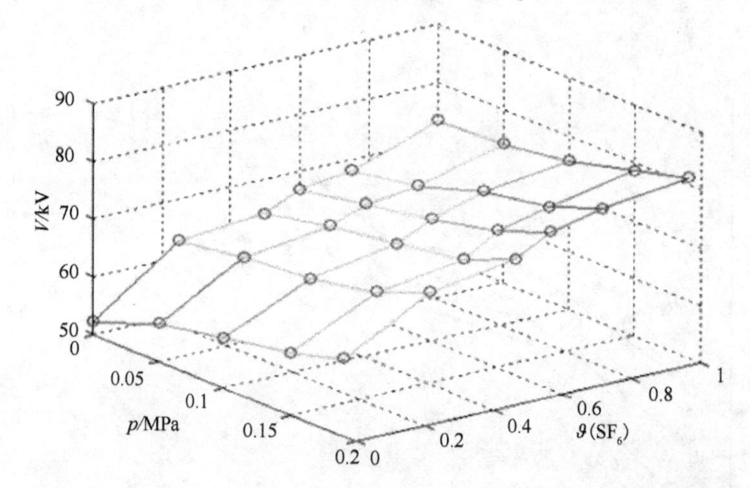


图 7-37　$g_e = 4.27$ 时 $SF_6$、$N_2$ 及 $SF_6/N_2$ 与 $\vartheta(SF_6)$ 和 $p$ 冲击击穿特性

## 7.3　$SF_6/N_2$ 击穿影响因素

影响 $SF_6/N_2$ 在均匀电场和稍不均匀电场下击穿强度的因素有混合成分、压强、温度、电极表面粗超度和导电微粒。

1. 混合比的影响

显然，在相同条件下，$SF_6$ 的含量越高，混合气体的击穿电压越大，直到 $SF_6$ 达到 100%时，击穿电压达到最大值。

2. 压强的影响

依照巴申定律，在理想条件下、均匀电场中，气体介质的击穿强度 $V_s$ 只与 $Nd$ 有关，(即气体分子数密度与电极距离的乘积)。因此，对于固定的 $d$ 值，当 $N$ 值足够高时 $(E/N)_{\lim}=V_s/Nd$ 与 $N$ 无关。图 7-38 可以看出，在高场强下这一行为对于 $N_2$ 和 $SF_6$ 是不成立的，即此处对于固定的 $d$ 值，$V_s$ 与 $N$ 为非线性关系。图 7-38 的数据清楚地显示在高压强下 $SF_6$ 和 $N_2$ 的击穿电压低于线性预计的介质强度，偏离巴申定律可能是受电极形状和表面粗糙程度的影响。而 $SF_6$ 所受的影响比 $N_2$ 的更大，因为电极表面粗糙度影响的电场均匀度，使 $SF_6$ 有效电离系数 $\overline{\alpha}/N$ 的增量比 $\alpha/N$ 的更显著。这主要由于在电场能量增强处(即电极表面突出处)平均电子能量向高能量转变使得 $\eta/N$ 的值变小的缘故，这一影响在高压强下被放大。

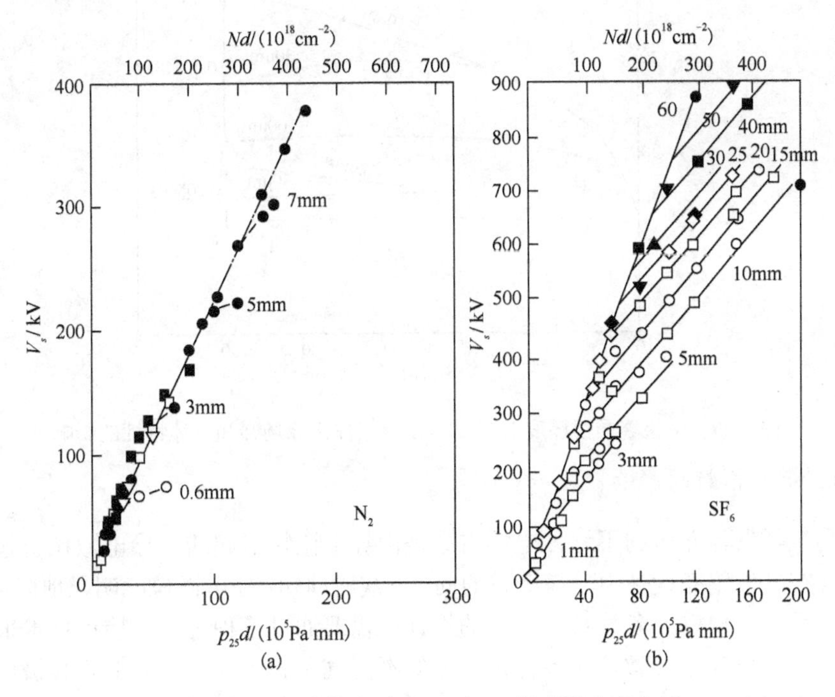


图 7-38 $pd$ 值较高时，$SF_6$ 和 $N_2$ 的直流击穿电压

3. 温度影响

气压对 $SF_6/N_2$ 混合气体介电强度的影响主要是由于压强对电子附着和电离过程的影响。温度在 300～600K 的范围时 $SF_6$ 的 $(E/N)_{\lim}$ 的值增加约 11%。在这个温度范围中，温度对低能电子附着(小于 0.1eV)和电子电离的影响可以忽略不计。

纯 $SF_6$ 的介电强度因温度而增长可归因于能量大于 0.1eV 电子附着过程的有效截面减小。由于 $SF_6/N_2$ 混合气体中 $N_2$ 的存在并没有改变 $SF_6$ 中可观察到的电子附着过程的改变，所以 $SF_6/N_2$ 混合气体介电强度随温度的升高会出现与 $SF_6$ 情况相似的过程。若温度保持较低，不会发生如电极表面的热分解反应。

4. 表面粗糙程度

自从发现 $N_2$ 在相对较低的气压下对于导体表面粗糙程度(小于 300kPa)没有 $SF_6$ 敏感，人们期望 $SF_6/N_2$ 混合气体也有类似的表现。实际上许多研究表明 $SF_6/N_2$ 混合气体对于电极表面粗糙程度和导电微粒均没有 $SF_6$ 敏感。图 7-39 显示对于给定的表面粗糙程度，气压越高，达到最大击穿场强时 $SF_6$ 在混合气体中的含量越少。因此，如果表面粗糙程度是一个限制因素，$SF_6/N_2$ 混合气体也许可以替代 $SF_6$，并不需要增加气压。

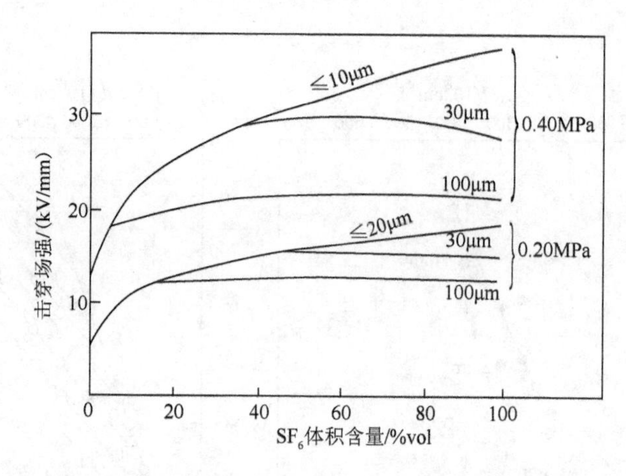


图 7-39　电极表面粗糙度对 $SF_6/N_2$ 混合气体击穿场强和气体特性的影响

5. 导电微粒的影响

另一类气体介质的不均匀电场击穿是由导电微粒引起的。导电微粒引起的初始击穿在气体绝缘设备中是最严重的问题。众所周知，导电微粒能明显地降低 $SF_6$ 的击穿强度。规定大多数 GIS 设备的设计中需要通过各种过滤和捕捉技术来去除微粒。许多研究涉及微粒在各种条件下如不同气压和成分，不同形式和极性的电压以及不同类型、尺寸和组合的条件下所引起的初始击穿。图 7-40 中显示在同轴电极系统中自由金属微粒影响纯 $SF_6$ 的交流击穿电压的测量结果。这些研究清楚地显示存在微粒时 $SF_6$ 的耐压能力急剧降低。并且，随着微粒长度的增加，$SF_6$ 气体的击穿电压几乎与气压无关。

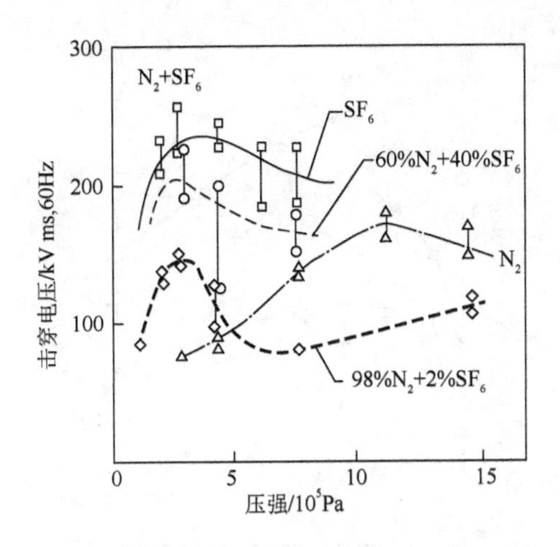


图 7-40　在 76.2mm 板-板电极中，直径为 0.43mm，长为 6.35mm 的铜线时 $SF_6/N_2$ 混合气体的交流击穿电压与气压的关系

## 7.4　$SF_6/N_2$ 混合气体放电参数

如单一 $SF_6$ 气体，$SF_6/N_2$ 混合气体的放电特性同样由其电子漂移速度、电子扩散系数、电子能量分布函数、电子平均能量、电子附着系数、电离系数、有效电离系数及二次电离系数表征，这些参数可以通过气体放电理论计算获得，也可以由实验获取。这些参数对于分析 $SF_6/N_2$ 间隙放电过程非常重要。

### 1. 电子漂移速度

$SF_6/N_2$ 混合气体的电子漂移速度 $\omega$ 如图 7-41 所示，不同的 $SF_6/N_2$ 混合气体在 $(E/N)_{\text{lim}}$ 处 $\omega$ 的计算值与测量值吻合。表 7-1 列出了 $SF_6/N_2$ 混合气体在各自的 $(E/N)_{\text{lim}}$ 处的 $\omega$ 值，表明 $SF_6/N_2$ 混合气体的 $\omega$ 在 $(E/N)_{\text{lim}}$ 处不会因 $SF_6$ 气体体积份数变化而发生明显改变。

### 2. 电子扩散系数

图 7-42 所示为 $D_T/\mu$ 与 $SF_6/N_2$ 混合气体中 $SF_6$ 含量的关系。

### 3. $(E/N)_{\text{lim}}$ 处的电子平均能量

$SF_6/N_2$ 混合气体在 $(E/N)_{\text{lim}}$ 处的电子平均能量 $\langle\varepsilon\rangle$ 和电子温度分布如图 7-43(a)、(b)所示。

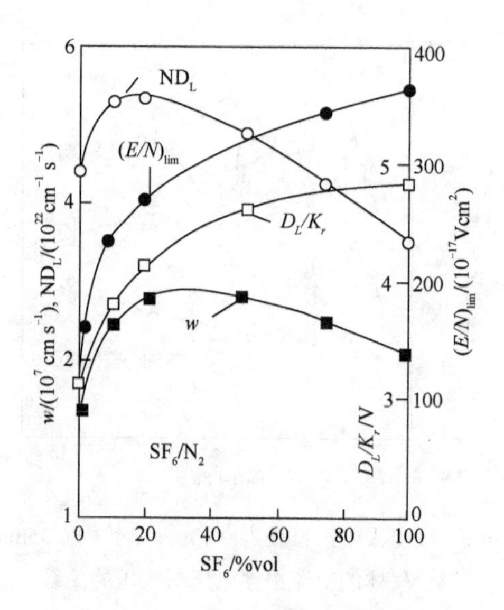


图 7-41　$SF_6/N_2$ 混合气体参数

**表 7-1　$SF_6/N_2$ 混合气体的 $(E/N)_{lim}$、<ε>和 ω**

| $(E/N)_{lim}$ /($10^{-21}V/m^2$) | $SF_6$ 含量/% | $\langle\varepsilon\rangle$ / eV | $\omega$ / ($10^5 ms^{-1}$) |
|---|---|---|---|
| 198.5 | 5 | 5.35 | 1.97 |
| 219.7 | 10 | 5.83 | 2.10 |
| 242.4 | 20 | 6.26 | 2.25 |
| 284.8 | 40 | 6.93 | 2.37 |
| 309.1 | 60 | 7.23 | 2.35 |
| 324.3 | 80 | 7.42 | 2.26 |
| 353.5 | 100 | 7.51 | 2.17 |

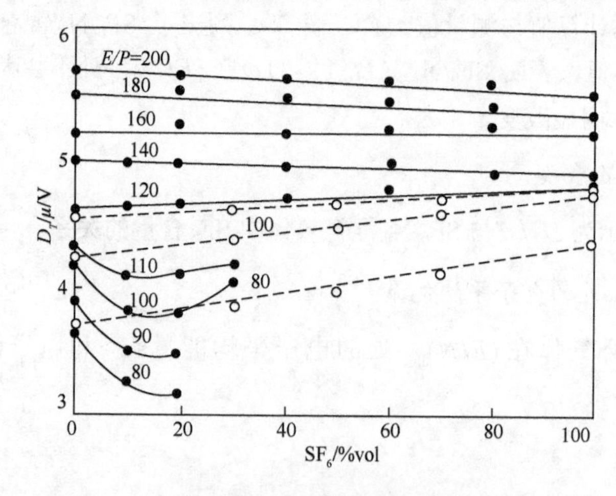


图 7-42　$D_T/\mu$ 与 $SF_6/N_2$ 混合气体中 $SF_6$ 含量的关系

• 测量值；○ 计算值

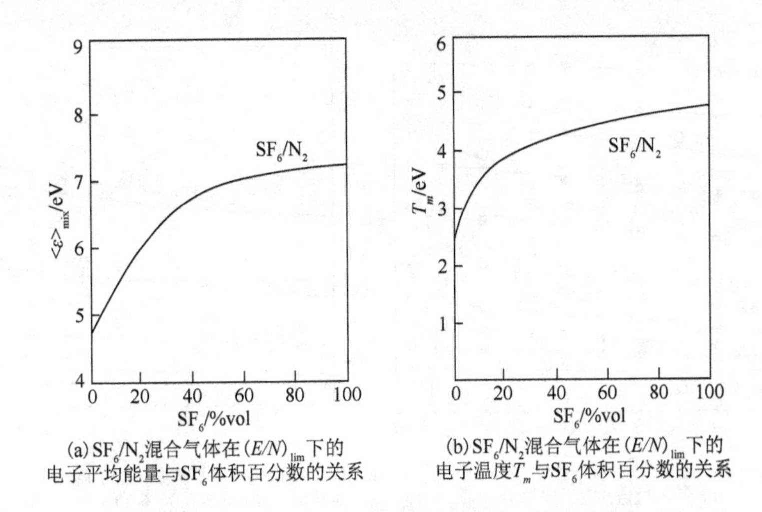

(a) $SF_6/N_2$混合气体在$(E/N)_{lim}$下的电子平均能量与$SF_6$体积百分数的关系

(b) $SF_6/N_2$混合气体在$(E/N)_{lim}$下的电子温度$T_m$与$SF_6$体积百分数的关系

图 7-43 $SF_6/N_2$电子平均能量与温度的关系

4. 电子附着系数

$SF_6/N_2$混合气体的电子附着系数$\eta/p$与$E/N$的函数关系(在室温下)如图 7-44 所示，计算结果与实验结果基本吻合。

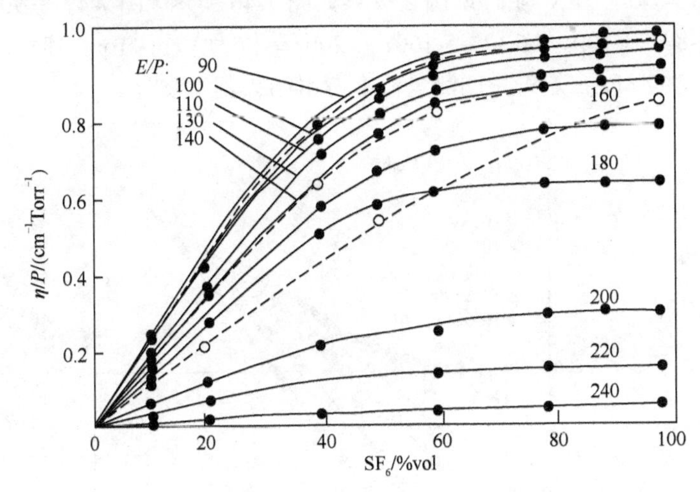

图 7-44 $T$=293K，$E/P$恒定时，$\eta/p$与$SF_6$在混合气体中体积百分数的关系

5. 电离系数

图 7-45(a)将两组计算结果进行比较。在图 7-45(b)中将两组计算结果进行比较。

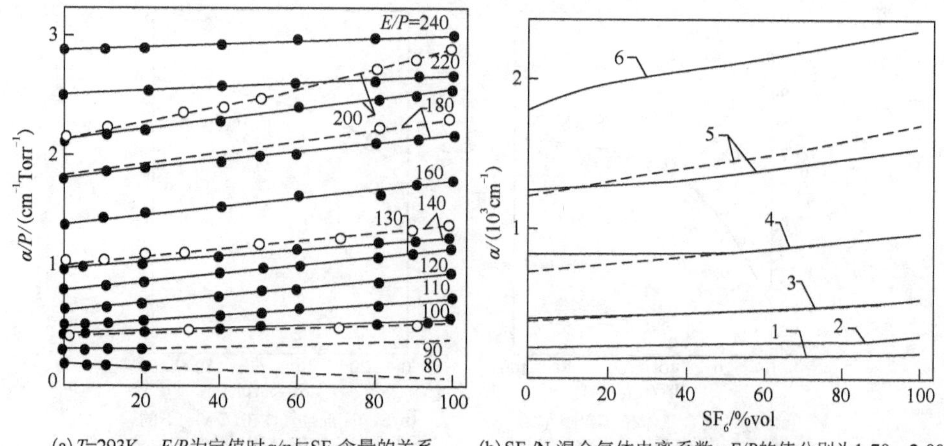

(a) $T$=293K，$E/P$为定值时$\alpha/p$与$SF_6$含量的关系，●表示测量值,○表示计算值

(b) $SF_6/N_2$混合气体电离系数$\alpha$,$E/P$的值分别为1-70、2-80、3-100、4-130、5-160、6-200(单位为$Vcm^{-1}Torr^{-1}$)

图 7-45　$SF_6/N_2$ 混合气体电离系数

6. 有效电离系数

对于 $SF_6$ 体积百分数不同的 $SF_6/N_2$ 混合气体，其有效电离系数除以气体分子数密度 $\overline{\alpha}/N=(\alpha-\eta)/N$ 与 $E/N$ 函数关系如图 7-46 所示，图 7-47 是 $E/P$ 的值分别为 1-70、2-80、3-100、4-130、5-160、6-200（单位为 $Vcm^{-1}Torr^{-1}$）时，有效电离系数 $(\alpha-\eta)/N$ 与 $SF_6$ 含量关系的测量值，两组结果基本吻合。

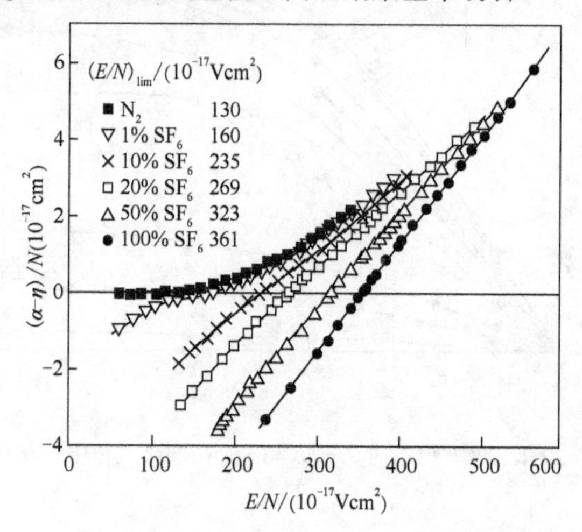

图 7-46　有效电离系数 $(\alpha-\eta)/N$ 与 $E/N$ 的关系

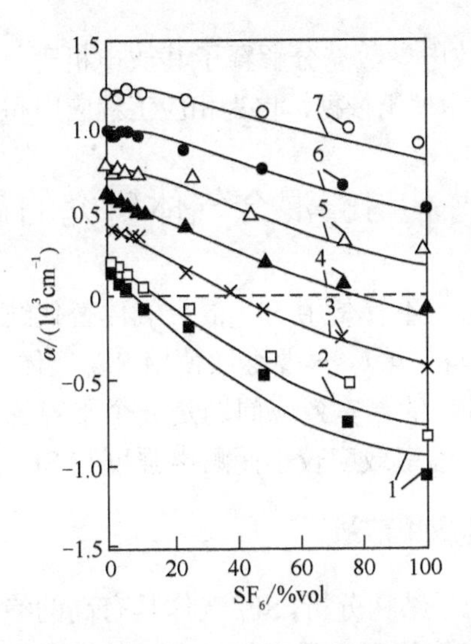


图 7-47　有效电离系数 $(\alpha-\eta)/N$ 与 $SF_6$ 含量的关系

7. 二次电离系数

光子或离子轰击电极表面引起的二次电离对于模拟或解释气体放电初始和发展过程都是非常重要的。对应的二次电离系数取决于电极材料和局部电场强度，通常它也取决于气体混合比。有关 $SF_6/N_2$ 混合气体在较大 $E/N$ 值时的二次电离系数 $\gamma$ 的实验数据较少。图 7-48 显示使用铜电极的测量结果。可以看出：二次电离系数随 $SF_6$ 的增加而剧减。这一现象可以解释为 $\gamma$ 主要源于光子碰撞电极表面，然而 $SF_6$ 加入二元混合气体后，混合气体的电子附着率增加导致撞击电极的光子减少。

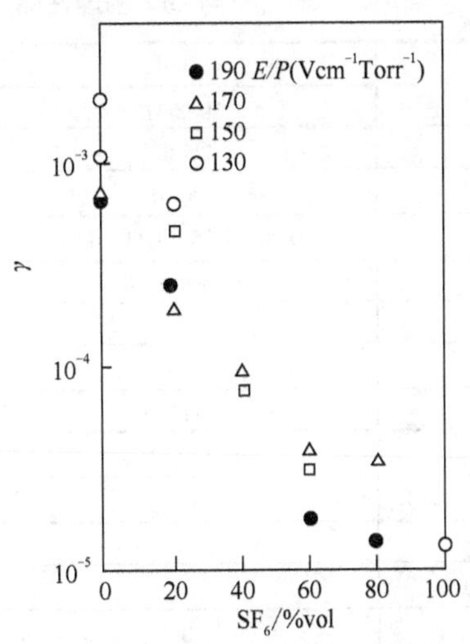


图 7-48　二次电离系数 $\gamma$ 与 $SF_6$ 含量的关系

$SF_6/N_2$ 混合气体放电参数充分解释了其放电机理，为理论分析不同条件下的 $SF_6/N_2$ 放电现象奠定基本理论依据，也为相应工程应用和产品设计提供了技术支持。

## 7.5 替代 $SF_6$ 混合气体研究的最新进展

从长远的角度来看，不管是用 $SF_6$ 混合气体替代纯 $SF_6$ 气体，还是采用保守的方法(如泄漏的检测与封堵)，只要继续使用 $SF_6$ 气体，就无法从根本上解决 $SF_6$ 气体对环境的威胁。$SF_6$ 的温室效应问题是一个不容忽视的全球问题，要彻底解决这一问题，则需要用温室效应较小而耐电强度与 $SF_6$ 相当的气体替代 $SF_6$。

### 7.5.1 c-$C_4F_8$ 和 $CF_3I$ 应用前景

正如从 $SF_6$ 气体分子结构分析，$SF_6$ 气体具有高的绝缘能力是因为它是一种强电负性气体。电负性气体的耐电强度都很高，其主要原因是其在低能范围内的附着截面比较大，易于附着电子形成负离子，而负离子的运动速度远小于电子，很容易和正离子发生复合，使气体中带电质点减少，因而放电的形成和发展比较困难。其次是这些气体的分子量和分子直径都较大，使电子在其中的自由行程缩短，不易积聚能量，因而减少了电子碰撞电离的能力。

c-$C_4F_8$ 是一种无色、无味、不可燃的气体。温室效应指数为 8700，是 $SF_6$ 的 1/3，对环境的影响远远小于 $SF_6$。而且这种气体完全无毒，无臭氧影响。c-$C_4F_8$ 气体在低能范围内有很高的附着截面，纯净 c-$C_4F_8$ 气体在均匀电场下的绝缘强度是 $SF_6$ 气体的 1.25 倍左右。表 7-2 给出了 c-$C_4F_8$ 与 $SF_6$ 物理性能比较。

表 7-2 c-$C_4F_8$ 与 $SF_6$ 物理性能

| 物理量的名称 | c-$C_4F_8$ | $SF_6$ |
|---|---|---|
| 分子量 | 200.031 | 146.07 |
| 临界压力 / MPa | 2.786 | 3.77 |
| 沸点(0.1MPa)℃ | −6(−8) | −63.8 |
| 相对$SF_6$击穿强度 | 0.98、1.25、1.11～1.8 | 1 |
| 温室效应(GWP)值 | 8700 | 23900 |
| 游离温度/℃ | | 2000 |
| 声速(20℃)$c$ / $(m \cdot s^{-1})$ | | 134 |
| 临界温度/℃ | 115 | 45.6 |
| 比热容(25℃) / $(g \cdot cal \cdot ℃ \cdot mL^{-1})$ | | 7.0 |
| 导热系数(30℃, 0.1 MPa) / $(W \cdot (m \cdot K^{-1}))$ | | 0.014 |
| 绝热指数 | | 1.07 |
| 黏度(30℃, 0.1MPa) / $(Pa \cdot s)$ | | $1.57 \times 10^{-5}$ |
| 臭氧耗损潜值(ODP) | 0 | 0 |
| 在空气中燃烧极限 | 不燃烧 | 不燃烧 |
| 毒性 | 无毒 | 无毒 |

从化学结构上看，电子衍射和红外线研究都显示c-$C_4F_8$气体中的碳原子并不在一个面上，它有一个折叠结构，属于 D2d 对称点群。碳-碳键是弯曲的，但弯曲程度不大。相邻两个碳原子的 $SP^3$ 杂化轨道也没有在同一条直线上进行重迭，但其重迭程度稍微大些，四个碳原子不在同一平面内，为一种蝶式构象，而“翼”上下摆动，与平面约成 30° 角，使键角张力有所降低，分子结构如图 7-49 所示，所以 c-$C_4F_8$气体化学稳定性比较好。

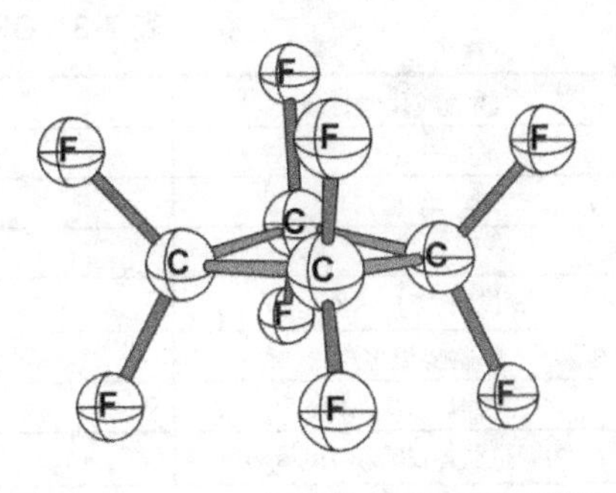

图 7-49 c-$C_4F_8$气体的化学结构示意图

纯净 c-$C_4F_8$气体用作绝缘介质的一个缺点就是价格比较昂贵，目前它的价格差不多是 $SF_6$ 气体的十倍。另外 c-$C_4F_8$气体分子结构中存在碳原子，有可能分解产生导电微粒，降低气体绝缘设备的绝缘性能。还有一个缺点就是液化温度比较高，它的沸点为-6℃(或-8℃)，比较容易液化，不适合在高寒地区使用。然而随着 c-$C_4F_8$气体在绝缘设备和半导体刻蚀中的广泛使用，价格的下降是完全有可能的。如果 c-$C_4F_8$气体仅用作没有电流开断能力的开关设备，则不存在或者说很少有机会发生分解的放电。

三氟碘甲烷($CF_3I$)正是由于其环境友好性，许多学者从 20 世纪末开始对 $CF_3I$ 的热学和化学性质展开深入的研究，而其在电力设备中作为绝缘介质则是最近几年引起相关学者的关注。尽管 $CF_3I$ 中含有 F 和 I ，二者都属于卤族元素，对大气环境和绝缘材料造成一定损害。但是最新的研究表明，$CF_3I$ 对臭氧层和温室效应都不会产生影响。虽然纯 $CF_3I$ 已经表现出具备替代 $SF_6$ 的潜能，但还要对 $CF_3I$ 混合气体进行深入研究，一方面是由于目前市场上 $CF_3I$ 的价格仍然还比较高，与普通气体混合之后，在保证绝缘的基础上能降低价格，另一方面则是 $CF_3I$ 的液化温度太高，希望混合缓冲气体之后能降低液化温度，增加 $CF_3I$ 的适用范围。表 7-3 列出了 $CF_3I$ 与 $SF_6$ 物理特性参数，分子结构如图 7-50 所示。

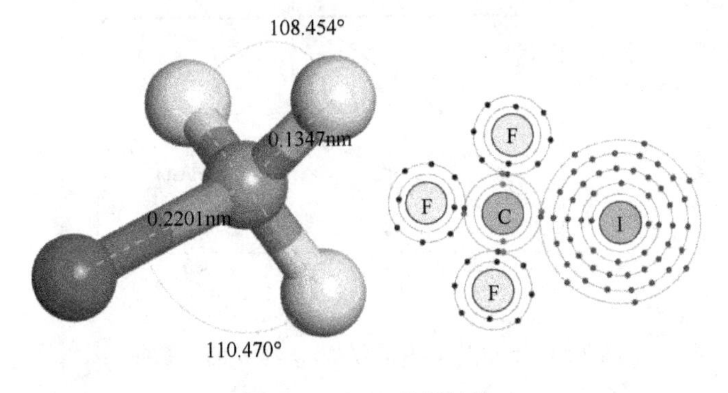

图 7-50 $CF_3I$ 分子结构

表 7-3　$CF_3I$ 与 $SF_6$ 物理特性参数

| 物理或化学性质 | $CF_3I$ | $SF_6$ |
| --- | --- | --- |
| 分子量 | 195.1 | 146.06 |
| 熔点/℃ | −110 | −50.8 |
| 沸点/℃ | −22.5 | −63.8 |
| 密度(液体)/(kg·m$^{-3}$) | 20℃，1400 | −32.5℃，2360 |
| 临界温度/℃ | 122 | 45.6 |
| 临界压力/MPa | 4.04 | 3.78 |
| 声速(气体,20℃)/(m·s$^{-1}$) | 117 | 134 |
| C－I 键裂解能/(kJ·mol$^{-1}$) | 226.1 | ~ |
| GWP | ≤5 | 23900 |
| ODP | ≤0.0001 | 0 |
| 在大气中的存在时间/a | 0.005 | 3200 |

### 7.5.2　$SF_6$ 混合气体与 c−$C_4F_8$ 和 $CF_3I$ 混合气体比较

为了从直观的角度对比 c−$C_4F_8$ 混合气体与 $SF_6$ 混合气体的绝缘强度和 GWP，将 c−$C_4F_8$/$CO_2$、c−$C_4F_8$/$CF_4$、c−$C_4F_8$/$N_2$ 三种混合气体与对应的 $SF_6$ 混合气体进行比较，证明 c−$C_4F_8$ 相对 $SF_6$ 的一些优缺点。

1. $SF_6$/$CO_2$ 与 c−$C_4F_8$/$CO_2$ 比较

图 7-51 中给出了 $SF_6$/$CO_2$ 与 c−$C_4F_8$/$CO_2$ 混合气体在 $SF_6$ 和 c−$C_4F_8$ 的百分比分别为 10%，25%，50%，75%，90%以及 100%时的 $(E/N)_{\lim}$。从图 7-51 可以看出，在整个混合比范围内，c−$C_4F_8$/$CO_2$ 混合气体的 $(E/N)_{\lim}$ 都大于 $SF_6$/$CO_2$ 混合气体的 $(E/N)_{\lim}$，当 c−$C_4F_8$ 的百分比含量 $K$ 大于 58%时，c−$C_4F_8$/$CO_2$ 的 $(E/N)_{\lim}$ 都大于纯净 $SF_6$ $(E/N)_{\lim}$。

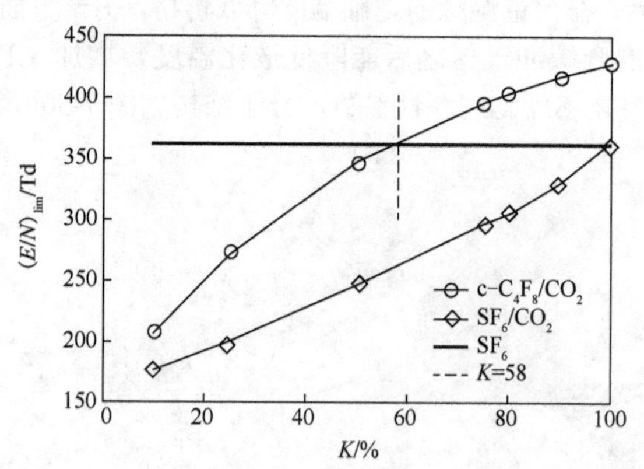


图 7-51　c−$C_4F_8$/$CO_2$ 的 $(E/N)_{\lim}$ 与 $K$ 的关系曲线

c−$C_4F_8$/$CO_2$ 混合气体的温室效应指数 GWP 与每一个混合气体成分的比例成

线性变化。图 7-52 给出了各种混合比下，$c-C_4F_8/CO_2$ 混合气体与 $SF_6/CO_2$ 混合气体的 GWP 与纯净 $SF_6$ 气体的比较。从图 7-52 可以看出，$c-C_4F_8/CO_2$ 混合气体的 GWP 低于 $SF_6/CO_2$ 混合气体。当混合比为 58/42 时，$SF_6/CO_2$ 混合气体的 GWP 为 $SF_6$ 的 58%，而 $c-C_4F_8/CO_2$ 混合气体仅仅是 $SF_6$ 的 21.1%，与 $SF_6/CO_2$ 混合气体相比，$c-C_4F_8/CO_2$ 混合气体远远减小了对环境的影响。

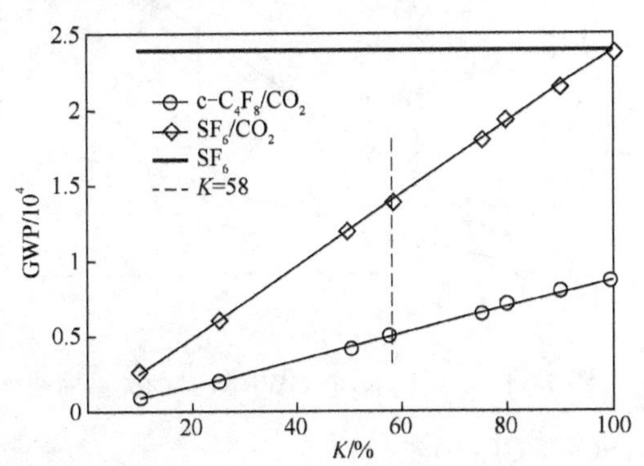


图 7-52　$c-C_4F_8/CO_2$ 的 GWP 与 $K$ 的关系曲线

2. $SF_6/N_2$ 与 $c-C_4F_8/N_2$ 比较

如图 7-53 所示。为了方便比较，图 7-53 中 $SF_6/N_2$ 混合气体在 $SF_6$ 的百分比为 10%，25%，50%，75%，90%与 100%时的 $(E/N)_{lim}$。从图 7-53 中可以看出，在整个混合比范围内，$c-C_4F_8/N_2$ 混合气体的 $(E/N)_{lim}$ 都大于 $SF_6/N_2$ 混合气体的 $(E/N)_{lim}$，当 $c-C_4F_8$ 的百分比 $K$ 大于 33.6%时，$c-C_4F_8/N_2$ 混合气体的 $(E/N)_{lim}$ 都大于纯净 $SF_6$ 的 $(E/N)_{lim}$。

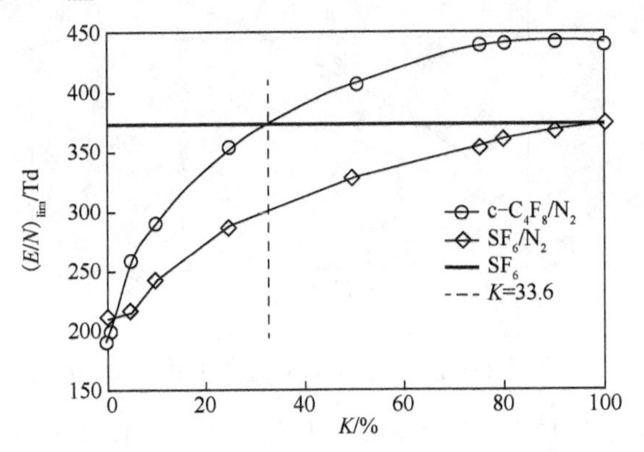


图 7-53　$c-C_4F_8/N_2$ 的 $(E/N)_{lim}$ 与 $K$ 的关系曲线

图 7-54 给出了各种混合比下，$c-C_4F_8/N_2$ 混合气体及 $SF_6/N_2$ 混合气体的温室效应指数 GWP 与纯净 $SF_6$ 气体的比较。从图 7-54 中可以看出，$c-C_4F_8/N_2$ 混合气体的 GWP 远远低于 $SF_6/N_2$ 混合气体。在 33.6/66.4 混合比下，$SF_6/N_2$ 混合气体的

GWP 为 $SF_6$ 的 33.6%，而 c−$C_4F_8/N_2$ 混合气体仅仅是 $SF_6$ 的 12.23%，与 $SF_6/N_2$ 混合气体相比，c−$C_4F_8/N_2$ 混合气体远远减小了对环境的影响。

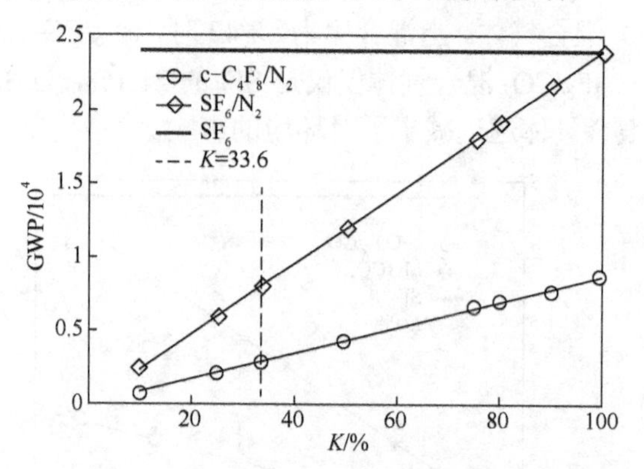


图 7-54　c−$C_4F_8/N_2$ 的 GWP 与 $K$ 的关系曲线

3. $SF_6/CF_4$ 与 c−$C_4F_8/CF_4$ 比较

如图 7-55 所示，为了方便比较，图 7-55 中也给出 $SF_6/CF_4$ 混合气体在 $SF_6$ 的百分比为 10%，25%，50%，75%，90%与 100%时的 $(E/N)_{lim}$。从图 7-55 中可以看出，在整个混合比范围内，c−$C_4F_8/CF_4$ 混合气体的 $(E/N)_{lim}$ 都大于 $SF_6/CF_4$ 的 $(E/N)_{lim}$，当 c−$C_4F_8$ 的百分比 $K$ 大于 52.2%时，c−$C_4F_8/CF_4$ 混合气体的 $(E/N)_{lim}$ 都大于纯净 $SF_6$ 的 $(E/N)_{lim}$。

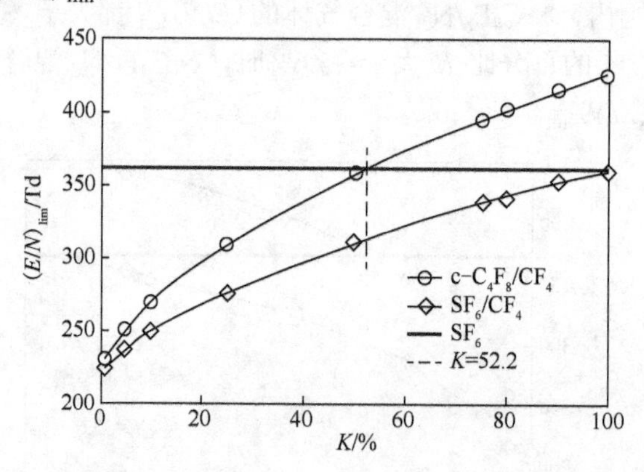


图 7-55　c−$C_4F_8/CF_4$ 的 $(E/N)_{lim}$ 与 $K$ 的关系曲线图

图 7-56 给出了各种混合比下，c−$C_4F_8/CF_4$ 混合气体及 $SF_6/CF_4$ 混合气体的温室效应指数 GWP 与纯净 $SF_6$ 气体的比较。从图 7-56 中可以看出，c−$C_4F_8/CF_4$ 混合气体的 GWP 远远低于 $SF_6/CF_4$ 混合气体。在 52.2/47.8 混合比下，$SF_6/CF_4$ 混合气体的 GWP 为 $SF_6$ 的 65.2%，而 c−$C_4F_8/CF_4$ 混合气体的 GWP 仅仅是 $SF_6$ 的 32%，与 $SF_6/CF_4$ 混合气体相比，c−$C_4F_8/CF_4$ 混合气体减小了对环境的影响。

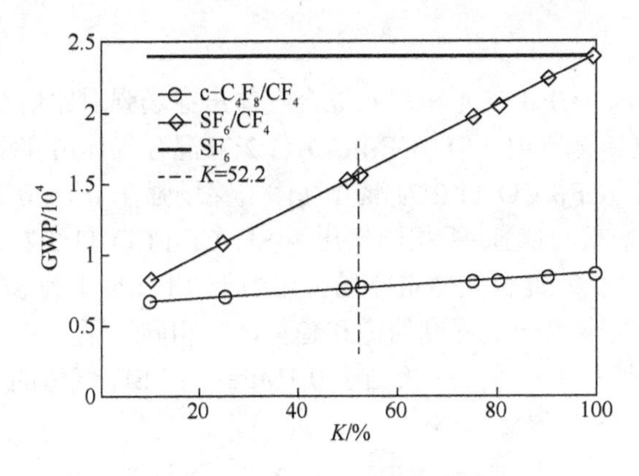


图 7-56　c−$C_4F_8/CF_4$ 的 GWP 与 $K$ 的关系曲线

4. $SF_6/N_2$ 与 $CF_3I/N_2$ 比较

$SF_6$、$CF_3I$ 气体以及它们与 $N_2$ 组成的二元混合气体击穿场强随气压变化的曲线如图 7-57 所示。可以看出，在 0.1～0.25MPa 气压范围内，各气体的击穿场强随气压的增大基本都呈线性增长，这主要是由于提升气压使气体密度增大，气体分子间的距离被压缩，当电子在电场的作用下作加速运动时，平均自由程的缩短使电子无法获得足够的动能，阻碍撞击电离的发展，从而提高气隙的击穿电压。在 0.1MPa 下，纯 $CF_3I$ 气体击穿场强略高于纯 $SF_6$ 气体，在 0.15～0.25MPa 范围内，这种差异变得更加明显。

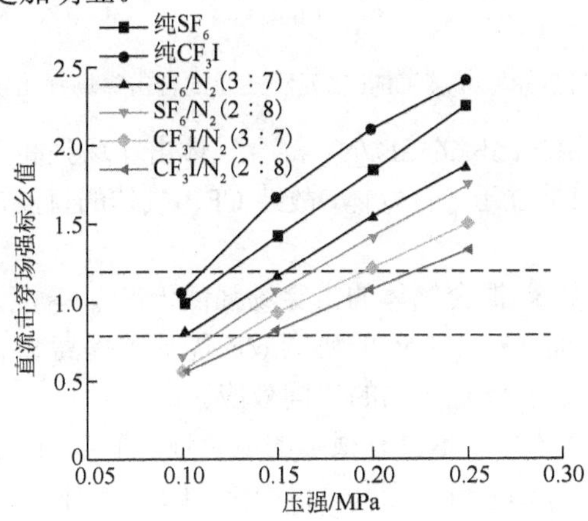


图 7-57　$SF_6$、$CF_3I$ 及其与 $N_2$ 混合击穿场强与气体压强的关系

对于二元混合气体而言，相同气压下的击穿场强从高到低依次为 $SF_6/N_2$(3:7)、$SF_6/N_2$(2:8)、$CF_3I/N_2$(3:7)、$CF_3I/N_2$(2:8)，且 0.15MPa 下 $SF_6/N_2$(3:7)混合气体、$SF_6/N_2$(2:8)混合气体和 0.2MPa 下 $CF_3I/N_2$(2:8)混合气体的击穿场强约相当于 0.1MPa 下 $SF_6$ 气体的 1.1 倍。相同气压下，纯 $CF_3I$ 气体击穿场强高于纯 $SF_6$ 气体，两种气体中加入 $N_2$ 后，$CF_3I/N_2$ 混合气体的击穿场强反而低于 $SF_6/N_2$ 混

合气体。

图 7-58 为 $SF_6$、$CF_3I$ 二元和三元混合气体击穿场强对比情况。可以看出，在 0.1～0.25MPa 气压范围内，$SF_6/CF_3I/CO_2$(1:2:7)混合气体击穿场强基本随气压呈线性增长，而 $SF_6/CF_3I/CO_2$(1:2:7)混合气体击穿场强在 0.1～0.2MPa 范围内也基本随气压呈线性增长，且略高于相同气压下 $SF_6/CF_3I/CO_2$(1:2:7)混合气体，0.2MPa 下 $SF_6/CF_3I/CO_2$(1:2:7)混合气体击穿场强相当于 0.1MPa 下纯 $SF_6$ 气体的 1.25 倍，但在 0.25MPa 时呈现出一定程度的饱和趋势，与相同气压下 $SF_6/CF_3I/CO_2$(1:2:7)混合气体击穿场强基本相等，约相当于 0.1MPa 下纯 $SF_6$ 气体的 1.4 倍，略低于同气压下的 $CF_3I/N_2$(3:7)混合气体。

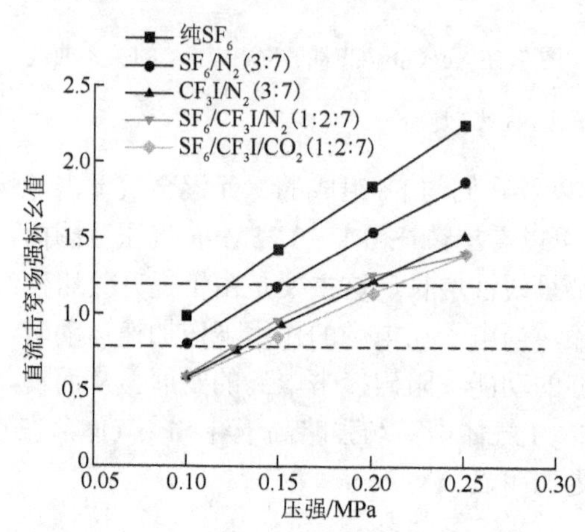


图 7-58　$SF_6$、$CF_3I$ 二元和三元混合击穿场强比较

且相同气压下，相同比例的 $SF_6/N_2$ 混合气体击穿场强高于 $CF_3I/N_2$ 混合气体。

$CF_3I$ 气体的电负性强于 $SF_6$ 气体，故纯 $CF_3I$ 气体的直流击穿场强比同气压下的纯 $SF_6$ 气体高。

加入 $N_2$ 后，$CF_3I/N_2$ 混合气体的击穿场强低于 $SF_6/N_2$ 混合气体，可以从两个方面进行解释。一方面，$SF_6$ 与 $N_2$ 的协调效应能显著提高 $SF_6/N_2$ 混合气体的击穿场强，而 $CF_3I$ 与 $N_2$ 之间仅有微弱的协同效应。

另一方面，$SF_6$ 气体分子本身有很强的电负性，而 $CF_3I$ 气体分子非常不稳定，很容易发生解离，变为 $CF_3^{\cdot}$自由基和 $I^{\cdot}$自由基。$CF_3I$ 气体分子结构图如图 7-50 所示，$CF_3I$ 分子的 C—I 键极易断裂。当 $SF_6/N_2$ 混合气体在直流电压下发生间隙击穿时，电弧产生的高温会使 $CF_3I$ 发生化学反应，放电后电极上出现固体副产物，其主要成分是 I。因此可认为，其电负性主要由解离后的 $I^*$自由基提供。当电场中的电子发生碰撞产生能量，解离状态的 $I^*$会吸附电子变为 $I^-$，从而削弱了电子的碰撞电离能力。当这两种气体中加入 $N_2$ 后，会减慢电子的迁移速率，这有利于 $SF_6$ 气体分子吸附电子，而不利于 $CF_3I$ 气体分子的解离，故 $CF_3I/N_2$ 混合气体击穿场强低于 $SF_6/N_2$ 混合气体。

三元混合气体的试验结果更加印证了上述猜想，当 $CF_3I$ 二元混合气体中加入少量 $SF_6$ 气体后，一方面 $SF_6$ 由于自身的强电负性会吸附电子，从而阻碍电子碰撞过程的发生，提高混合气体的击穿强度；另一方面由于电子碰撞过程受到阻碍，会进一步阻碍 $CF_3I$ 气体分子的解离过程。从表 7-4 可以看出，当 $SF_6$ 体积分数为 5% 时，前者的作用大于后者，故三元气体直流间隙击穿场强低于二元混合气体；当 $SF_6$ 体积分数为 10%时，前者的作用大于后者，故三元气体直流间隙击穿场强高于二元混合气体。$SF_6/CF_3I/N_2$(1:2:7)混合气体直流击穿场强比 $SF_6/CF_3I/CO_2$(1:2:7)混合气体要高是因为组成 $CO_2$ 分子的电离能与 $N_2$ 相比较低，比较容易被电离，因而当电子崩发展到一定程度，被电离出的自由电子的数量也越来越多，所以 $SF_6/CF_3I/CO_2$(1:2:7)混合气体直流击穿场强低于 $SF_6/CF_3I/N_2$(1:2:7)混合气体。

表 7-4　0.1MPa 下 $SF_6$、$CF_3I$ 二元和三元混合击穿场强

| 成分 | 体积比 | 击穿场强 / ($kV \cdot mm^{-1}$) | 标幺值 |
|---|---|---|---|
| $SF_6 / N_2$ | 2:8 | 5.64 | 0.634 |
| | 3:7 | 7.15 | 0.803 |
| $CF_3I / N_2$ | 2:8 | 4.94 | 0.555 |
| | 3:7 | 5.13 | 0.576 |
| $SF_6 / CF_3I / N_2$ | 0.5:1.5:8 | 4.70 | 0.528 |
| | 1:2:7 | 5.29 | 0.594 |
| $SF_6 / CF_3I / CO_2$ | 0.5:1.5:8 | 4.72 | 0.530 |
| | 1:2:7 | 5.18 | 0.582 |

5. $SF_6/CO_2$ 与 $CF_3I/CO_2$ 比较

图 7-59 显示了在 $SF_6 / CO_2$ 气体压力下，$CF_3I / CO_2$ 的功频频率击穿电压。其中 $SF_6$ 和 $CF_3I$ 的混合比例为 10%、30%、50%和 100%。在同一电场下，随着 $SF_6 / CO_2$ 气体混合比例的增加，击穿的线性随着气压的升高而升高，而电压逐渐降低。在相同的混合比值下，随着电场利用系数的增加，击穿电压的线性随着气压的增大而增大，$SF_6 / CO_2$ 的浓度逐渐增大，这种现象在纯的 $SF_6$ 中特别明显。

当 $SF_6 / CO_2$ 混合比低于 30%的时候击穿电压更倾向于随气体压力的增加而线性地提高，而在不同电场下不同混合比下气体压力变化的 $CF_3I / CO_2$ 的击穿电压变化趋势没有巨大差异，这些变化趋势都是线性增加的。与纯 $SF_6$ 相比，纯 $CF_3$ 的斜率更少受到气体压力的影响，这意味着，对于纯气体，$CF_3$ 的生长速率随气体压力的增加而变得更加稳定。

随着电场利用率的提高，不同混合比的 $CF_3I / CO_2$ 和 $SF_6 / CO_2$ 的击穿电压均显著增加。对于 $CF_3I / CO_2$ 两种混合气体，随着电场利用系数的增大，随着气体压力增加的击穿电压的线性生长速率逐渐提高，进而显示出更均匀的电场和更高的气体压力，显示出了 $CF_3I / CO_2$ 混合气体较好的功率频率击穿特性。

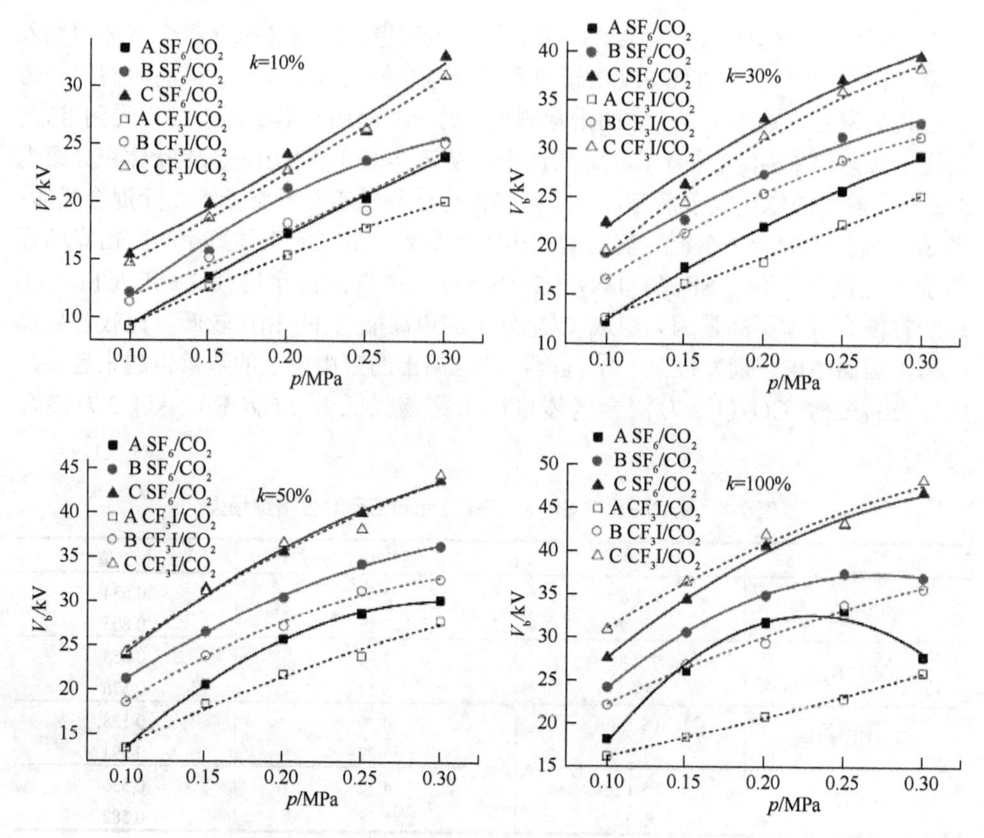


图 7-59　$SF_6/CO_2$ 和 $CF_3I/CO_2$ 击穿电压与压力的关系

A-极不均匀电场；B-稍不均匀电场；C-均匀电场

由上所述获得如下结论。

(1) $c-C_4F_8/CO_2$、$c-C_4F_8/CF_4$ 与 $c-C_4F_8/N_2$ 在耐电强度与 $SF_6$ 的耐电强度相当时，它们的温室效应指数远小于 $SF_6$ 的温室效应指数，因此，当它们用作绝缘气体时，与 $SF_6$ 相比，将大大减少对大气环境的破坏。

(2) $c-C_4F_8/CO_2$、$c-C_4F_8/CF_4$，与 $c-C_4F_8/N_2$ 的耐电强度与 $SF_6$ 的耐电强度相当时，$c-C_4F_8/N_2$ 中的 $c-C_4F_8$ 含量为 33.6%，温室效应指数分别仅仅是 $SF_6$ 的 12.23%，即这种气体既降低了 $c-C_4F_8$ 的使用量，又大大减少了对环境的影响，因此这种气体在取代 $SF_6$ 时比 $c-C_4F_8/CO_2$ 和 $c-C_4F_8/CF_4$ 更有优势。

(3) 同时考虑环保特性、绝缘特性和液化温度，可以优先考虑采用 $CF_3I/N_2$ 混合气体用于中低压系统的 C-GIS、高压系统的 GIL、GIT 等电力设备。

新型环保气体介质的开发、研究还处于探索阶段，还要经过足够的实验研究、理论探索以及样机模拟检验，直至实际应用还有许多问题需要解决，仍然是本领域面临的挑战。

# 第 8 章　$SF_6/N_2/CO_2$ 放电特性

$SF_6$ 混合气体中研究较多的是其与 $N_2$、Ar、$CO_2$、$H_2$、He 等缓冲气体构成的二元或三元混合气体，研究结果表明 $SF_6/N_2(CO_2)$ 混合气体的放电特性属于协同效应的结果。所以为了更好地理解 50%–50%$SF_6/N_2(CO_2)$ 放电特性，采用 FD-FCT 法分析计算 50%–50%$SF_6/N_2$ 和 50%–50%$SF_6/N_2/CO_2$ 混合气体间隙放电过程，以及采用 PIC-MCC 方法分析了纳秒脉冲电压下的 50%–50%$SF_6/N_2$ 间隙放电过程。

## 8.1　50%–50%$SF_6/N_2$ 间隙均匀电场放电特性

平板电极间充满标准大气压的 $SF_6/N_2$ 气体，施加直流电压 42.3kV；如图 8-1 所示。在 $t$=0，放置一个高斯分布的种子电子团在负极板附近处(中心位于 $z$ 轴的 0.001m 处，峰值为 $10^6m^{-3}$)。在外加电场的作用下，电子开始向阳极方向运动。

随着电子向阳极运动，因为碰撞电离等原因电子快速的增长，如图 8-1 中 0ns、7.6ns 和 8.0ns 时刻的电子分别在径向与轴向上发展，在 7.6ns 时刻 $z$=0.255cm 处形成一个峰值为 $1.014\times10^{18}cm^{-3}$ 的雪崩。从图 8-1 和图 8-2 可以看出在 7.6～8.0ns 时间内尽管电荷密度大于电子崩阶段，但是空间电荷对空间场强的影响依然很小。所以可将这段定义为流注的形成阶段，8.0ns 以后为流注发展阶段。

图 8-3 与图 8-4 给出正离子和负离子轴向时间变化，可以看出正离子数大于负离子数，而且变化趋势相同。图 8-5 给出的是 8.3ns 时刻三种粒子的空间分布，可以看出和 $SF_6$ 一样，在等离子体分布内负离子数目要大于电子数，但是流注头部大量电子产生及电子的快速运动使得电子数要大于负离子数，负向流注头部以正离子为主。

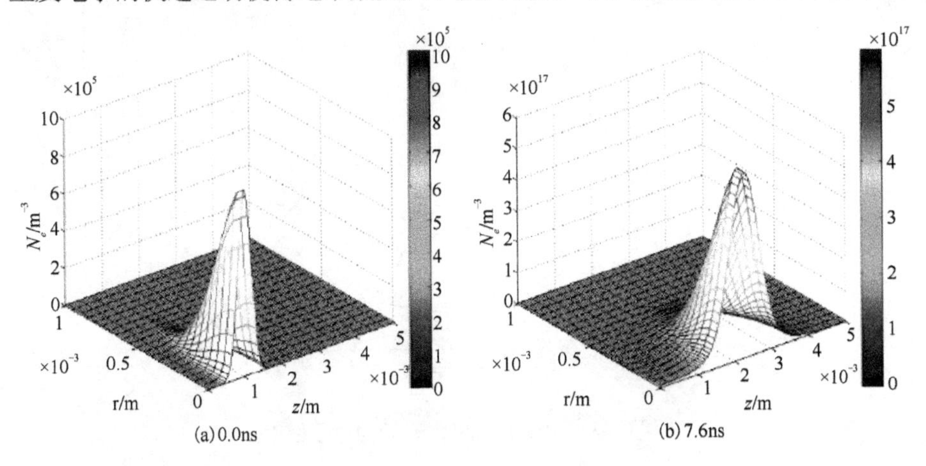

(a) 0.0ns　　(b) 7.6ns

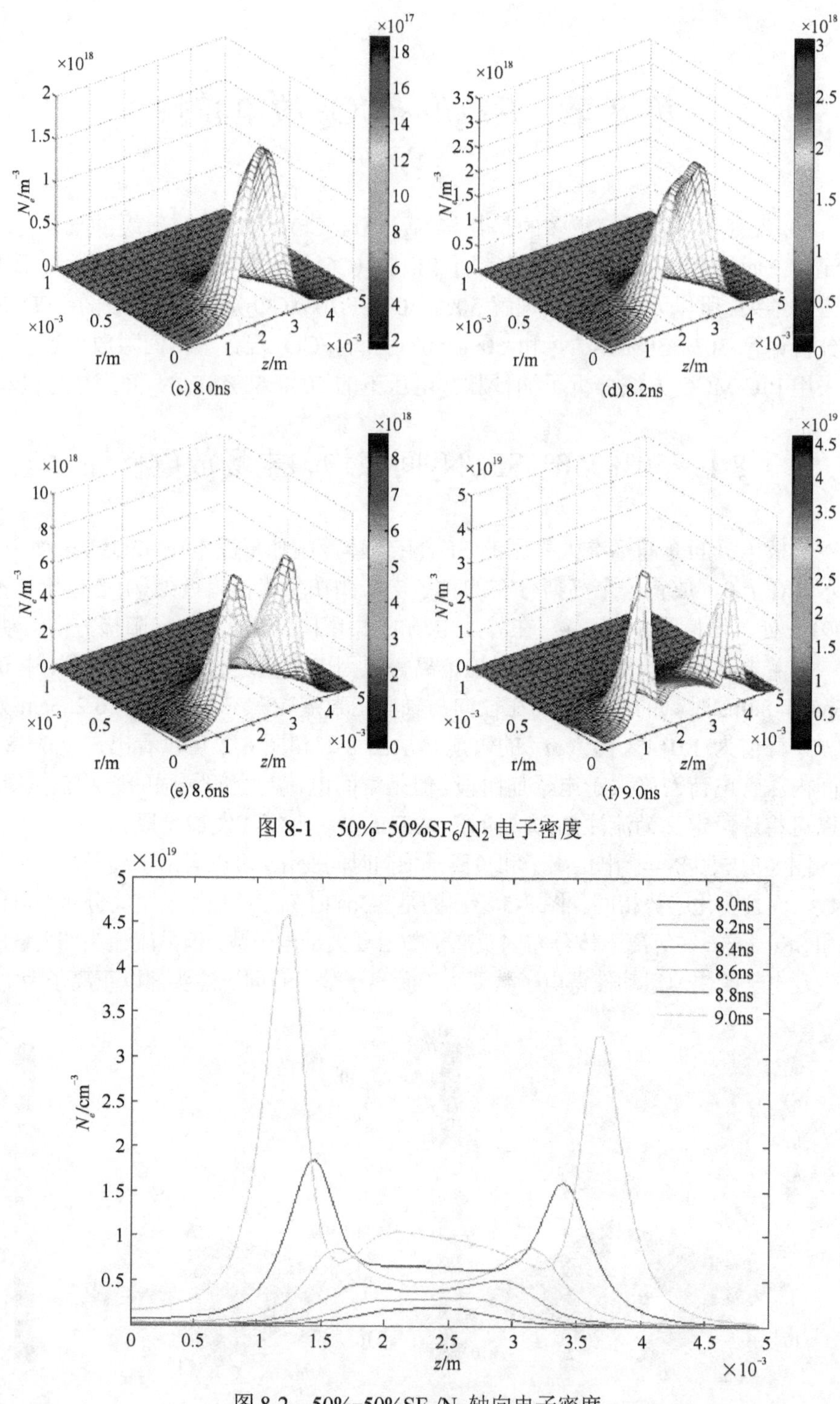


图 8-1　50%-50%$SF_6/N_2$ 电子密度

图 8-2　50%-50%$SF_6/N_2$ 轴向电子密度

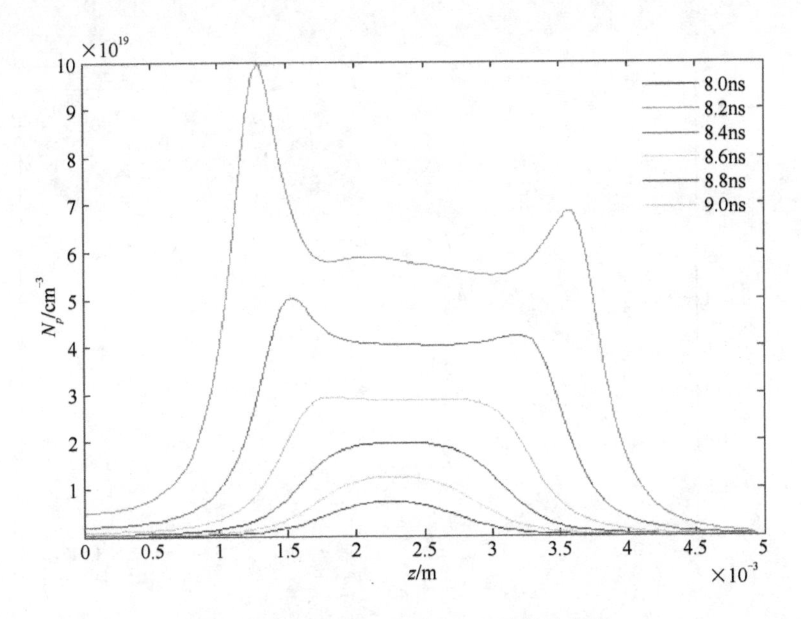


图 8-3　轴向 50%-50%$SF_6/N_2$ 正离子密度

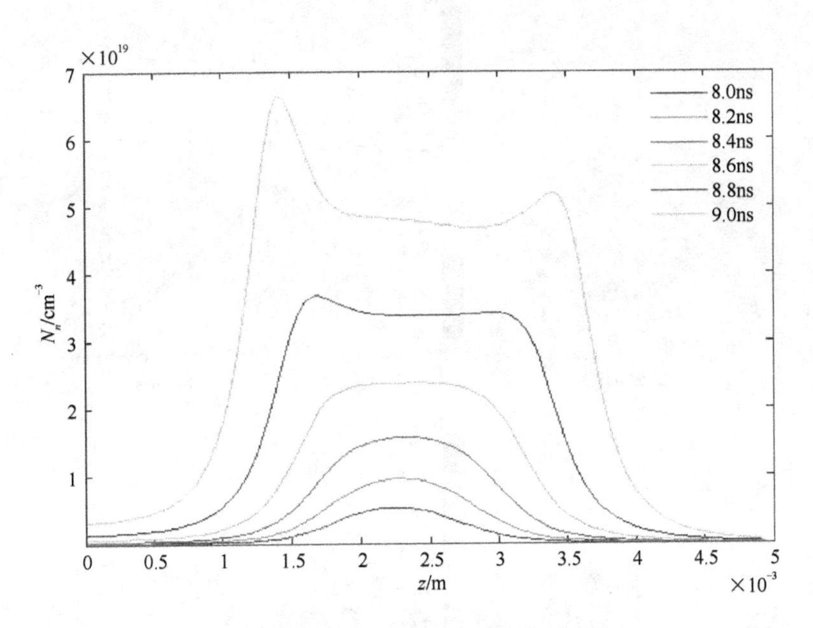


图 8-4　轴向 50%-50%$SF_6/N_2$ 负离子密度

图 8-6 描述的是 50%-50%$SF_6/N_2$ 混合气体轴向空间电场随时间变化规律。

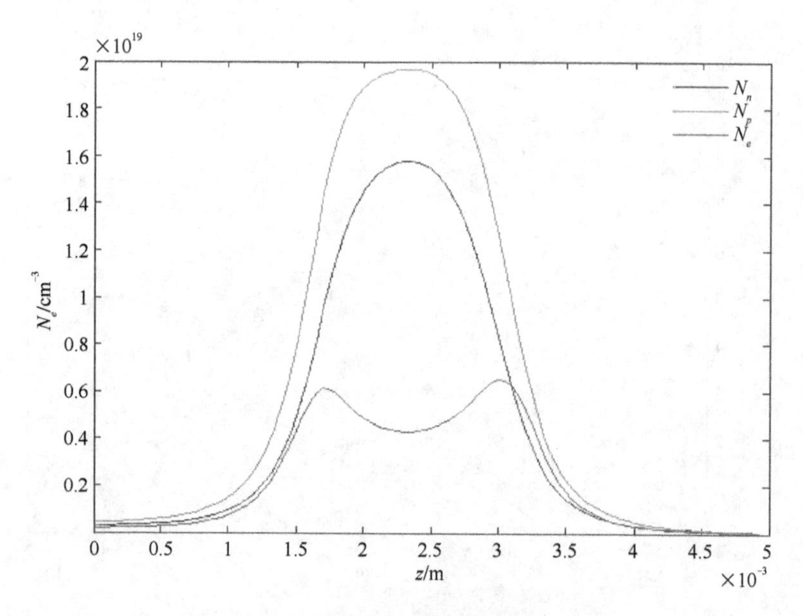


图 8-5　8.3ns 时刻三种粒子的空间分布情况

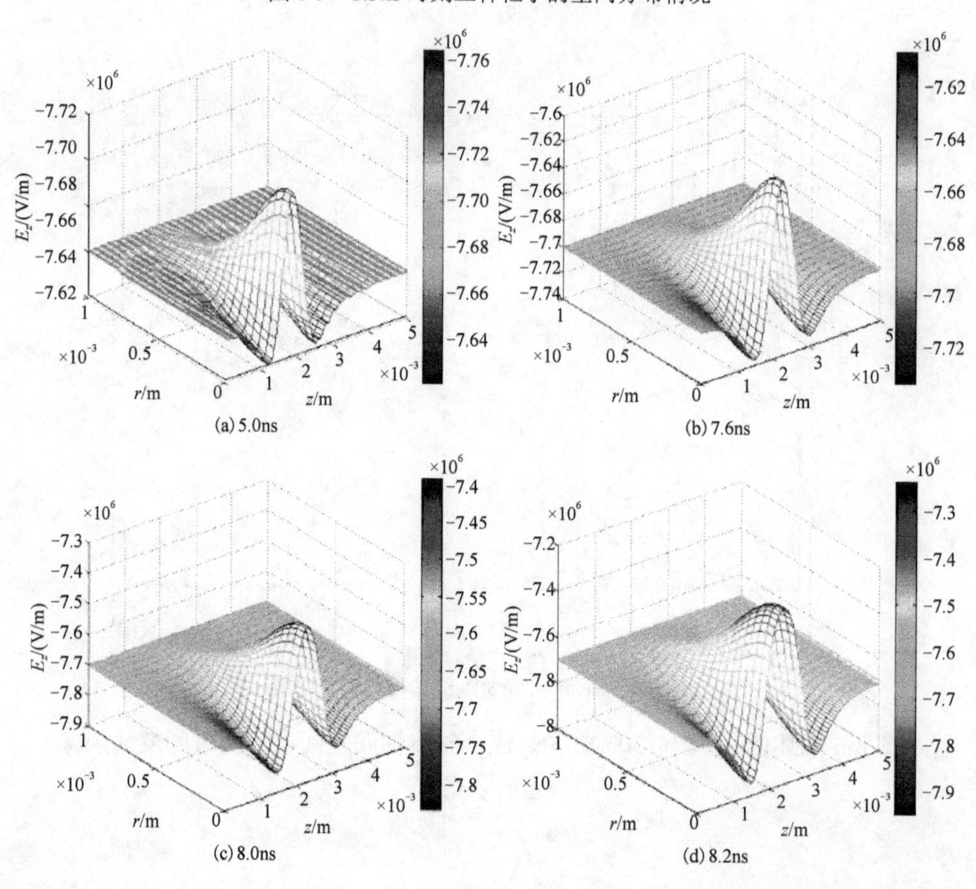


(a) 5.0ns
(b) 7.6ns
(c) 8.0ns
(d) 8.2ns

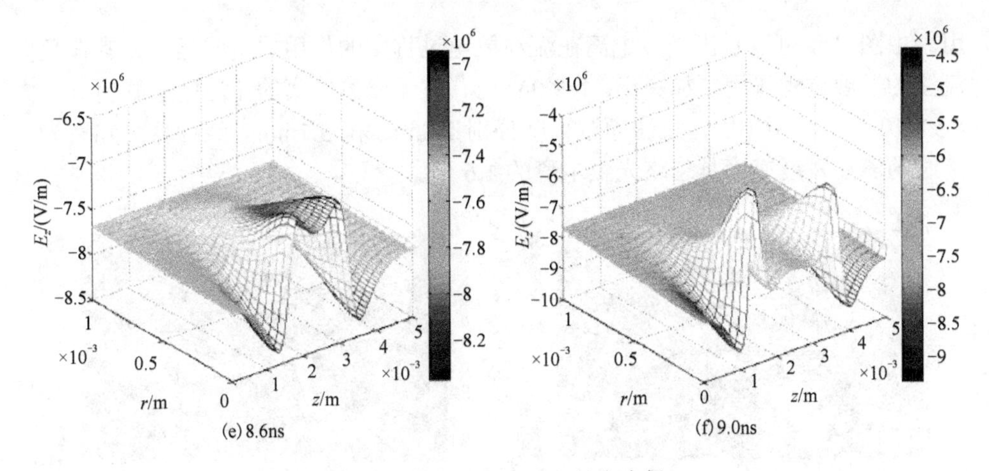


图 8-6　50%-50%$SF_6/N_2$ 轴向电场

结合图 8-7 可以看出在流注发展阶段电场的变化显著。此阶段的流注头部电子(球)产生的电荷场与外施电场方向一致，流注头部前方部位电场得到加强；同理流注尾部积聚的正离子可以看成正电荷(球)，其电场与外施电场强的方向相同，因而流注尾部电场也得到加强；而在流注中间域间的电场较弱。

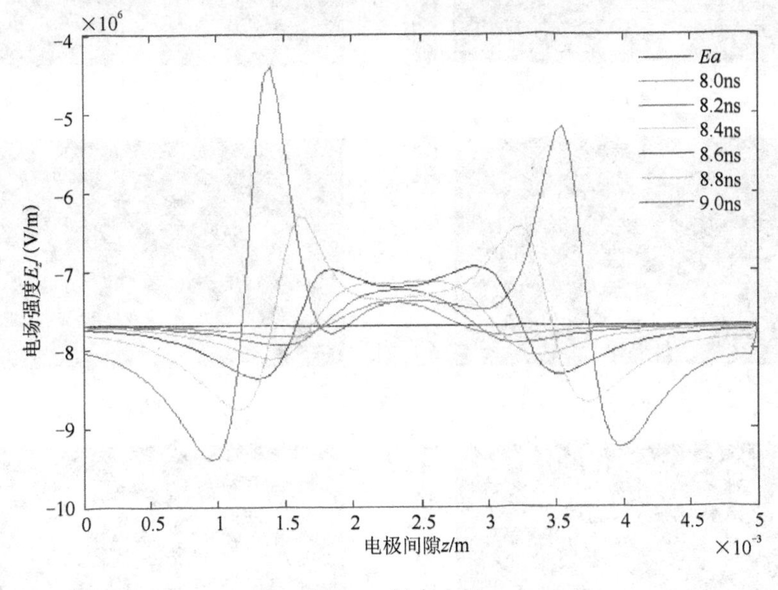


图 8-7　轴向电场

通常情况下光致电离产生的电子数量远小于碰撞电离产生的电子数量，但当电子崩过度至流注放电阶段，光致电离可在流注头部前方强电场区域产生一定数量的二次电子崩，二次电子崩与电子崩汇集形成了流注的发展过程。因此，光致电离是气体放电过程中一种非常重要的电离方式，在流注发展过程中起着重要作用。由图 8-8 可以看出光致电离在流注放电过程中的作用非常明显，尤其在负向流注的发展过程作用更加突出。$t$=9.0ns 时，有无光致电离的流注电子峰值分别为 $4.5\times10^{18}$ 和 $4.5\times10^{19}$，流注通道长度分别 2.0mm 和 3.1mm。经计算可知有光电离时的流注发展速度是忽略光致电离的 1.6 倍。

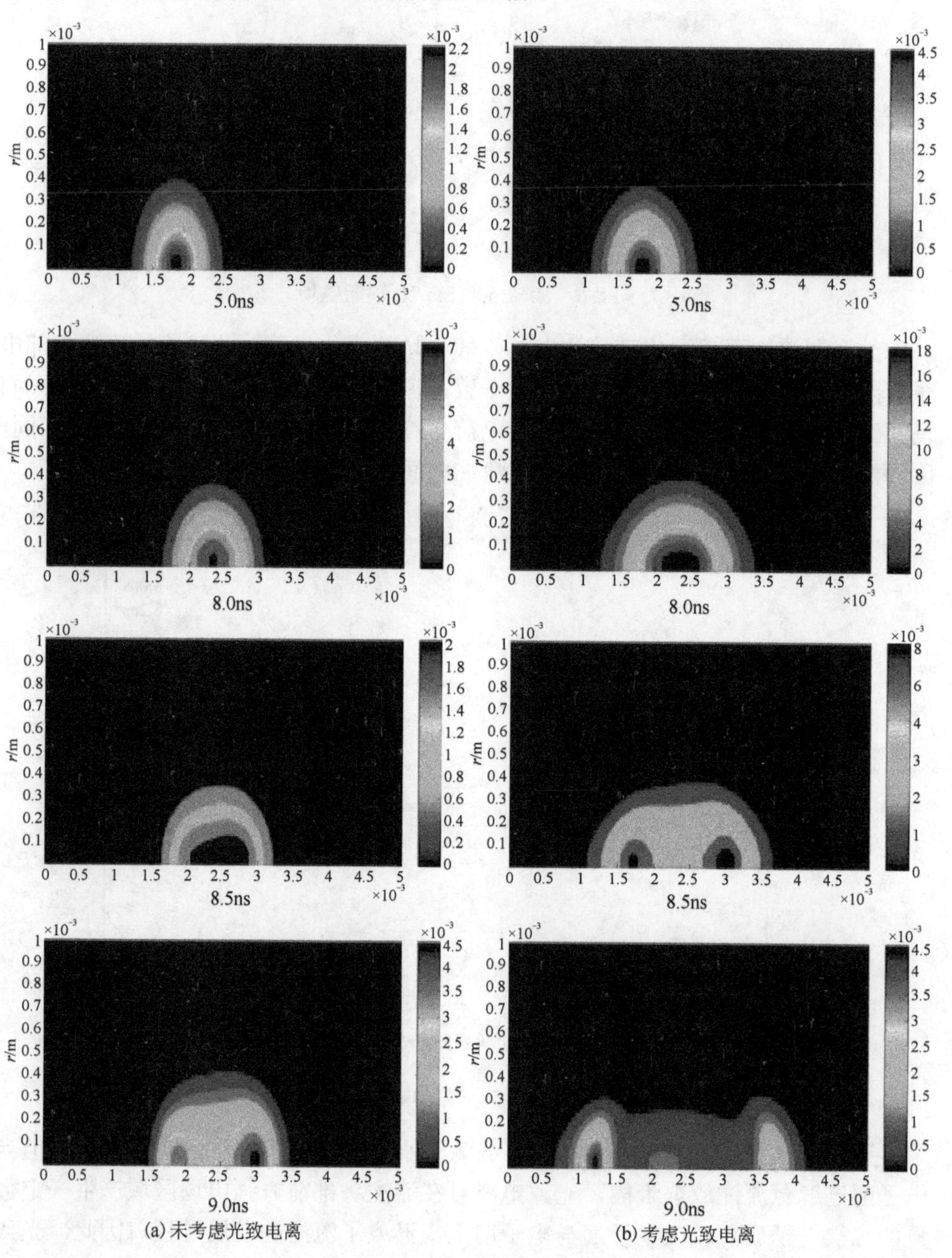


图 8-8　$SF_6/N_2$ 放电光致电离的影响

## 8.2　纳秒脉冲电压下 50%-50%$SF_6/N_2$放电过程

利用两平板电极构成的放电结构(图 3-28 纳秒脉冲下 $SF_6$ 放电模型)，其中一个为零电位极板接地，另一个为正极板，该极板上施加正的纳秒脉冲电压，在两极板间注入 50% - 50%$SF_6/N_2$ 气体。

在一个标准大气压下，50% - 50%$SF_6/N_2$ 气体分子密度为 $3.29\times10^{22}\,m^{-3}$，初始电子密度为 $10^6\,m^{-3}$。初始时刻电子呈高斯分布置于零电位极板位置，运用 PIC-MCC 方法，模拟平行板电极间 50% - 50%$SF_6/N_2$ 气体放电过程。

### 8.2.1　纳秒脉冲电压幅值的影响

在充满 $SF_6/N_2$ 气体 5mm 间隙的平板电极施加上升沿 10ns 脉宽 18ns 纳秒脉冲电压，改变纳秒脉冲电压幅值(分别为 43、45 和 48kV)，分析电压幅值对 50% - 50%$SF_6/N_2$ 放电过程的影响。

1. 电压幅值为 43kV 时放电过程

图 8-9 曲线是 5mm 间隙纳秒脉冲(上升沿为10ns，纳秒脉冲电压幅值是 43kV 时)的 50% - 50%$SF_6/N_2$ 中轴向电子密度分布。在图 8-9 中，1ns 时刻电子密度峰值为 $9\times10^6\,m^{-3}$，5ns 时，电子密度峰值为 $1.5\times10^{11}\,m^{-3}$；随着放电持续发展，电子数呈指数形式增长。当放电持续至 10ns 时，电子密度峰值仅为 $4.3\times10^{16}\,m^{-3}$；在整个纳秒脉冲上升沿时间内，电子密度峰值没达到一个较大的数量级。

图 8-10 与图 8-11 曲线是该条件下 $SF_6/N_2$ 气体放电中正、负离子的轴向分布情况图。虽然放电介质是 50% - 50% 的 $SF_6/N_2$，但含有的 $SF_6$ 分子仍具有较强烈的吸附电子能力而产生负离子。图 8-10 和图 8-11 中正、负离子密度随着时间持续增加而不断增大，正离子密度峰值增长幅度大于负离子，表明放电过程碰撞电离能力强于气体分子的吸附电子的能力。

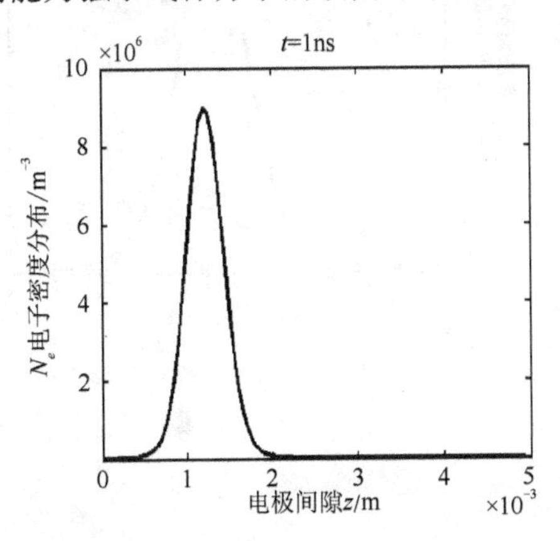


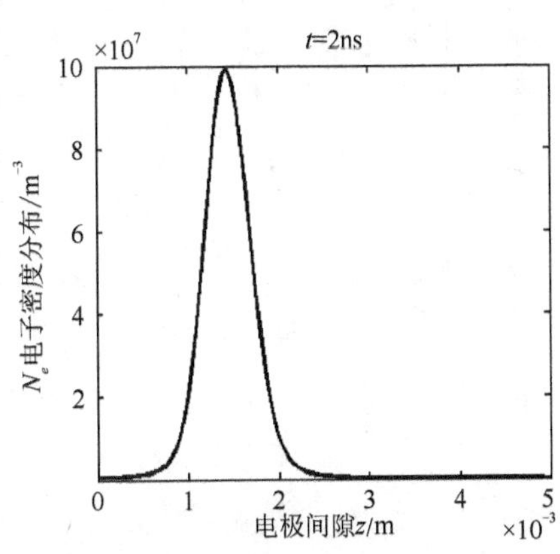

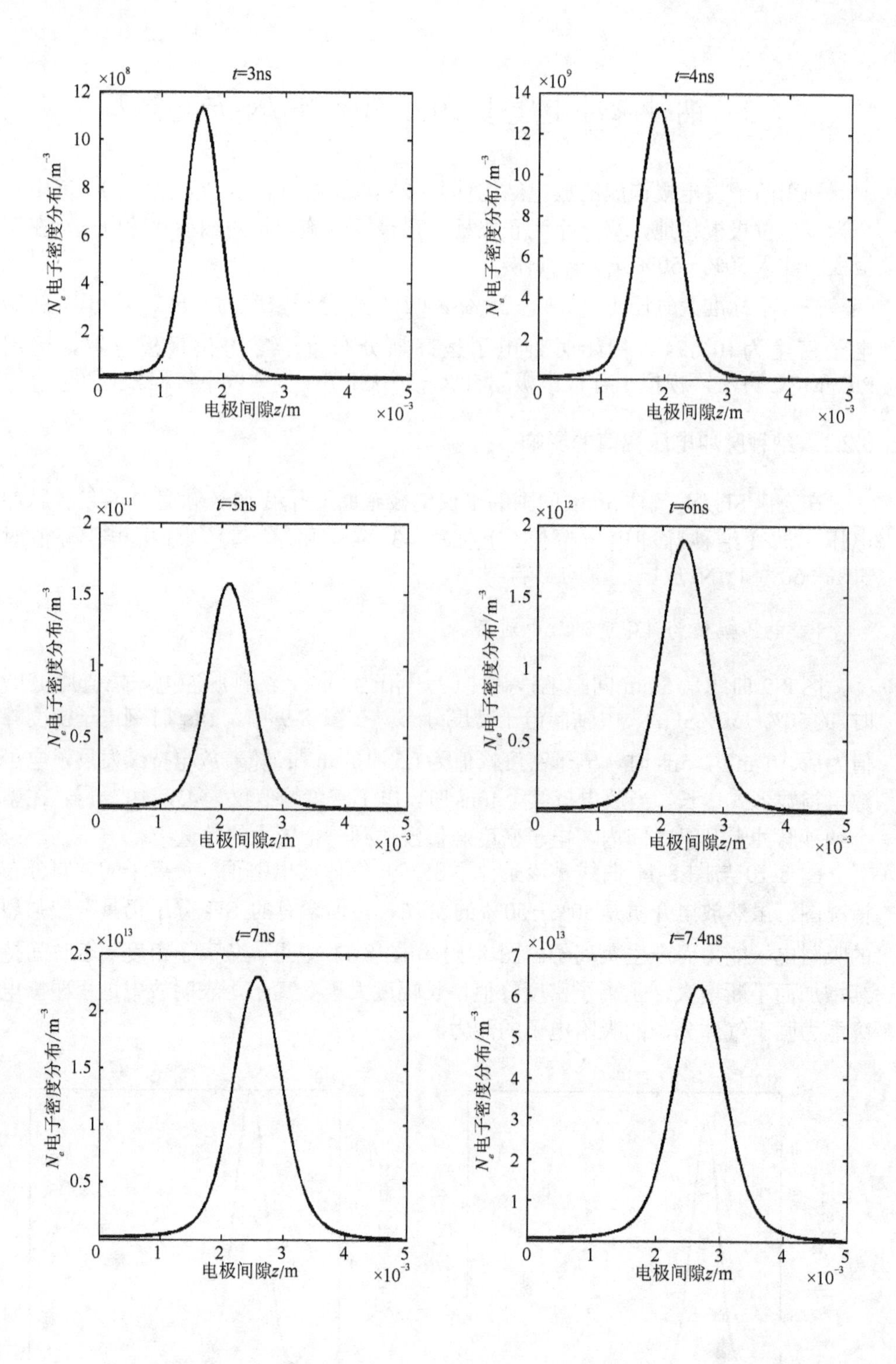

t=3ns
×10^8
$N_e$电子密度分布/m^-3
电极间隙z/m
×10^-3
t=4ns
×10^9
$N_e$电子密度分布/m^-3
电极间隙z/m
×10^-3
t=5ns
×10^11
$N_e$电子密度分布/m^-3
电极间隙z/m
×10^-3
t=6ns
×10^12
$N_e$电子密度分布/m^-3
电极间隙z/m
×10^-3
t=7ns
×10^13
$N_e$电子密度分布/m^-3
电极间隙z/m
×10^-3
t=7.4ns
×10^13
$N_e$电子密度分布/m^-3
电极间隙z/m
×10^-3

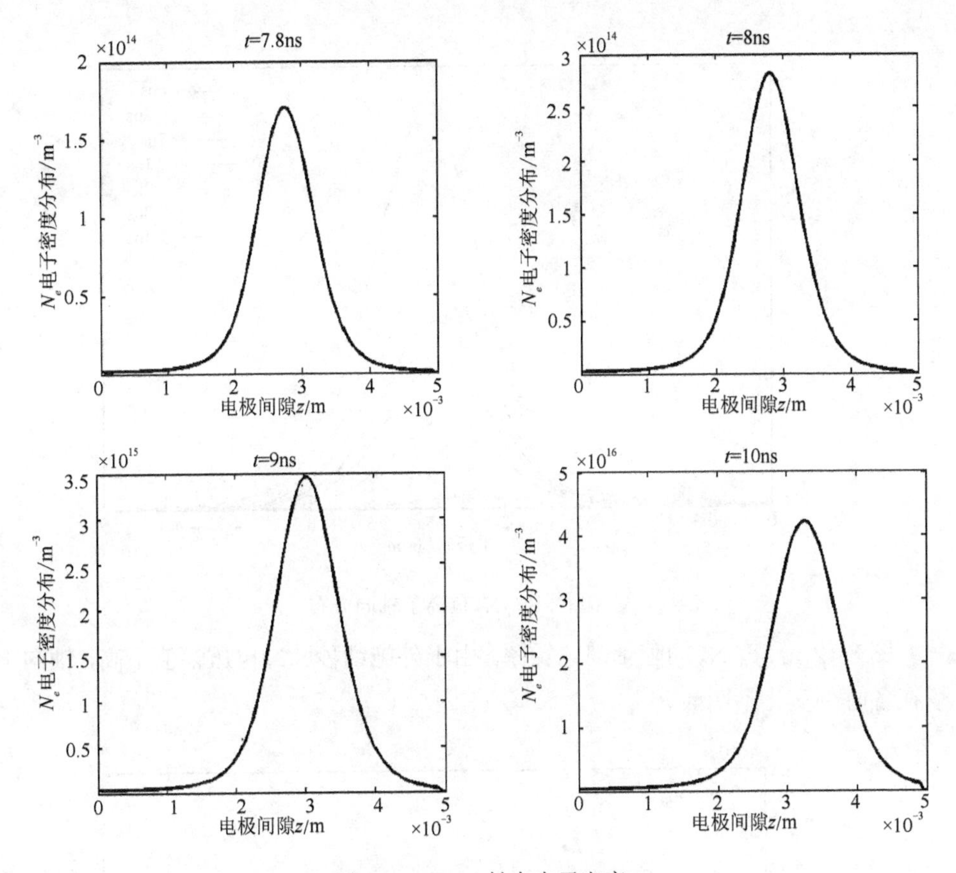


图 8-9 $SF_6/N_2$ 轴向电子密度

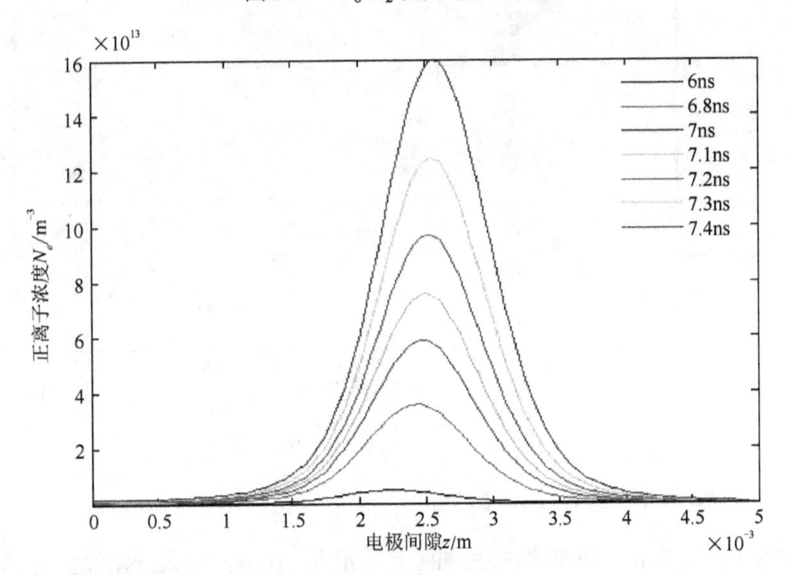


图 8-10 $SF_6/N_2$ 正离子轴向分布

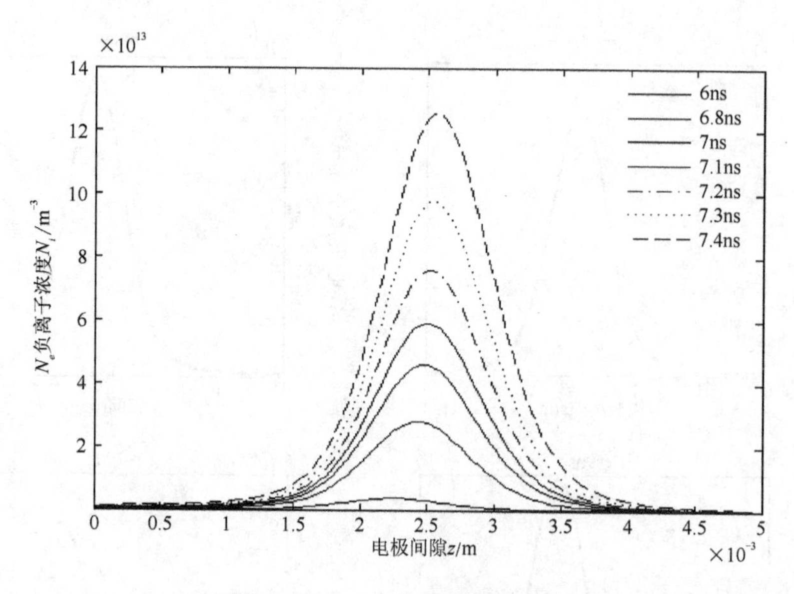


图 8-11　$SF_6/N_2$ 负离子轴向分布

图 8-12 是 $SF_6/N_2$ 间隙轴向电场图。由于外施纳秒脉冲电压幅值不高，轴向电场在各时刻变化不明显。

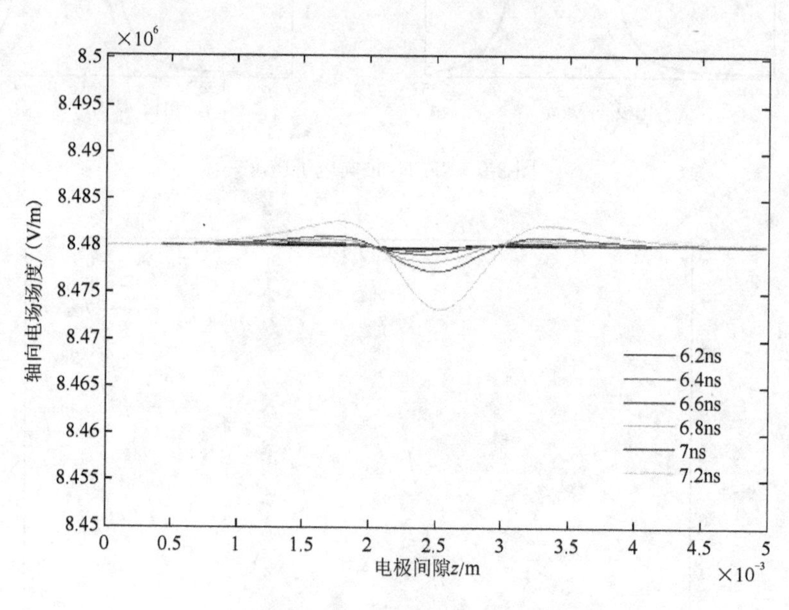


图 8-12　$SF_6/N_2$ 轴向电场分布

2. 电压幅值为 45kV 时放电过程

图 8-13 是 5 mm 间隙纳秒脉冲(上升沿是 10ns，电压幅值是 45kV 时)的 50%－50%$SF_6/N_2$ 轴向电子密度分布。从图 8-13 可看出，1ns 时，电子密度峰值是

$5.8\times10^{7}\,m^{-3}$；4ns 时，电子密度峰值为$2.8\times10^{13}\,m^{-3}$；至7ns时，电子密度峰值为$6\times10^{18}\,m^{-3}$，电子崩头部具有较高能量的快电子从崩头逃逸出来，与气体分子引发碰撞电离又产生新的电子崩；7.2ns时，电子密度的两个波峰很明显，此时电子崩不断汇合，电子崩链逐渐形成；随着放电的持续发展，电子崩链贯穿于两极板间形成了放电通道。

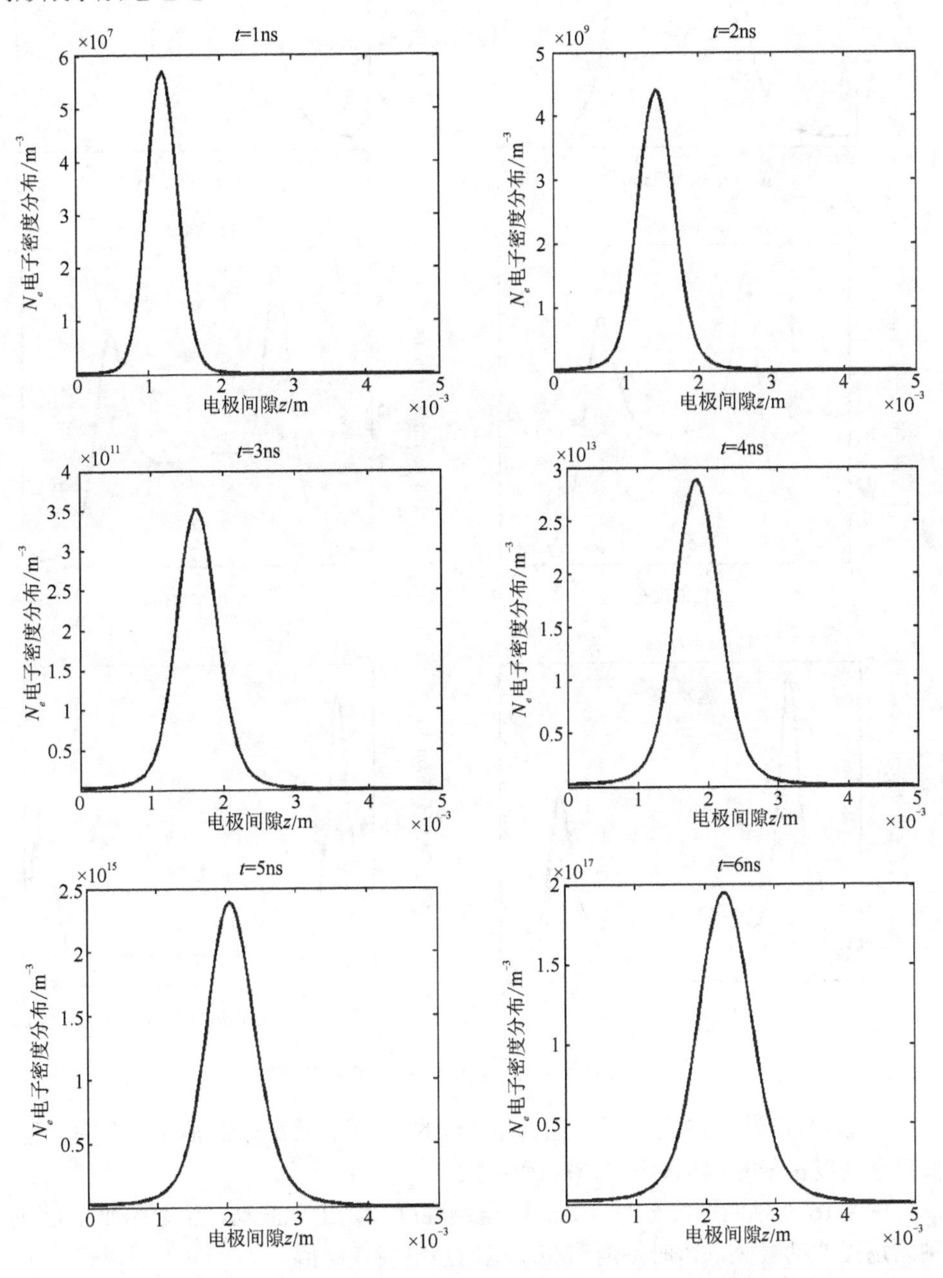

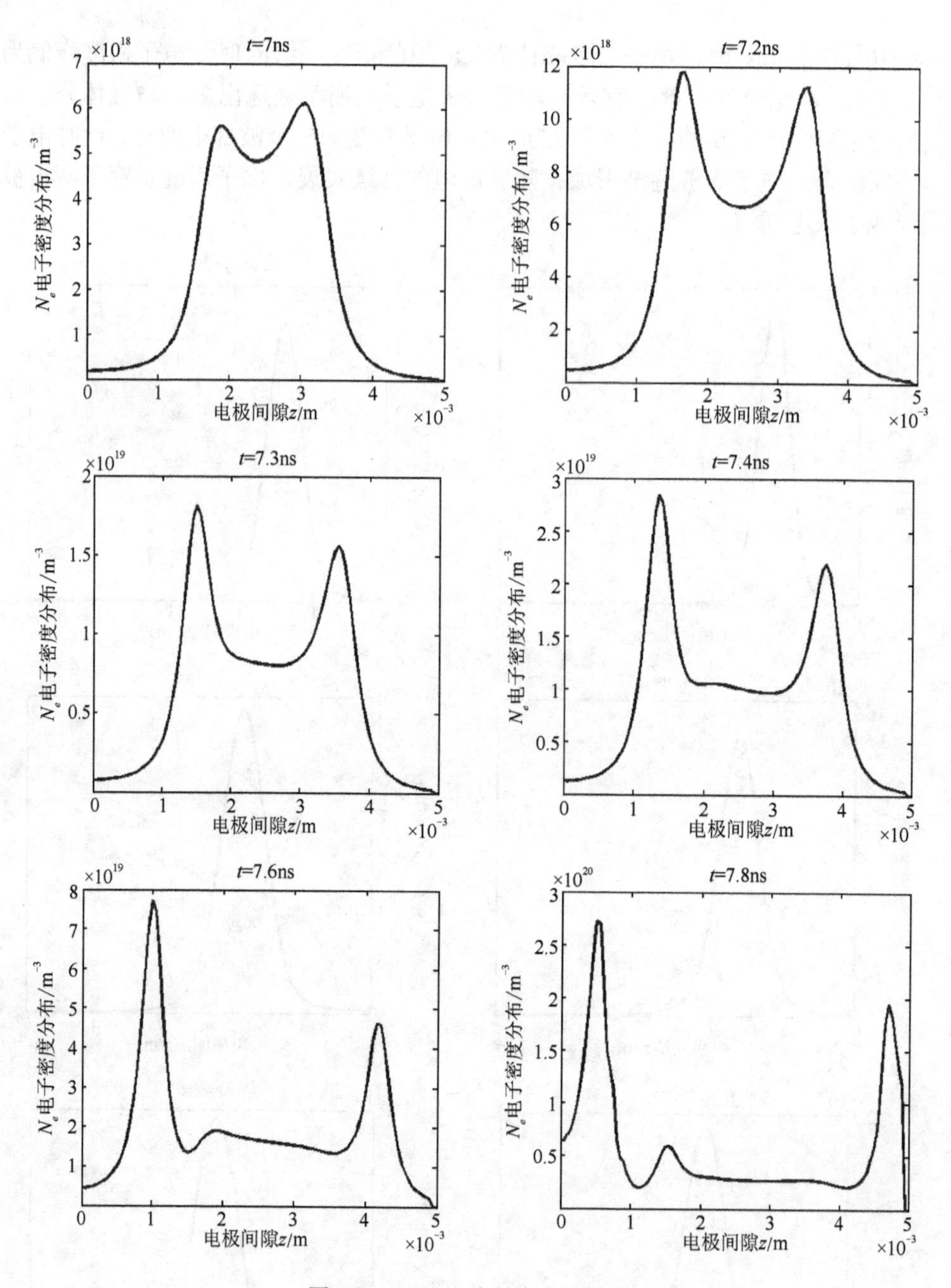


图 8-13　$SF_6/N_2$ 中轴向电子密度

图 8-14 和图 8-15 分别是该条件下 $SF_6/N_2$ 中正、负离子的轴向分布图。正、负离子密度都随着放电时间的增加而增大。

图 8-16 是轴向电场分布。6.2ns 时电场强度开始出现波动，当发展到 7.2ns 时，轴向场强波动最大，该时刻崩头和崩尾场强出现较高值。

3. 电压幅值为 48kV 时放电过程

图 8-17 是 5mm 间隙纳秒脉冲(上升沿是 10ns，电压幅值是 48kV 时) 50%－50%$SF_6/N_2$气体放电时电子轴向密度分布。1ns 时，电子密度峰值为$2.2\times10^8m^{-3}$；4ns 时，电子密度峰值是$7\times10^{15}m^{-3}$；到5.3ns时刻，电子密度峰值为$6\times10^{18}m^{-3}$；5.4ns 时电子密度的波峰值的变化更明显，此时电子崩链开始产生，随后电子崩链逐渐贯穿于两极板间形成导电通道。

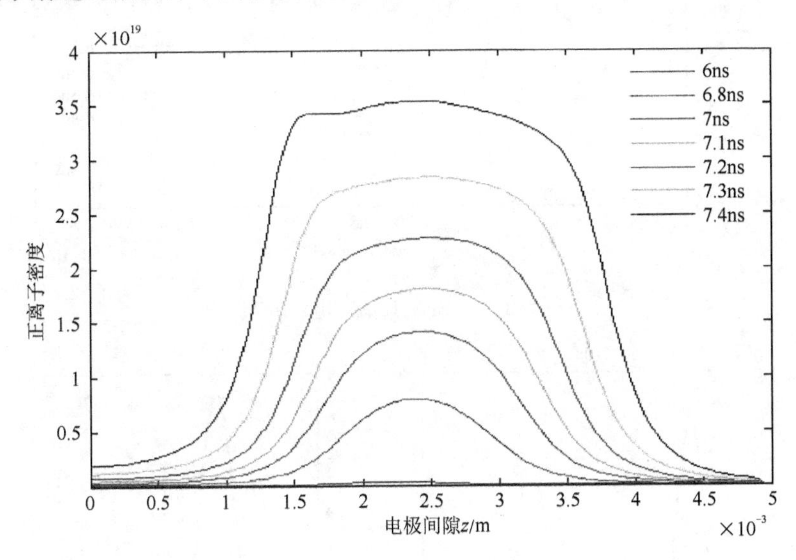


图 8-14 $SF_6/N_2$中正离子轴向分布

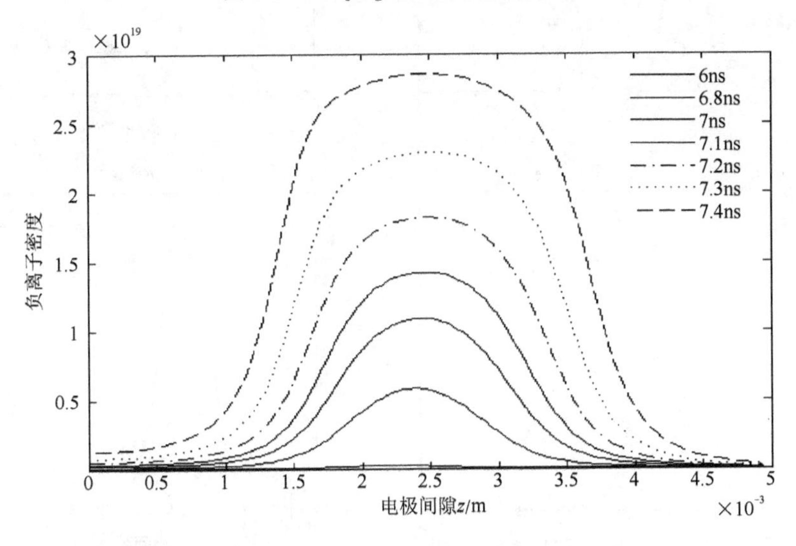


图 8-15 $SF_6/N_2$中负离子轴向分布

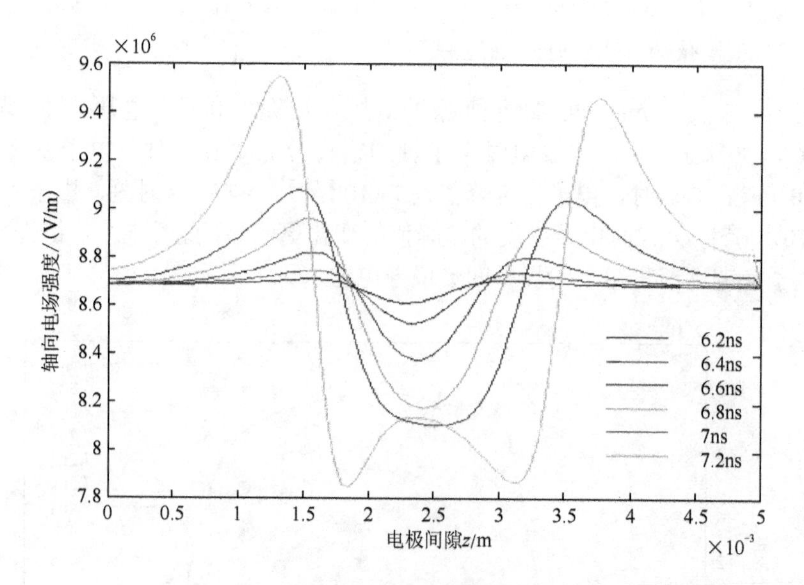


图 8-16　$SF_6/N_2$ 轴向电场分布

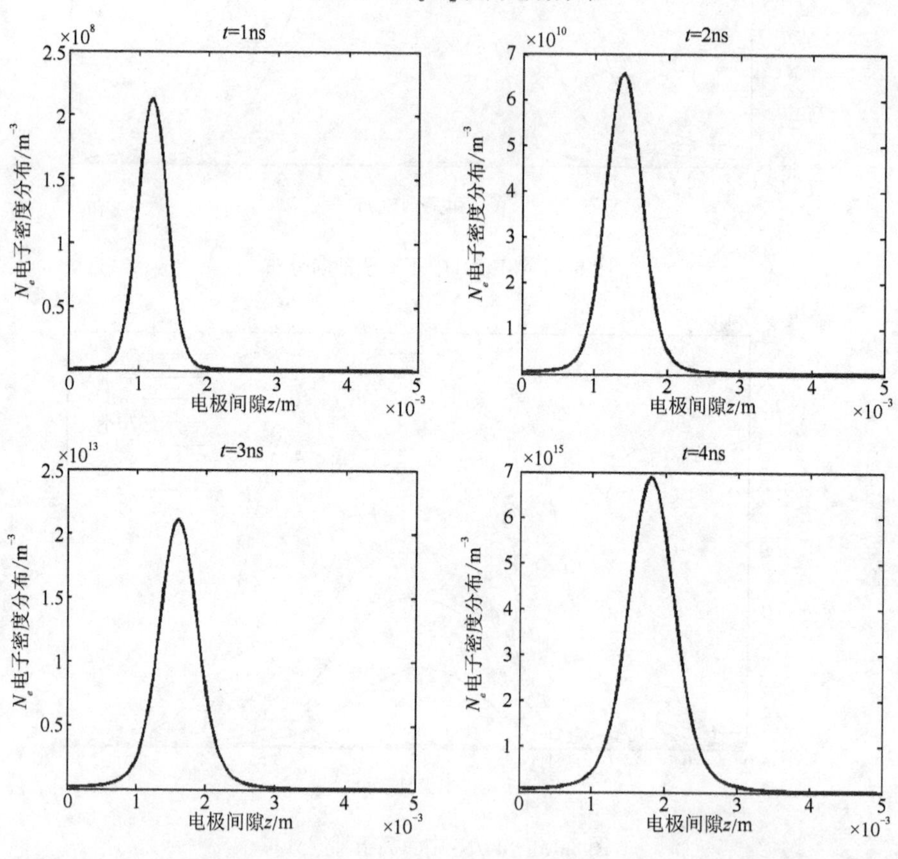

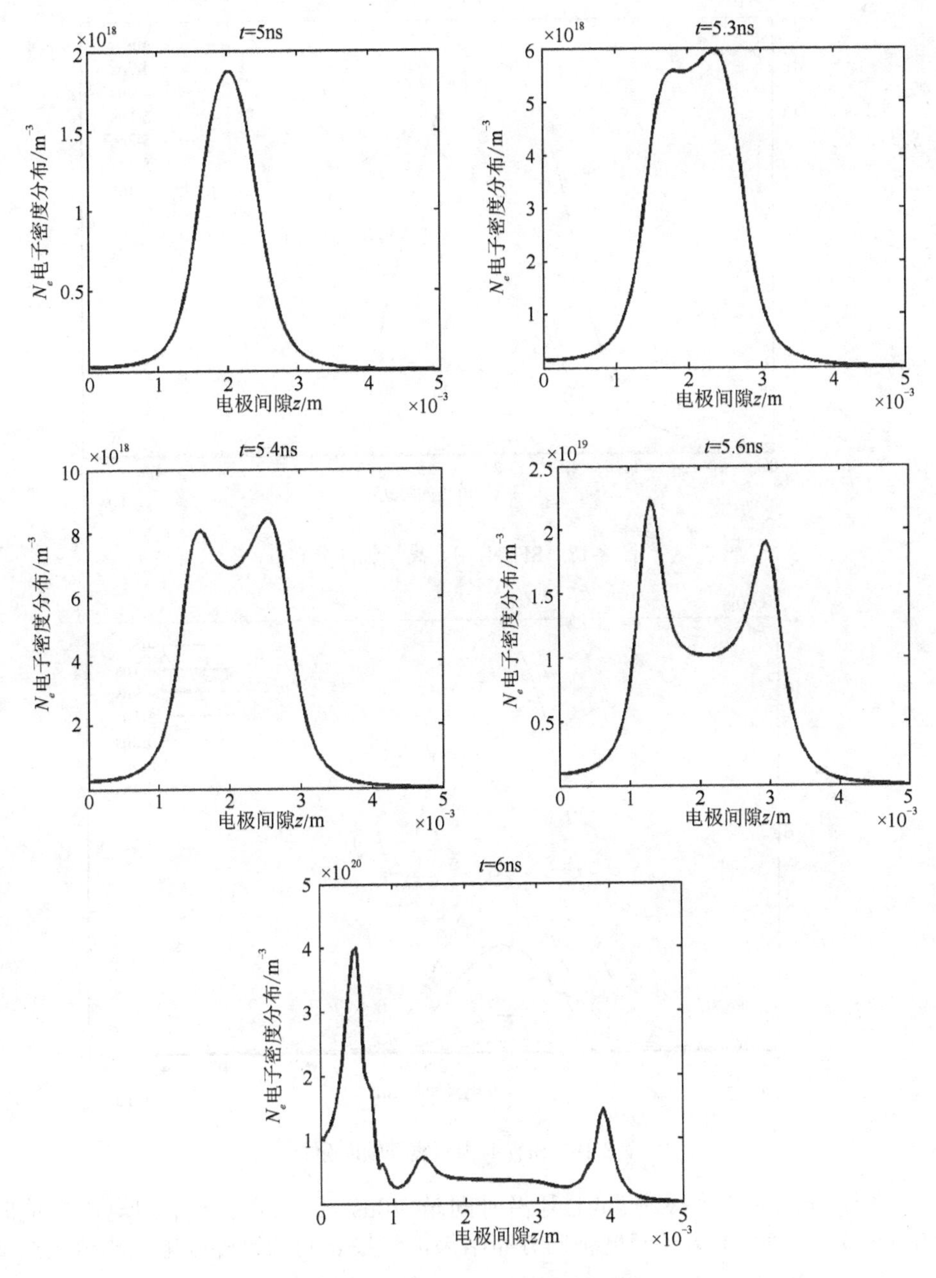


图 8-17　$SF_6/N_2$ 中轴向电子密度

图 8-18 和图 8-19 曲线分别是该条件下 $SF_6/N_2$ 中正、负离子的轴向变化。

图 8-20 是轴向电场分布。图 8-20 中 4.8ns 时电场有明显波动，随着放电发展，轴向场强波动明显增强，5.4ns 时刻场强度出现最大值。

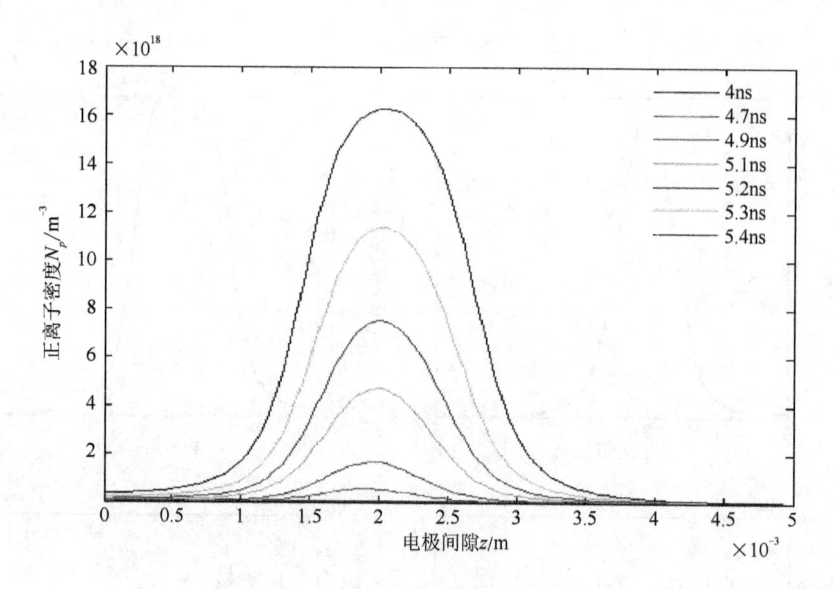


图 8-18　$SF_6/N_2$中正离子轴向分布

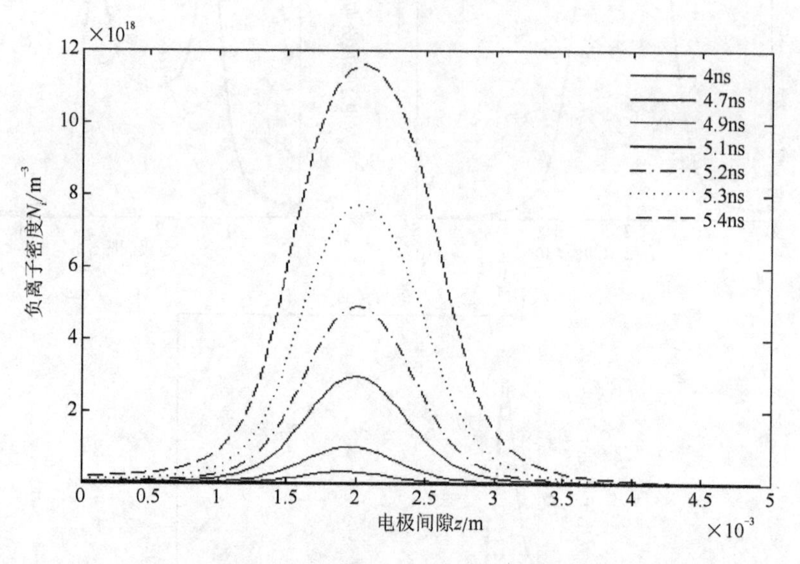


图 8-19　$SF_6/N_2$中负离子轴向分布

对比 5mm 间隙纳秒脉冲上升沿时间是 10ns 下上述三种不同电压幅值时 50%－50%$SF_6/N_2$中电子密度轴向分布结果，结果表明如果外施电压幅值逐渐变大，电子密度峰值增长幅度是不同的。在电压幅值是43kV时，电子密度峰值从初始时刻发展到5ns时，增长较缓慢，5ns时，电子密度峰值仅为$1.6\times10^{11}\ m^{-3}$，在上升沿时间内电子密度只能增长到$10^{16}m^{-3}$，并没有出现电子崩汇合现象；在电压幅值是45kV时，5ns时，电子密度峰值为$2.4\times10^{15}m^{-3}$，随后出现电子崩汇合，7.2ns 时电子密度峰值能上升到$10^{18}m^{-3}$，电子崩链逐渐形成；在纳秒脉冲电压幅值为 48kV 时，电子密度峰值增长速度较快，5ns 时，电子密度峰值为$1.9\times10^{18}\mathrm{m}^{-3}$，5.3ns 时电子崩开始出现汇合，随后电子崩链逐渐形成，比 45kV 时形成时间提前。随着外施纳秒脉冲电压幅值的增加，电子崩链形成时间缩短了。对比三种不同电压幅值 $SF_6/N_2$ 放电间隙轴向电场峰值随着电压幅值的增加而增大。

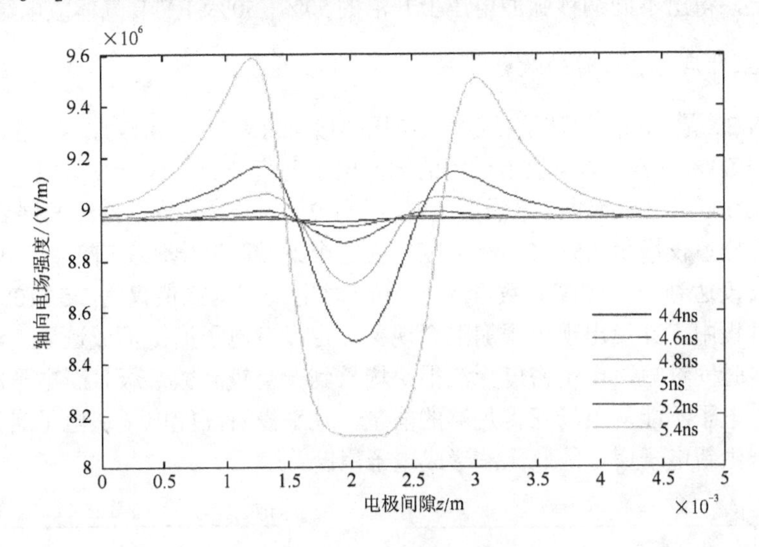


图 8-20　$SF_6/N_2$ 中轴向电场分布

纳秒脉冲电压幅值与电子崩链形成时间的关系如图 8-21 所示。电压幅值越大，外电源注入 $SF_6/N_2$ 放电间隙的能量也随之增加，导致放电剧烈，碰撞电离效应更强，从电子崩头部逃逸出来的高能电子也增多，加快电子崩汇合速度，形成电子崩链的时间也大大缩短，纳秒脉冲电压幅值分别为 46kV 和 50kV 的计算结果见附录 2。

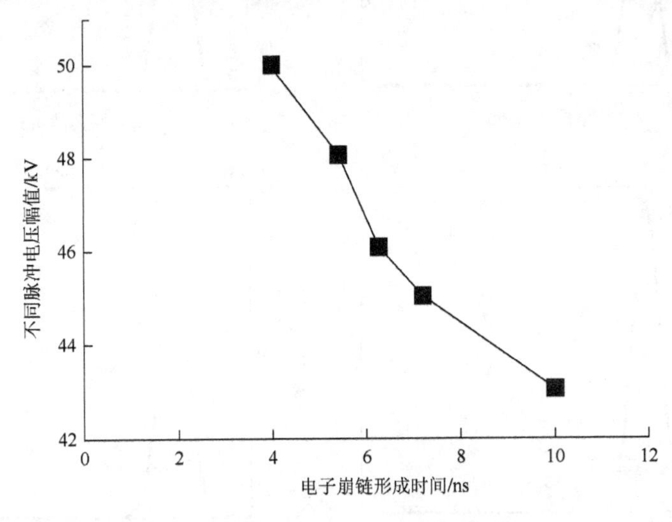


图 8-21　电子崩链形成时间同电压幅值的关系

### 8.2.2 纳秒脉冲电压上升沿时间的影响

两极板间隙间距仍然是5mm，纳秒脉冲电压幅值是45kV，50%－50%$SF_6/N_2$气体分子的其他初始条件不变，将上升沿为2ns、6ns和15ns纳秒脉冲电压施加在极板上，得出不同纳秒脉冲电压上升沿的50%－50%$SF_6/N_2$气体放电结果。

1. 上升沿为2ns时的放电过程

图8-22是5mm间隙纳秒脉冲(电压幅值45kV，上升沿为2ns，脉宽为4ns时) 50%－50%$SF_6/N_2$间隙放电过程的轴向电子密度分布。0.1ns时，电子密度峰值为$1.6\times10^6\,m^{-3}$；0.5ns时，电子密度峰值是$1.9\times10^7\,m^{-3}$；放电持续发展到1.1ns，电子密度峰值仅增至$8.5\times10^8\,m^{-3}$；随后在整个纳秒脉冲电压上升沿时间内，电子密度增长没达到一个较高的数量级，2.0ns时电子密度峰值仅为$2.5\times10^{11}\,m^{-3}$。整个放电过程中，并没出现电子崩汇合现象，也没有电子崩链形成迹象。这是由于放电发展时间过短，电子密度无法很快增长到一个较高数量级且新电子的产生速率缓慢，电子不能从电场获得足够的能量，几乎没有高能电子从电子崩头部逃逸出来而产生新电子崩，因此无法形成电子崩链。

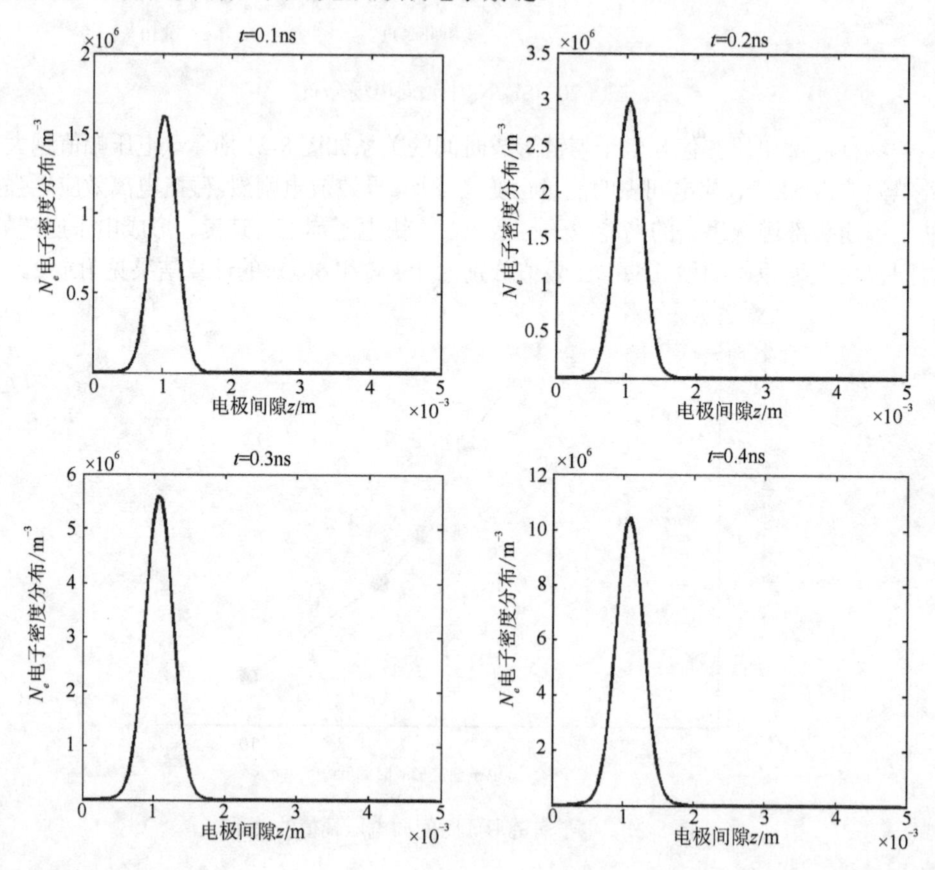

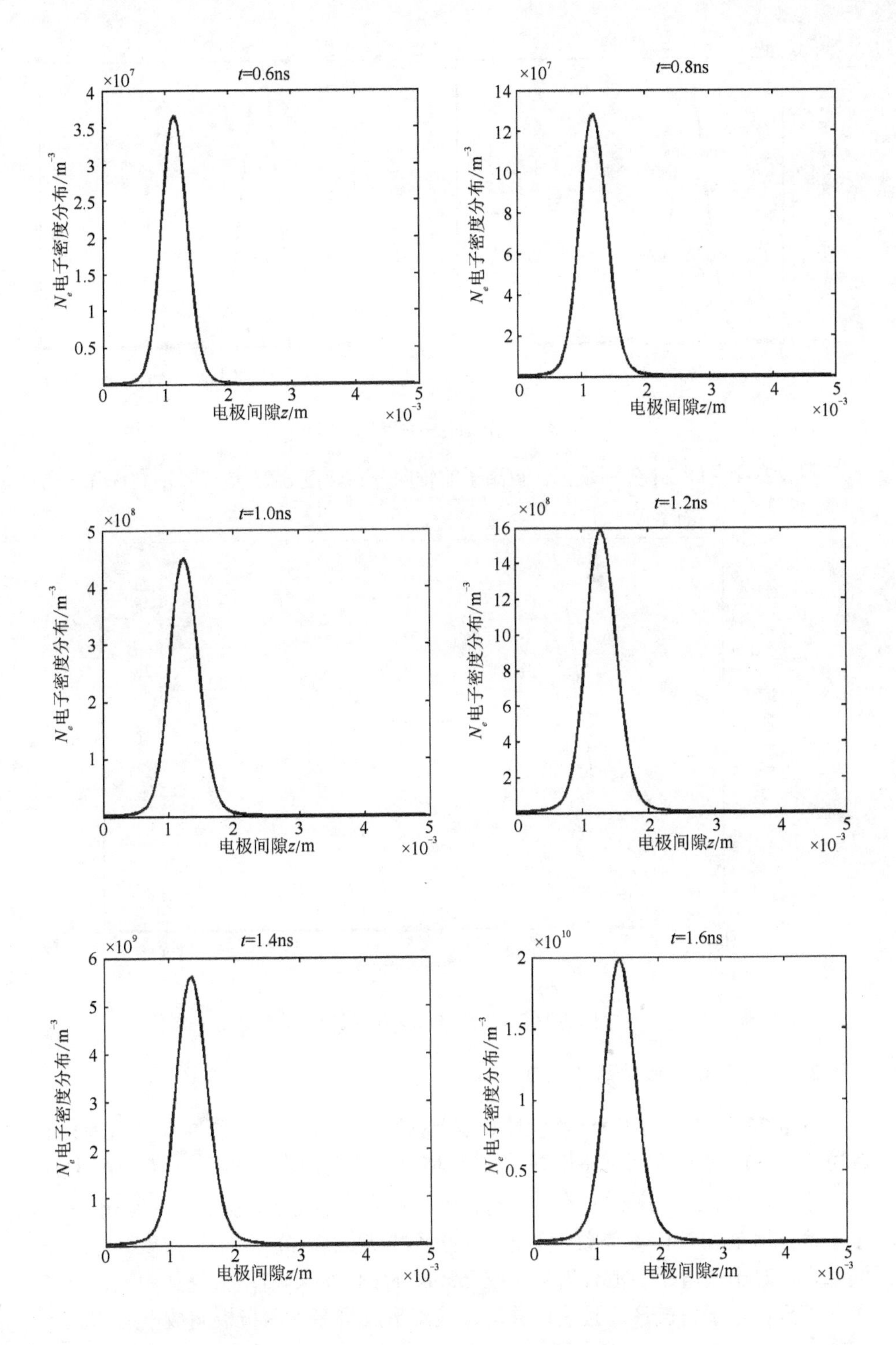

t=0.6ns
×10^7
$N_e$电子密度分布/m^-3
电极间隙z/m
×10^-3
t=0.8ns
×10^7
$N_e$电子密度分布/m^-3
电极间隙z/m
×10^-3
t=1.0ns
×10^8
$N_e$电子密度分布/m^-3
电极间隙z/m
×10^-3
t=1.2ns
×10^8
$N_e$电子密度分布/m^-3
电极间隙z/m
×10^-3
t=1.4ns
×10^9
$N_e$电子密度分布/m^-3
电极间隙z/m
×10^-3
t=1.6ns
×10^10
$N_e$电子密度分布/m^-3
电极间隙z/m
×10^-3

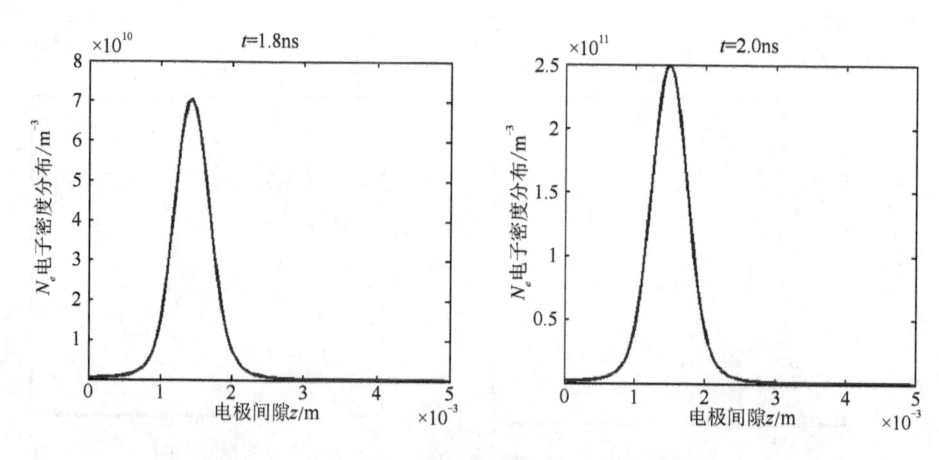


图 8-22 $SF_6/N_2$ 中轴向电子密度

图 8-23 和图 8-24 分别是正、负离子的轴向分布。图 8-25 是气隙轴向场强分布。

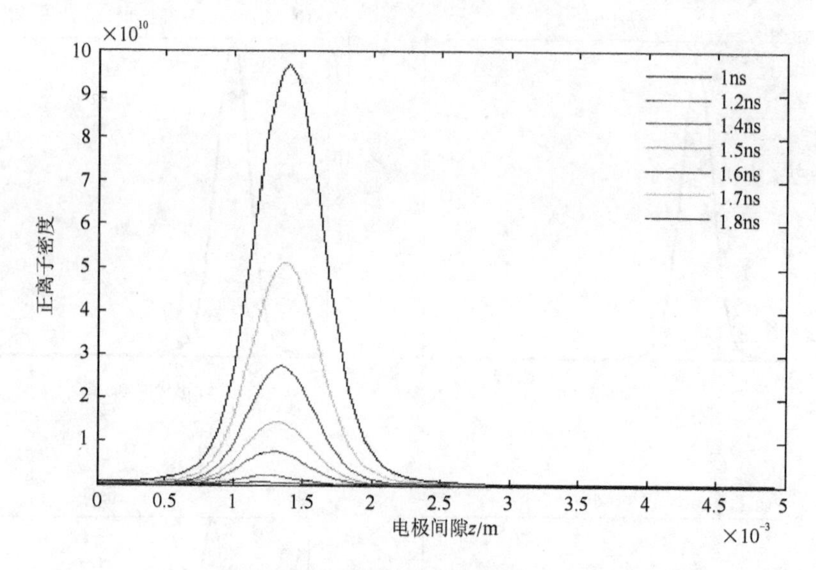


图 8-23 $SF_6/N_2$ 中正离子轴向分布

2. 上升沿为 6ns 时的放电过程

图 8-26 为 5mm 间隙纳秒脉冲(电压幅值是 45kV，纳秒脉冲上升沿为 6ns，脉宽 10ns 时)的 50%－50%$SF_6/N_2$ 间隙放电过程的轴向电子密度分布。1ns 时，电子密度峰值为 $2.2\times10^8 m^{-3}$；在 4ns 时，电子密度峰值是 $7\times10^{15} m^{-3}$，到 5ns 时，电子密度已增至 $10^{18} m^{-3}$ 数量级；当放点持续发展到 5.3ns 时，电子密度开始出现两波峰，此时出现电子崩汇合现象，在 5.4ns 时刻，波峰值增大更加明显，电子崩不断汇合，电子崩链形成且快速移动，最终形成贯穿于两极板间放电通道。

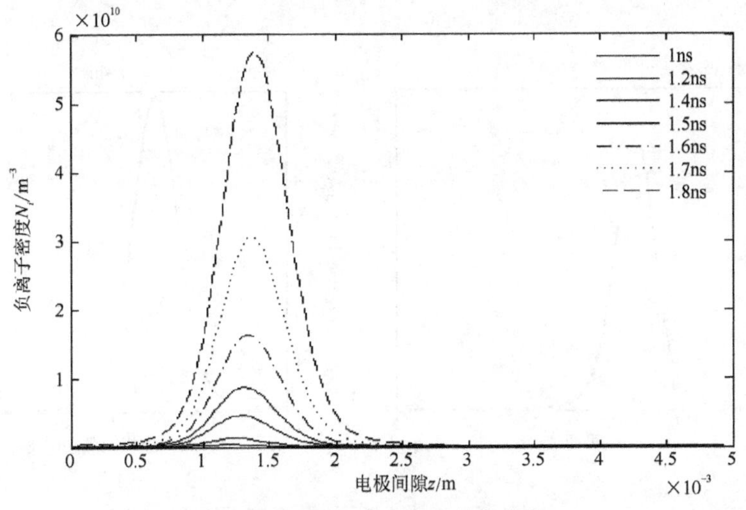


图 8-24　$SF_6/N_2$ 中负离子轴向分布

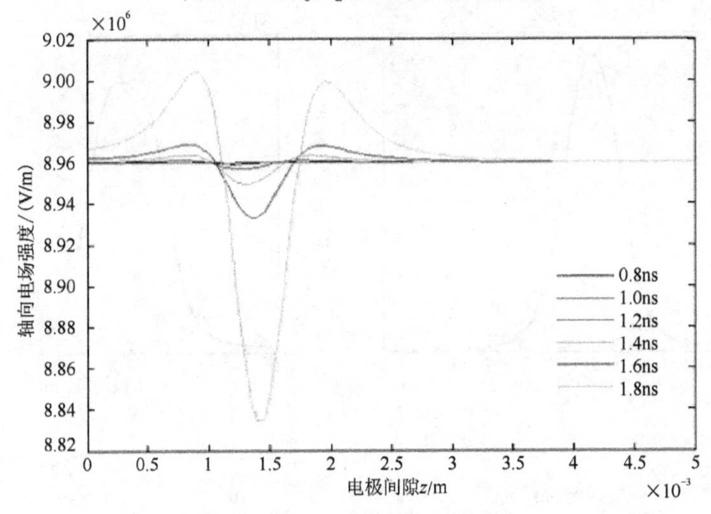


图 8-25　$SF_6/N_2$ 中轴向场强分布

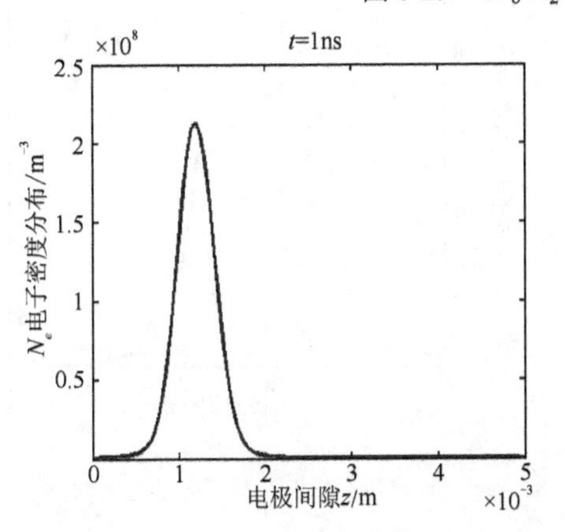


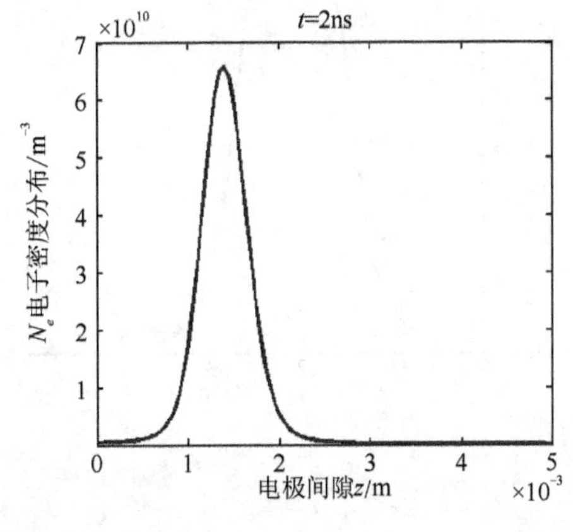

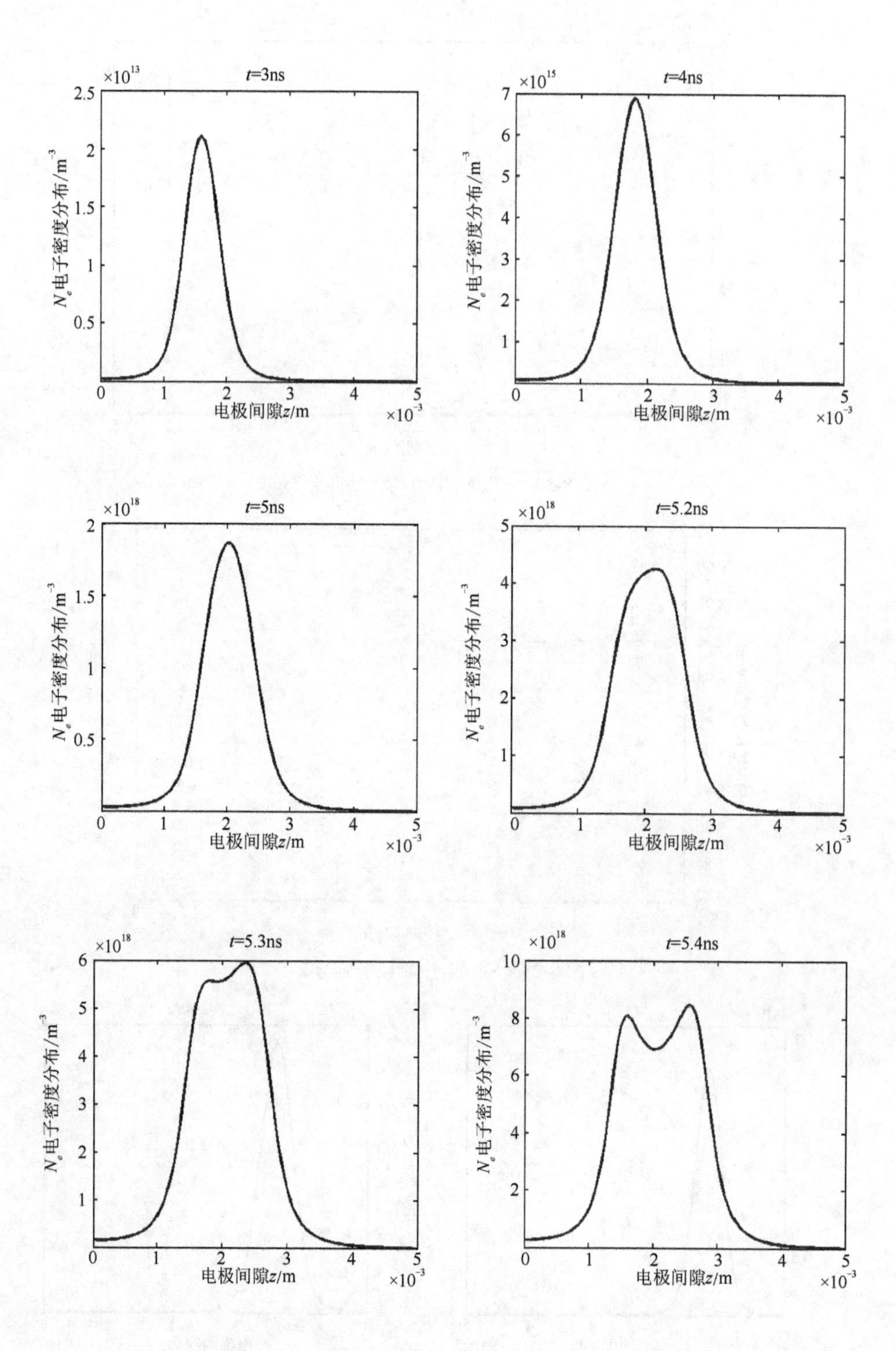

t=3ns
×10^13
2.5
2
1.5
1
0.5
0
1
2
3
4
5
N_e电子密度分布/m^-3
电极间隙z/m
×10^-3
t=4ns
×10^15
7
6
5
4
3
2
1
0
1
2
3
4
5
N_e电子密度分布/m^-3
电极间隙z/m
×10^-3
t=5ns
×10^18
2
1.5
1
0.5
0
1
2
3
4
5
N_e电子密度分布/m^-3
电极间隙z/m
×10^-3
t=5.2ns
×10^18
5
4
3
2
1
0
1
2
3
4
5
N_e电子密度分布/m^-3
电极间隙z/m
×10^-3
t=5.3ns
×10^18
6
5
4
3
2
1
0
1
2
3
4
5
N_e电子密度分布/m^-3
电极间隙z/m
×10^-3
t=5.4ns
×10^18
10
8
6
4
2
0
1
2
3
4
5
N_e电子密度分布/m^-3
电极间隙z/m
×10^-3

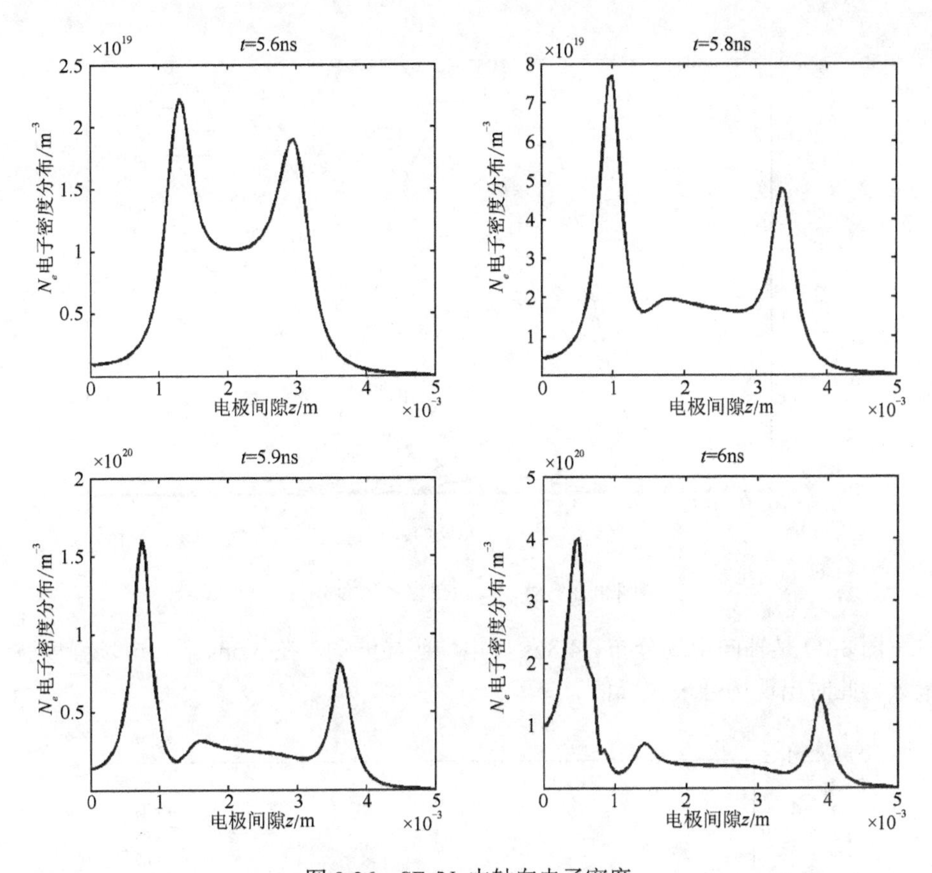


图 8-26　$SF_6/N_2$ 中轴向电子密度

图8-27与图8-28分别是该条件下50%－50%$SF_6/N_2$放电间隙正、负离子轴向分布。

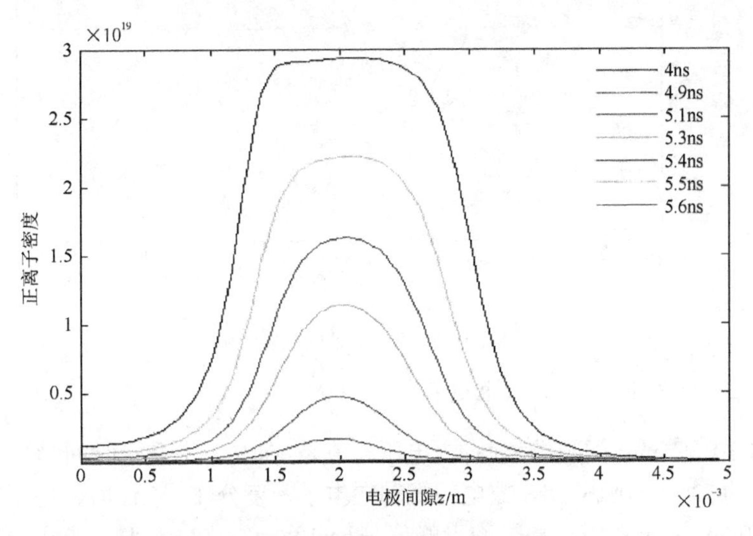


图 8-27　$SF_6/N_2$ 中正离子轴向分布

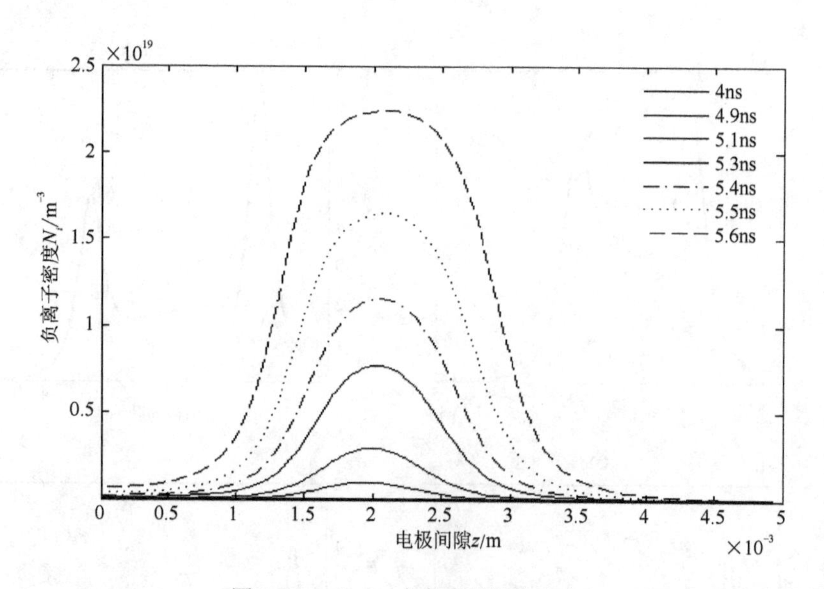


图 8-28　$SF_6/N_2$ 中负离子轴向分布

图 8-29 是轴向电场分布。4.8ns 后电场明显波动，在 5.6ns 后，电场强度波动最大，此时出现场强最大峰值。

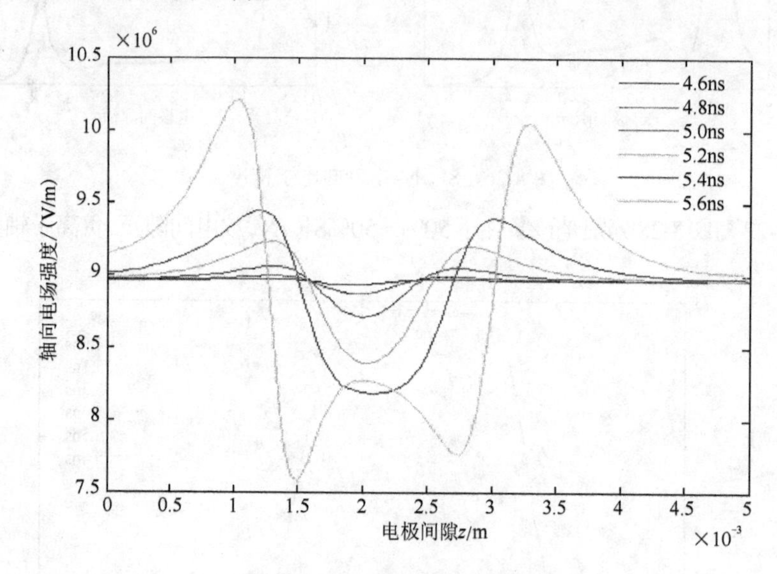


图 8-29　$SF_6/N_2$ 中轴向电场分布

3. 上升沿为 15ns 时的放电过程

图 8-30 是 5mm 间隙纳秒脉冲(电压幅值是 45kV，上升沿时间为15ns，脉宽为 25ns)的 50% - 50%$SF_6/N_2$ 放电间隙轴向电子密度分布。1ns 时，电子密度峰值为$2.3\times10^7\,m^{-3}$；4ns 时，电子密度峰值是$6\times10^{11}\,m^{-3}$；8.6ns 时，电子密度峰值已

经增至$10^{18}\,m^{-3}$；当放电持续发展到 8.8ns 时，电子密度分布出现两个波峰，此时电子崩开始汇合；在 9ns 时产生电子崩链并快速移动，最后形成贯穿于两极板的放电轨迹。

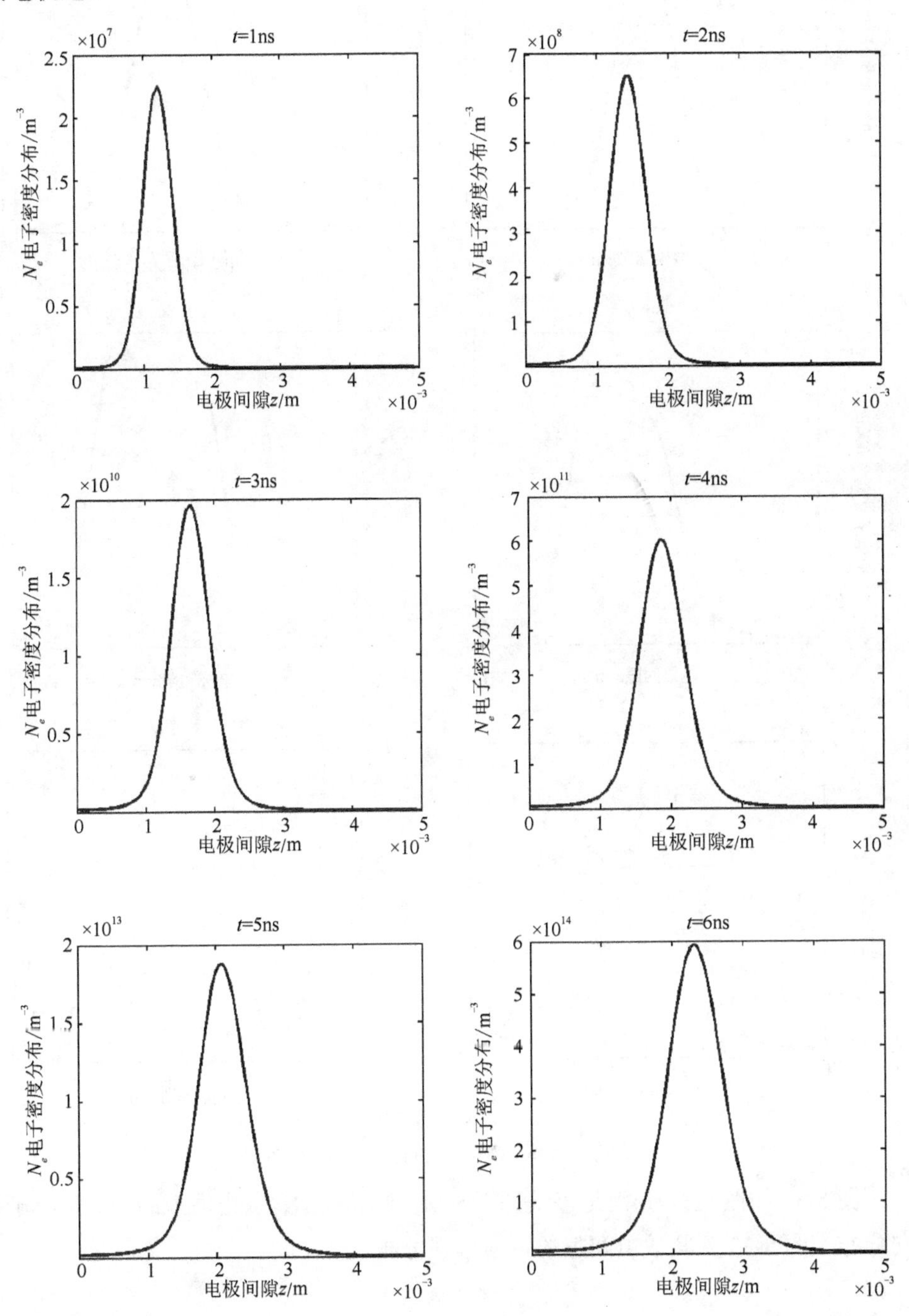

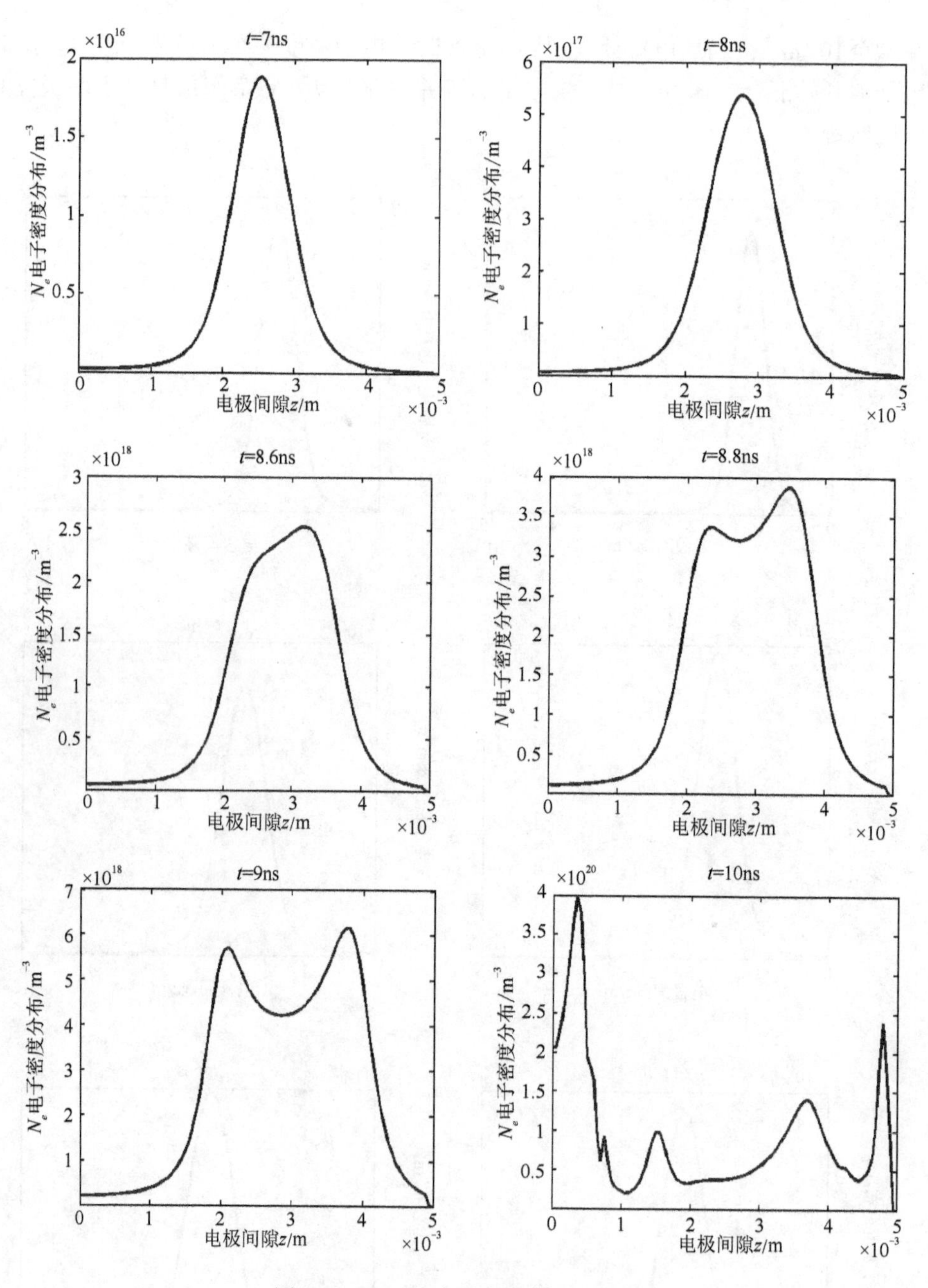


图 8-30　$SF_6/N_2$ 中轴向电子密度分布

图 8-31 与图 8-32 分别是该条件下 50%－50%$SF_6/N_2$ 放电间隙的正、负离子轴向分布。图 8-33 为其放电间隙的轴向场强分布。

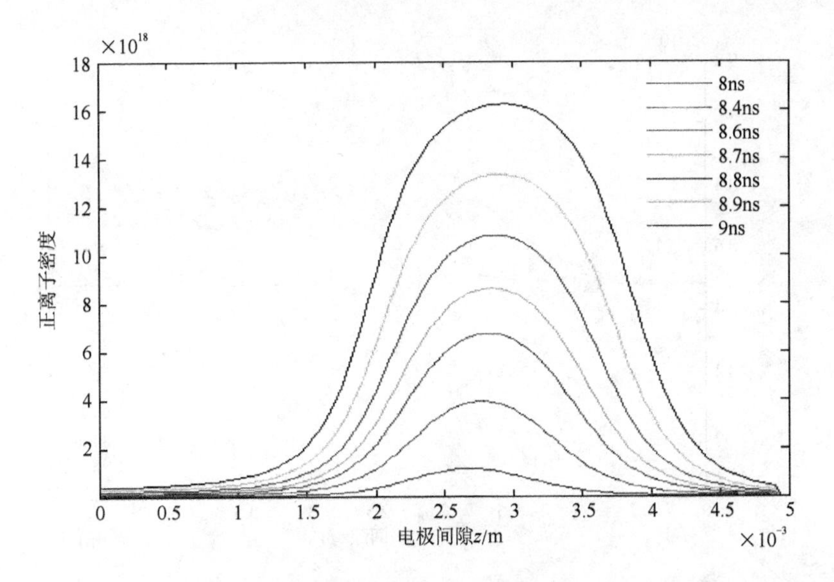


图 8-31　$SF_6/N_2$ 中正离子轴向分布

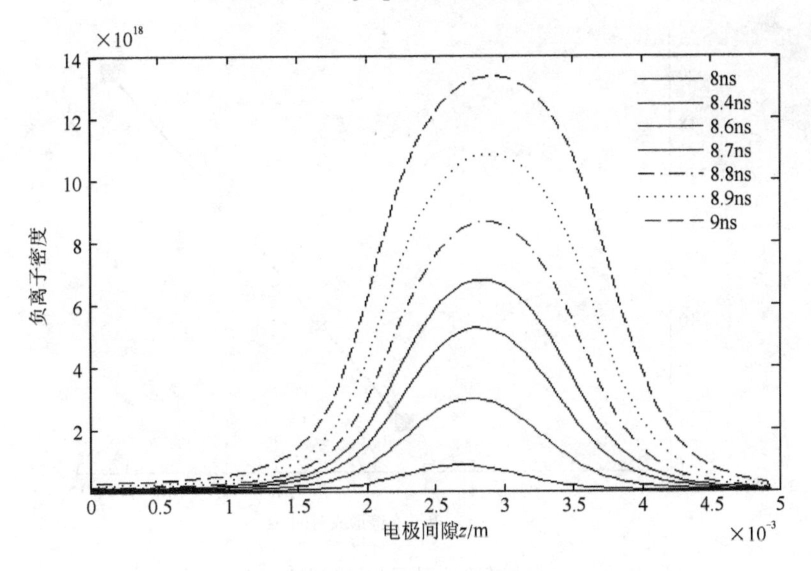


图 8-32　$SF_6/N_2$ 中负离子轴向分布

上述 4 种纳秒脉冲电压上升沿与电子崩链形成时间的关系曲线如图 8-34 所示，发现电子崩链形成时间滞后于纳秒脉冲电压上升沿时间的增加，其中上升沿为 2ns 时无电子崩链形成(图中未标出)，纳秒脉冲电压上升沿 20ns 计算结果见附录 2。

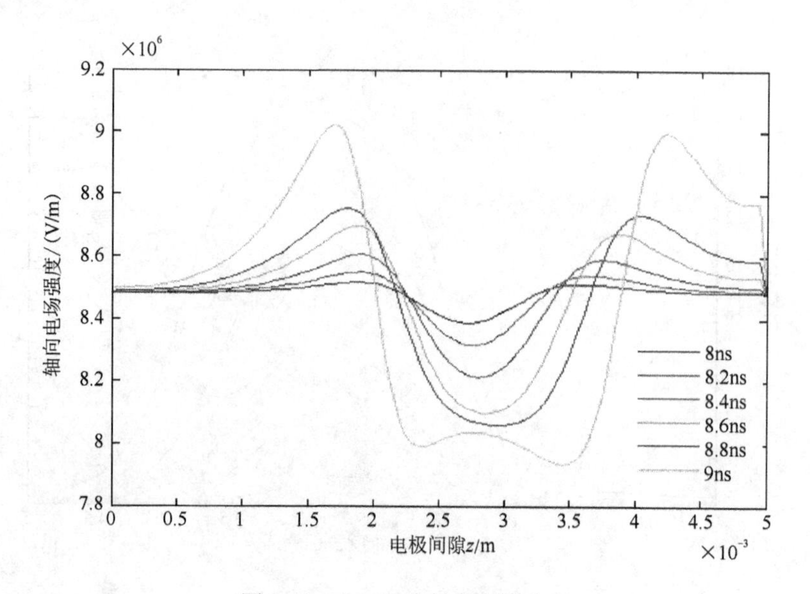


图 8-33　$SF_6/N_2$ 中轴向电场分布

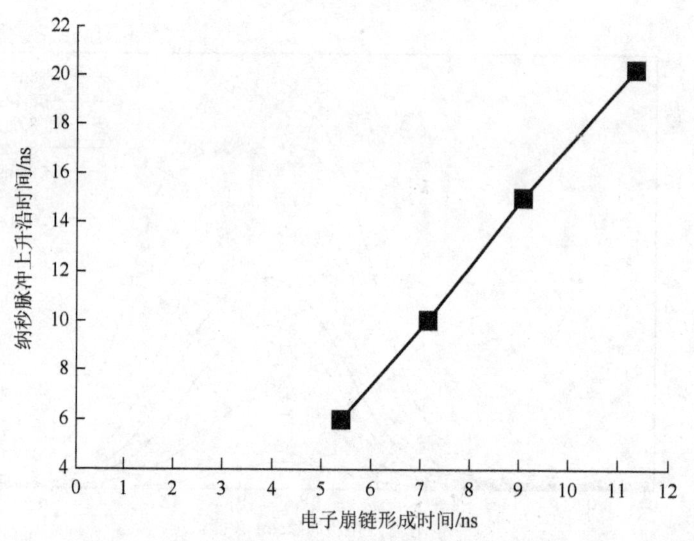


图 8-34　电子崩链形成时间与纳秒脉冲上升沿的关系

## 8.3　$SF_6/N_2/CO_2$ 放电特性

在一个标准大气压下分析 $SF_6/N_2/CO_2$ 混合气体放电过程，构建板-板电极结构如图 3-2 所示，电极间距为 5mm，电极间隙充满不同分压比的 $SF_6/N_2/CO_2$ 混合气体，温度为 20℃。采用 FD-FCT 法求解气体放电过程中的粒子连续性方程，并结合有限差分法与超松弛迭代方法完成电场泊松方程的求解。

## 8.3.1 不同混合比 $SF_6/N_2/CO_2$ 气体放电特性

外加电压均为 43.6kV，两极板间距为 5mm，初始电子分布格式为高斯分布，通过计算分压比为 50%/49%/1%、50%/48%/2%、50%/47%/3%、50%/46%/4%、50%/45%/5%$SF_6/N_2/CO_2$ 气体的放电过程，探索分压比对混合气体放电特性的影响。

1. 电子崩与流注的发展

5 种不同混合比的混合气体均在 43.6kv 外加电压下，位于距负极板 1mm 处的初始电子在 $t$=0 时刻开始加速，向正极板方向运动，运动过程中发生碰撞电离，产生出更多的电子和正离子，附着过程产生负离子，而复合过程有产生中性分子。随着放电的持续发展三种粒子的密度均增加，当电子密度峰值增加到 $10^{18}m^{-3}$ 时为电子崩转变为流注的临界时间，不同分压比混合气体的电子崩转变为流注的临界时间点分别是 7、7.2、7.4、7.6、7.9ns，电子崩传播距离分别为 1.11、1.11、1.12、1.11、1.13mm。混合气体电子密度分布如图 8-35～图 8-39 所示。

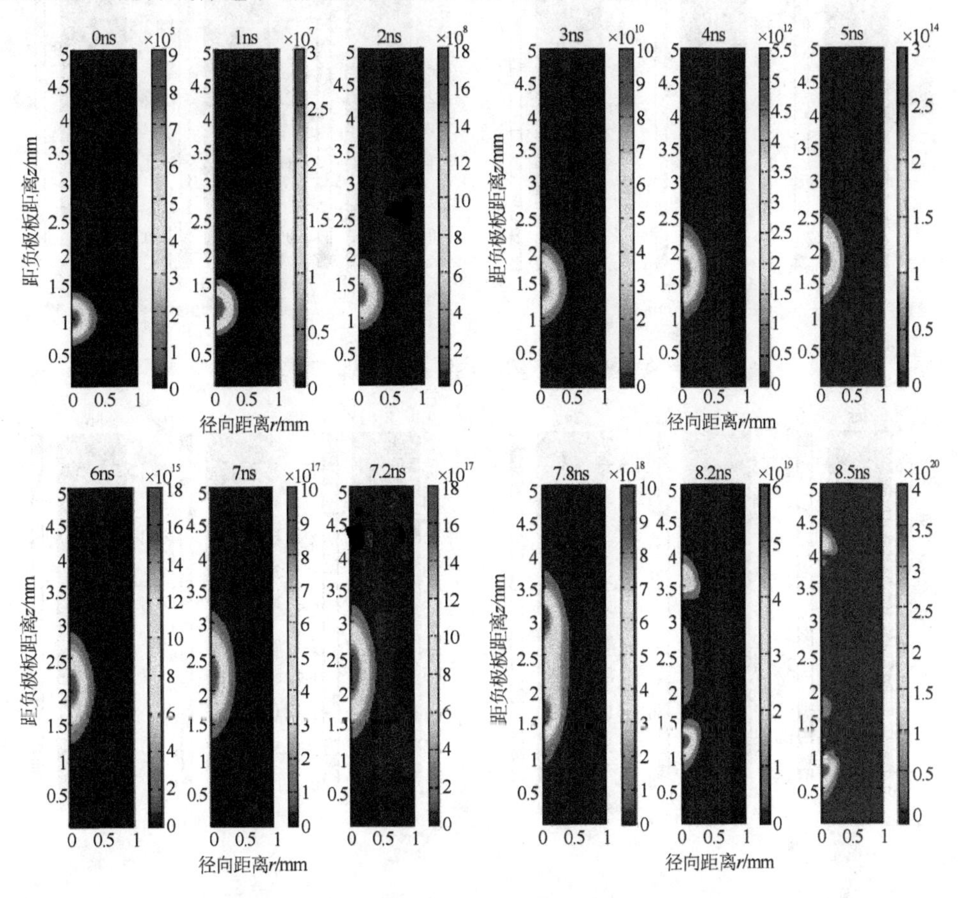


图 8-35　50%/49%/1%$SF_6/N_2/CO_2$ 电子密度分布

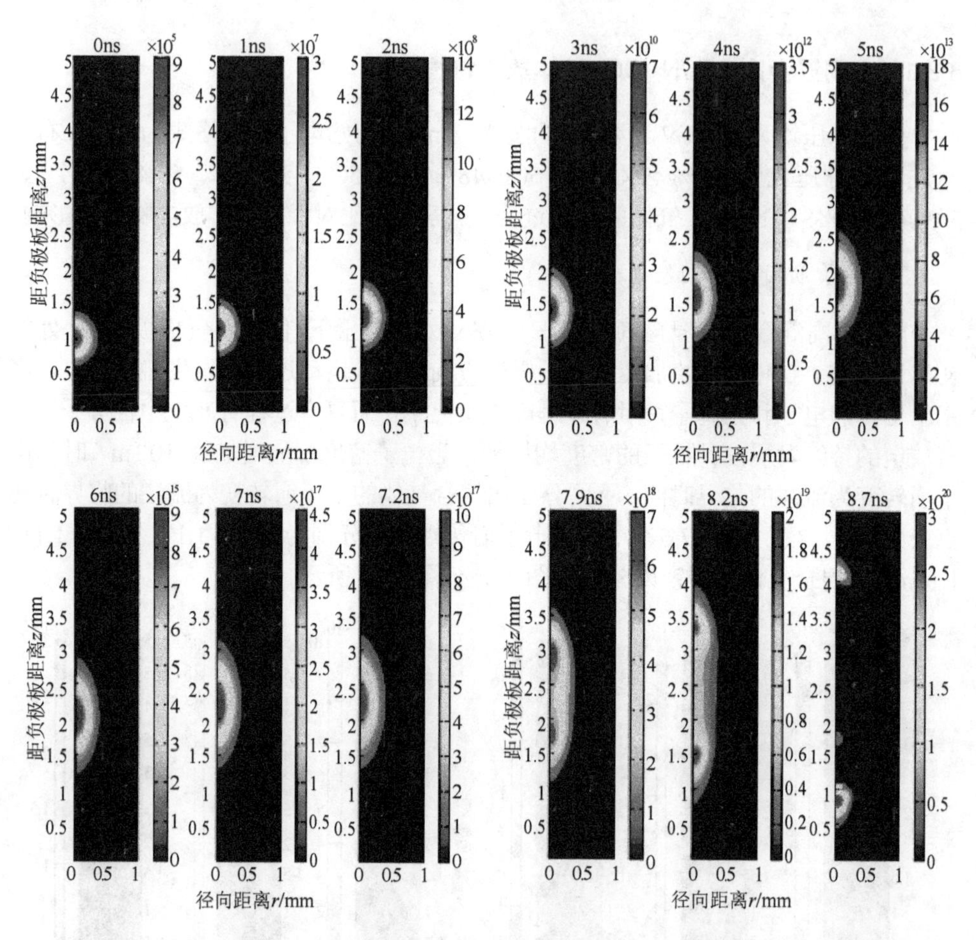


图 8-36　50%/48%/2%$SF_6$/$N_2$/$CO_2$ 电子密度分布

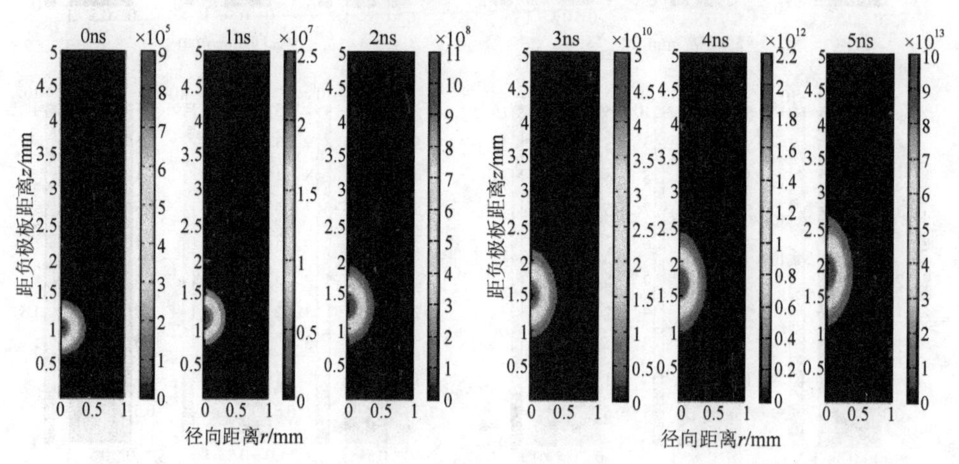

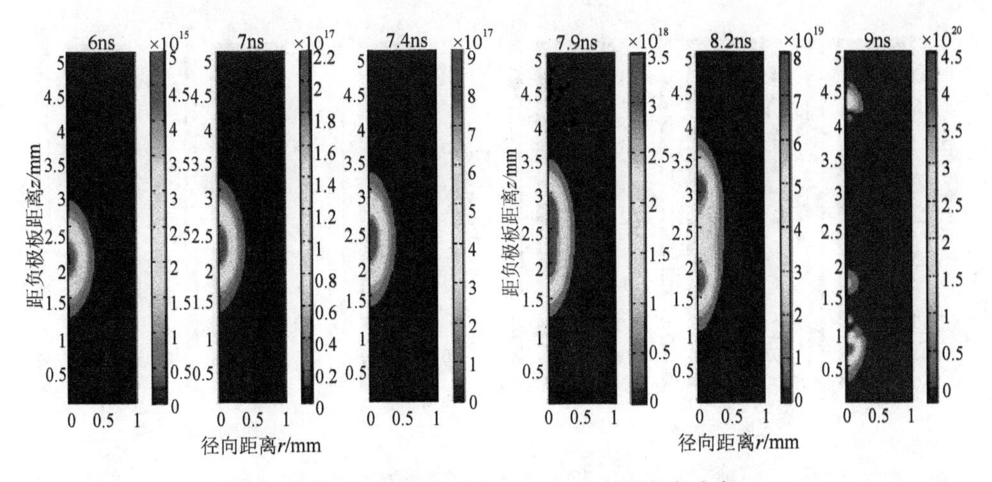


图 8-37　50%/47%/3%$SF_6/N_2/CO_2$ 电子密度分布

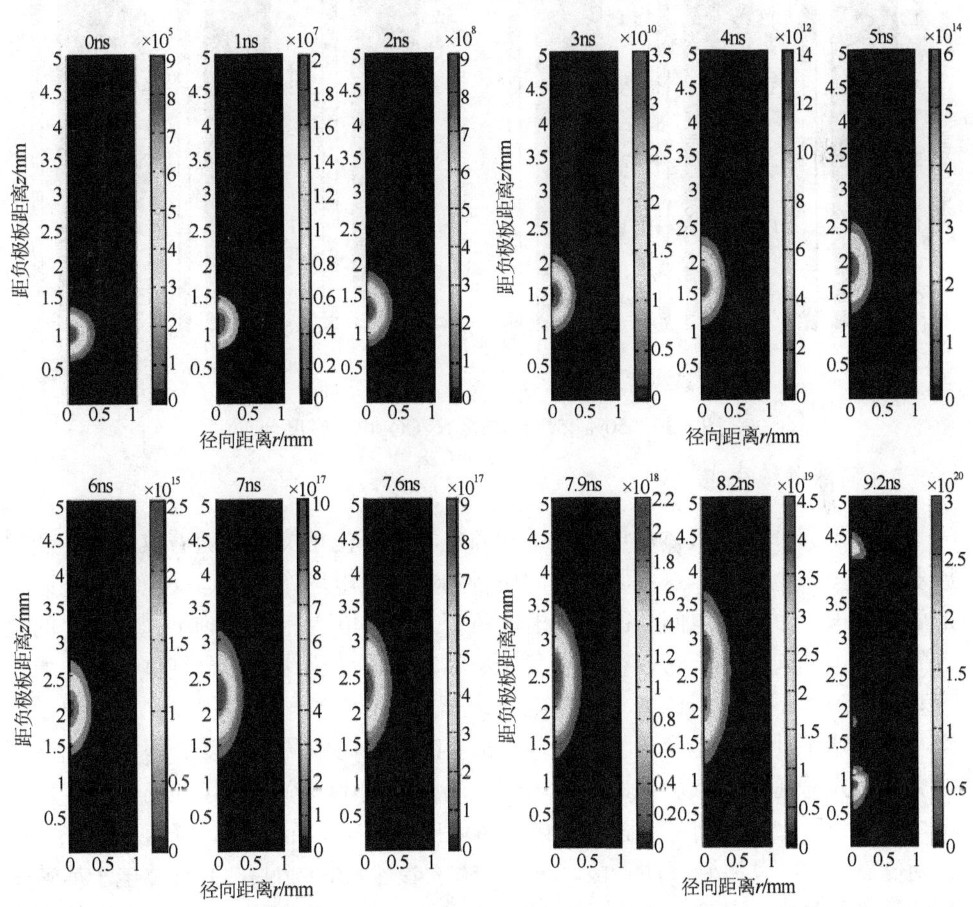


图 8-38　50%/46%/4%$SF_6/N_2/CO_2$ 电子密度分布

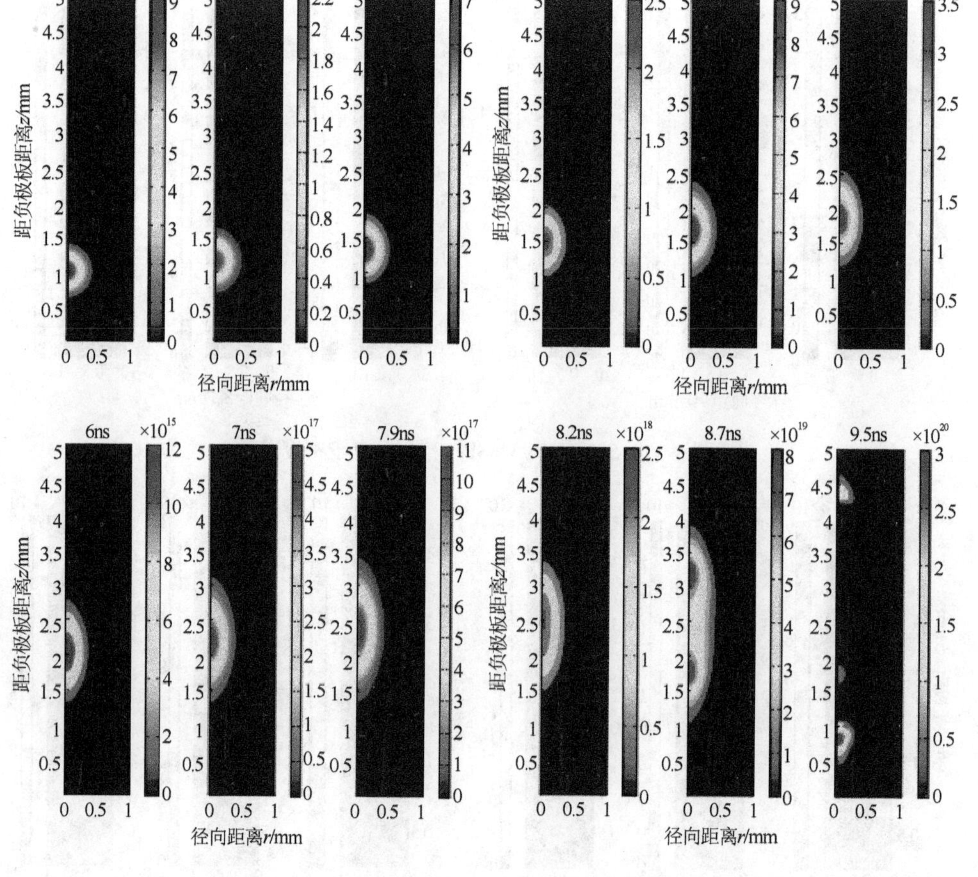

图 8-39　50%/45%/5%/$SF_6/N_2/CO_2$ 电子密度分布

2. 间隙电场分布

五种不同分压比气体放电过程中间隙电场的变化相类似，随着放电的持续发展不断产生带电粒子，这些具有不同质量的粒子在电场作用下运动速度也不同，形成空间电荷致使放电间隙的电场出现畸变。图 8-40 为不同时刻不同分压比的混合气体放电轴向电场分布，可得出在 1ns 时刻不同分压比的混合气体轴向电场强度基本一致，不同分压比的气体放电开始产生的带电粒子数目很少，其对电场的影响可忽略不计。在电子崩发展阶段，5ns 时刻轴向电场强度受分压比影响逐渐增大，$CO_2$ 分压比越大相同时刻下轴向电场强度越小，空间电场的畸变程度也越小，不同分压比的轴向电场强度的最小值均出现在 $z$=1.8mm 处，峰值出现在该位置两侧。当放电发展到流注阶段，7ns 为 50%/49%/1%$SF_6/N_2/CO_2$ 气体电子崩转变为流注临界时间，其余 4 种分压比的气体均处于电子崩发展阶段，场强的最小值均出现在 $z$=2.2mm 处，峰值依然出现在其两侧，轴向电场的波动程度最剧烈的是分压比 50%/49%/1%的 $SF_6/N_2/CO_2$。由于不同分压比的气体放电发展速度不同，7.9ns 为 50%/45%/5%$SF_6/N_2/CO_2$ 的电子崩转变为流注的临界时间，其轴向电场变化程度最小。50%/49%/1%的混合气体轴向电场的曲线上出现两个波峰和波谷。

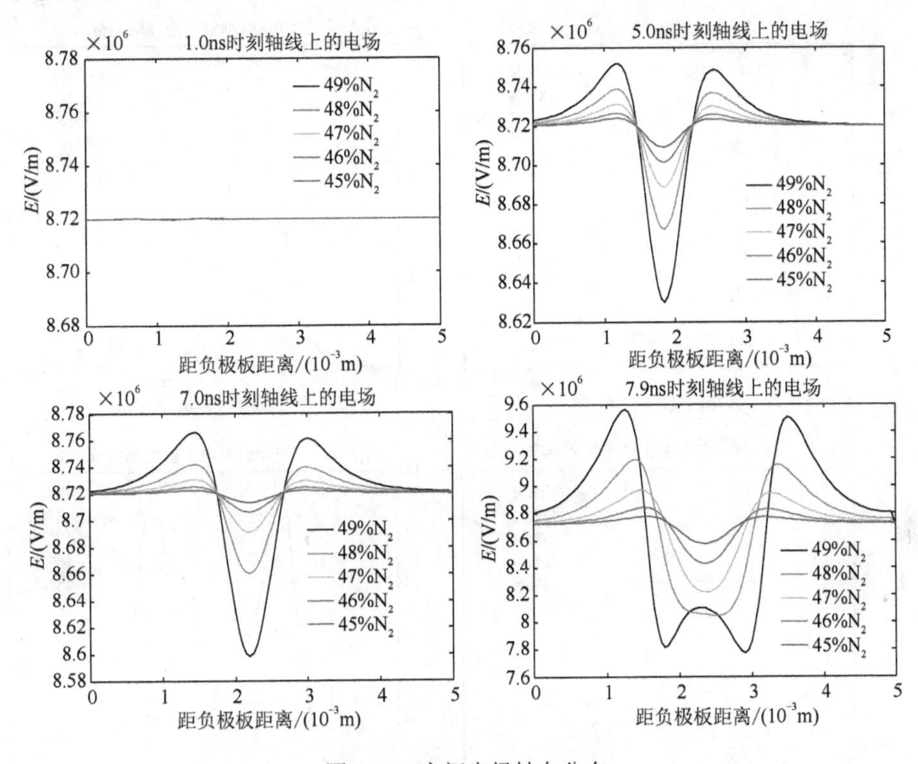


图 8-40　空间电场轴向分布

3. 间隙电荷分布

不同分压比的 $SF_6/N_2/CO_2$ 气体放电间隙电子、正离子和负离子密度轴向分布如图 8-41～图 8-43 所示。从图中可发现三种粒子的密度均随着放电的持续发展不断增加。从图 8-41 发现，1ns 时刻下不同分压比 $SF_6/N_2/CO_2$ 气体之间电子密度差距较小，放电初期电子与气体分子的碰撞电离程度较弱，电离产生的电子也较少，碰撞过程中同时产生正离子，电子附着到气体分子又产生负离子，混合气体中 $CO_2$ 的增加和 $N_2$ 的减少对碰撞电离过程与附着过程的影响也较小。5ns 时刻下不同分压比 $SF_6/N_2/CO_2$ 气体的电子密度峰值出现在 $z$=1.8mm 处，峰值依次是 $3.4\times10^{14}$、$1.9\times10^{14}$、$1.0\times10^{14}$、$0.6\times10^{14}$、$0.4\times10^{14}m^{-3}$，5ns 时刻分压比的影响明显大于 1ns 时刻，电子与气体分子的碰撞电离加剧，碰撞电离产生的电子也明显增加。电子密度峰值位置也随电子崩的发展向正极板运动，7ns 时刻电子密度峰值出现在 $z$=2.1mm 处，电子密度峰值为 $1.0\times10^{18}$、$4.9\times10^{17}$、$2.1\times10^{17}$、$1.0\times10^{17}$、$0.7\times10^{17}m^{-3}$。7.9ns 时刻电子密度峰值依次为 $1.5\times10^{19}$、$6.0\times10^{18}$、$4.1\times10^{18}$、$2.2\times10^{18}$、$1.0\times10^{18}m^{-3}$，

50%/49%/1%和 50%/48%/2%$SF_6/N_2/CO_2$ 的电子密度曲线出现两个尖峰，中间凹陷的现象是由于 7.9ns 时刻二者处于流注放电阶段，流注的头部和尾部电荷积聚，形成较强电场使得电离程度加剧不断产生电子的结果。

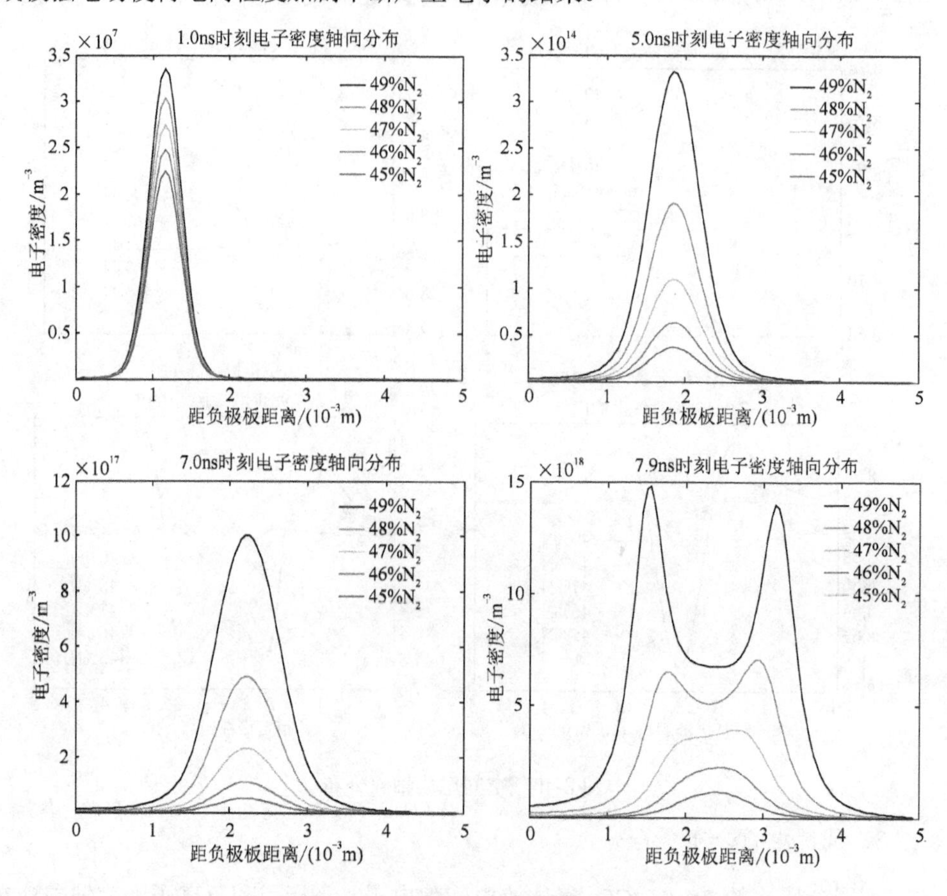


图 8-41　正离子密度轴向分布

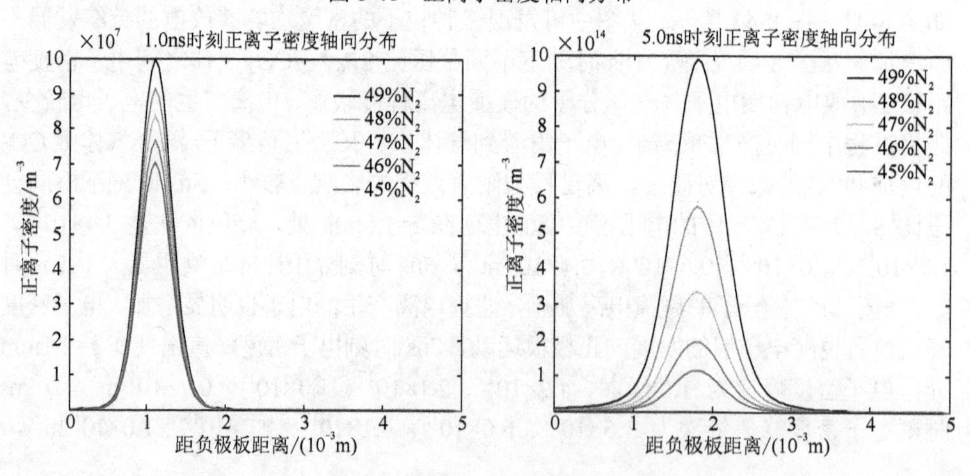

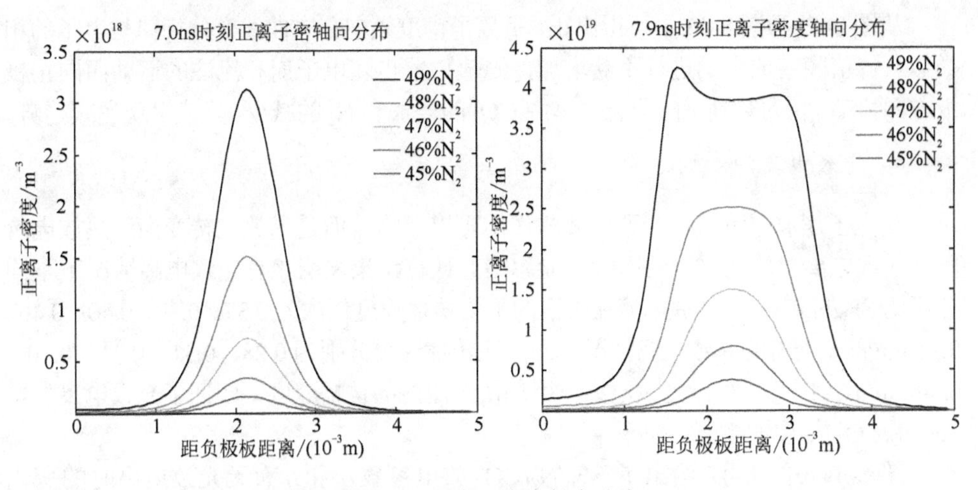


图 8-42　正离子密度轴向分布

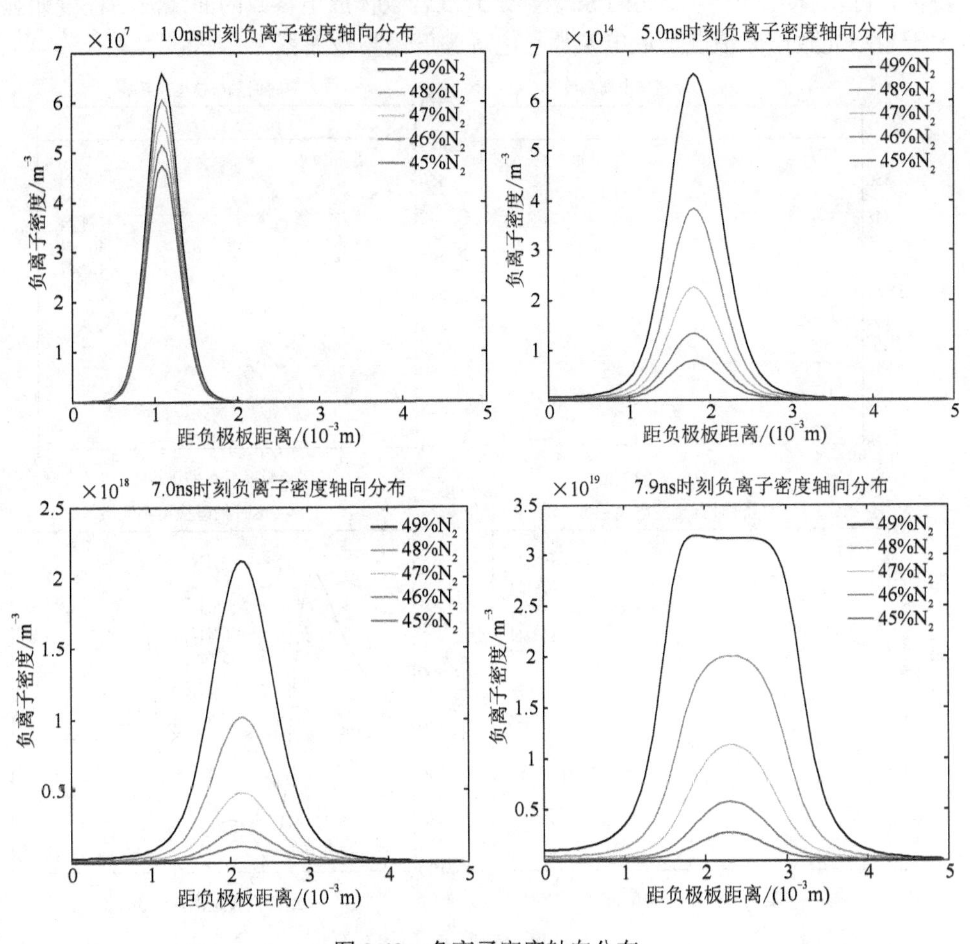


图 8-43　负离子密度轴向分布

从图 8-42 和图 8-43 中可得出正、负离子密度轴向分布曲线变化规律与电子的相类似。峰值随着放电的进行不断增加，峰值位置也随电子崩和流注的运动而向正极板方向移动。相同时刻下随混合气体中 $CO_2$ 的增加和 $N_2$ 的减少，峰值呈现递减趋势。

4. 光致电离的影响

在电子崩放电阶段，光致电离的作用可以忽略。但是当放电转变为流注放电阶段，光致电离对放电过程的影响不能忽略。计算结果表明，有光致电离情况下不同分压比 $SF_6/N_2/CO_2$ 气体放电流注阶段的平均传播速度依次为 0.37、0.39、0.40、0.40、0.41mm/ns，而忽略光致电离情况下的流注传播速度分别为 0.28、0.31、0.31、0.30、0.30mm/ns。由此可见，光致电离作用加快了流注的传播速度，印证了光致电离加剧 $SF_6/N_2/CO_2$ 放电发展理论推断。

图 8-44～图 8-47 给出了 $SF_6/N_2/CO_2$ 放电参数 $\alpha$ 和 $\eta$ 有无光致电离时的变化特征，可以看出同一分压比的 $SF_6/N_2/CO_2$ 混合气体放电参数的曲线波动程度明显大于忽略光致电离情况，放电参数与电场强度呈指数关系。

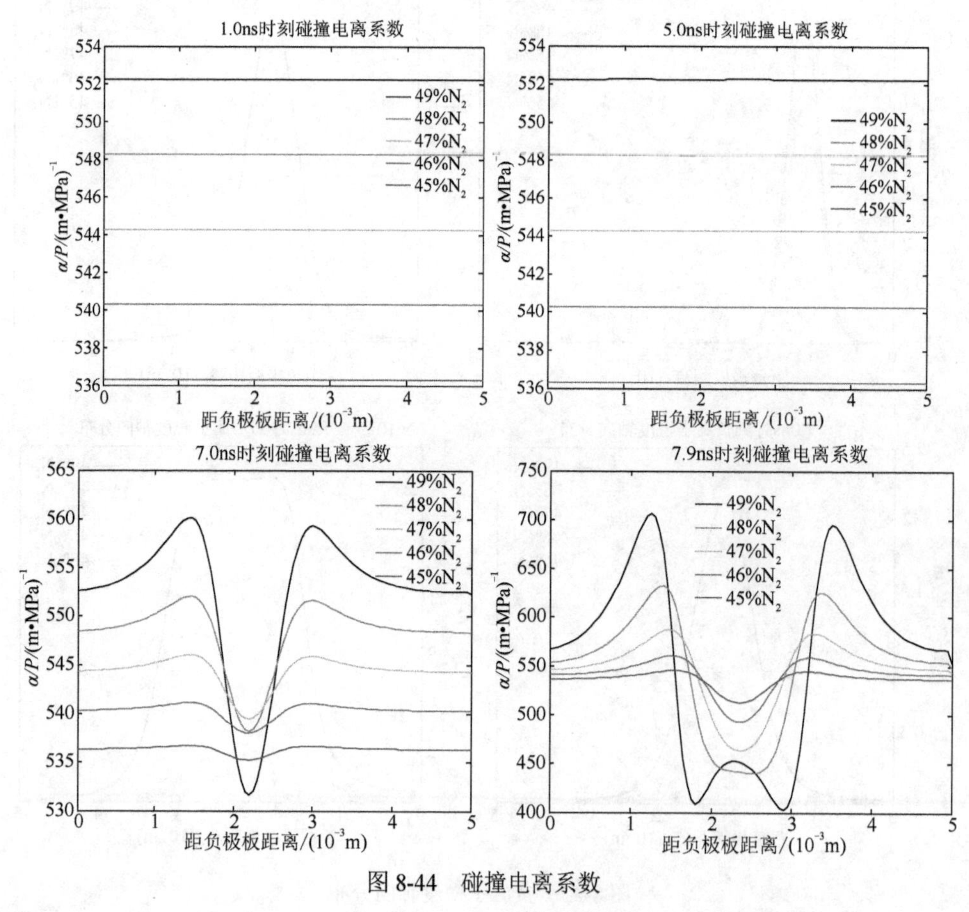


图 8-44 碰撞电离系数

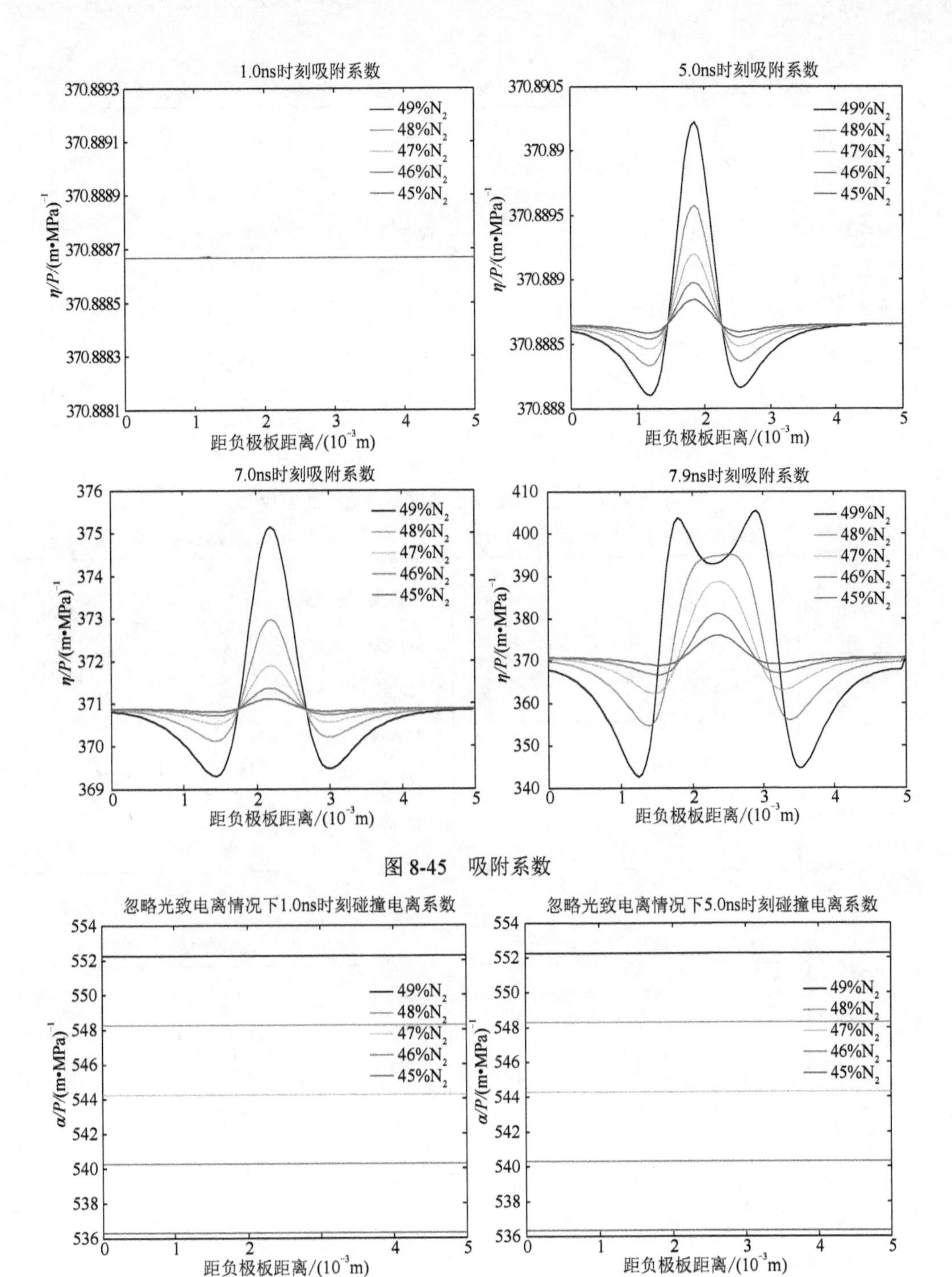
1.0ns时刻吸附系数
5.0ns时刻吸附系数
7.0ns时刻吸附系数
7.9ns时刻吸附系数
49%N2
48%N2
47%N2
46%N2
45%N2
η/P/(m•MPa)-1
距负极板距离/(10-3m)
忽略光致电离情况下1.0ns时刻碰撞电离系数
忽略光致电离情况下5.0ns时刻碰撞电离系数
α/P/(m•MPa)-1

图 8-45 吸附系数

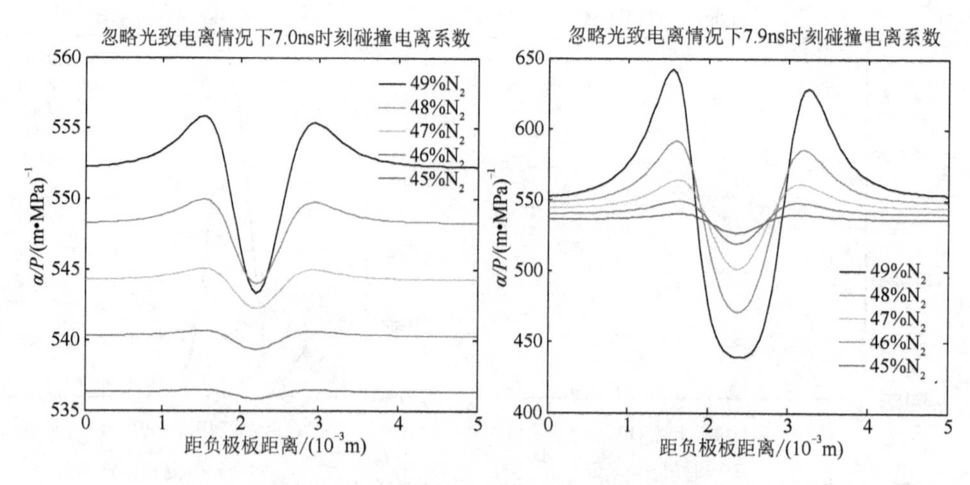


图 8-46 忽略光致电离情况下碰撞电离系数

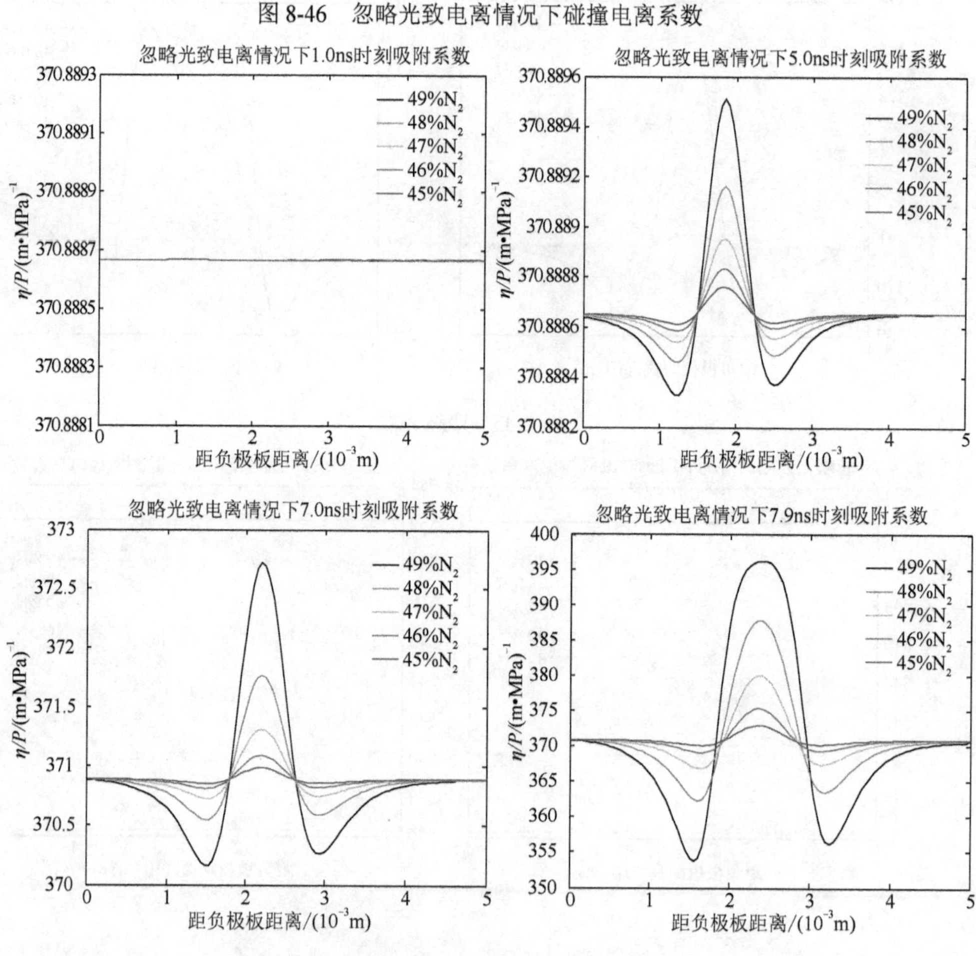


图 8-47 忽略光致电离情况下的吸附系数

有无光致电离的间隙电流曲线如图 8-48 所示，从图 4-48 中可很直观地看出考虑光致电离作用的间隙电流明显大于忽略光致电离的情况。从图 8-48 中可以看出，电流随分压比的变化规律与电子、正负离子密度的变化规律类似。由于混合气体中 $CO_2$ 与 $N_2$ 含量的变化，放电过程中相同时刻下不同分压比 $SF_6/N_2/CO_2$ 的电子和正负离子数发生变化，所以间隙电流也随之改变。

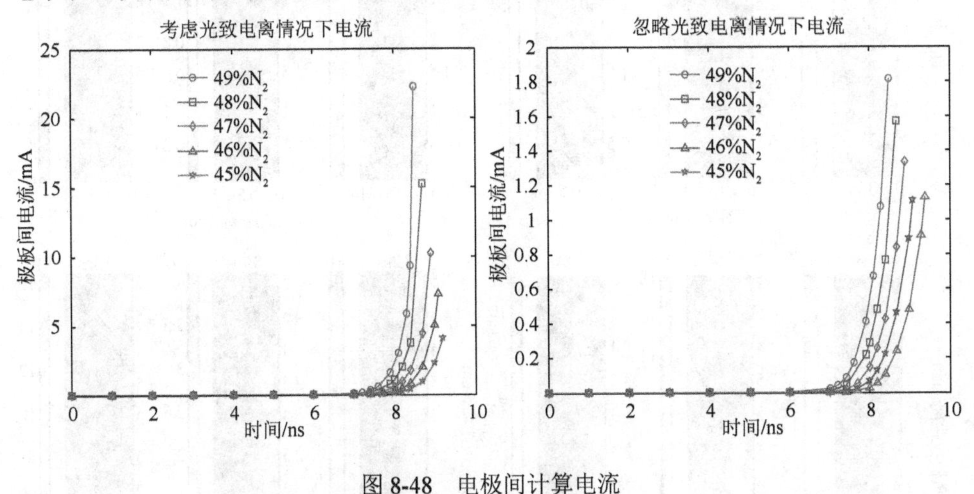


图 8-48　电极间计算电流

### 8.3.2　0.2～0.6MPa 下 $SF_6/N_2/CO_2$ 放电特性

在实际的工程应用中，绝缘气体工作压强为 0.4～0.6MPa。因此分析 0.2～0.6MPa 压力范围的 50%/49%/1%$SF_6/N_2/CO_2$ 气体放电过程具有实际参考价值。

与 3.1 节中计算模型相同，压强为 0.4Mpa 时，外加电压为 51.8kV，电极间距为 5mm，放电间隙中充满 50%/49%/1%$SF_6/N_2/CO_2$ 气体，高斯分布的初始电子位于距负极板 1.5mm 处，密度为 $10^6 m^{-3}$，环境温度为 20℃。

1. 电子崩与流注的发展

图 8-49 所示为不同时刻下电子密度分布，在外电场的作用下，种子电子从 $z$=1.5mm 处加速开始向正极运动，随着电子的不断增加形成了电子崩，电子崩继续发展成为流注，最终形成贯穿两极板的放电通道。从图 8-49 中可看出初始电子向正极板方向运动，在 2ns 时 $z$=1.75mm 位置处出现电子密度峰值 $1.0\times10^9 m^{-3}$，5ns 时刻其峰值是 $8.2\times10^{13} m^{-3}$，峰值出现在距负极板 2.1mm 处，7.5ns 时刻峰值增加到 $1.1\times10^{18} m^{-3}$，此时电子崩转变为流注放电阶段，流注放电持续发展直至 9.3ns 时刻，形成贯穿电极的放电通道，流注的头部与尾部电子密度最大分别为 $3.5\times10^{20} m^{-3}$ 和 $5.9\times10^{20} m^{-3}$。从图 8-50 中也可清晰地看出气体放电过程中电子崩和流注的发展。

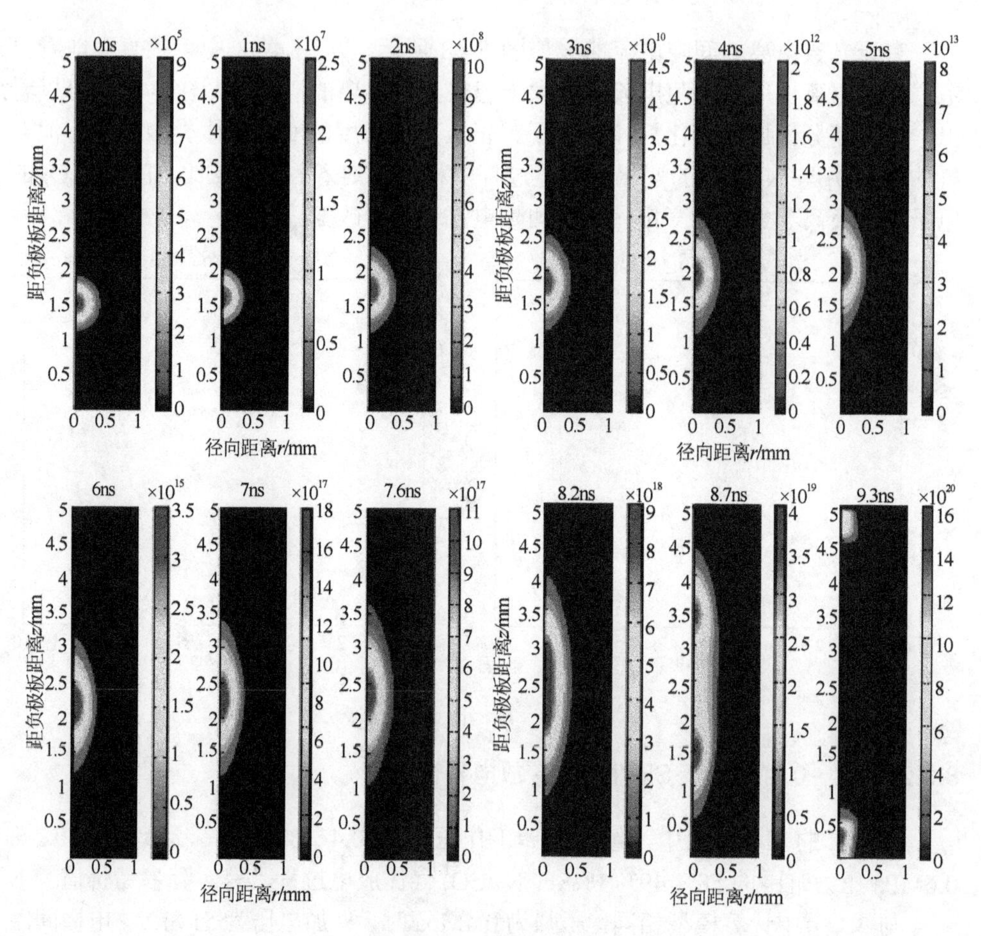
0ns
1ns
2ns
3ns
4ns
5ns
6ns
7ns
7.6ns
8.2ns
8.7ns
9.3ns
距负极板距离z/mm
径向距离r/mm

图 8-49　电子密度分布

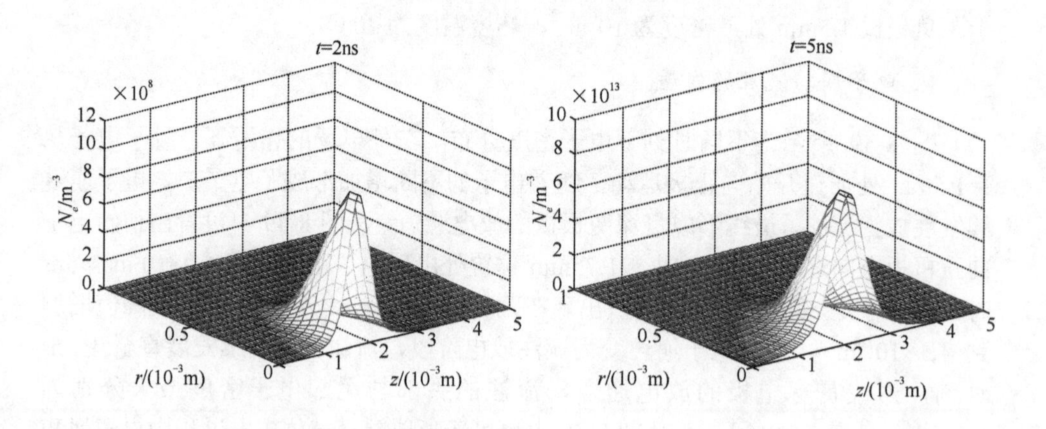
t=2ns
t=5ns
$N_e$/m$^{-3}$
r/(10$^{-3}$m)
z/(10$^{-3}$m)

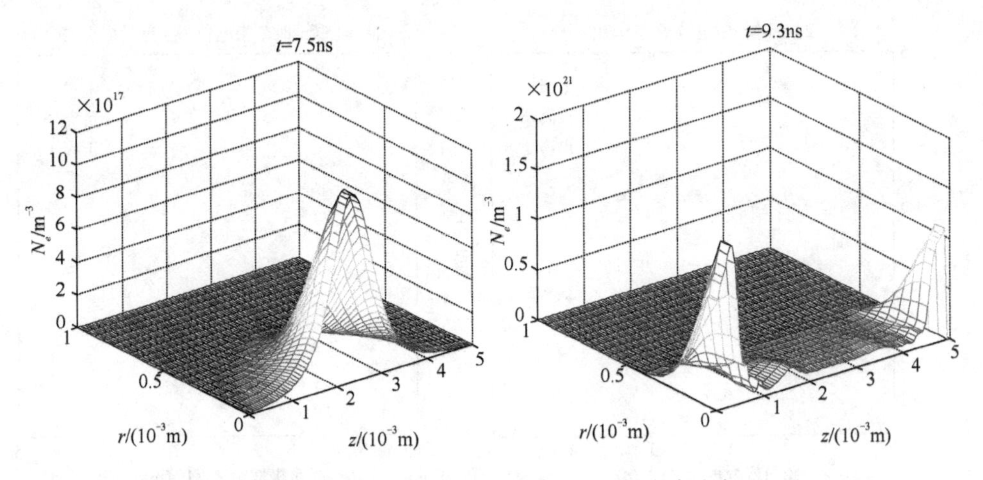


图 8-50　电子崩转变为流注过程时电子密度分布

2. 间隙电荷分布

从图 8-51 中可得出放电初始阶段，在 2ns 时电子密度峰值为 $1.08\times10^9\text{m}^{-3}$，正负离子的密度峰值分别是 $2.36\times10^9\text{m}^{-3}$ 和 $1.26\times10^9\text{m}^{-3}$，5ns 时刻电子和正负离子密度峰值分别为 $8.88\times10^{13}$、$1.91\times10^{14}$、$1.02\times10^{14}\text{m}^{-3}$，且峰值均出现在 $z$=2.1mm 位置处，7.5ns 时刻下带电粒子密度峰值顺序依然是正离子、负离子、电子，峰值依次为 $2.51\times10^{18}$、$1.44\times10^{18}$、$1.11\times10^{18}\text{m}^{-3}$，8.7ns 时电子和正负离子密度峰值分别为 $4.27\times10^{19}$、$8.93\times10^{19}$、$5.63\times10^{19}\text{m}^{-3}$。从图 8-52 中可看出电子崩阶段 2ns 时刻的空间电场分布均匀，畸变程度很小，随着放电的持续发展，在 5ns 时刻，间隙电场畸变程度明显加剧。当 7.5ns 时刻间隙放电由电子崩转变为流注放电，可看出间隙电场畸变程度明显大于 5ns 时刻的电场畸变程度。在流注阶段，随着带电粒子的不断增加，而粒子形成的空间电荷场强度不断增加，导致了放电间隙空间电场的畸变程度加剧，8.7ns 时刻空间电场的畸变程度远大于 7.5ns，且流注的头部和尾部电场强度大于中间部位的电场，带电粒子在流注两端的积聚导致两端的空间电场强度不断增强，同时也加剧了流注两端部位的碰撞电离程度，加快了流注的发展和传播速度。

3. 光致电离的影响

光致电离对 50%/49%/1%$SF_6/N_2/CO_2$ 混合气体的间隙放电影响很明显，如图 8-53～图 8-56 所示。

由图 8-53 可知 2ns 时刻有无光致电离的电子密度峰值为 $1.1\times10^9\text{m}^{-3}$ 和 $5.1\times10^8\text{m}^{-3}$。电子崩放电阶段随着放电的发展光致电离影响加剧，5ns 时刻二者电子密度峰值差值为 $7.8\times10^{13}\text{m}^{-3}$，流注阶段的 7.5ns 时刻与 8.7ns 时刻的电子密度差值分别为 $1.1\times10^{18}\text{m}^{-3}$ 和 $4.1\times10^{19}\text{m}^{-3}$，相同时刻有无光致电离的轴向电子密度分布差距随着放电的持续发展越来越大，尤其是在流注阶段二者差距更为明显。

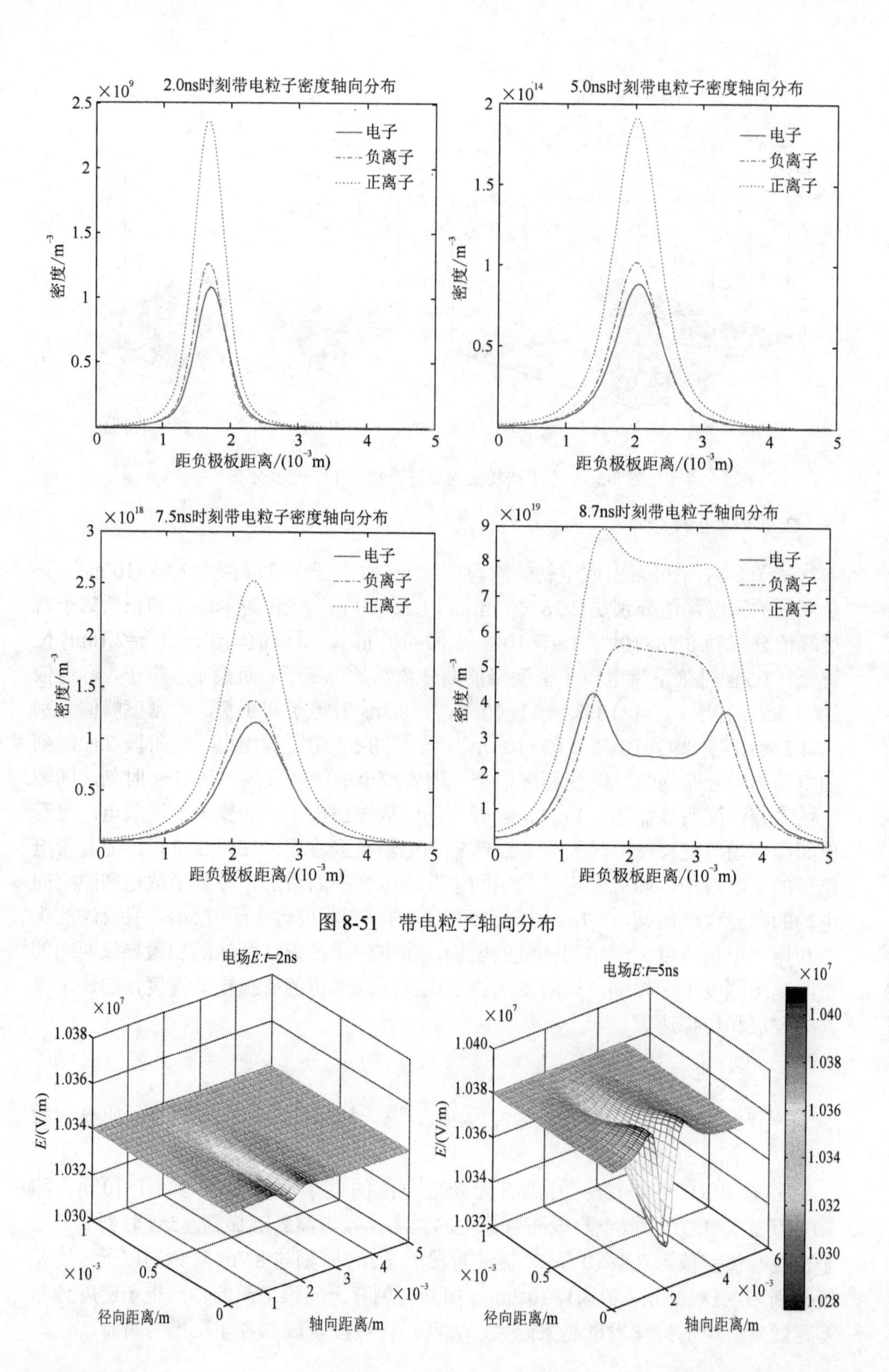


图 8-51 带电粒子轴向分布

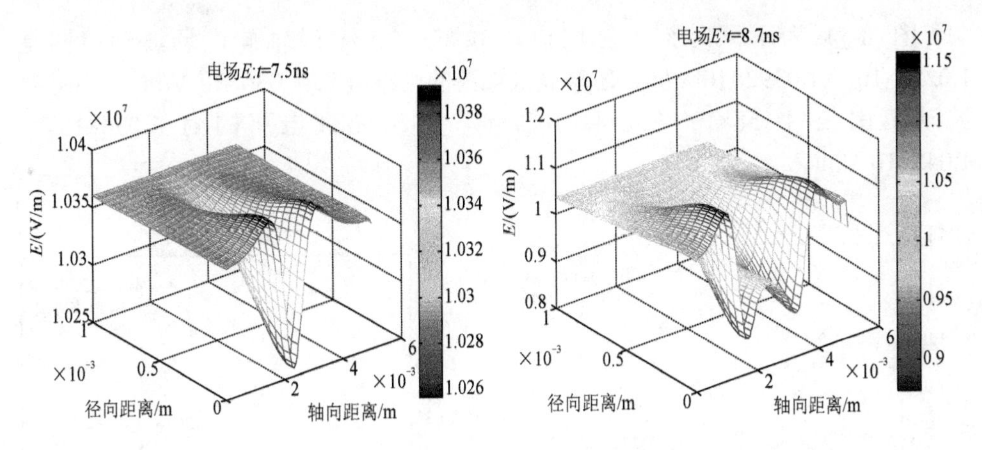


图 8-52　空间电场分布

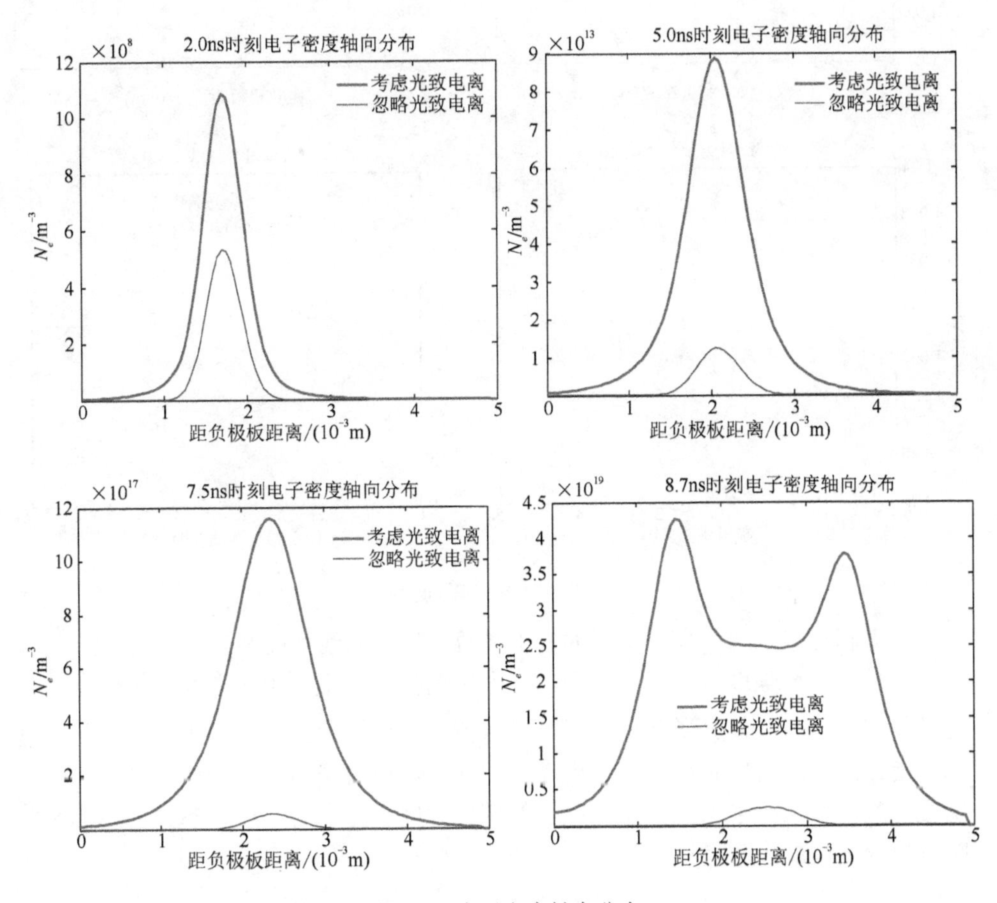


图 8-53　电子密度轴向分布

图 8-54 为不同时刻下轴向电场分布。7.5ns 时轴向电场波动范围是 $1.0257\times10^7$～$1.0392\times10^7$V/m，忽略光致电离的则维持在 $1.036\times10^7$V/m，8.7ns 时波动范围是 $1.158\times10^7$～$8.742\times10^6$V/m，忽略光致电离的为 $1.036\times10^7$～$1.045\times10^7$V/m。

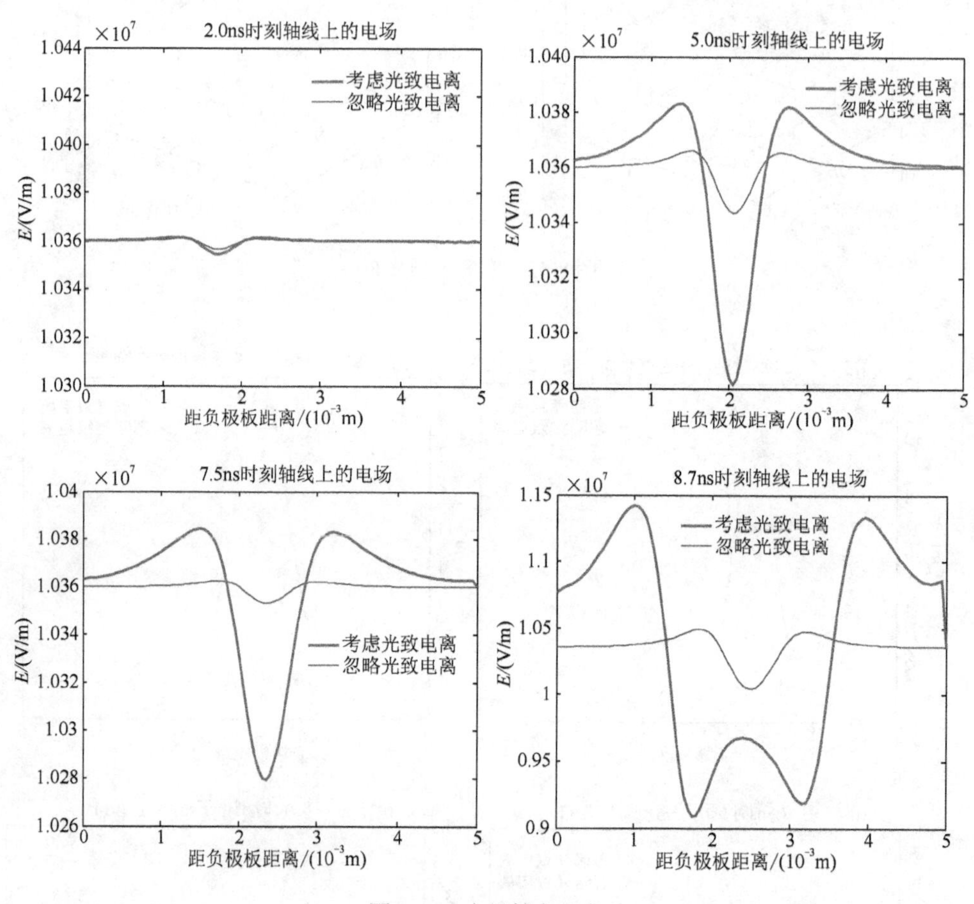


图 8-54　电场轴向分布

考虑和忽略光致电离情况下的放电参数 $\alpha$ 与 $\eta$ 曲线如图 8-55 和图 8-56 所示。$\alpha$ 和 $\eta$ 是以电场强度为变量的函数，光致电离作用产生的电子，在流注两端的强电场作用下，与气体分子碰撞加强，导致更多的电子和正离子产生，同时气体分子对电子的吸附形成负离子，带电粒子数增加，使得带电粒子形成的空间电荷场增强，放电参数随之增大，空间电场的畸变程度也更显著，放电参数曲线的波动幅度也变得更加显著。

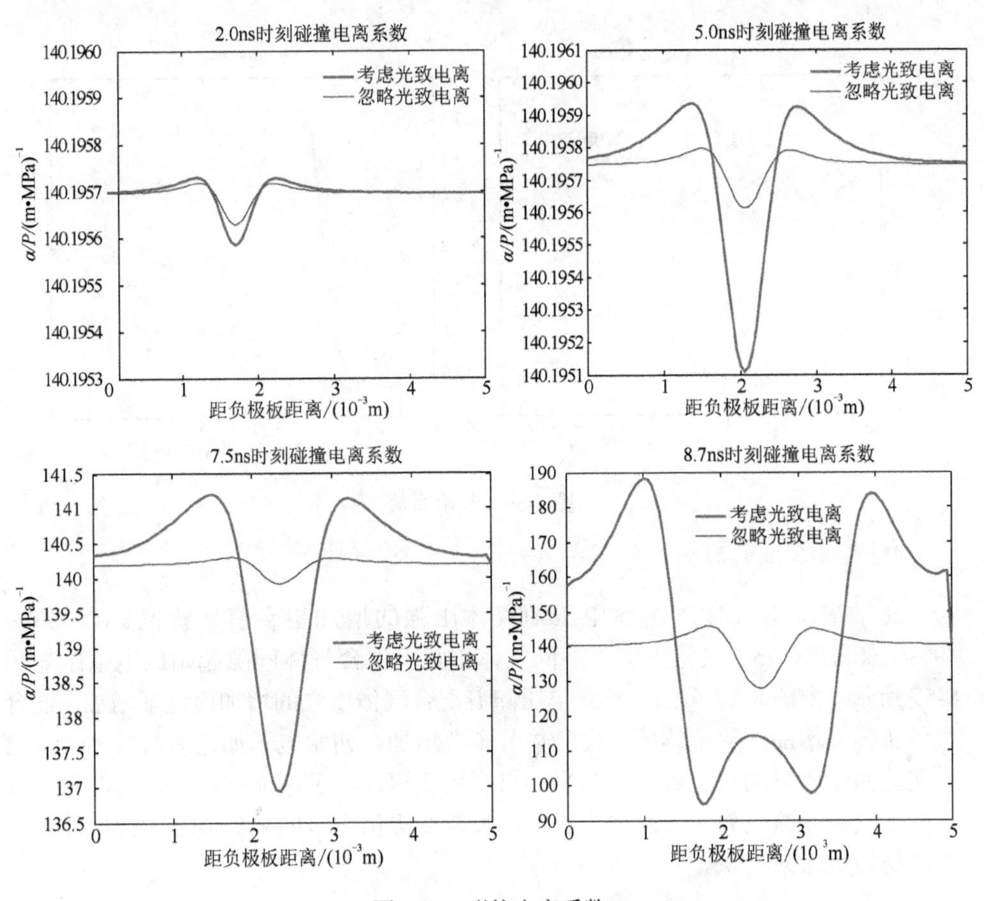
2.0ns时刻碰撞电离系数
考虑光致电离
忽略光致电离
α/P/(m•MPa)⁻¹
距负极板距离/(10⁻³m)
5.0ns时刻碰撞电离系数
考虑光致电离
忽略光致电离
α/P/(m•MPa)⁻¹
距负极板距离/(10⁻³m)
7.5ns时刻碰撞电离系数
考虑光致电离
忽略光致电离
α/P/(m•MPa)⁻¹
距负极板距离/(10⁻³m)
8.7ns时刻碰撞电离系数
考虑光致电离
忽略光致电离
α/P/(m•MPa)⁻¹
距负极板距离/(10⁻³m)

图 8-55　碰撞电离系数

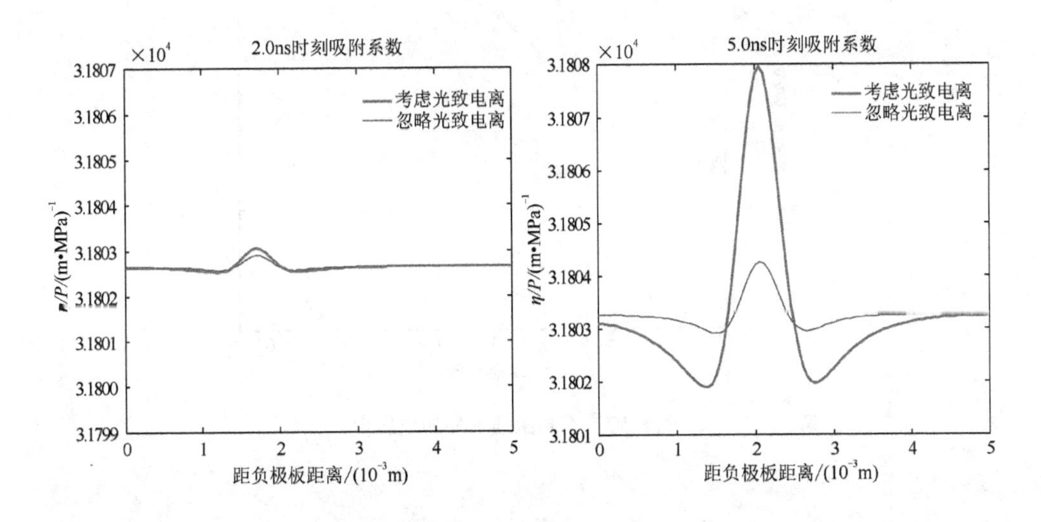
2.0ns时刻吸附系数
×10⁴
考虑光致电离
忽略光致电离
距负极板距离/(10⁻³m)
5.0ns时刻吸附系数
×10⁴
考虑光致电离
忽略光致电离
η/P/(m•MPa)⁻¹
距负极板距离/(10⁻³m)

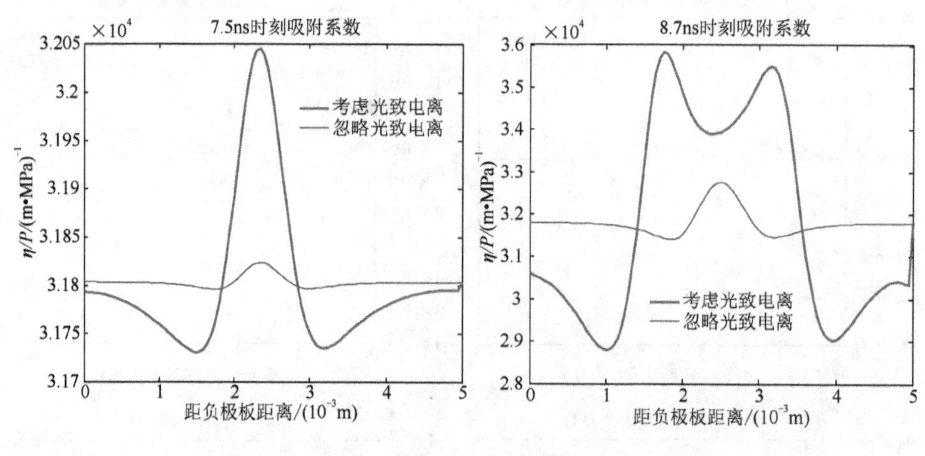


图 8-56 吸附系数

4. 气体压强的影响

通常情况下气体的击穿电压随气体压强的增加也会有所提高。以 50%/49%/1%$SF_6/CO_2/N_2$ 气体为例，不同气体压强下混合气体间隙起始放电电压如图 8-57 所示。由图 8-57 可知，外施电压随着混合气体压强的增加而逐渐增加。混合气体压强的增加导致单位体积内气体分子数增加，初始电子加速后与气体分子发生碰撞的概率增加，导致电子的平均自由程变短，电子不能够获得足够能量与气体分子发生碰撞电离。因此发生碰撞电离需要提供更多的外界能量，外界能量由提高施加电压来实现。

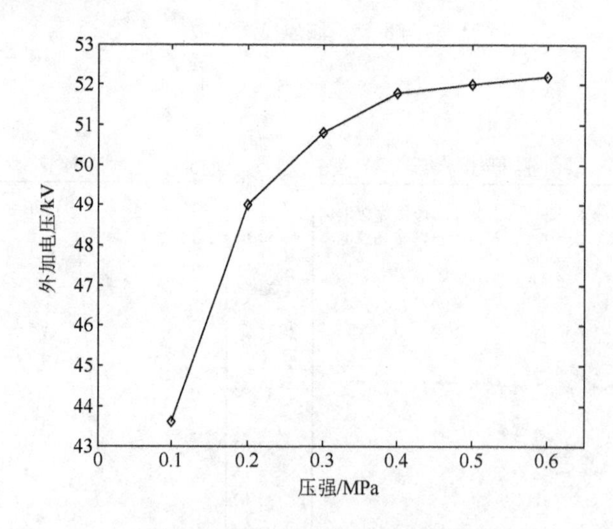


图 8-57 不同压强下外加电压值

对混合气体 $SF_6/N_2/CO_2$ 施加相同电压 52.2kV，图 8-58 为不同压强下混合气体的电子崩转变为流注的临界时间与击穿时间。0.1MPa 下混合气体的电子密度达到 $10^{18}m^{-3}$ 和发生击穿时间明显早于其他压强值的情况。由于施加的电压相同，电子获得的初始加速度一致，随着混合气体压强的增加，单位体积内的气体分子数也相应增加，虽然增加与气体分子发生碰撞的概率，发生有效碰撞的概率降低了。

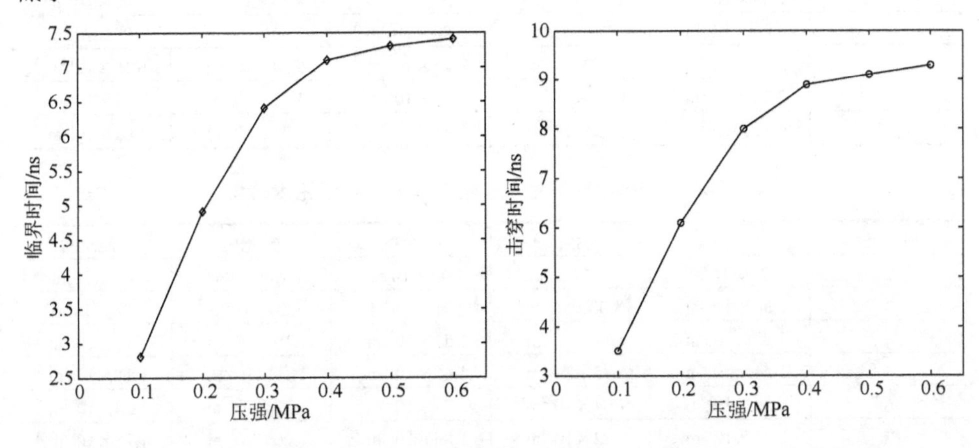


图 8-58　不同压强下的临界时间与击穿时间

对不同压强下 $SF_6/N_2/CO_2$ 混合气体施加相同电压 49kV，获得的不同时刻下电子、正离子和负离子密度峰值如表 8-1～表 8-3 所示。从表中得出相同压强下相同时刻的电子密度最小，正离子密度最大，电子、正离子和负离子密度的大小关系与之前所述的结果一致。

表 8-1　0.2～0.6MPa 下放电过程中电子密度峰值

| 时间/ns | 0.2MPa | 0.3MPa | 0.4MPa | 0.5MPa | 0.6MPa |
|---|---|---|---|---|---|
| 2 | $1.14\times10^{9}m^{-3}$ | $1.20\times10^{8}m^{-3}$ | $7.17\times10^{7}m^{-3}$ | $6.43\times10^{7}m^{-3}$ | $6.41\times10^{7}m^{-3}$ |
| 3 | $4.93\times10^{10}m^{-3}$ | $1.58\times10^{9}m^{-3}$ | $7.30\times10^{8}m^{-3}$ | $6.24\times10^{8}m^{-3}$ | $6.22\times10^{8}m^{-3}$ |
| 4 | $2.17\times10^{12}m^{-3}$ | $2.14\times10^{10}m^{-3}$ | $7.60\times10^{9}m^{-3}$ | $6.24\times10^{9}m^{-3}$ | $6.15\times10^{9}m^{-3}$ |
| 5 | $9.71\times10^{13}m^{-3}$ | $2.96\times10^{11}m^{-3}$ | $8.06\times10^{10}m^{-3}$ | $6.36\times10^{10}m^{-3}$ | $6.21\times10^{10}m^{-3}$ |
| 6 | $4.40\times10^{15}m^{-3}$ | $4.12\times10^{12}m^{-3}$ | $8.66\times10^{11}m^{-3}$ | $6.58\times10^{11}m^{-3}$ | $6.37\times10^{11}m^{-3}$ |
| 7 | $1.98\times10^{17}m^{-3}$ | $5.81\times10^{13}m^{-3}$ | $9.42\times10^{12}m^{-3}$ | $6.93\times10^{12}m^{-3}$ | $6.61\times10^{12}m^{-3}$ |
| 7.5 | $1.22\times10^{18}m^{-3}$ | $2.19\times10^{14}m^{-3}$ | $3.11\times10^{13}m^{-3}$ | $2.26\times10^{13}m^{-3}$ | $2.14\times10^{13}m^{-3}$ |
| 8.2 | $8.55\times10^{18}m^{-3}$ | $1.41\times10^{15}m^{-3}$ | $1.67\times10^{14}m^{-3}$ | $1.18\times10^{14}m^{-3}$ | $1.11\times10^{14}m^{-3}$ |
| 8.7 | $4.62\times10^{18}m^{-3}$ | $5.32\times10^{15}m^{-3}$ | $5.55\times10^{14}m^{-3}$ | $3.88\times10^{14}m^{-3}$ | $3.61\times10^{14}m^{-3}$ |

表 8-2　0.2～0.6MPa 下放电过程中正离子密度峰值

| 时间/ns | 0.2MPa | 0.3MPa | 0.4MPa | 0.5MPa | 0.6MPa |
|---|---|---|---|---|---|
| 2 | $2.85\times10^{9}m^{-3}$ | $3.54\times10^{8}m^{-3}$ | $2.15\times10^{8}m^{-3}$ | $1.90\times10^{8}m^{-3}$ | $1.85\times10^{8}m^{-3}$ |
| 3 | $1.23\times10^{11}m^{-3}$ | $4.66\times10^{9}m^{-3}$ | $2.20\times10^{9}m^{-3}$ | $1.83\times10^{9}m^{-3}$ | $1.78\times10^{9}m^{-3}$ |
| 4 | $5.42\times10^{12}m^{-3}$ | $6.32\times10^{10}m^{-3}$ | $2.27\times10^{10}m^{-3}$ | $1.80\times10^{10}m^{-3}$ | $1.77\times10^{10}m^{-3}$ |
| 5 | $2.42\times10^{14}m^{-3}$ | $8.68\times10^{11}m^{-3}$ | $2.41\times10^{11}m^{-3}$ | $1.81\times10^{11}m^{-3}$ | $1.80\times10^{11}m^{-3}$ |
| 6 | $1.09\times10^{16}m^{-3}$ | $1.21\times10^{13}m^{-3}$ | $2.58\times10^{12}m^{-3}$ | $1.85\times10^{12}m^{-3}$ | $1.84\times10^{12}m^{-3}$ |
| 7 | $4.91\times10^{17}m^{-3}$ | $1.70\times10^{14}m^{-3}$ | $2.80\times10^{13}m^{-3}$ | $1.92\times10^{13}m^{-3}$ | $1.89\times10^{13}m^{-3}$ |
| 7.5 | $3.15\times10^{18}m^{-3}$ | $6.39\times10^{14}m^{-3}$ | $9.25\times10^{13}m^{-3}$ | $6.20\times10^{13}m^{-3}$ | $6.15\times10^{13}m^{-3}$ |
| 8.2 | $2.55\times10^{19}m^{-3}$ | $4.10\times10^{15}m^{-3}$ | $4.96\times10^{14}m^{-3}$ | $3.22\times10^{14}m^{-3}$ | $3.12\times10^{14}m^{-3}$ |
| 8.7 | $9.51\times10^{19}m^{-3}$ | $1.55\times10^{16}m^{-3}$ | $1.65\times10^{15}m^{-3}$ | $1.05\times10^{15}m^{-3}$ | $1.02\times10^{15}m^{-3}$ |

表 8-3　0.2～0.6MPa 下放电过程中负离子密度峰值

| 时间/ns | 0.2MPa | 0.3MPa | 0.4MPa | 0.5MPa | 0.6MPa |
|---|---|---|---|---|---|
| 2 | $1.70\times10^{9}m^{-3}$ | $2.33\times10^{8}m^{-3}$ | $1.43\times10^{8}m^{-3}$ | $1.25\times10^{8}m^{-3}$ | $1.20\times10^{8}m^{-3}$ |
| 3 | $7.34\times10^{10}m^{-3}$ | $3.08\times10^{9}m^{-3}$ | $1.46\times10^{9}m^{-3}$ | $1.20\times10^{9}m^{-3}$ | $1.16\times10^{9}m^{-3}$ |
| 4 | $3.23\times10^{12}m^{-3}$ | $4.17\times10^{10}m^{-3}$ | $1.51\times10^{10}m^{-3}$ | $1.19\times10^{10}m^{-3}$ | $1.15\times10^{10}m^{-3}$ |
| 5 | $1.44\times10^{14}m^{-3}$ | $5.72\times10^{11}m^{-3}$ | $1.60\times10^{11}m^{-3}$ | $1.19\times10^{11}m^{-3}$ | $1.17\times10^{11}m^{-3}$ |
| 6 | $6.50\times10^{15}m^{-3}$ | $7.94\times10^{12}m^{-3}$ | $1.71\times10^{12}m^{-3}$ | $1.22\times10^{12}m^{-3}$ | $1.20\times10^{12}m^{-3}$ |
| 7 | $2.95\times10^{17}m^{-3}$ | $1.12\times10^{14}m^{-3}$ | $1.86\times10^{13}m^{-3}$ | $1.26\times10^{13}m^{-3}$ | $1.25\times10^{13}m^{-3}$ |
| 7.5 | $1.92\times10^{18}m^{-3}$ | $4.20\times10^{14}m^{-3}$ | $6.13\times10^{13}m^{-3}$ | $4.09\times10^{13}m^{-3}$ | $4.06\times10^{13}m^{-3}$ |
| 8.2 | $1.83\times10^{19}m^{-3}$ | $2.69\times10^{15}m^{-3}$ | $3.28\times10^{14}m^{-3}$ | $2.14\times10^{14}m^{-3}$ | $2.11\times10^{14}m^{-3}$ |
| 8.7 | $6.06\times10^{19}m^{-3}$ | $1.02\times10^{16}m^{-3}$ | $1.09\times10^{15}m^{-3}$ | $6.99\times10^{14}m^{-3}$ | $6.84\times10^{14}m^{-3}$ |

不同分压比且施加相同电压 43.6kV 的 $SF_6/N_2/CO_2$ 间隙放电过程表明，随着混合气体中 $N_2$ 的减少与 $CO_2$ 的增加，混合气体的吸附性增加，导致同一时刻下的电子崩转换为流注的所需时间与间隙完成击穿时间增加了，而流注的传播速度和距离均相应减小。同时在电子崩生成阶段，相同时刻下电子、正离子和负离子的密度随 $CO_2$ 的增加均呈现减小的趋势，空间电荷形成的电场强度减弱，即对空间电场造成的畸变程度减弱，且相同时刻下电极间带电粒子形成的电流也呈现逐渐减小的趋势。混合气体 $SF_6/N_2/CO_2$ 放电过程的光致电离的作用不能忽略。不同压强下 $SF_6/N_2/CO_2$(固定气体分压比)气体的放电过程表明，压强增加导致气体介电强度增加，在 0.1～0.4MPa 增幅明显，而 0.4～0.6MPa 增加幅度趋于平缓。压强的增加导致单位体积内的气体分子数增加，虽然增加了电子与气体分子发生碰撞频率，但是由于电子的平均自由程变短，降低了有效碰撞概率，延迟了间隙击穿过程。

# 第9章　超临界氮放电特性

《京都议定书》中规定限排的温室气体包括甲烷($CH_4$)、二氧化碳($CO_2$)、氢氟碳化物($HFC_S$)、氧化亚氮($N_2O$)、六氟化硫($SF_6$)、全氟化碳($PFC_S$)。2015年的《巴黎协定》再次对温室气体减排提出了要求，其中，$SF_6$属于化学性质极其稳定的气体，它在大气中的寿命周期约为3200年。所以$SF_6$被认定为很强的温室气体，具有很强的吸收红外辐射的能力，如以100年为基线，其潜在的温室效应作用为$CO_2$的2.39万倍，对地球气候系统变暖的长期影响是不能忽略的。

目前，对于替代$SF_6$研究较多的解决方案包括以下几种。

(1)在使用$SF_6$的电气设备中用$SF_6$混合气代替纯$SF_6$气体。在$SF_6$中加入$N_2$、$CO_2$或空气等普通气体构成二元混合气体是研究较多的方案之一。但因为大多数$SF_6$与其他气体的混合气体在气压不提高的条件下，其绝缘强度均较纯$SF_6$性能要差，且其灭弧能力也远低于$SF_6$气体。

(2)c-$C_4F_8$与$SF_6$比较，对环境的危害小得多，而且这种气体完全无毒，不会对臭氧层造成破坏。c-$C_4F_8$气体在低能范围内有很高的附着截面，纯净c-$C_4F_8$气体在均匀电场下的绝缘强度是$SF_6$气体的1.18～1.25倍，其缺点是价格比较昂贵，易液化，且分子中含有碳原子，有可能分解出导电的碳微粒，降低了电气设备绝缘水平和安全可靠性。

(3)$CF_3I$导热性能优异，而且又属于卤化物，具有良好的电负特性。但是它能否当作$SF_6$的替代气体还有待进一步研究。$CF_3I$的电弧时间常数接近$SF_6$，而电弧能量损失系数为$SF_6$的一半。其缺点是沸点比较低，需要添加其他气体，使其不易液化，因此需对其混合气体的绝缘与灭弧性能做相应研究。

(4)阿尔斯通在2015年汉诺威工业博览会上展示了世界上首台使用绿色气体$G_3$替代$SF_6$设计的高压电气设备。与$SF_6$相比，$G_3$混合物具有高介电强度、良好的灭弧能力、低沸点、良好的散热能力等优点。它也同时满足无毒、无闪点和低GWP值的绿色环保要求。但是，$G_3$的绝缘强度相当于$SF_6$的87%～96%，市场价格不菲。

鉴于上述代替$SF_6$的方案存在诸多弊端，因此迫切希望找到一种更加经济环保可行的方案是科技工作者面临的挑战。氮($N_2$)通常状况下是一种无色无味的气体，占大气总量的78.08%(体积分数)，其GWP值等于零，超临界点温度和压强分别为126K和3.4MPa。近年来，氮的超临界态(supercritical nitrogen, SC $N_2$)放电机理及其应用已经引起科学家的关注。

# 9.1 超临界氮物性与放电模型

超临界流体是处于气体和液体的中间物态，具有独特的物理和化学性质。表 9-1 给出了气体、液体以及超临界流体的密度、黏度和扩散系数之间的比较。由表 9-1 可知，超临界流体的密度接近于液体的密度，其黏度和气体的黏度接近，扩散系数大于液体的扩散系数。超临界流体不但具有很强的溶剂化能力，而且具有良好的传质性能。超临界流体的表面张力接近零，在超临界点附近，流体的性质具有可调性和突变性，即温度和压力的微小变化都会使流体的性质得到显著的变化，例如，密度、扩散系数、黏度、介电常数、溶剂能力等。

**表 9-1 超临界流体和气体及液体性质的比较**

| 物理特性 | 气体(常温、常压) | 超临界流体 | 液体(常温、常压) |
|---|---|---|---|
| 密度/(g/cm$^3$) | 0.0006～0.002 | 0.2～0.9 | 0.6～106 |
| 黏度/(mPa.s) | $10^{-2}$ | 0.03～0.1 | 0.2～3.0 |
| 扩散系数/(cm$^2$/s) | 0.1 | $10^{-4}$ | $10^{-5}$ |

## 9.1.1 超临界氮

图 9-1 是物质的压强温度相图。根据流体参数的组合，流体有三种状态：气体、液体和超临界流体。图中 A、B 两点分别表示物质的固-液-气三相平衡点和临界点(临界点是对应的临界温度和临界压力，当一种物质的温度和压力高于相应的临界点时，液体和气体阶段的区别消失)。超临界流体是指物质的温度和压强同时高于其临界温度($T_c$)和临界压强($P_c$)的状态。

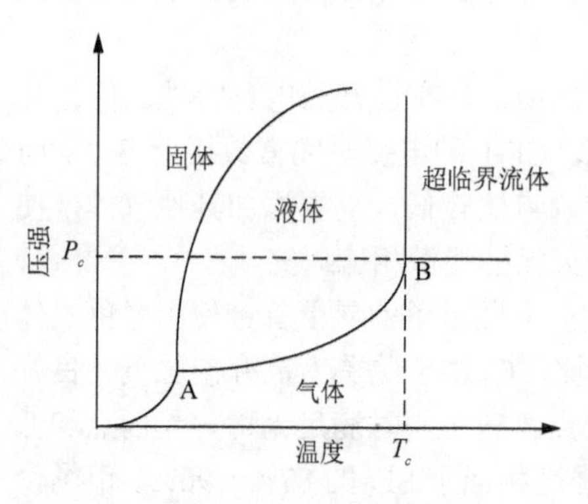


图 9-1 超临界流体压强温度相图

图 9-2 所示氮的相态，压力高达 16MPa，温度范围为 86～266K。在氮相图中展示了三流体相：气体、液体和超临界流体。从曲线可以看见，在三个阶段，氮可以通过改变压力或者温度实现从一种相态变为另一种相态。氮从普通的气态或液态转变为超临界态的临界值为：$T_c$=126.192±0.010K，$P_c$=3.3958±0.0017MPa，在 126K 等温线左侧，氮的压强小于临界压强时是气相，而压强大于临界压强时是超临界相。等温线 126K 的右侧是液相。

超临界氮的液体与气体分界消失，在临界温度以上，压缩超临界氮仅仅导致其密度的增加，不会形成液相，即纵然提高压力也不会引起液化的非凝聚性气体。

超临界氮既不同于气体，也不同于液体，但它同时具有液体与气体的物性，以及许多独特的物理化学特性。

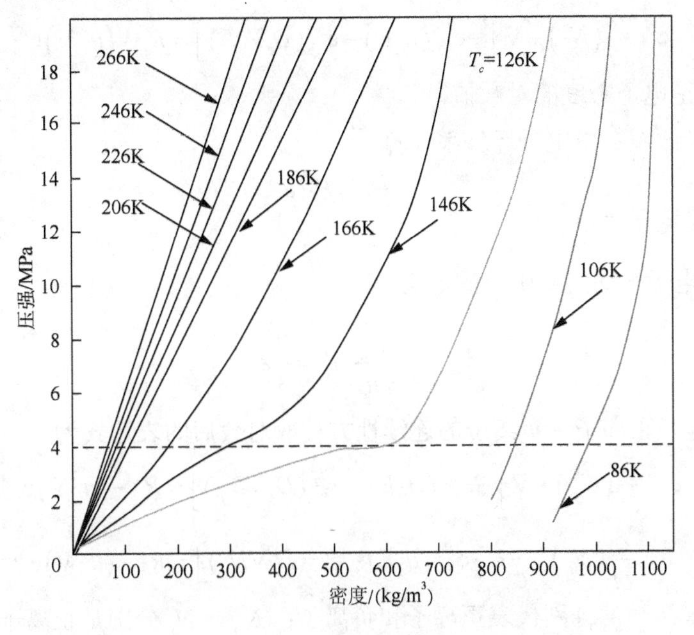


图 9-2　氮的相态图

## 9.1.2　超临界氮放电过程控制方程

超临界氮有许多不同于气体与液体的独特性质，且超临界氮的放电过程中电子能量分布偏离了 Maxwellian 与 Druyvesteyn 分布，可以采用流体动力学理论对超临界氮放电现象进行研究，并由 Boltzmann 方程求取其放电参数。

采用流体动力学理论研究超临界氮放电过程，超临界氮流体动力学模型的控制方程由电子连续性方程、正负离子连续性方程和泊松方程耦合构成。

### 1. 输运方程

电子连续性方程如下：

$$\frac{\partial}{\partial t}(n_e)+\nabla\cdot\Gamma_e=R_e-(\boldsymbol{u}\cdot\nabla)n_e \tag{9-1}$$

$$\Gamma_e=-\mu_e n_e E-D_e\nabla n_e \tag{9-2}$$

式中，下标 $e$ 指的是电子；$\Gamma_e$ 是电子通量；$n_e$ 是电子密度；$\mu_e$ 是电子迁移率；$R_e$ 是电子产生速率表达式；$u$ 是中性流体速度；$E$ 是场强；$D_e$ 是电子扩散系数。

由于式(9-1)具有较高的非线性，电子密度可能在极小的时空范围内畸变超过几个数量级，导致严重的数值振荡。同时，在此时空范围，离子与电子之间漂移和扩散速率的差异，造成空间电荷的分离并产生场强的剧烈变化，易引起方程解的波动性与收敛缓慢，甚至不收敛。采用对数方式可以缓解这种影响。由此令 $N_e = \ln n_e$，则式(9-1)、式(9-2)变形为

$$\mathrm{e}^{N_e}\frac{\partial}{\partial t}\left(N_e\right)+\nabla\bullet\left[-\mathrm{e}^{N_e}(\mu_e \boldsymbol{E})-\mathrm{e}^{N_e}(D_e\nabla N_e)\right]=R_e-\left(\boldsymbol{u}\cdot\nabla\right)\mathrm{e}^{N_e} \tag{9-3}$$

式中，$N_e$ 是电子密度的对数值。

电子扩散系数由电子迁移率计算：

$$D_e = \mu_e T_e \tag{9-4}$$

式中，$T_e$ 是电子“温度”。

$T_e$ 是电子平均能量函数的定义：

$$\bar{\varepsilon}=\frac{n_\varepsilon}{n_e}, T_e=\frac{2}{3}\bar{\varepsilon} \tag{9-5}$$

同样地，正离子、负离子的连续性方程取对数后的表达式为

$$\mathrm{e}^{N_p}\frac{\partial}{\partial t}\left(N_p\right)+\nabla\bullet\left[-\mathrm{e}^{N_p}(\mu_p E)-\mathrm{e}^{N_p}(D_p\nabla N_p)\right]=R_p-\left(u\cdot\nabla\right)\mathrm{e}^{N_p} \tag{9-6}$$

$$\mathrm{e}^{N_n}\frac{\partial}{\partial t}\left(N_n\right)+\nabla\bullet\left[-\mathrm{e}^{N_n}(\mu_n E)-\mathrm{e}^{N_n}(D_n\nabla N_n)\right]=R_n-\left(u\cdot\nabla\right)\mathrm{e}^{N_n} \tag{9-7}$$

式中，下标 $P$、$N$ 分别代表正离子和负离子；$N_p$、$N_n$ 分别是正离子、负离子密度的对数值；$\mu_p$、$\mu_n$ 分别是正离子、负离子的迁移率；$D_p$、$D_n$ 分别是正离子、负离子的扩散系数；$R_p$、$R_n$ 是正离子、负离子产生的速率表达式。

$R_e$ 是构成放电通道的各电子碰撞反应速率的总和，表示在各种过程中产生和消除物质 $j$ 的总速率，表示为

$$R_e=\sum_{i=1}^{M}x_j k_j N_n n_e \tag{9-8}$$

式中，$x_j$ 反映 $j$ 的目标物种的摩尔分数；$k_j$ 是反映 $j$ 的速率系数；$N_n$ 是总分子数密度。表 9-2 列出了 SC $N_2$ 放电过程的反应类型及其相关参数。

**表 9-2　放电过程中包含的反应**

| 反应 | 反应类型 | 电子质量分数 |
| --- | --- | --- |
| $e$+$N_2$=>$e$+$N_2$ | 弹性碰撞 | $1.950\times10^{-5}$ |
| $e$+$N_2$=>$e$+$N_2$v1 | 激励 | 1.760 |
| $e$+$N_2$=>$e$+$N_2$v2 | 激励 | 2.060 |
| $e$+ $N_2$=>$e$+ $N_2$v3 | 激励 | 6.170 |
| $e$+ $N_2$=>$e$+ $N_2$v4 | 激励 | 1.187×10 |
| $e$+ $N_2$=>$e$+ $N_2$v5 | 激励 | 1.225×10 |
| $e$+ $N_2$=>$e$+ $N_2$v6 | 激励 | 1.300×10 |
| $e$+ $N_2$=>2$e$+ $N_2^+$ | 电离 | 1.560×10 |

续表

| 反应 | 速率常数 |
| --- | --- |
| $N_2v1+N_2v1 \Rightarrow e+N_2+N_2^+$ | 3.734E8 |
| $N_2v2+N_2v2 \Rightarrow e+N_2+N_2^+$ | 3.856E8 |
| $N_2v3+N_2v3 \Rightarrow e+N_2+N_2^+$ | 3.325E8 |
| $N_2v4+N_2v4 \Rightarrow e+N_2+N_2^+$ | 2.345E8 |
| $N_2v5+N_2v5 \Rightarrow e+N_2+N_2^+$ | 2.124E8 |
| $N_2v6+N_2v6 \Rightarrow e+N_2+N_2^+$ | 2.025E8 |
| $N_2v1+N_2 \Rightarrow N_2+N_2$ | 1807 |
| $N_2v2+N_2 \Rightarrow N_2+N_2$ | 1790 |
| $N_2v3+N_2 \Rightarrow N_2+N_2$ | 1678 |
| $N_2v4+N_2 \Rightarrow N_2+N_2$ | 1538 |
| $N_2v5+N_2 \Rightarrow N_2+N_2$ | 1357 |
| $N_2v6+N_2 \Rightarrow N_2+N_2$ | 1287 |

放电过程包括以下物质：$e$、$N_2$ 和 $N_2^+$ 分别是电子、分子和正离子，并分别用 $N_2v1$、$N_2v2$、$N_2v3$、$N_2v4$、$N_2v5$、$N_2v6$ 表示对应的激励态，而电子与中性粒子的相互作用的速率常数是由软件 BOLSIG+求解器计算得出的。

2. 泊松方程

依据经典气体放电理论和流体力学分析方法，采用泊松方程表述 SC $N_2$ 放电间隙电场分布：

$$\nabla^2\varphi = -\frac{q}{\varepsilon_0\varepsilon_r}\left(N_p - N_e\right) \tag{9-9}$$

$$\boldsymbol{E} = -\nabla\varphi \tag{9-10}$$

式中，$\varphi$ 为极板间隙电压；$q$ 是基本电荷电量；$\varepsilon_r$、$\varepsilon_0$ 分别是相对介电常数和真空介电常数。

3. 初始种子电子设置

SC $N_2$ 放电间隙电初始种子电子簇依据高斯分布设置，分布函数如下所示：

$$N_e\left(r,z\right)\Big|_{t=0} = N_0\exp\{-\left((r-r_0)/\delta_r\right)^2-\left((z-z_0)/\delta_z\right)^2\} \tag{9-11}$$

式中，$r_0$、$z_0$ 表示电子团的初始位置且分别为 0mm 和 2mm；$\delta_r$、$\delta_z$ 表示电子团的半径且均为 0.25mm；$N_0$ 是初始电子数密度，此处为 $1\times10^6\text{m}^{-3}$。

## 9.2 超临界氮放电特性

求解 $SCN_2$ 放电的流体模型，首先需要求解其放电过程电子的各种输运参数作为原始参量，这些参量依赖于电子能量分布函数。由于超临界流体放电属于非凝聚态的等离子体放电，其电子能量分布偏离了 Maxwellian 分布与 Druyvesteyn

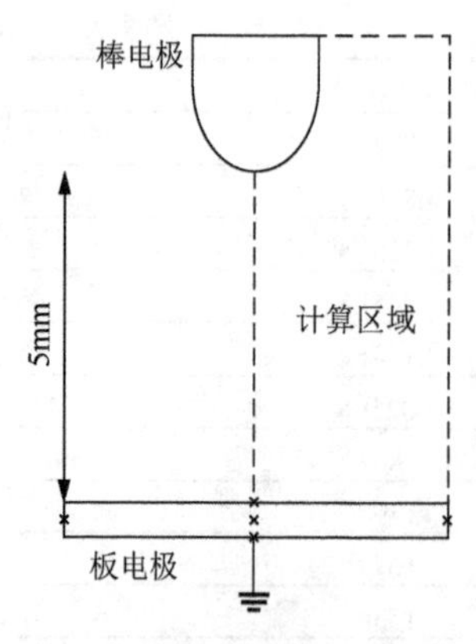


图 9-3　计算模型

分布，因此，需要根据 Boltzmann 方程求解出精确的电子能量分布函数。由于篇幅原因，略去电子能量分布函数求解过程，其结果见附录 p9-1。

采用粒子连续性方程构建的放电模型，对超临界氮放电过程进行分析研究，同时采用热力学方法研究其放电后绝缘的恢复特性。图 9-3 为棒-板电极结构模型。棒电极的曲率半径为 0.5mm，板电极的径向半径为 2mm，轴向尺寸为 5mm。棒电极施加直流电压，板电极接地。

### 9.2.1　击穿场强与压强的关系

棒板间隙为5mm充满氮气，温度$T=127K$，在$z_0=0$处放置密度为$1\times10^6\,m^{-3}$的初始种子电子团，呈高斯分布。图 9-4 为击穿场强与压强的关系，由此可知击穿电压随氮的压力增加而总体呈增加的趋势，直到 5MPa 并没有明显的饱和趋势。在 5MPa 时，其击穿场强可达 $SF_6$ 击穿场强的 77.7%。

在临界点附近场强有所下降。在超临界状态下，由于 SC $N_2$ 密度具有局部不均匀性，分子产生团簇现象，团簇不仅会改变分子局部密度，还能使得分子的电离能变小。

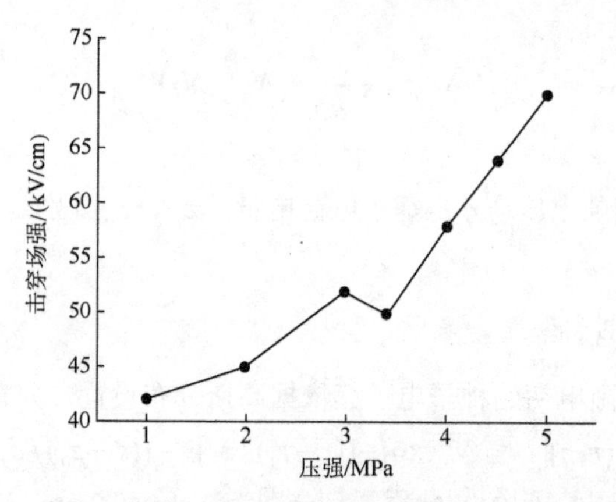


图 9-4　击穿场强与压强的关系

表 9-3 列出了各压强下超临界氮的击穿电压和击穿时间。

表 9-3　各压强下超临界氮的击穿电压和击穿时间

| 压强/MPa | 击穿电压/kV | 击穿时间/ns |
|---|---|---|
| 1 | 21.0 | 9.4 |
| 2 | 22.5 | 9.9 |
| 3 | 26.0 | 10.6 |

续表

| 压强/MPa | 击穿电压/kV | 击穿时间/ns |
| --- | --- | --- |
| 3.4 | 25.0 | 10.2 |
| 4 | 29.0 | 11.8 |
| 4.5 | 32.0 | 12.5 |
| 5 | 35.0 | 13.4 |

### 9.2.2 3.4MPa 下超临界氮的放电特性

棒板间隙(间隙长度为 5mm)通道充满氮，温度为 127K，压强为 3.4MPa(临界点)。同样地，初始在 $z_0 = 2\text{mm}$ 处放置密度为 $1\times10^6\text{m}^{-3}$ 的电子团，呈高斯分布。外施 25kV 的直流电压。

1. 电子密度分布

3.4MPa 下的氮放电的电子密度的时空特性如图 9-5 所示。电子密度增长比 1MPa 下氮放电中的速度快得多。根据上面分析可知，0～3ns，认为是电子崩阶段，由于在棒电极附近发生剧烈的激励与碰撞电离，产生大量电子。3ns 以后，认为进入流注发展阶段。从图 9-5 中可以看出，3ns 后，流注向阴极发展，电子增长减缓，维持在 $10^{20}$ 数量级，比 1MPa 下的电子密度大。从图 9-5 中还可以看出，与 1MPa 下 $SCN_2$ 相比，流注发展的更加集中，流注半径较小。

2. 电场分布

图 9-6 是 $SCN_2$ 放电过程沿轴线电场强度分布。从图 9-6 中可以看出，电场强度峰值在 $10^7$V/m 数量级，比 1MPa 下氮放电时要高(附录 p9-2)。在 0ns 时刻，电场建立，电场强度沿轴向递减。在 0～3ns 时间段，可以看出，在电极附近，场强减弱，同样存在极性效应。3ns 以后，随着流注的传播，流注头部电场强度最大。可以看出，流注前方场强大致处于 $6\times10^6$V/m，这相当于 $SF_6$ 击穿场强的 66.7%。

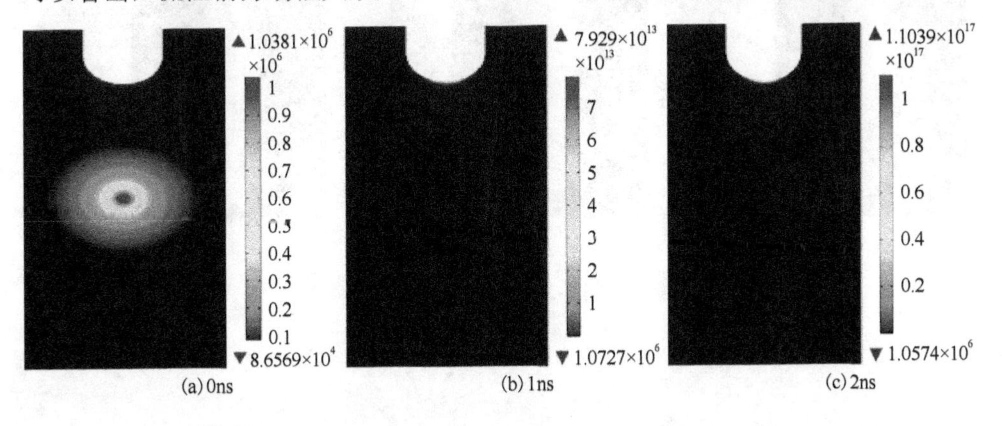

(a) 0ns (b) 1ns (c) 2ns

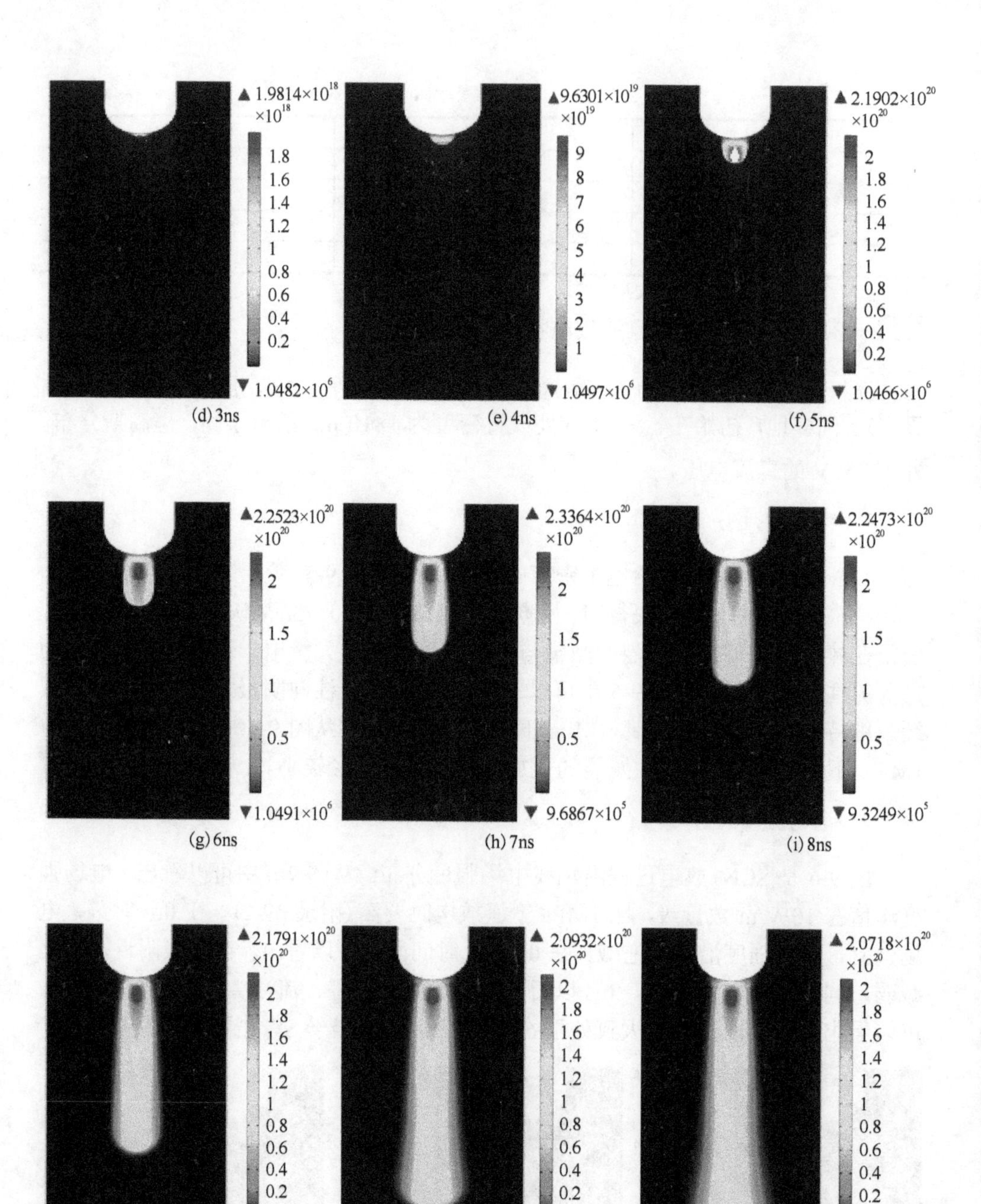
▲1.9814×10^18
×10^18
1.8
1.6
1.4
1.2
1
0.8
0.6
0.4
0.2
▼1.0482×10^6
(d) 3ns
▲9.6301×10^19
×10^19
9
8
7
6
5
4
3
2
1
▼1.0497×10^6
(e) 4ns
▲2.1902×10^20
×10^20
2
1.8
1.6
1.4
1.2
1
0.8
0.6
0.4
0.2
▼1.0466×10^6
(f) 5ns
▲2.2523×10^20
×10^20
2
1.5
1
0.5
▼1.0491×10^6
(g) 6ns
▲2.3364×10^20
×10^20
2
1.5
1
0.5
▼9.6867×10^5
(h) 7ns
▲2.2473×10^20
×10^20
2
1.5
1
0.5
▼9.3249×10^5
(i) 8ns
▲2.1791×10^20
×10^20
2
1.8
1.6
1.4
1.2
1
0.8
0.6
0.4
0.2
▼8.9222×10^5
(j) 9ns
▲2.0932×10^20
×10^20
2
1.8
1.6
1.4
1.2
1
0.8
0.6
0.4
0.2
▼8.6×10^5
(k) 10ns
▲2.0718×10^20
×10^20
2
1.8
1.6
1.4
1.2
1
0.8
0.6
0.4
0.2
▼8.6×10^5
(l) 10.2ns

图 9-5　电子密度分布

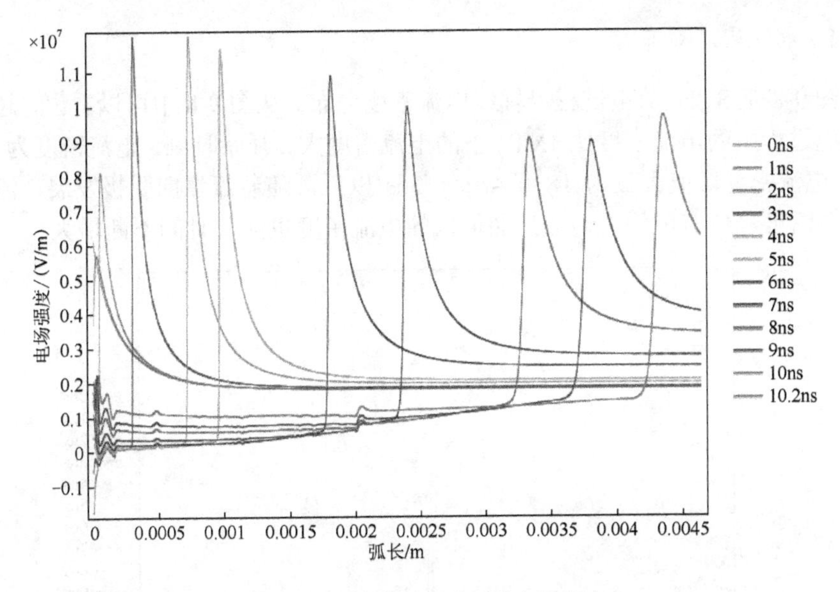


图 9-6　沿轴线不同时刻的电场分布

### 3. 电荷密度分布

图 9-7 是 $SCN_2$ 放电过程沿轴线电荷密度分布。从图 9-7 中可以看出，超临界氮放电过程中的最大电荷密度大约比 1MPa 下氮放电时大。0～3ns，空间电荷集中在棒电极附近，为 2～12C/m$^3$。3ns，空间电荷密度迅速增长到 12C/m$^3$ 左右，到达最大值，这表明在 0～3ns，有空间电荷形成的电场对背景电场畸变作用明显，而在流注阶段，随着空间电荷密度逐渐减小，这种畸变作用减小。

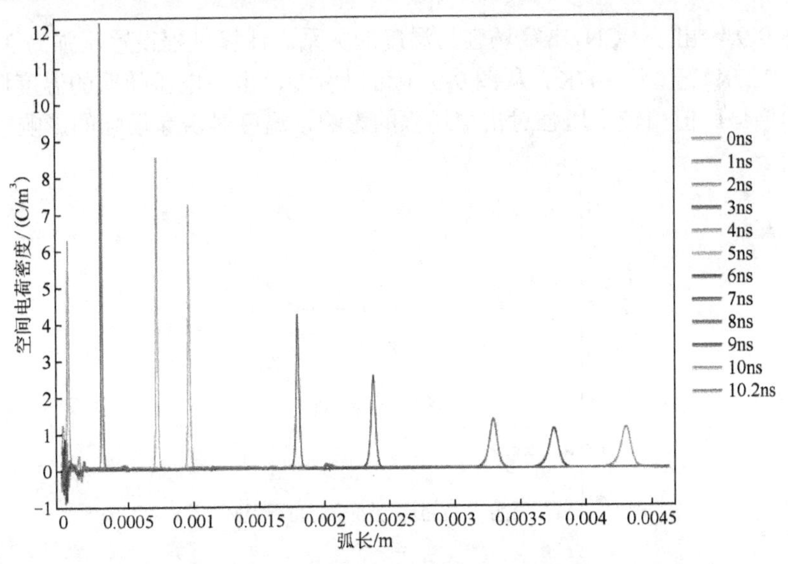


图 9-7　沿轴线空间电荷密度分布

4. 电流密度分布

图 9-8 是 $SCN_2$ 放电过程沿轴线电流密度分布。从图 9-8 中可以看出，超临界氮放电过程中的电流密度比 1MPa 下的电流密度大。开始时刻，电流密度为 0.1～3ns，电流密度峰值大致为 $1\times10^6 A/m^2$。3ns 以后，随着流注向阴极发展，流注头部电流密度峰值有所增大，流注通道内的电流密度也随着时间不断增大。

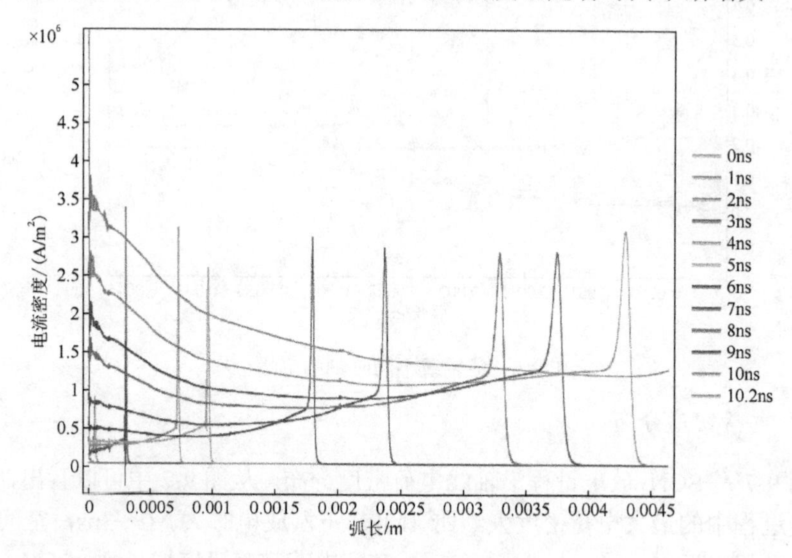

图 9-8　沿轴线不同时刻的电流密度分布

### 9.2.3　击穿场强与温度的关系

图 9-9 给出了 $SCN_2$ 击穿场强与温度的关系。计算过程设置压强为 3.4MPa，温度从 127K 变化到 307K。从图 9-9 中可以看到，击穿电压随氮的温度增加而呈增加的趋势。但相较于压强对击穿场强的影响，温度对击穿场强的影响较小。

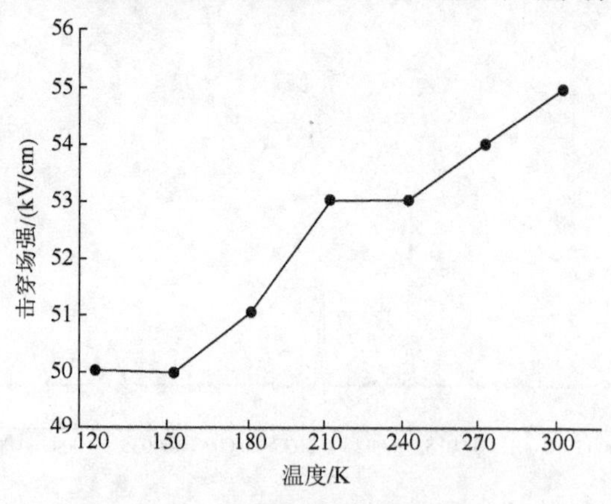

图 9-9　击穿场强与温度的关系

表 9-4 列出了各温度下超临界氮的击穿电压和击穿时间。

从表 9-4 中可以看出，与压强相比，温度的变化不仅对击穿场强的影响较小，而且对击穿时间的影响也较小。

**表 9-4　各温度下超临界氮的击穿电压和击穿时间**

| 温度/K | 击穿电压/kV | 击穿时间/ns |
|---|---|---|
| 127 | 25.0 | 10.2 |
| 157 | 25.0 | 10.2 |
| 187 | 25.5 | 10.4 |
| 217 | 26.5 | 10.5 |
| 247 | 26.5 | 10.5 |
| 277 | 27.0 | 10.7 |
| 307 | 27.5 | 10.9 |

1. 电子密度分布

3.4MPa、307K 下的 $SCN_2$ 放电的电子密度分布特性如图 9-10 所示。0ns 时，在间隙充满超临界氮。2ns 时，电子密度峰值已经高达 $1.4961\times10^{18}m^{-3}$。电子密度增长速率比 127K 下放电中的速率快得多。根据上面分析可知，该温度下超临界氮放电过程中，0～2ns，认为是电子崩阶段。2ns 以后，进入流注发展阶段。从图 9-10 中可以看出，2ns 后，电子增长减缓，维持在 $10^{20}$ 数量级，但 307K 的电子密度大于 127K 相应时刻下的值。

2. 电场分布

图 9-11 给出了 $SCN_2$ 放电过程沿轴线电场分布。从图 9-11 中可以看出，307K 下的电场强度比 127K 下相应时刻的值稍大，但电场强度峰值同样在 $10^7$V/m，并没有数量级上的差异，即电场强度并没有变化太大。在放电过程中，电场强度峰值会先迅速增大，而后缓慢降低，但也会维持在 $10^7$V/m，但比 127K 时稍大。

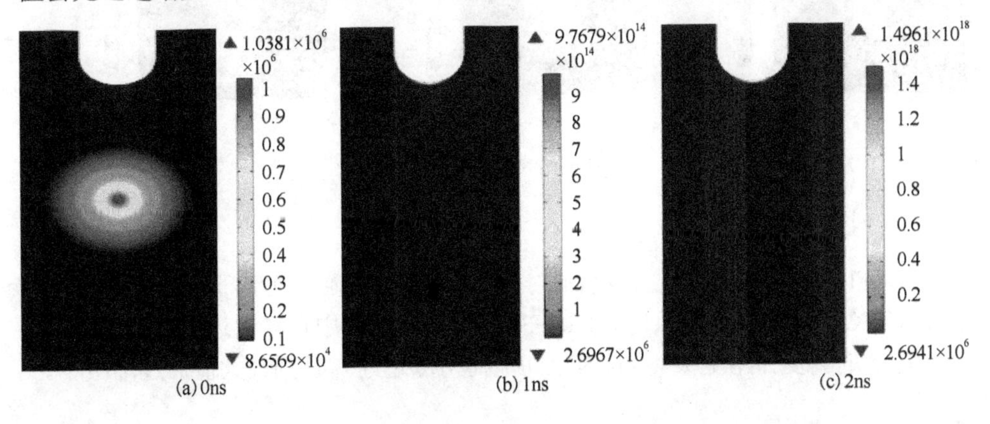

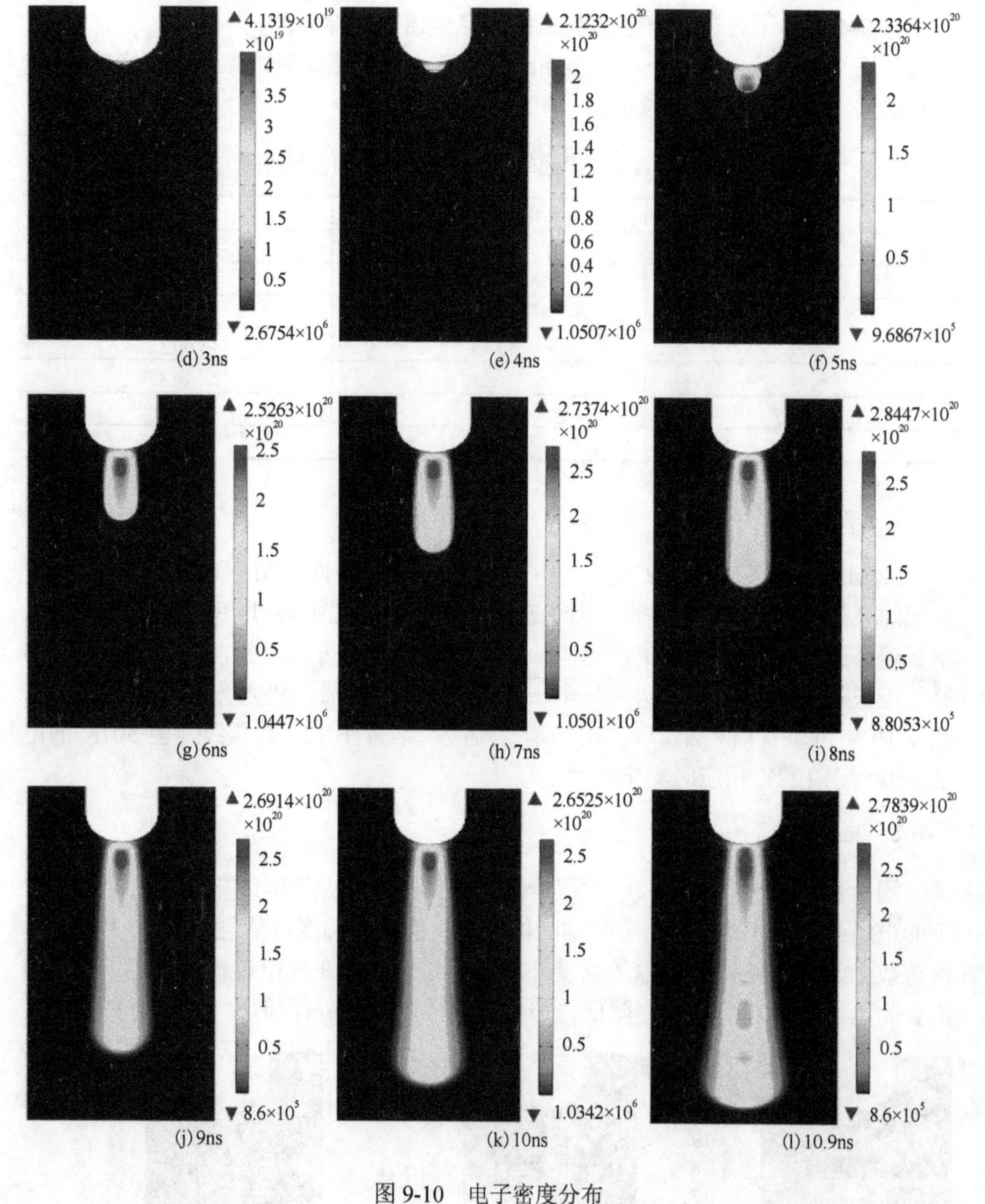


图 9-10 电子密度分布

3. 间隙电荷分布

图 9-12 是 $SCN_2$ 放电过程沿轴线电场分布。同样地，307K 下的间隙电荷密度大于 127K 下相应时刻的数值。在 0～3ns，空间电荷集中在棒附近，为 2～16C/$m^3$，空间电荷的畸变作用更大。3ns 时空间电荷密度迅速增长到最大值后逐渐减小。

4. 电流密度分布

图 9-13 是 $SCN_2$ 放电过程沿轴线电流密度分布。从图 9-13 中可以看出，307K 下的电流密度大于 127K 下相应时刻的数值。1～3ns，电流密度较小。3ns 以后，流注头部和通道内电流密度有所增大。

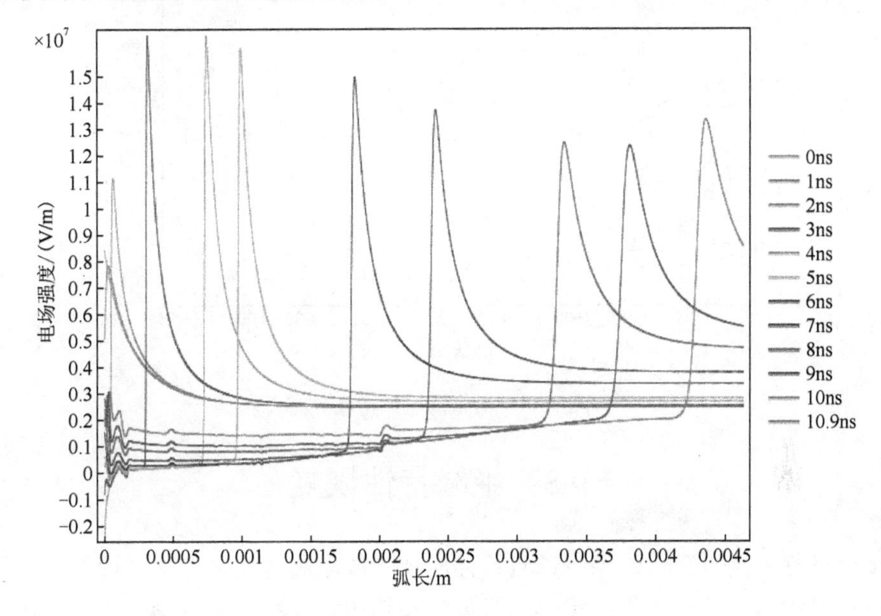


图 9-11　沿轴线电场分布

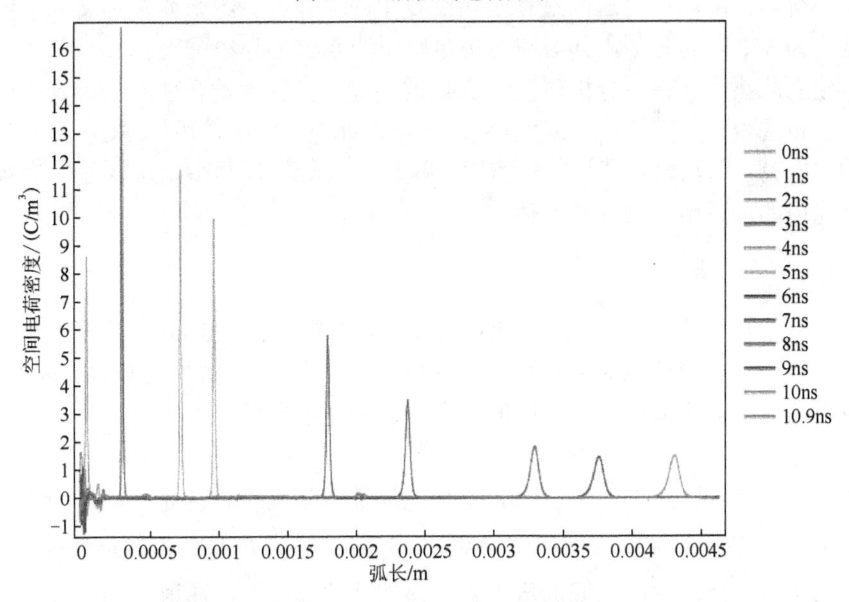


图 9-12　沿轴线间隙电荷密度分布

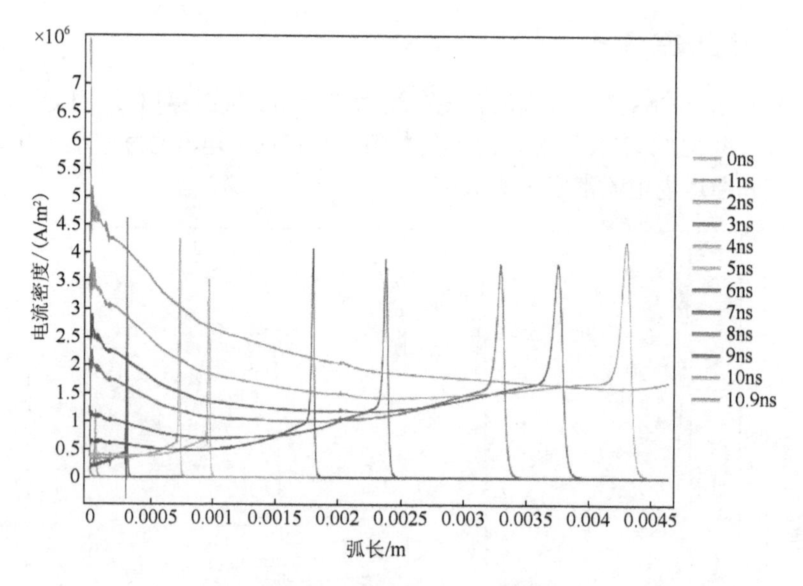


图 9-13　沿轴线电流密度分布

## 9.3　绝缘特性恢复

分析临界氮击穿后的绝缘恢复特性应从其放电通道的热力学过程着手，假设该过程包含两个独立过程：绝热膨胀过程和热传输过程。绝热膨胀过程比热传输过程快得多，所以认为这两过程是相继发生的。临界氮绝缘恢复定义为放电通道温度降为 550 K 的时刻，其对应于击穿电压约 80%的介电强度。

建立此热力学模型分析研究 $SCN_2$ 的绝缘恢复特性是合理的，因为在超临界温度 $T$ 和压力 $P$ 的范围内，$SCN_2$ 特性是接近理想气体的。虽然 SCF 具有类似液体的密度 $\rho$，但其压缩性与气体相当，这使得绝热膨胀法适用于 $SCN_2$。而传热模型是通用的，适用于气体和液体。

1. *分析方法*

一旦超临界氮击穿，有限的能量 $E_{SCN_2}$（模拟中，值为 0.7J）突然释放到电极间隙，发展为圆柱形放电通道。当流体密度保持不变，且与背景密度相同时，圆柱形放电通道内的流体经历了温度的骤升，遵从如下方程：

$$E_{SCN_2} = c_v \rho_0 V_0 (T_0 - T_{g,0}) \tag{9-12}$$

式中，$c_v$ 是定容比热容；$T_{g,0} = 300\text{K}$ 是能量沉积前流体的温度；$T_0$ 是加热后通道的温度；$\rho_0$ 是加热后的流体密度(相当于背景密度)；$V_0$ 是放电通道的初始体积。

由于放电通道内外之间的压力差，热能释放导致放电通道呈膨胀趋势，在此过程设定质量守恒，所以认为放电通道处于绝热膨胀过程，压力和温度变化满足式(9-13)：

$$\frac{P_1}{P_0}=\left(\frac{V_0}{V_1}\right)^{\gamma} \tag{9-13a}$$

$$\frac{T_1}{T_0}=\left(\frac{V_0}{V_1}\right)^{\gamma} \tag{9-13b}$$

符号 0,1 分别代表膨胀前后时刻；$\gamma = c_p / c_v$ 为比热容比。当放电通道内外的压力相等时，绝热膨胀停止。绝热膨胀后的放电通道半径 $R_1$ 可以用下式计算：

$$R_1=\sqrt{\frac{V_1}{\pi l_{\text{gap}}}} \tag{9-14}$$

因为绝热膨胀遵循冲击波理论，所以膨胀的持续时间 $t_1$ 按下式计算：

$$t_1=\sqrt{\frac{E_{\text{SCN}_2}}{P_{g,0}l_{\text{gap}}\gamma Ba^2}+\frac{R_1^2}{a^2}} \tag{9-15}$$

式中，$B$ 是一个与流体特性相关的无量纲的常数；氮取 3.37；$\gamma = c_p / c_v$ 为比热容比；$a$ 为背景流体的声速；$l_{\text{gap}}$ 是电极间隙宽度；$P_{g,0}$ 是能量沉积之前的流体压力。放电通道向四周热传导被视为其温度衰减的唯一原因，控制方程为

$$Q=(T_g(t_2)-T_{g,0})S=-c_p m\frac{\mathrm{d}T}{\mathrm{d}t_2} \tag{9-16}$$

式中，$T_g(t_2)$ 是放电通道流体温度；$S$ 是传热系数和表面积总和；$m$ 是放电通道气体质量。$S$ 是由热对流面积 $A_{\text{conv}}$ 与表面积热传导 $A_{\text{cond}}$ 组成，由下式给出：

$$S=\frac{N_u k_f}{L}A_{\text{conv}}+\frac{k_{\text{aver}}}{x}A_{\text{cond}} \tag{9-17}$$

式中，$k_f$ 是放电通道壁与流体的热传导系数；$L$ 为传热面的几何特征长度；$k_{\text{aver}}$ 是热流体的导热系数；$x=5\times10^{-2}\,\text{m}$ 是电极的长度；$N_{\text{u}}$ 努塞尔数，由下式计算：

$$Nu = CRe^m Pr^{1/3} \tag{9-18a}$$

$$Pr = v / D \tag{9-18b}$$

$$Re = u_f L / v \tag{9-18c}$$

式中，$Pr$ 是普朗特数；$Re$ 是雷诺兹数；$u_f$ 是流过间隙的流体的速度；$v$ 是流体的动力黏度；$D$ 是流体的热扩散系数。式(9-18)中常量 $C$ 和 $m$ 取值在表 9-5 列出。

**表 9-5　式(9-18)常数表**

| $Re$ | 0.4～4 | 4～40 | 40～4000 | $4\times10^3$ ～ $4\times10^4$ | $4\times10^4$ ～ $4\times10^5$ |
|---|---|---|---|---|---|
| $C$ | 0.989 | 0.911 | 0.683 | 0.193 | 0.027 |
| $m$ | 0.330 | 0.385 | 0.466 | 0.618 | 0.805 |

式(9-17)中的流体温度 $T_g(t_2)$ 表达式为

$$\frac{T_g(t_2)-T_{g,0}}{T_1-T_{g,0}}=\exp\left(\frac{-t_2}{c_v\rho_v/S}\right) \tag{9-19}$$

式中，$\tau=c_v\rho_v/S$ 是传热时间常数；$T_1$ 是绝热膨胀后的气体温度。

2. $SCN_2$ 绝缘恢复特性

运用上述方法，计算 $SCN_2$ 击穿后绝缘恢复时间如表 9-6 所示。计算条件为：$T$ 为 300K，$P$ 为 5MPa，$l_{gap}$ 为 5mm，击穿后伴随着 0.7J 能量沉积，流速在 0.4～6.4m/s 变化。表 9-6 所示的恢复时间由三部分组成：① $t_0$ 为放电通道从特征半径 $R_c$ 膨胀到初始半径 $R_0$ 所需要的时间；② $t_1$ 为从 $R_0$ 到绝热膨胀后的半径 $R_1$ 所需要的时间；③ $t_2$ 为气体温度冷却到 550K 所需要的时间。$t_0$ 和 $t_1$ 的值分别在纳秒和微秒级。因此，总恢复时间的主要部分是传热时间 $t_2$。

从表 9-6 中数据可知流速 $u_f$ 越大，介电恢复时间越快，$SCN_2$ 绝缘恢复时间为能量集聚后 3.5～10.3ms 内完成，具备绝缘介质的基本条件。

**表 9-6　超临界 $N_2$ 击穿后绝缘的恢复时间**

| $u_f$ / (m / s) | $t_0$ / ns | $t_1$ / ns | $t_2$ / ms | $t$ / ms |
|---|---|---|---|---|
| 0.4 | 2.23 | 0.34 | 10.3 | 10.3 |
| 1.4 | | | 6.4 | 6.4 |
| 2.4 | | | 5.2 | 5.2 |
| 3.4 | | | 4.6 | 4.6 |
| 4.4 | | | 4.1 | 4.1 |
| 5.4 | | | 3.8 | 3.8 |
| 6.4 | | | 3.5 | 3.5 |

# 第 10 章　$SF_6$ 绝缘变压器

$SF_6$ 气体绝缘变压器(gas insulated transformer，GIT)，在防火、安全、用电可靠性、节能化、小型化、低噪声、高阻抗、防爆型等方面具有优异性能。

美国于 1956 年起开始生产 GIT，而欧洲国家是在接受了美国技术之后，于 20 世纪 60 年代初开始生产 GIT 的。日本是继美国之后于 1967 年研制出首台 69kV、3000kVAGIT。1985 年我国的广州高压电器厂、北京二变、常州变压器厂都开发过，其中北京二变曾经小批量生产。由于其结构设计和制造工艺与传统的油浸变压器有很多相近之处，变压器制造厂不用很多设备投入就可以研发此类产品。

## 10.1　$SF_6$ 气体绝缘变压器特点

关于 GIT 的优点，需要强调以下几点。

(1) GIT 的主要优点是防火性能最优。$SF_6$ 是不燃性气体，且物理、化学性能都十分稳定；相对而言，环氧树脂则为难燃性材料，仍具有一定的燃点，所以 GIT 的防火、防灾性能是最好的。

(2) 在防灾型变压器中，它是唯一能实现高电压与大容量的变电设备。迄今为止，在世界上采用的防火、防灾型变压器中，主要是干式变压器，简称干变，包括环氧浇注式干变与 H 级开敞通风式(OVD)干变与 GIT 两大类型。但前者公认的最高电压为 35kV、容量为 20MVA，而后者却可达 275～500kV、300MVA。在我国当前的城网改造中，许多城市都在市中心建立 110～220kV 变电所(其中一部分为地下变电所)，这将促进对 GIT 需求的增加。

(3) GIT 的占地面积大致与同容量、同电压级的油浸式变压器相当，但无须另设防火设备，仅从这点看 GIT 节省变电所占地面积的效果并不大。但当配电装置为全封闭组合电器(GI)S 时，GIT 与 GIS 直接相连,则可省去电缆头等附属设备，从而使变电所的占地面积大为缩减。

(4) GIT 没有储油柜，相对油浸式变压器而言，可使其高度降低 20%，这对降低地下变电所的土建投资十分有利。

(5) GIT 虽然总体结构与油浸式变压器相同，但 $SF_6$ 气体的绝缘特性受气压大小、电场均匀度、尘埃含量等影响较大，因而 GIT 不仅结构较复杂且对生产车间的环境条件与加工工艺等都要求较高。另外，由于 $SF_6$ 气体的散热冷却能力较变压器油差，而且，外壳箱体为受压容器，所有这些都将使变压器材料成本增加。因而，GIT 的售价较高。

(6) 就噪声而言，GIT 的本体噪声比油浸式变压器平均降低 3dB 左右，但是风机的噪声较大，必要时可选用价格贵些的低噪声风机。

(7) 由于 $SF_6$ 气体的散热能力较差，GIT 的过负荷能力仅为油浸式变压器的 2/3 左右。

(8) 对于有载调压的 GIT，必须采用真空式有载分接开关，对于高电压、大容量的这种有载分接开关，目前国产尚有困难，如依靠进口也必将使总成本增加。

## 10.2 发展趋势

GIT 的主绝缘一般采用气膜组合绝缘的方式。由于 $SF_6$ 气体的散热性能较差，匝绝缘一般采用 PET 聚酯薄膜或 NOMEX 纸。处在绕组内层温升较高部位的垫块、撑条等，要求采用耐热温度高的用 NOMEX 纸或聚酯纤维压制而成的绝缘件。因而 GIT 的绕组在绝缘材料方面的费用要大大超过油浸式变压器。

如前面所述，$SF_6$ 气体为保证一定的绝缘强度，必须保持一定的压力。目前为了不致使受压容器的结构复杂化，对一般在 63MVA/110kV 及以下的 GIT，其箱体均可以按压力不超过 0.2MPa 的受压容器来处理。这种结构的箱体厚度增加不多，但当 $SF_6$ 的压力提高到 0.4MPa 及以上时，其箱体结构就复杂化了。但无论前者或后者，由于都是受压容器，对其密封结构都必须给予专门的考虑。目前，日本在 GIT 的密封技术方面已相当成熟，其年泄漏率已小于千分之一，大大低于 IEC 标准所规定的值。

由于 $SF_6$ 气体的散热性能较差，相应 GIT 的散热器的尺寸就较大，而且还是受压容器，增加了散热器的成本费用。当采用强气循环方式时，要求采用高可靠性、低噪声、耐腐蚀的专用风机，增加了运行成本。

为了均匀器身内部电场以及减少器身内部可能出现的尘埃与金属微粒量，除了在设计上采取一定措施，主要应在生产厂房的环境条件以及工艺管理、质量管理等方面严加控制。但在 GIT 的工艺与质量管理方面，我国目前尚缺乏这方面的技术。

$SF_6$ 气体是一种无色、无臭、无毒、不燃、防灾性能十分优越的气体，特别是它具有优越的绝缘与灭弧性能，多年来已在断路器、GIS、GIT 等输变电设备领域得到了广泛的应用。但是，$SF_6$ 又是在化学上极其稳定的一种气体，它在大气中的寿命约为 3200 年。特别是 $SF_6$ 具有很强的吸收红外辐射的能力，也就是说，$SF_6$ 是一种有很强温室效应的气体。如以 100 年为基线，其潜在的温室效应作用为 $CO_2$ 的 23900 倍。加之目前排放到大气中的 $SF_6$ 气体正以 8.7%的速率在增长。应当指出，$SF_6$ 的温室效应作用以往并非没有发现，只不过由于现存于地球大气中的 $SF_6$ 气体的浓度非常低，故认为它的影响较小。但是，其潜在危害已经引起相关专业人士极大关注。

目前正在研究 $SF_6$ 的替用气体，尽量不用具有或少用具有温室效应的 $SF_6$ 气体。实际上，对用 $N_2$ 气体代替 $SF_6$ 或对 $N_2/SF_6$ 混合气体的研究，早在 20 世纪 80 年代就已开始，但就应用于实际的产品而言，迄今并未取得突破性的成果。研究表明，当用 $N_2$ 来代替 $SF_6$ 时，如用于 GIS 中，将使它的尺寸增大 1～1.6 倍，且压力需提高 2 倍才行，这也是制约 GIT 发展的瓶颈。但是，在一些特殊场合，GIT 仍然是首选产品之一。

## 10.3 结构与设计要点

GIT 的结构原则上与油浸式变压器相同，其结构与设计上的特点主要在于绝缘与散热冷却两个方面，所以在产品设计上应该着重考虑一下几个问题。

(1) $SF_6$ 气体的绝缘强度与散热能力均与气体的压力有很大关系。具体来说，在大气压力下，$SF_6$ 气体的绝缘强度仅相当于变压器油的 2/3，随着压力的增高，它的绝缘强度将不断增大。在国外现有 GIT 产品中，目前 6～10kV 级的 GIT，一般采用的 $SF_6$ 气体的压力为 0.12MPa，66～110kV 级为 0.13～0.14MPa(在满载时最大压力可以升到 0.18MPa)，而 275kV 级为 0.4MPa，500kV 级为 0.6MPa。随着压力的增大，其外壳(箱体)的结构必将趋于复杂。

(2) $SF_6$ 气体的绝缘强度与电场的均匀程度密切相关。在不均匀电场中，其绝缘强度将显著降低；而在高压变服器的结构中，要实现理想的电场均匀化是较困难的。

(3) $SF_6$ 气体的冲击比变压器油要小，因而在冲击下的绝缘强度对整个 GIT 的绝缘设计影响较大。为此，应当采用冲击性能较好的绕组(如纠结式绕组等)。

(4) $SF_6$ 气体的相对介电常数为 1，当与其他的固体绝缘材料组合成气膜绝缘结构时，气体部分所分担的电压较大，为此应尽量选用相对介电常数较低的固体绝缘材料(如 NOMEX 纸及其压制品)。

$SF_6$ 气体的散热冷却能力较差，这是 GIT 特别是大容量 GIT 结构上的另一个难点。尽管大多数 GIT 都按 E 级绝缘来设计，其绕组平均温升为 75K，但为了避免绕组的心脏部分的局部温升过高而形成较大的温度梯度，这部分的绝缘材料有时需选用耐热温度可达到 C 级的 NOMX 纸及其制品。在冷却方式上，一般 63MVA 以下的 GIT 均采用 $SF_6$ 气体冷却的方式，中小型 GIT 采用自冷式，较大容量 GIT 采用强气循环冷却方式。但在 100MVA 以上的大容量 GIT 中，多采用液体($C_8F_{16}O$ 或 $C_8F_{18}$)冷却和 $SF_6$ 气体绝缘分离式结构，最大容量已达到 300MVA、275kV，并已制成 300 3MVA、500kV 单相 GIT。

基于上述的绝缘与冷却两方面的特点，针对目前 GIT 的结构，其设计标准和工艺技术应该强调以下方面。

(1) GIT 的主绝缘一般采用气膜组合绝缘的方式：由于 $SF_6$ 气体的散热性能较

差，匝间绝缘一般采用PET聚酯薄膜或NOMEX纸；处在绕组内层温升较高部位的垫块、撑条等，要求采用耐热温度高的用NOMEX纸或聚酯纤维压制而成的绝缘件。因而GIT绕组在绝缘材料方面的费用要大大超过油浸式变压器。

(2)为保证$SF_6$气体有一定的绝缘强度，必须保持一定的压力。为了不使受压容器结构复杂化，对一般在110kV、63MVA及以下的GIT，其外壳可按压力不超过0.2MPa的受压容器来处理。这种结构的外壳厚度增加不多，但当$SF_6$的压力提高到0.4MPa及以上时，其外壳结构就复杂化了。但无论前者或后者，由于都是受压容器，其密封结构都必须给予专门的考虑。

(3)由于$SF_6$气体的散热性能较差，相应GIT的散热器的尺寸就较大，而且还是受压容器，因此在散热器方面的费用也较大。当采用强气循环方式时，要求采用高可靠性、低噪声、耐腐蚀的专用风机，而这种风机由于国内尚不能生产，价格也是昂贵的。

(4)要求采用真空有载调压分接开关以及GIT的专用控制保护组件，有些是进口部件，产品成本将会增加。

(5)为了均匀器身内部电场以及减少器身内部可能出现的尘埃与金属微粒量，除了在设计上采取一定措施，主要应在生产厂房的环境条件以及工艺管理、质量管理等方面严加控制。

## 10.4 绝缘配合与温升计算

根据工作电压和容量不同，GIT选用各种饼式绕组和箔式绕组。高压绕组与低压绕组之间、绕组对地之间的主绝缘的绝缘强度主要取决于$SF_6$气体的绝缘强度。因为$SF_6$气体中的放电或击穿就是主绝缘的击穿，因此在设计中一定要严格控制气体中的电场强度。

变压器箱内$SF_6$气体压力越高，热容量越大。如果以0.125MPa的$SF_6$气体热容量为1，那么0.4MPa的$SF_6$气体热容量为2.4。在绝缘强度方面，也是气体压力越高，绝缘强度越大。因此，在275kV电压等级时，采用0.4MPa的气体，而在500kV电压等级时，采用0.6MPa的$SF_6$气体。GIT要求其箱体除了在全真空时不因屈曲失稳而失效，还要求承受内压时有足够的强度和刚度。

GIT采用各种耐热性能和绝缘性能好的固体绝缘材料。如匝绝缘一般采用对苯二甲酸乙二醇聚酯(PET)或聚苯撑硫(PPS)，最近又发展使用价格较低的PEN类聚酯薄膜；撑条采用聚酯玻璃纤维；垫块采用聚酯树脂。聚酯薄膜和$SF_6$气体一起组成组合绝缘结构，其长期耐电强度主要取决于气膜结构的局部放电特征。采用箔式绕组的GIT，高低压绕组之间的主绝缘采用两层厚度为25μm的薄膜卷制而成的固体绝缘，匝绝缘采用聚酯薄膜。这种结构充分利用了箔式绕组空间系数高和聚酯薄膜厚度薄、绝缘强度高的特点，从而可显著减轻重量和减小尺寸。

由于 $SF_6$ 气体的绝缘性能对电场的均匀性依赖程度较大，为防止局部放电，改善电场分布，除了在绕组端部设置良好的静电屏蔽，也应尽量除掉铁心各结构件表面的尖角毛刺，必要时应在螺钉、棱角处加上屏蔽罩。

### 10.4.1 自冷式 $SF_6$ 绝缘变压器温升计算

自冷式 $SF_6$ 绝缘变压器线圈的温升 $\theta_0$ 由三部分组成，可用下式表示：

$$\theta_0 = \theta_1 + \theta_2 + \theta_3 \tag{10-1}$$

式中，$\theta_1$ 为变压器箱壁与周围介质的温差，即箱体的表面温升，K；$\theta_2$ 为变压器内部介质 $SF_6$ 气体与箱壁间的温差，K；$\theta_3$ 为线圈表面与 $SF_6$ 气体间的温差，K。

1. $\theta_1$ 的计算

变压器箱壁和邻近空间的换热主要靠对流和辐射，根据文献推荐的公式，由箱体表面通过对流换热向外散出的功率 $Q_0$ 为

$$Q_0 = 2.5\theta_1^{1.25} A_C \tag{10-2}$$

式(10-2)适用于箱高为 1~5m，单排散热管的箱体。通过辐射散出的功率 $Q_R$（当 $\theta_1 = 25\sim75\text{K}$）为

$$Q_R = 2.5\theta_1^{1.25} A_R \tag{10-3}$$

箱体表面散出的总功率 $Q_1$ 为

$$Q_1 = \left(2.5A_c + 2.84A_R\right)\theta_1^{1.25} \tag{10-4}$$

式中，$A_c$ 与 $A_R$ 分别为对流散热面积与辐射热面积，$\text{m}^2$，若 $A_c = A_R = A_1$，则式(10-4)可简化为

$$Q_1 = 5.34A_1\theta_1^{1.25} \tag{10-5}$$

令 $q_1 = Q_1/A_1$，为箱体单位散热面积的热负荷，则箱体表面温升 $\theta_1$ 可用下式表示

$$\theta_1 = 0.262q_1^{0.8} \tag{10-6}$$

对自冷式变压器，不管箱体内充的是变压器油还是 $SF_6$ 气体，式(10-6)都可用来计算箱体的表面温升，箱体的表面温升 $\theta_1$ 只与单位散热面的热负荷 $q_1$ 有关，而与箱体内的介质情况无关。

2. $\theta_2$ 的计算

变压器的内部介质 $SF_6$ 气体与箱体间的平均温差 $\theta_2$ 主要取决于散热器(管)内流体的对流换热系数 $\alpha_2$ 及散热面积的热负荷 $q_2$，即

$$\theta_2 = q_2/\alpha_2 \tag{10-7}$$

散热管内流体的对流换热系数 $\alpha_2$ 除与流体的导热系数 $\lambda(W/(m\cdot K))$ 与散热

管的等效直径 $D(m)$ 有关外，还与努塞尔数 $Nu$ 有关，即

$$\alpha_2 = Nu(\lambda/D) \tag{10-8}$$

而努塞尔数 $Nu$ 又与雷诺数 $Re$ 以及普朗特数 $Pr$ 有关。

雷诺数 $Re$ 取决于流体的流动情况，即流体的速度 $\upsilon(\mathrm{m/s})$，散热管的等效直径 $D$ 以及流体的运动黏度 $\nu(\mathrm{m^2/s})$：

$$Re = \upsilon D/\nu \tag{10-9}$$

普朗特数 $Pr$ 与流体的性质有关，即

$$Pr = \mu C_p/\lambda \tag{10-10}$$

式中，$\mu$ 为流体的动力黏度，kg/(m·s)；$C_p$ 为流体的比热，J/(kg·K)

当 $Re < 2200$ 时，

$$Nu = 1.86[Re \cdot Pr \cdot (D/L)]^{1/3} \tag{10-11}$$

当 $2200 \leqslant Re \leqslant 10000$ 时，

$$Nu = 0.116(Re^{2/3} - 125)Pr^{1/3}[1 + (D/L)]^{2/3} \tag{10-12}$$

式中，$L$ 为散热管长度(m)，当流体性质已知，散热管几何尺寸确定后，只要得出散热管内的流速 $\upsilon$ 或流量 $\omega(\mathrm{m^2/s})$，即能通过 $Re$、$Pr$ 和 $Nu$ 的计算得出散热管内流体的对流换系数 $\alpha_2$。

在油变压器中由于变压器油的导热系数 $\lambda$ 大，$\theta_2$ 一般只有几度，常常不去专门计算，但在 $SF_6$ 气体变压器中 $\lambda$ 小，$\theta_2$ 不能忽视。

在自冷式 $SF_6$ 变压器中，$SF_6$ 气体的自然循环与温度分布如图 10-1 所示。

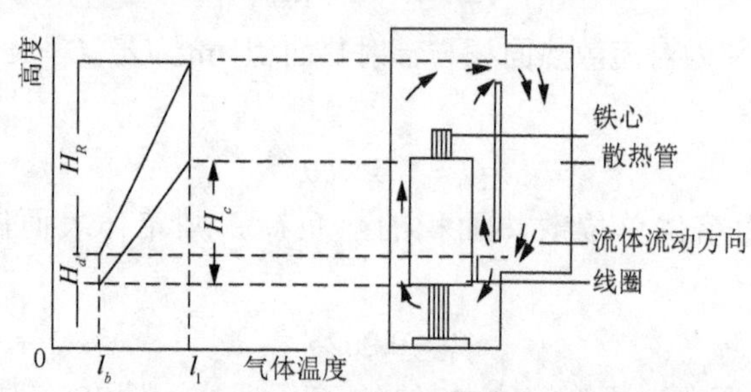


图 10-1　$SF_6$ 气体变压器内部的气体温度分布

$SF_6$ 气体吸收铁心及线圈散发的热量后，上升并进入散热管的上部，通过散热管将热量散发到箱体上的大气中，冷却后的 $SF_6$ 气体再回到箱体的底部，构成了气体的自然循环。

由于箱体顶部 $SF_6$ 气体的温度 $t_t$ 与底部的温度 $t_b$ 不等，密度 $\rho_2$ 与 $\rho_1$ 也不相等，因而产生了气体的浮升力，这个浮升力正好与气体循环过程中沿程各处的压力损失相平衡，即

$$
\left[\left(\frac{\rho_1+\rho_2}{2}\right)H_R+\rho_1 H_0\right]-\left[\left(\frac{\rho_1+\rho_2}{2}\right)H_c+\rho_2\left(H_R+H_0-H_c\right)\right]
$$

$$
=\frac{\rho_m}{2g}\left(\sum f_i\upsilon_i^2\right)=\frac{\rho_m}{2g}\left(\sum f_i\frac{\omega^2}{A_i^2}\right) \tag{10-13}
$$

式中，$H_R$、$H_0$、$H_c$为有关的纵向尺寸，m；$\rho_m$为平均温度$t_m$下的气体密度，$\mathrm{kg/m^3}$；$f_i$为沿程各段的压力损失系数；$\upsilon_i$为沿程各段的气体流速，m/s；$\omega$为气体流量，$\mathrm{m^3/s}$；$g$为重力加速度，$\mathrm{m/s^2}$。

气体循环过程中各段的压力损失包括气道中的摩擦损失和由于流动方向或流动截面改变(扩大和缩小)时的局部损失。一般局部损失比摩擦损失大得多，因此只需考虑气体出入散热管时的局部损失。若取气体自箱体进入散热管的局部损失系数$f_{i1}=0.5$，由散热管流回箱体的局部损失系数$f_{i2}=1$，$A_i$考虑成全部散热管截面积的总和$A_t$，并将式(10-13)简化后可得

$$
\omega^2=\frac{g\left(H_R-H_c+2H_0\right)A_t^2}{1.5}\cdot\frac{\rho_1-\rho_2}{\rho_m} \tag{10-14}
$$

由于气体密度与绝对温度成反比，故式(10-13)可进一步简化成

$$
\omega^2=K\left(t_t-t_b\right) \tag{10-15}
$$

式中

$$
K=g\beta\left(H_R-H_c+2H_0\right)A_t^2/1.5 \tag{10-16}
$$

$$
\beta=\left(273+t_m\right)^{-1} \tag{10-17}
$$

当气体由下向上运动时，单位时间从线圈及铁心表面可以带走的热量$Q$即变压器的铜损和铁损为

$$
Q=\rho_m C_p\left(t_t-t_b\right)\omega \tag{10-18}
$$

将式(10-18)代入式(10-15)可得

$$
\omega=(KQ/\rho_m C_p)^{1/3} \tag{10-19}
$$

在式(10-19)中只要已知变压器的结构尺寸，总损耗 $Q$，气体平均密度$\rho_m$以及比热$C_p\left(\mathrm{W\cdot s}\right)/\left(\mathrm{kg\cdot K}\right)$，即能得出散热管内的气体流量$\omega$。流量$\omega$求得后，利用有关的公式与参数即可得出$\upsilon$、$Re$、$Pr$、$Nu$、$\alpha_2$及$\theta_2$。

3. $\theta_3$的计算

线圈表面与周围介质$SF_6$气体之间的散热与介质的性质有关，在油变压器中主要靠对流散热，而在气体变压器中除对流散热外还应考虑辐射散热。

线圈表面的对流散热可考虑成流体自由流动下的换热，它的对流换热系数$\alpha_3$与格拉晓夫数$Gr$以及普朗特数$Pr$有关

$$
\alpha_2=Nu\left(\lambda/L\right) \tag{10-20}
$$

$$Nu = f(Gr, Pr) \tag{10-21}$$

$$Gr = \frac{\beta g L^3 \theta_3}{\upsilon^2} \tag{10-22}$$

式中，$L$ 为平板的高度，计算中取 $L$ 为线圈高度。

当 $Gr \cdot Pr = 10^4 \sim 10^9$ 时

$$Nu = 0.555(Gr \cdot Pr)^{0.25} \tag{10-23}$$

当 $Gr \cdot Pr = 10^9 \sim 10^{12}$ 时

$$Nu = 0.021(Gr \cdot Pr)^{0.4} \tag{10-24}$$

$SF_6$ 气体变压器中还应考虑辐射散热。辐射散热系数与线圈表面的绝对温度 $T_3$ 和气体的绝对温度 $T_2$ 有关，可由下式计算：

$$\alpha_R = 5.0 \frac{\left(\frac{T_3}{100}\right)^4 - \left(\frac{T_2}{100}\right)^4}{T_3 - T_2} \tag{10-25}$$

$SF_6$ 气体变压器中线圈表面的散热系数 $\alpha$ 为

$$\alpha = \alpha_3 + \alpha_R \tag{10-26}$$

而线圈表面与 $SF_6$ 气体间的温差 $\theta_3$ 分别为

$$\theta_3 = q_3 / \alpha_3 \tag{10-27}$$

或

$$\theta_3 = q_2 / \alpha \tag{10-28}$$

式中，$q_2$ 为线圈单位面积的热负荷，$W/m^2$。

4. 线圈温升 $\theta_c$

$$\theta_c = \theta_1 + \theta_2 + \theta_3 \tag{10-29}$$

### 10.4.2 自冷式 $SF_6/N_2$ 绝缘变压器温升计算

变压器箱内的传热介质为 $SF_6$ 或其混合气体，箱外的散热价质为空气，这两种气体都具有流动性，由于变压器箱体与散热器几何中心的差别以及流体密度随温度变化的特性，促使流体作循环流动，所以 $SF_6$ 气体绝缘变压器的传热方式主要是对流换热。在实际运行的变压器中气体的流动方式比较复杂，难以用一种模式来概括，事实上 $SF_6$ 气体在温压推动下做不等速循环流动，使得绕组产生了温升的纵向不均匀分布，需要采用不同的流动传热模型进行分析。

1. 建立传热模型——自然循环

变压器箱内的气体吸收铁心和绕组产生的热量以后，将沿着绕组上升并进入散热器内，散热器又将这些热量通过对流和辐射散发到空气中去。冷却后的气体下降到散热器底部流回箱底，再次吸收铁心和绕组散出的热量继续向上流动，这

样就形成了 $SF_6$ 气体自然循环的路径，如图 10-2 所示。

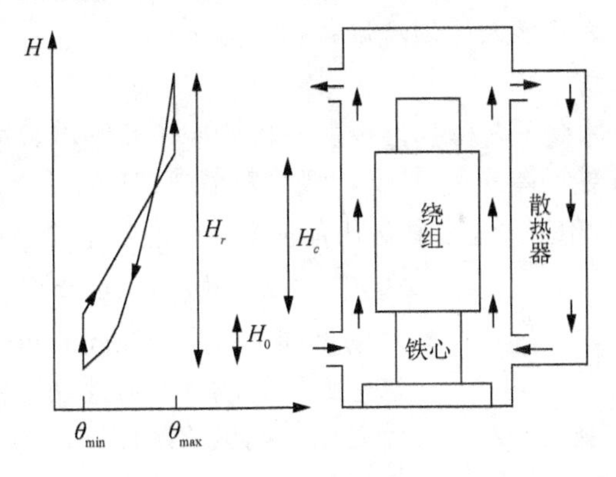


图 10-2 $SF_6$ 气体自然循环及温度分布

从图 10-2 可以看出，箱底温度为 $\theta_{min}$ 的气体沿绕组表面上升且不断地吸收热量，到达绕组上端时温度变为 $\theta_{max}$，由于无热源作用，气体上升到散热器进口时仍保持一个常数 $\theta_{max}$。由于器壁外侧空气的对流作用，$SF_6$ 气体在散热器内被冷却降温，到达箱底时气体重新恢复到初始温度 $\theta_{min}$，如果气体在箱体和散热器之间循环流动。$SF_6$ 气体是靠浮升力在箱体和散热器之间进行自然循环的，浮升力与循环通道内的气流阻力相平衡，其循环流动与温度分布满足如下方程：

$$\omega = \left(\frac{KQ}{\rho_a C_{pa}}\right)^{1/3} \tag{10-30}$$

$$\theta_{max} - \theta_{min} = \frac{Q}{\omega \rho_a C_{Pa}} \tag{10-31}$$

$$K = g\beta_a \left(H_r - H_0 - 2H_0\right) \Big/ \sum_{i=1}^{n} \frac{f_i}{A_1^2} \tag{10-32}$$

式中，$\omega$ 为平均体积流量；$Q$ 为热损耗；$g$ 为重力加速度；$C_{Pa}$ 为气体平均热容；$\rho_a$ 为气体平均密度；$\beta_a$ 为平均膨胀系数；$A_i$ 为循环路径每段截面积；$f_i$ 为每段的气体阻力系数。

1）气体流量 $\omega$ 计算

无论绕组表面的传热或气体与散热器之间的传热，都取决于气体的流动特征状态。式（10-31）的理论分析表明，气体重量流量 $\omega\rho_a$ 和 $C_{Pa}$ 的大小是造成绕组纵向温度分布不均匀和上下温差大的关键因素。必须首先计算单位时间内的体积流量 $\omega$，才能求得变压器的温升分布。系数 $K$ 主要取决于变压器的结构尺寸，是一个与温度基本无关的常数，根据式（10-30）和式（10-32），$\omega$ 主要取决于热损耗 $Q$ 和气体阻力系数 $f_i$。

传热系数主要与气体的流速有关，流速沿着高度随通道截面积的不同相差很大。气体的流速取决于体积流量$\omega$的大小，而体积流量随高度变化不大，因此这里计算出的$\omega$为气体的平均体积流量。

2) 热路计算模型

根据前面对气体变压器传热过程的分析，变压器绕组对箱外周围空气的温升包括三部分：绕组对气体的温升$\tau_{12}$、气体对散热器的温升$\tau_{23}$和散热器对箱外周围空气的温升$\tau_{30}$。相应于这三个温升有三个不同的热阻$R_1$、$R_2$和$R_3$，如图 10-3 所示。不同的热阻具体表现为传热系数和几何尺寸的不同，而且沿纵向分布也不均匀。充分阐明这三个温升的计算方法和过程是重要的，具体步骤是由外向里依次计算$\tau_{30}$、$\tau_{23}$和$\tau_{12}$，最后即可求出绕组对箱外周围空气的温升$\tau$。

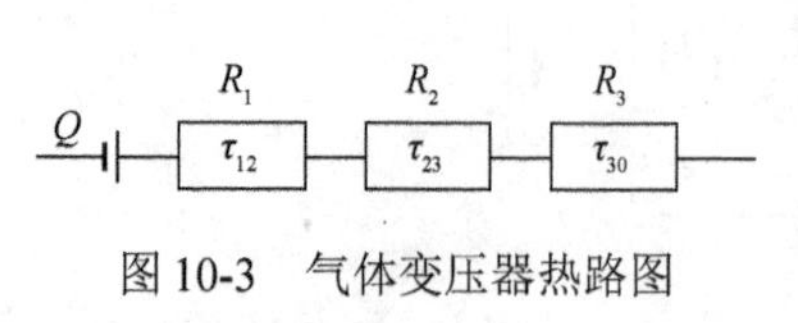


图 10-3　气体变压器热路图

$$\tau = \tau_{12} - \tau_{23} - \tau_{30} \tag{10-33}$$

温升计算是针对一台 10/0.4kV，500kVA 的气体绝缘变压器进行的，其额定充气压力为 0.22MPa。为验证理论计算结果，在这台变压器上进行了温升分布的实验研究。在高、低压绕组的表面上埋设了多个热电偶以测量其纵向的温升分布，同时在箱内和散热器外表面分别埋设了多个热电偶与温度计以测量气体和散热器壁的温升。另外还用热像仪记录了变压器外表面的温度分布情况。

3) 气体物性参数计算

无论计算传热系数还是气流通道的阻力，都与气体(纯$SF_6$或$SF_6/N_2$混合气体)的物性参数密切相关。主要的物性参数包括：热容$C_p$、热导率$\lambda$、动力黏度$\mu$和密度$\rho$等。压力较低时，二元组分的混合气体可近似看作理想气体，其物性参数根据质量守恒、能量守恒。结合因子法和 Wassilijewa 方程求解，其中密度的计算式较为简单，此处不再列出。这里带下标的量只是用来说明物性参数的计算方法，与后面书中参量的具体含义并不相同。

$$C_p = \frac{aM_1C_{p1} + bM_2C_{p2}}{aM_1 + bM_2} \tag{10-34}$$

$$\mu = \frac{a\mu_1}{a + b\varphi_{12}} + \frac{b\mu_2}{b + a\varphi_{21}} \tag{10-35}$$

$$\lambda = \frac{a\lambda_1}{a + b\varphi_{12}} + \frac{b\lambda_2}{b + a\varphi_{21}} \tag{10-36}$$

$$\varphi_{12} = \frac{\left[1 + \left(\mu_1/\mu_2\right)^{1/2}\left(M_2/M_1\right)^{1/4}\right]^2}{\left[8\left(1 + M_1/M_2\right)\right]^{1/2}} \tag{10-37}$$

$$\varphi_{21} = \frac{\mu_2 M_1}{\mu_1 M_2}\varphi_{12} \tag{10-38}$$

式中，$C_{p1}$，$C_{p2}$为组分一、二的热容；$M_1$，$M_2$为组分一、二的分子量；$\mu_1$，$\mu_2$

为组分一、二的动力黏度；$\lambda_1$，$\lambda_2$为组分一、二的热导率；$a$，$b$为组分一、二的摩尔比例。

2. 散热器表面及散热器内气体的温升计算

气体沿着散热器上口向下循环的过程中，与散热器内壁主要发生对流作用。在每一单元段，气体由于对散热器壁放出热量d$Q$而冷却降温，温升由$\tau_1$变为$\tau_1+\mathrm{d}\tau$。同时的d$Q$热量又经散热器壁通过对流和辐射作用传向周围空气，器壁温升由$\tau_2$变为$\tau_2+\mathrm{d}\tau_2$，如图10-4所示。

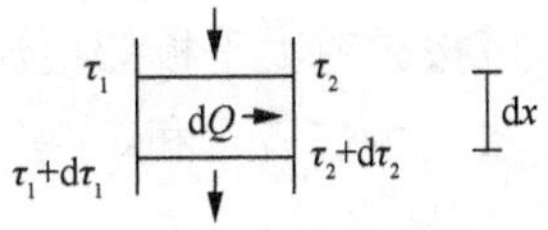

图10-4　传热单元模型

根据气体流动程和能量守恒并忽略器壁本身的热阻，可以得到下列公式：

$$-\mathrm{d}Q=\omega\rho_1C_{p1}\mathrm{d}\tau_1 \tag{10-39}$$

$$\mathrm{d}Q=a_1l_1\left(\tau_1-\tau_2\right)\mathrm{d}x \tag{10-40}$$

$$\mathrm{d}Q=a_2l_2\tau_2\mathrm{d}x \tag{10-41}$$

式中，$a_1$为气体与散热器内壁的换热系数；$a_2$为散热器外壁与空气的换热系数；$l_1$为散热器等效内壁周长；$l_2$为散热器等效外壁周长；d$x$为单元段长度；$\rho_1$，$C_{p1}$为气体的物性参数。

求解散热器和气体的温升分布，关键是如何求得两个换热系数，找出它们与温升之间的函数关系。

1) $a_1$计算

气体从上气口进入散热器后，实际上做未充分发展的不等速流动，入口段的流动情况对换热系数$a_1$造成很大影响，热学上称为入口效应。管道内流体的对流换热决定于努塞尔数，在入口处努塞尔数趋于无穷大，到达一定长度后其值趋于充分发展状态的恒定值。层流时入口效应段长度可能超过管道定型尺寸的50倍，入口效应是造成纵向温升分布梯度大的主要原因，后面的计算结果也说明了这一点。

每一散热片由两块平板构成，当气体循环流入散热器时，实际上是在平板间竖直流动。对于壁面热流密度均等的平行平板间层流流动，根据雷诺准则和普朗特准则及 Shah 和 London 的研究成果，入口段的局部努塞尔数$Nu_x$和$a_1$满足式(10-42)。

$$Nu_x=1.49\left(x^0\right)^{-1/3}-0.4\text{，}\quad 0.0002<x_0<0.001$$

$$Nu_x=8.235+8.68\left(10^3x^0\right)^{-0.506}\cdot\mathrm{e}^{-164x^0}\text{，}\quad x^0\geqslant 0.001 \tag{10-42}$$

$$x^0=x/D_eR_eP_r\text{；}\quad R_e=\rho_1\upsilon_1D_e/\mu_1$$

$$a_1 = Nu_x \lambda_1 / D_e$$

式中，$D_e$ 为当量尺寸，大小为平板间距的两倍；$\upsilon_1$ 为散热器内 $SF_6$ 混合气体的流速，其他下标为 1 的物理量为混合气体的物性参数。

2) $a_2$ 计算

散热器与外界空气之间既有自然对流换热，又有辐射换热，对流换热系数 $a_{2c}$ 可按无穷大平板的层流换热计算，辐射换热系数 $a_{2r}$ 由式(10-44)求得，总换热系数 $a_2$ 为二者之和。

$$a_{2c} = 0.13 \cdot (g\beta_2 C_{p2} \lambda_2^2 \rho_2^2 / \mu_2)^{1/3} \cdot \tau_2^{1/2} \tag{10-43}$$

$$a_{2r} = \varepsilon \sigma_b [4 + \tau_2 / (\theta_0 + 273)] \cdot (\theta_0 + 273)^2 \tag{10-44}$$

$$a_2 = a_{2c} + a_{2c} \tag{10-45}$$

式中，$\sigma_b$ 为玻尔兹曼常量；$\varepsilon$ 为散热器的辐射系数；$\theta_0$ 为环境温度；其他下标为 2 的物理量为空气的物性参数。

3)温升计算

根据式(10-39)～式(10-45)就可进行温升计算了，但要解出散热器和散热器内气体的温升分布，还必须将这些公式离散化为如下的差分方程组：

$$\begin{gathered} \Delta Q_i = a_{1,i}(\tau_{1.i} - \tau_{2,i}) l_1 \Delta x \\ \Delta Q = a_{2,i} \tau_{2,i} l_2 \Delta_x \\ -\Delta Q_i = \omega \rho_{1,i} C_{p1,i} \Delta \tau_{1,i} \\ \Delta x = x_{i+1} - x_i \\ \Delta x_{1,i} = \tau_{1,i+1} - \tau_{1,i} \quad \tau_{1a} = \frac{1}{n} \sum_{i=1}^{n} \tau_{1,i} \quad Q_c = \sum_{i=1}^{n} \Delta Q_i \end{gathered} \tag{10-46}$$

式中，$\tau_{1a}$ 为散热器内气体的平均温升。在实际计算中由于气体及外界空气的物性参数都是随温度变化的函数，只有知道温度才能求出，可以采用迭代算法。首先假定两个温升初值 $\tau_{1a}$ 和 $\tau_{1,1}$（即散热器内顶部气体温升），根据上述差分方程组(10-46)即可求出散热器和散热器内气体的纵向温升分布以及平均温升，再去修正初值。如此往复，直到散热器散出的总热量计算值 $Q$ 等于参加自然循环的热量 $Q$。

3. 实例计算

针对 10kV，500kVA 变压器充入 0.22MPa 的 $SF_6/N_2$ 混合气体，对散热器及其内部气体的温升分布进行了理论计算。混合比例分别为：100% $SF_6$，85% $SF_6$ + 15% $N_2$，70% $SF_6$ + 30% $N_2$，55% $SF_6$ + 45% $N_2$，40% $SF_6$ + 60% $N_2$，25% $SF_6$ + 75% $N_2$，10% $SF_6$ + 90% $N_2$，100% $N_2$。不同混合比例下气体进行自然循环的平均体积流量并不相同，但变化不大。例如，纯 $SF_6$ 时=68.7$m^3/h$。而 55% $SF_6$ 时=75.9$m^3/h$。

计算结果表明：

(1)随着混合气体中 $N_2$ 成分的增加，散热器内气体的温升分布不均匀，顶部温升增大而底部温升减小，上下温差变大，散热器壁的温升分布也有类似的特点。如图 10-5 与图 10-6 所示。这一结论可从式(10-31)得到解释。当 $N_2$ 成分增加时，热容变化不大而密度降低很快，必然导致上下温差的增大，实验结果也说明了此点。表 10-1 列出了不同混合比例时散热器内气体顶部温升、底部温升、上下温升的计算值和实验值的比较。表 10-1 的结果示于图 10-7 中，可以看出理论计算值与实验数据能较好地符合，从而验证本书所建计算模型的正确性，计算误差小于±3C。

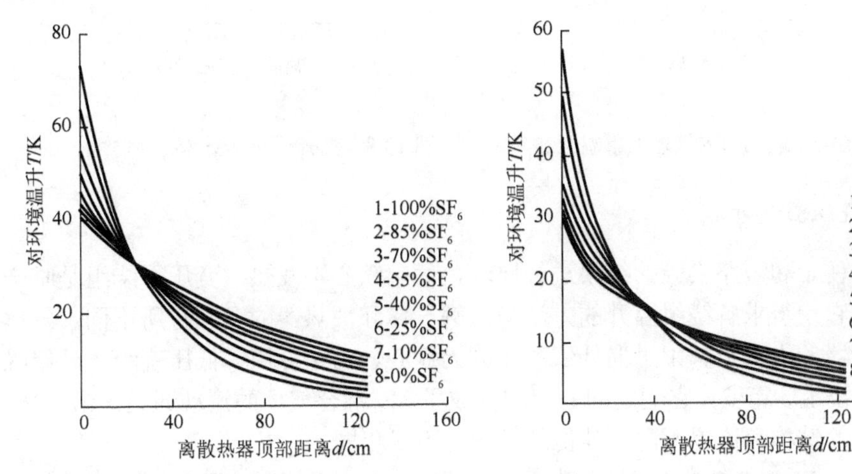


图 10-5 散热器内气体温升分布

图 10-6 散热器壁温升分布

**表 10-1 气体温度计算值与实验值比较**

| $N_2$ | 顶部温度/K | | | 底部温度/K | | | 上下温差/K | | |
|---|---|---|---|---|---|---|---|---|---|
| | 计算 | 实验 | 误差 | 计算 | 实验 | 误差 | 计算 | 实验 | 误差 |
| 0% | 40.2 | 39.6 | +0.6 | 10.8 | 9.5 | +1.3 | 29.4 | 30.1 | −0.7 |
| 15% | 41.5 | 40.6 | +0.9 | 9.7 | 10.0 | −0.3 | 31.8 | 30.6 | +1.2 |
| 30% | 43.0 | 42.5 | −0.5 | 8.5 | 9.3 | −0.8 | 34.5 | 33.2 | +1.3 |
| 45% | 45.2 | 44.8 | +0.4 | 7.2 | 9.0 | −1.8 | 38.0 | 35.8 | +2.2 |

(2)在四种混合比例时：$100\%SF_6$，$85\%SF_6+15\%N_2$，$70\%SF_6+30\%N_2$，$55\%SF_6+45\%N_2$，将理论计算结果与散热器及其内部气体的纵向温升分布实验数据进行了比较，计算值与实验值仍能很好地符合，进一步验证了所建数学模型的可靠性。图 10-8 为 $85\%SF_6+15\%N_2$ 时散热器及其内部气体纵向温升分布的计算结果与实验值的比较曲线。

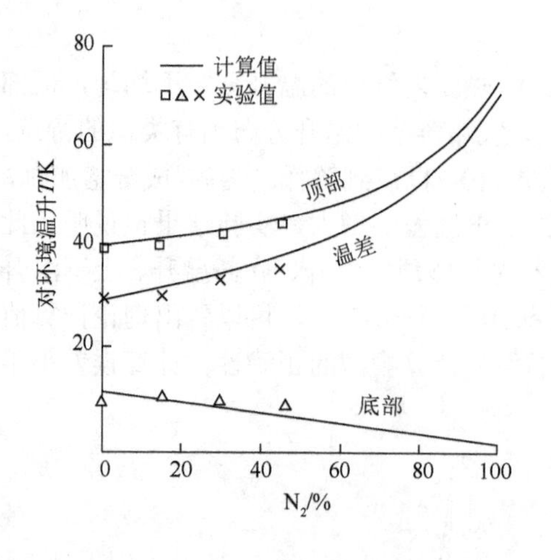


图 10-7　散热器内气体上下温开

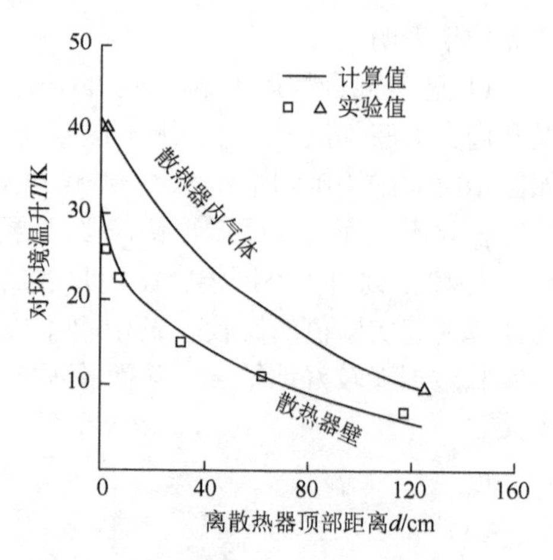


图 10-8　温升分布（85%$SF_6$+15%$N_2$）

4. 绕组温升计算

为了便于和短路实验的结果进行比较，假定铁心不发热，变压器绕组是唯一的热源，它使得求解绕组温升的方法与求解气体和散热器的温升有所不同。气体绝缘变压器的内部结构由里向外依次排列为铁心、内绝缘筒、低压绕组、外绝缘筒、高压绕组、箱壁，它们之间的空隙构成了 $SF_6$ 混合气体的流动通道。由于高、低压绕组的结构和位置不同，其传热过程也不尽相同。

10kV，500kVA $SF_6$ 变压器的高压绕组采用连续结构共 42 段，其中 31 段每段 14 匝，另外 11 段每段 13 匝，总匝数为 577 匝。高压绕组内径为 338mm，外径为 400mm，总高度为 670mm，见图 10-9。低压绕组采用双螺旋结构共 22 段，每段 1 匝，以 2 并 6 迭的方式绕制而成，内径为 242mm，外径为 286mm，总高度为 696mm，如图 10-9 和图 10-10 所示。

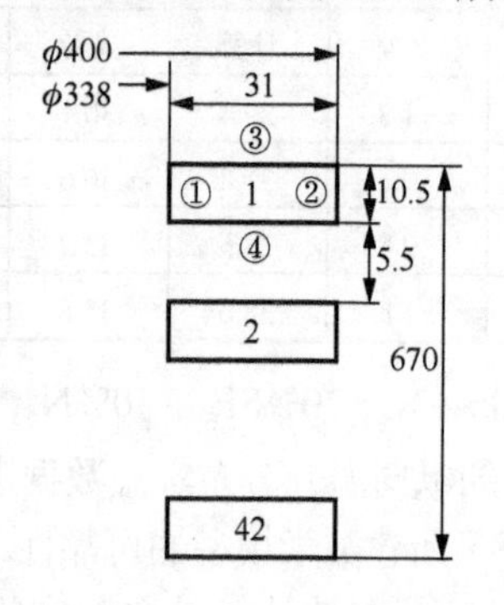


图 10-9　高压绕组结构

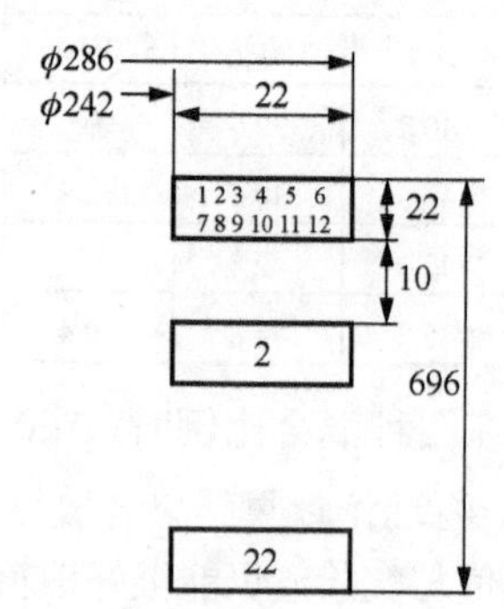


图 10-10　低压绕组结构

由于外绝缘筒的阻挡，低压绕组与变压器箱壁之间没有辐射换热，它主要与气体发生对流换热。高压绕组除了与气体发生对流换热，其外侧还直接向箱壁辐射一部分热量。无论高压还是低压绕组，绕组的每一匝都有四个散热面：内外侧面和上下侧面。传热方程的一般形式可以写成

$$Q_b = (\tau_h - \tau_g)\sum_{i=1}^{5}\alpha_{hi}S_{hi} \tag{10-47}$$

$$Q_i = (\tau_l - \tau_g)\sum_{i=1}^{4}\alpha_{li}S_{li} \tag{10-48}$$

式中，$\tau_h$，$\tau_l$，$\tau_g$为高压绕组、低压绕组和箱内气体的平均温升；$\alpha_{hi}$，$\alpha_{li}$为高压绕组、低压绕组表面的对流和辐射散热系数；$Q_h$，$Q_l$为高压绕组、低压绕组的散热量；$S_{hi}$，$S_{li}$为高压绕组、低压绕组的散热表面积。

由于热源已知，则散热量可以求得。箱内气体的温升$\tau_g$在前面已有叙述。只要知道各个传热系数的数值，就能解得高压绕组、低压绕组的温升。

1) 侧面散热系数的计算$(\alpha_{h1},\alpha_{h2},\alpha_{l1},\alpha_{l2})$

当气体自散热器底部口流回箱体后，将沿着绕组内外侧的缝隙向上流动，同样存在着入口效应，是不均匀的流动换热。实际计算表明：绕组内外侧气体的流动属于竖直圆管内的混合对流换热。高、低压绕组侧面的混合对流换热满足同样的机理。根据 Brown 和 Guavin 的研究在果，可以得到了一般形式：

$$Gz = \mathrm{Re}\, PrD/l \tag{10-49}$$

$$Gr = g\beta\rho^2(\tau_l - \tau_g)D^3/\mu^2 \tag{10-50}$$

$$Nu = 1.75(\mu_g/\mu_g)^{0.14}[Gz + 0.012(GzGr^{1/3})^{4/3}]^{1/3} \tag{10-51}$$

式中，$Gz$ 为格雷兹数；$Gr$ 为格拉晓夫数；$\mu_g$为气体温升下的动力黏度；$\mu_c$为气体温升下的动力黏度；$\tau_c$为绕组对外界空气的温升；$D$为气流通的当量尺寸。

考虑到入口效应的影响，应将 $Nu$ 乘以绕组各处的入口效应校正系数$\gamma$，才能得到当地的努塞尔数 $Nu$，从而求得当地的换热系数。

$$Nux = \gamma Nu$$

$$\gamma = 0.376\left(x^+\right)^{-1/3} - 0.299,\quad x^+ \geqslant 0.0001$$

$$\lambda = 0.376\left(x^+\right)^{-1/3} - 0.115,\quad 0.0001 < x^+ \leqslant 0.003 \tag{10-52}$$

$$\gamma = 1 + 2.825\left(10^3 x^+\right)^{-0.506}\cdot \mathrm{e}^{-20.5x^+},\quad x^+ > 0.003$$

$$x^+ = x/(DRePr)$$

$$\alpha_r = Nux\,\lambda/D$$

2) 上下表面散热系数的计算($\alpha_{h3},\alpha_{h4},\alpha_{l3},\alpha_{l4}$)

在理论上热面向上的散热情况要比热面向下好得多，但是有限空间内这两种情况的散热是互相限制的，为此统一采用散热条件较差的热面向下的模型进行计算，更合乎绕组散热的实际情况。写出散热系数的一般表达式为

$$\alpha = 0.27\left(GrPr\right)^{1/4}\lambda/d \tag{10-53}$$

式中，$d$ 为高、低压绕组上下表面的当量尺寸。

3) 高压绕组外侧面辐射散热系数的计算 $\alpha_{h5}$

$$\alpha_{h5} = \sigma_b\varepsilon_h\left(4+\frac{\tau_h-\tau_g}{\theta_b+273+\tau_g}\right)(\theta_b+273+\tau_g) \tag{10-54}$$

式中，$\sigma_b$ 为玻兹曼常量；$\varepsilon_h$ 为高压绕组外侧面辐射系数；$\theta_0$ 为环境温度。

4) 温升计算

为计算高、低压绕组的纵向温升分布，仍采用离散和迭代的方法。由于温升不同，离散化后绕组每段的电阻损耗也不一样，高、低压绕组分别表示为

$$Q_{hi} = I_h^2 R_{oh}[1+\xi(\tau_{hi}+\theta_o)] \tag{10-55}$$

$$Q_{hi} = O_1^2 R_{ol}[1+\xi(\tau_{li}+\theta_o)] \tag{10-56}$$

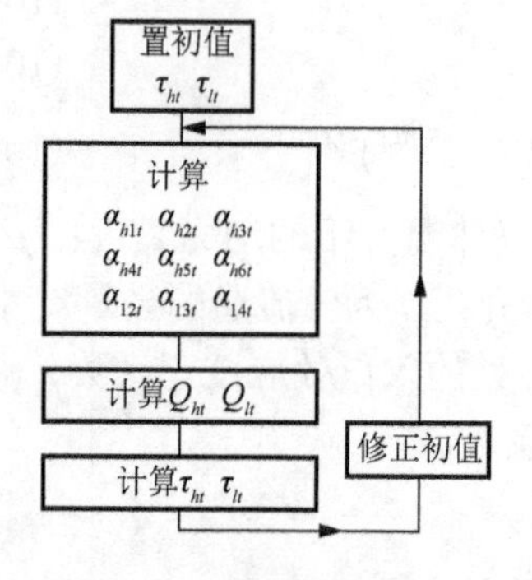


图 10-11　高、低压绕组温升计算过程

式中，$R_{oh},R_{ol}$ 为高、低压绕组单元段 ℃ 时的电阻；$I_h,I_l$ 为通过高、低压绕组的电流；$\xi$ 为铜导线的电阻温度系数。

图 10-11 给出了高、低压绕组距离底部第 $i$ 段的温升计算流程。

5) 计算实例

针对 10kV，500kVA 变压器，应用上述方法计算了高、低压绕组的纵向温升分布及平均温升，并与实验数据进行比较。$SF_6/N_2$ 气体的混合比例分别为：100%$SF_6$，85%$SF_6$+15%$N_2$，70%$SF_6$+30%$N_2$，55%$SF_6$+45%$N_2$，计算结果表明：

(1) 随着 $N_2$ 成分的增加，高、低压绕组纵向各点温升相应增加，如图 10-12 所示。绕组底部温升变化不大但顶部温升增长幅度较大。表 10-2 列出了高、低压绕组的上下温升计算值。

(2) 随着 $N_2$ 成分的增加，高、低压绕组的平均温升也相应增加。平均温升计算值与实验数据的比较见表 10-2，计算误差在±2C 以内，其曲线如图 10-13 所示。

表 10-2 高、低压绕组温升计算值与实验值比较

| $N_2$ | 高压绕组/K | | | | | | 低压绕组/K | | | | | |
|---|---|---|---|---|---|---|---|---|---|---|---|---|
| | 顶部 | 底部 | 温差 | 平均 | 实验 | 误差 | 顶部 | 底部 | 温差 | 平均 | 实验 | 误差 |
| 0% | 64.6 | 20.5 | 44.1 | 45.6 | 41.0 | +1.6 | 84.8 | 24.6 | 60.2 | 60.0 | 58.3 | +1.7 |
| 15% | 67.2 | 20.0 | 27.2 | 16.7 | 46.0 | +0.7 | 89.7 | 24.3 | 65.4 | 62.7 | 61.3 | +1.4 |
| 30% | 70.3 | 19.5 | 50.8 | 48.2 | 48.0 | +0.2 | 94.7 | 24.2 | 70.5 | 65.6 | 65.8 | −0.2 |
| 45% | 74.7 | 19.0 | 55.7 | 50.5 | 50.0 | +0.5 | 102 | 24.4 | 77.6 | 70.0 | 70.5 | −0.5 |

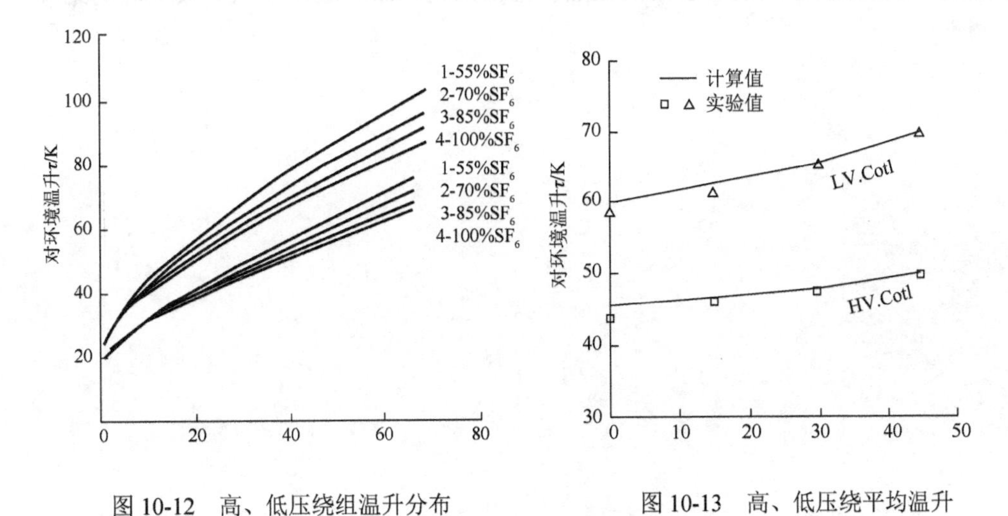


图 10-12 高、低压绕组温升分布

图 10-13 高、低压绕平均温升

(3) 在上述四种混合比例下，高、低压绕组温升的计算结果与实验数据能较好地吻合，计算误差在±3C 以内，说明依据传热学基本理论建立的计算模型是正确可靠的。图 10-14 为 85% $SF_6$ +15% $N_2$ 时高、低压绕组分布温升的计算结果与实验数据的比较曲线。

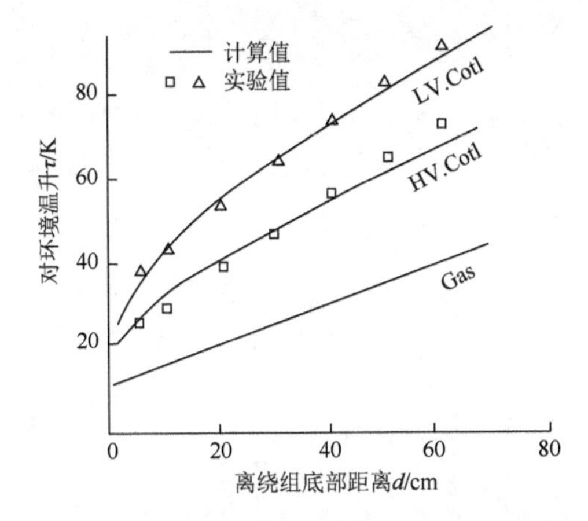


图 10-14 绕组温升分布（85% $SF_6$ +15% $N_2$）

(4)变压器的允许温升是以变压器的运行预期寿命(主要是绝缘材料的寿命)为基础的，衡量变压器温升特性的参数主要是绕组的热点温升和平均温升。10kV，500kVA 的 $SF_6$ 变压器采用的是 E 级绝缘材料，其最高允许温度为 120°C，变压器绕组的平均温升限值为 75K(按年平均气温 20°C 计)，此时变压器具有正常的运行预期寿命。由表 10-2 中温升的计算结果可见，若混合气体中 $N_2$ 的含量超过 45% 时，尽管低压绕组的平均温升(70k)并没超出 E 级绝缘的温升限值，但热点温度(122°C)已经超出绝缘变压器的散热和冷却结构，或者选用耐热等级更高的绝缘材料。

# 第 11 章　$SF_6$ 应用于 GIS

$SF_6$ 封闭式组合电器，行业上称为“气体绝缘开关设备”，将一座变电站中除变压器以外的一次设备，包括断路器、隔离开关、接地开关、电压互感器、电流互感器、避雷器、母线、电缆终端、进出线套管等全部封闭在一个接地的金属外壳内，壳内充以 2.5～5.0 大气压(表压)的 $SF_6$ 气体，经优化设计有机地组合成一个整体。GIS 的优点：①大大缩小了电器设备的占地面积与空间体积，由于 $SF_6$ 具有很好的绝缘性能，因此绝缘距离大为缩小。随着电压等级的提高，缩小的倍数越来越大。②GIS 运行安全可靠，维修方便。减少了自然环境条件对设备的影响，特别适宜用在严重污秽、盐雾地区以及高海拔地区。③GIS 断路器开断性能好，触头烧伤轻微，加上 $SF_6$ 的绝缘稳定性和无氧化问题，致使其使用寿命周期大为延长。④安装方便。由于 GIS 一般是以整体形式或者分成若干部分运到现场，因此可大大缩短现场安装的工作量和工程建设周期。

采用 $SF_6$ 气体作为绝缘和灭弧介质的断路器称为 $SF_6$ 断路器。其特点为：①$SF_6$ 气体的良好绝缘性能，使 $SF_6$ 断路器结构设计更为紧凑，电气距离小，单端口的电压可以做得很高，节省占地，而且操作功率小，噪声低。②$SF_6$ 气体的良好灭弧特性，使 $SF_6$ 断路器触头间燃弧时间短，开断电流能力大，触头的燃烧腐蚀小，延长使用寿命。③$SF_6$ 气体介质恢复速度特别快，因此开断近区故障的性能特别好，通常不加并联电阻能够可靠地切断各种故障而不产生过电压。④$SF_6$ 断路器的带电部位及端口均被封闭在金属容器内，金属外部接地，能更好地防止意外接触带电部位和防止外部物体入侵设备内部，设备可靠。⑤$SF_6$ 气体在低压下使用时，能够保证电流在过零附近切断，电流截断趋势减至最小，避免截流而产生的操作过电压，降低了设备绝缘水平的要求，并在开断电容电流时不产生重燃。⑥$SF_6$ 气体是不可燃的惰性气体，可以避免 $SF_6$ 断路器爆炸和燃烧，提高变电所的安全可靠性。⑦$SF_6$ 气体分子中不存在碳，燃弧后不会在 $SF_6$ 断路器内留下碳的沉淀物，因而增加了开断次数，延长了检修周期。图 11-1 为 220 型罐式 $SF_6$ 断路器单相结构图。

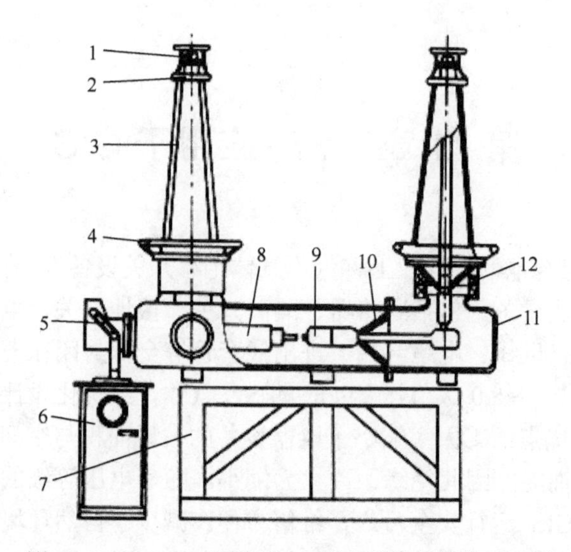


图 11-1　LW-220 型罐式 $SF_6$ 断路器单相结构示意图

1-接线端子；2-上均压环；3-出线瓷套管；4-下均压环；5-拐臂箱；6-机构箱；7-基座；8-灭弧室；9-静触头；10-盆式绝缘子；11-壳体；12-电流互感器

## 11.1　电弧与 $SF_6$ 灭弧特性

电弧是一种物理现象。当电路被开断的过程中，只要在此过程中电流达到几百毫安，电源电压有几十伏，两触头的间隙就会产生电弧，由于电弧导电，所以产生电弧时，电路就没有被完全开断，所以只有电弧熄灭才能实现电路的开断，因此电弧现象是开关电器最重要的内容。

### 11.1.1　电弧形成

电弧形成的四个因素如下所示。

(1)强电场发射：开关电器触头分开的瞬间，由于动触头和静触头的距离特别小。因此触头间的电场强度就很大，使触头内部的电子在强电场作用下释放出来，就形成强电场发射。

(2)热电子发射：在断路器的动触头与静触头分离的过程中，两触头间的接触压力及接触面积会逐渐缩小，这样会引起接触电阻增大，根据电流的热效应，会使接触部位剧烈发热，导致阴极表面温度急剧升高而发射电子，形成热电子发射。

(3)碰撞游离：从阴极表面发射出的电子，在电场力的作用下，向阳极加速运动，在奔向阳极的途中与介质的中性点发生碰撞，如果电子的运动速度足够高，它的动能大于中性点的游离能时，就会使中性点游离成新的自由电子和带正电的离子，这个过程称为碰撞游离。

(4) 热游离：电弧形成后，弧柱中心的温度基本维持在10000°C以上，其中弧柱中气体分子在高温作用下的不规则运动会越来越剧烈，当动能足够大的中性质点互相碰撞时，就会游离形成电子和正离子，这种现象称为热游离，弧柱导电就是由热游离来维持的。

上述是电弧形成的四个因素，实际上是个连续过程。

### 11.1.2 物理过程

通常情况下，电弧可以分为三个区域，即阴极区、弧柱区、阳极区。

1) 阴极区

如果从微观上看电弧形成的过程，可以把它看作电子和正离子在电场作用下的结果，其中电流的主体是电子的移动构成的。

阴极区的主要作用是向电场释放大量的电子，以维持两极间的电流。其中，阴极释放电子分两种情况，一种是热电子发射，另一种是强场电子发射。

(1) 电极材料是由一些高熔点金属制作而成的，例如，钨、钼等，当发射电子时，热电子发射趋于主导地位。由阴极发射的电子，在两极间电场的加速下，加速向阳极运动，在其运动过程中，与中性粒子发生碰撞，产生电子和正离子，正离子在电场力的作用下，会向阴极运动，从而使阴极表面温度上升，通常，在阴极表面可以看到明亮的阴极斑点。

(2) 电极材料是由一些低熔点的金属制作而成的，例如，铜、银等。如果温度过高，电极材料就会发生气化，所以阴极发射电子基本以强场电子发射为主，在发射电子的过程中，特别是电极表面突出的部分，较强的电场力会把电子从电极表面拉出，这样就会在电极表面形成很高的电流密度，此过程称为强场电子发射。

2) 弧柱区

阴极表面发射的电子只会形成阴极区的电流，弧柱区域的导电需要在此区间有足够量的自由电子来维持。这就会使弧柱区的气体发生游离。

3) 阳极区

由于电弧主要是由阴极发射的电子运动形成的电流，所以阳极的作用就没有阴极那样显得尤为重要，但根据阳极的作用，可以分为主动型和被动型两种。

(1) 主动型：阳极在收集电子的同时，还在高温的作用下产生金属蒸汽，从而可以向弧柱提供足够的带电粒子。

(2) 被动型：只起到单一的收集电子的作用。

阴极区、弧柱区、阳极区三个区域对电弧的作用，会因电弧的不同而不同。如果电弧很短，电弧电压主要由两极的压降组成，此种电弧称为短弧；若电弧较长，弧柱则起主要作用，阴极区和阳极区的作用有时甚至可以忽略掉，则称为长弧。

弱小的电弧可能不会对设备产生损坏，但是对于产生的大电弧，若处理不当其后果是非常严重的。因为电弧的弧柱温度达上千摄氏度，弧心温度甚至可以达到10000°C，轻则烧毁设备，重则可以引起爆炸，酿成火灾，威胁生命和财产的安全。

### 11.1.3 电弧熄灭

电弧的熄灭取决于两种过程，即发生游离和去游离的过程。

1)影响去游离的因素

(1)介质特性。电弧燃烧时所处的介质环境特性，在很大程度上决定了电弧中去游离的强度，这些特性包括：导热系数、热容量、热游离温度、介电强度等。若这些参数值大，则去游离过程就越强，电弧就越容易熄灭。

(2)电弧温度。电弧是由热游离维持的，而热游离的主要跟温度有关，因此适当地降低电弧温度，就可以减弱热游离，从而减少新带电质点的产生。同时，带电质点的运动速度也相应减小了，加强了复合作用。通过快速拉长电弧，采用气体吹动电弧，或使电弧与固体介质表面接触等措施，都可以降低电弧的温度，进而使电弧更容易熄灭。

(3)触头材料。触头材料也是影响去游离的过程又一主要因素。当触头采用熔点高、导热能力强和热容量大的耐高温金属时，就可以减少热电子发射和电弧中的金属蒸汽，有利于电弧熄灭。

(4)气体介质压力。气体介质压力对电弧去游离会产生很大的影响。因为，气体的压力越大，电弧中质点的密度就越大，质点间的距离就越小，复合作用越强，电弧就越容易熄灭。

2)复合和扩散是去游离过程的两种形式

(1)复合。复合可以理解为两种带电质点相互结合，结合过后使其结合体呈电中性。在弧柱中心正离子的移动速度相对电子来说是缓慢的，所以二者直接结合的概率不是很大。通常，电子在高速移动的过程中，会与中性质点发生碰撞生成负离子。一种复合方式是负离子会与其运动速度相当的正离子相互吸引而结合，交换电荷后形成中性质点。

另一种复合方式是，固体介质表面会吸附一部分高速运动的电子，再被正离子捕获，相结合后形成中性质点。

(2)扩散。扩散分为三种形式，具体理解为弧柱中心的带电质点逸出弧柱外，进入其他介质的现象。

① 温度扩散：通常电弧的温度会高于周围其他介质的温度，这样就会使电弧中的带电质点运动到温度低的介质中，这样电弧中的带电质点就会很大程度地减少。

② 浓度扩散：电弧中带电质点的浓度和周围的介质中的存在浓度差，带电质点就会向浓度低的地方扩散，使电弧中的带电质点减少。

③ 吹弧扩散：在断路器灭弧室中把快速度的气体吹向电弧，吹走电弧中的带电离子，以加强扩散作用。

### 11.1.4 $SF_6$气体中的电弧

电弧特性由等离子体的特性决定，不同气体在高温下分解与离解的过程也有明显的差别。

图 11-2 给出了大气压力下 $SF_6$ 气体随温度分解和高解的过程。温度 1000K 以下时，气体的性能稳定，没有分解产生。随着温度增高，分解作用逐渐显著，在 2000K 左右达到高峰。$SF_6$ 气体分子被分解成 $SF_4$、$SF_2$、S、F 等低氟化合物和氟、硫原子。每立方厘米中的 $SF_6$ 分子数由原来的$10^{19}$ 减小到$10^{12}$ 以下。温度继续增高，低氟化合物又分解成氟和硫原子。3000K 时出现电离，5000K 时电离（离解）显著，以后电子$e^-$ 和正离子$S^+$ 的数量明显增加，还出现负离子，使得导电性能随温度增高而加大。图 11-3 给出了不同温度和不同压力下 $SF_6$ 气体电导率的变化曲线。

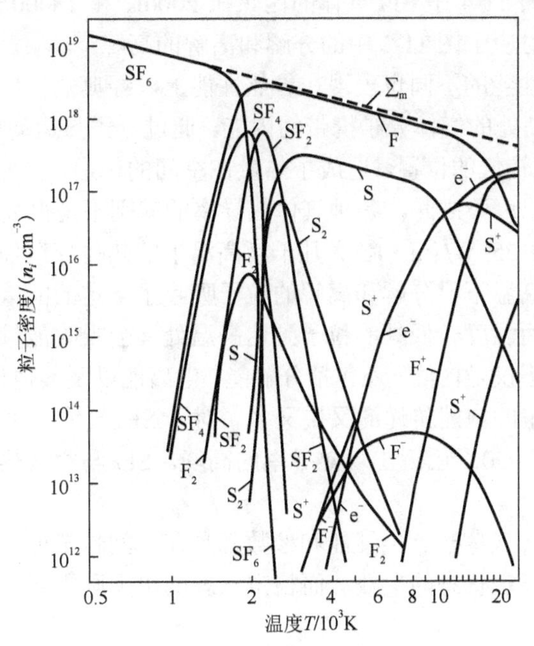


图 11-2　$SF_6$ 气体的分解和电离（$p = 0.1$MPa）

分解、离解特性的不同表现在 $SF_6$ 气体的热特性上。热导率和定压比热 $c_p$ 也因此有很大的差别。气体分子的分解和离解都要消耗能量，一个 $SF_6$ 气体分子分解成原子态的 S 和 F 需要吸收能量 22.4eV，使 S 和 F 原子电离所需的能量分别为 10.36eV 与 17.4eV。因此气体出现分解和离解时就要吸收能量，即此时的气体比

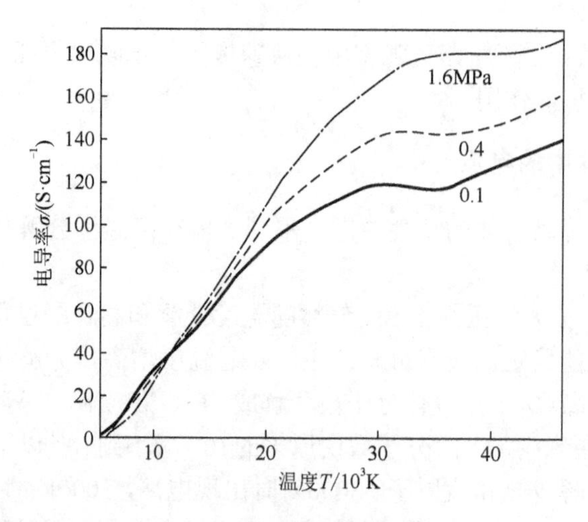


图 11-3　$SF_6$ 气体的电导率

热会大大增加。图 11-4 中 $SF_6$ 气体的比热在 2000K 和 18000～20000K 时出现的两个高峰，正好对应于图 11-2 中的分解和离解的高峰。

分解、离解性能的不同也表现在导热性能上。经典热传导考虑的是分子热扩散运动，温度较高处的气体分子携带的内能，通过分子热运动(无规则的、各向同性的)迁移到温度较低的位置，造成了热量在空间的传递。只要空间有温差，就必然有热传导。当温度不高时，各种气体热导率的差别不是很大，如 20℃时 $SF_6$ 气体的热导率为 0.01555W/(m·K)。几千度高温下的热传导过程与经典热传导过程有较大的差别。高温下已分解和离解的粒子吸收了一定的能量，通过热运动扩散至温度较低处；而温度较低处的粒子到达高温处又会吸收能量使之分解或离解。因此传递的能量不仅是内能，还包括分解能、电离能以及其他化学反应的反应能，显然比常温下简单的内能传递的又快又多。对于 $SF_6$ 气体，对应于 2000K 左右的分解高峰就会在 2000K 附近出现热导率的高峰。$SF_6$ 与空气热导率随温度的变化曲线如图 11-5 所示。

显然上述 $SF_6$ 气体热、电性能和参数都是在空间粒子处于热力平衡状态下得到的，或者说是稳定状态的参数，而稳定状态的出现则需要一定的时间，称为平衡时间。

对于电弧开断过程，电参数的变化一般在微秒内进行。在这样短的时间范围内，电子、分子的热平衡时间以及电离的平衡时间都可以达到，即电弧的电导率可以认为能够无惯性地跟上温度的改变。分子的分解平衡时间长达毫秒数量级，在交流电流零区附近，温度急剧变化时已经分解的气体原子(在工频半周大电流期同形成的)在短时间内来不及复合成分子。尽管 $SF_6$ 气体温度已降低到 2000K 以下，气体仍暂时保持在原子状态，这一现象称为“原子冻结状态”。只有经过几个毫秒后才有可能恢复到分子状态。在这种快速变化过程中，气体来不及复合，气

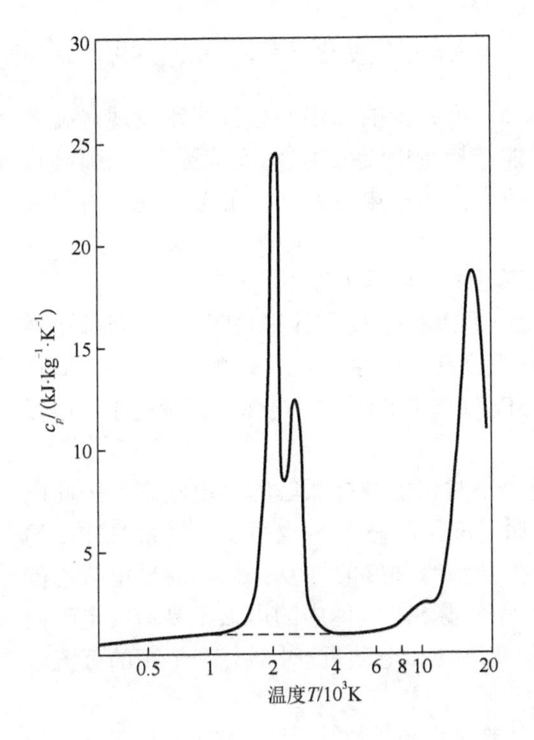


图 11-4　$SF_6$ 的 $c_p$ 变化曲线($p$=0.1MPa)

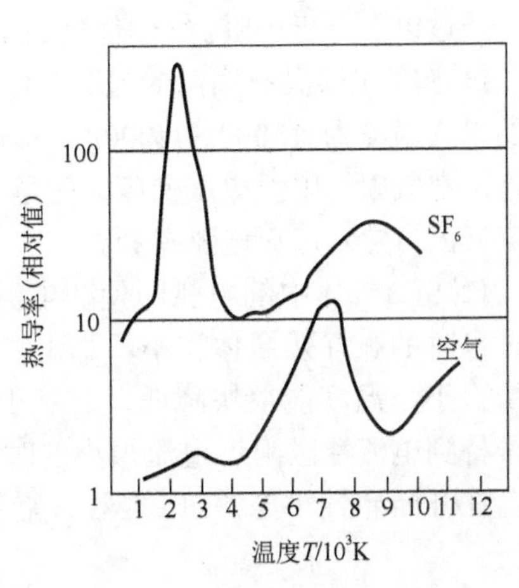


图 11-5　热导率的变化曲线

体比热 $c_p$ 不会出现分解尖峰，只能按照图 11-4 中虚线那样变化。

$SF_6$ 与空气在热导率方面的差别必然反映在电弧形态及其内部的温度变化上。弧芯的温度高，通过径向热传导传出的热量 $Q$，与径向热导率 $\lambda$ 和温度的变化梯度等有关。

$$Q = -\lambda \frac{\partial T}{\partial r} \tag{11-1}$$

$SF_6$ 气体中电弧径向的温度分布如图 11-6 所示。中间是温度高的弧芯，温度与电流有关，当电流高达千安以上时温度会增大到 16000～20000K。弧芯的电导率高，电弧电流主要从弧芯中通过。弧芯以外的部分称为弧焰，弧焰温度低(2000K)基本不参与导电作用。由于 $SF_6$ 气体在 2000K 左右时，热导率 $\lambda$ 大，由式(11-1)可知，在同样 $Q$ 下，$\frac{\partial T}{\partial r}$ 必然很小，因而弧焰部分的温度变化比较扁平。同样，弧芯处温度高(大电流时弧芯温度更高)，热导率 $\lambda$ 再次增大，温度变化也很平缓。只有在弧芯与弧焰交界

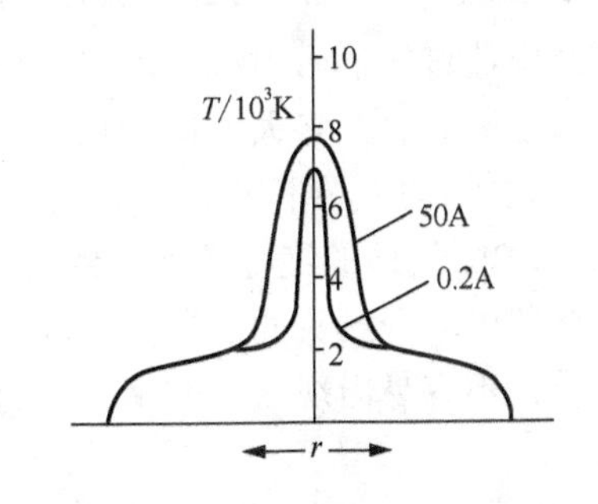


图 11-6　$SF_6$ 气体中电弧径向的温度分布

处，是温度低、热导率低的区域。因而$\frac{\partial T}{\partial r}$大，温度变化显著，所以在$SF_6$气体中能够看到亮度很高轮廓明显的弧芯部分，而外围的弧焰部分就很难发现。弧芯部分的直径随电流减小而变细，一直能维持到电流很小(几安或更小)、弧芯直径很细时才消失，这一特征对防止和改善交流小电流开断中的截流现象有很大的帮助。

通过以上分析，$SF_6$气体优良的灭弧性能可归结为以下几点。

(1)$SF_6$电弧具有高温的弧芯和低温的弧焰。实验和计算表明，$SF_6$气体中弧芯的平均温度为12000～14000K，弧芯温度高，电导率大。实测数据表明，同样条件下空气中的电弧电压梯度大的是$SF_6$气体中的两倍。电弧电压梯度小、电弧功率低，自然对熄灭电弧有利。

(2)$SF_6$气体中的电弧即使在电流很小时仍能维持弧芯的导电状态，因此电流过零时的弧柱残余体积小，加上"原子冻结状态"$c_p$也很小，残余弧柱中的能量很小，温度能很快降低，有利于弧隙绝缘强度的恢复。弧芯的导电状态能够维持到电流零区附近电流很小的时刻，使得$SF_6$气体中的电弧不易造成电流截断，在开断感性小电流(电抗器、空载变压器和电动机)时不会产生高的截流过电压。

(3)通常卤族元素及其化合物的气体都是电负性气体，即其分子和原子具有生成负离子的能力，特别是$SF_6$气体具有很强的生成负离子的能力。弧隙中参与导电的电子可以被$SF_6$分子或氟、硫原子吸附成为负离子，负离子的运动大为减慢。因此，很容易与带电的正离子结合成为中性的分子和原子，使弧隙中的带电粒子迅速减少。这一过程可表示为

$$\begin{gathered} SF_6 + SF^+ + e \\ SF_6 + e \rightarrow SF_6^- \\ SF_6^+ + SF_6^- \rightarrow 2SF \end{gathered} \tag{11-2}$$

这种吸附作用不仅适用于$SF_6$分子，对氟原子、分子F、$F_2$也同样适用。实测结果说明，电流趋近零点时，弧隙中确实有大量的负离子$SF^-$、$F^-$和$F_2^-$存在。这对电流过零后带电粒子的迅速消失提供了必要的保证。特别在电流过零后，弧隙温度降低时，将大大促进正负离子的复合过程，加快弧隙绝缘强度的恢复。

(4)均匀电场下$SF_6$气体的绝缘性能大约是空气的3倍。在0.4MPa的绝对压力下，$SF_6$气体的绝缘性能大致与变压器油相当。由于$SF_6$气体的绝缘性能好，$SF_6$断路器中动静触头间的距离(开距)不必很大，降低了上游部分的电弧长度和电弧能量，不容易出现气流的堵塞，有利于开断电流的提高。

## 11.2 $SF_6$断路器灭弧方式

$SF_6$断路器开断性能主要还是取决于如何用$SF_6$气流喷吹到电极间的电弧上，使电极间的高温气体迅速冷却扩散而灭弧。起初开发的$SF_6$断路器灭弧方式多数采用单压气式灭弧室。单压气式灭弧室多数倾向于采用快速驱动压气缸，力求形成高压快速吹弧熄灭电弧。后来，由于电场和气流分析技术的应用，加上对开断现象分析技术的提高以及对电弧特性的研究，现已做成有效地利用电弧自能提高吹弧气体压力的热膨胀式灭弧室。

1) 单压气式灭弧

单压气式灭弧是在断路器开断时气缸内的$SF_6$气体被压缩，与气缸外的气体形成压力差，高压力的$SF_6$气体通过喷嘴强烈吹拂电弧，迫使电弧在电流过零时熄灭，一旦分断完毕，此压力差很快就消失，压气缸内外压力恢复平衡，由于静止的活塞上装有逆止阀，合闸时的压力差非常小。图 11-7 所示为单压式灭弧室结构。

2) 压气和热膨胀组合式灭弧

(1) 热膨胀式灭弧。热膨胀式灭弧基本原理是有效地利用喷嘴堵塞现象，在开断初期，动弧触头与静弧触头的电弧能量加热热膨胀室的$SF_6$气体，使热膨胀室内的$SF_6$气体压力迅速升高，然后当动弧触头从绝缘喷嘴拉出时，热膨胀室内的高压$SF_6$气体便对电弧喷吹熄灭电弧。

(2) 压气和热膨胀组合式灭弧。为弥补小电流开断性能欠缺而开发了压气和热膨胀组合式灭弧室。开断小电流时由于电弧能量不大，热膨胀室的压力不高，压气室的气流通过热膨胀室熄灭小电流电弧，不会发生截流，因有较长喷嘴和热膨胀室，故当电弧熄灭后，动、静弧触头之间保持着高气压，不会发生击穿而导致开断失败。

压气和热膨胀组合式灭弧室结构见图 11-8。

另外还有$SF_6$自能式气自吹灭弧和旋弧式灭弧方式。$SF_6$自能式气自吹灭弧是在压气式基础上发展起来的灭弧技术，它利用电弧能量建立灭弧所需的压力差实现过程。旋弧式灭弧是利用$SF_6$气体中电弧在磁场作用下快速转动而使电弧熄灭的一种方法。

## 11.3 灭弧室喷口电场

$SF_6$断路器开断过程中电弧与气流相互作用直接影响开关的开断性能和介质恢复能力。准确地计算灭弧室内气流场特性，研究其相互作用过程对分析灭弧机

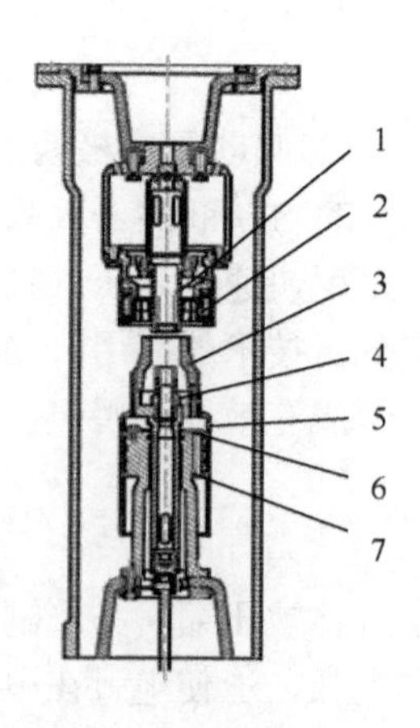


图 11-7　单压式灭弧室结构图

1-静弧触头；2-静主触头；3-喷嘴；4-动弧触头；5-气缸；6-逆止阀；7-活塞

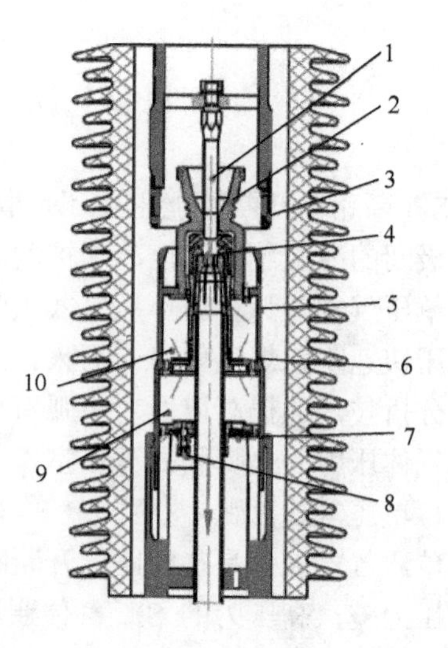


图 11-8　压气和热膨胀组合式灭弧室结构

1-静弧触头；2-喷嘴；3-静主触头；4-动弧触头；5-动触头(气缸)；6-单向阀片；7-释压阀片；8-释压弹簧；9-压气室；10-热膨胀室

理，改善灭弧室结构具有重要意义。

在喷口处，随着动静触头的运动，其间隙内会产生不同的瞬时击穿电压。因此，对喷口进行电场仿真，可以预知设计的合理性，以防触头表面在断路器工作时由于介质击穿而灼伤。

### 11.3.1　分析方法

存在电介质（$\rho=0$）的场域内满足拉普拉斯方程：

$$\mathrm{div}\,\mathrm{grad}\varphi=0 \tag{11-3}$$

电场强度则由下式来给出：

$$E=-\varepsilon\,\mathrm{grad}\varphi \tag{11-4}$$

断路器灭弧室呈轴对称几何构型，其轴对称电场的拉普拉斯方程为

$$\frac{1}{r}\frac{\partial}{\partial r}\left(r\frac{\partial\varphi}{\partial r}\right)+\frac{\partial^2\varphi}{\partial z^2}=0 \tag{11-5}$$

相应的变分问题为

$$I(\phi)=2\pi\int_s\frac{1}{2}\varepsilon\left[\left(\frac{\partial\varphi}{\partial r}\right)^2+\left(\frac{\partial\varphi}{\partial z}\right)^2\right]r\mathrm{d}r\mathrm{d}z=\min \tag{11-6}$$

### 11.3.2 计算模型

图 11-9 为 252kV 高压 $SF_6$ 断路器灭弧室喷口计算模型，模型为长度 800mm、宽为 380mm 的长方形，图 11-10 为场域剖分。

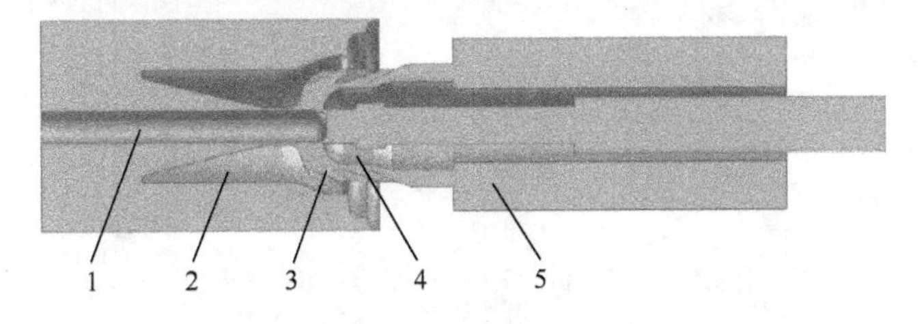


图 11-9 252kV 高压 $SF_6$ 断路器灭弧室喷口计算模型

1-静弧触头；2-喷口；3-叶片所处区域；4-动弧触头；5-压气缸

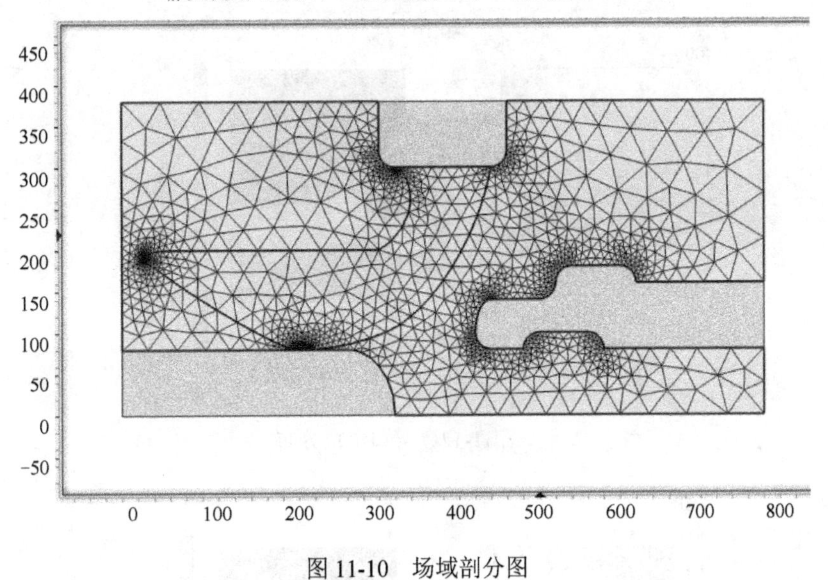


图 11-10 场域剖分图

在静弧触头上加 252kV 电压，动弧触头电压为 0。仿真结果如图 11-11～图 11-13 所示。

从全开距的结果可以看出，其最大场强为 3.4558kV/mm，根据工程耐电强度公式

$$E_{\mathrm{dt}} = 6.5(10p)^{0.73}\ \mathrm{kV/mm} \tag{11-7}$$

式中，$P$ 为 $SF_6$ 气体的压强，取值为 0.5MPa。

根据式(11-13)，可以算出灭弧室的耐电强度为 $E_{\mathrm{dt}} = 21.05\mathrm{kV/mm}$ 。

在灭弧室触头开距为 180mm 的情况下，分别对 10%、20%、30%、40%、60% 下的开距进行电场仿真计算。

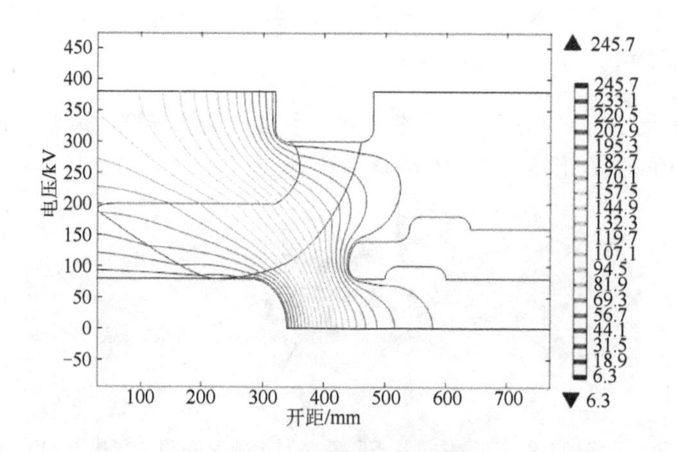


图 11-11　喷口等位线分布

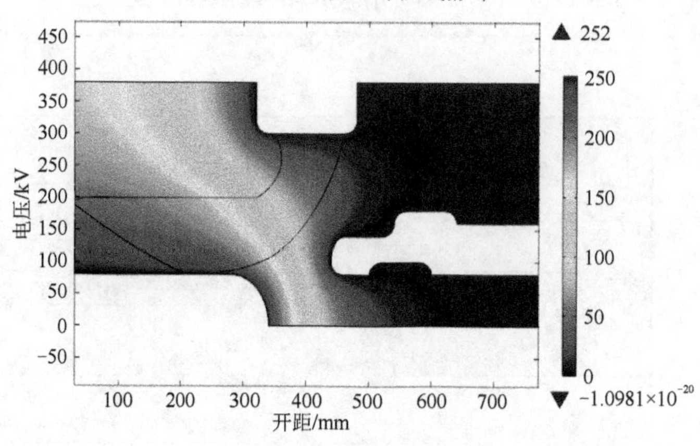


图 11-12　喷口电位分布

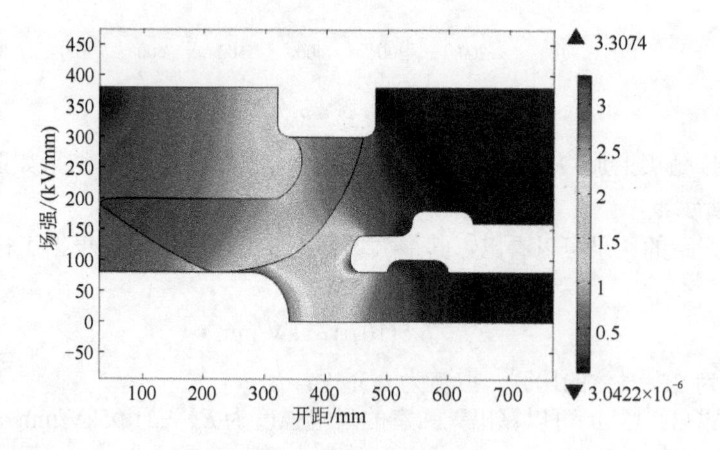


图 11-13　喷口电场分布

(1)10%开距的仿真结果如图 11-14～图 11-16 所示。

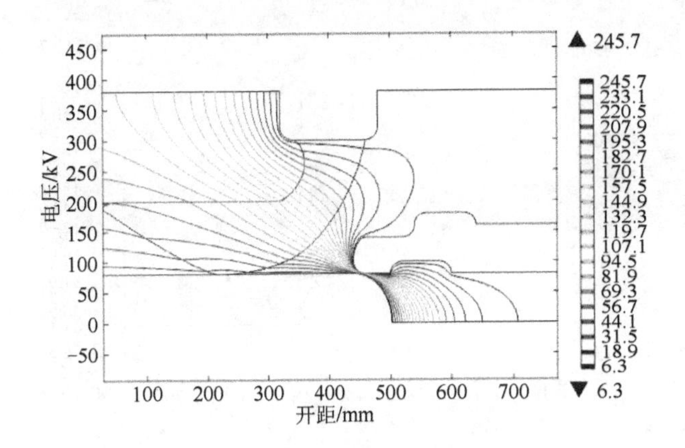


图 11-14　10%开距的喷口等位线分布

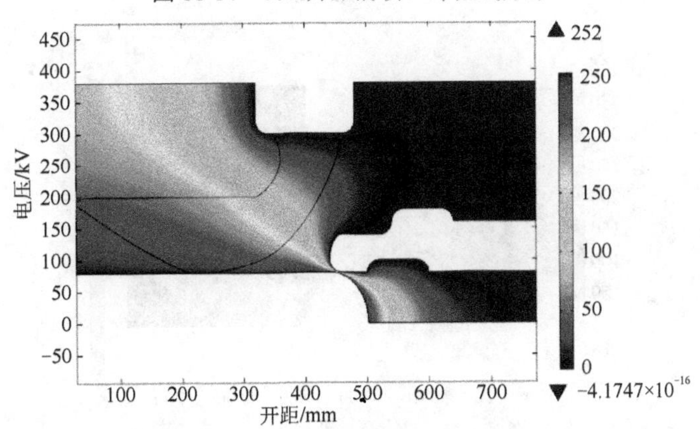


图 11-15　10%开距的喷口电位分布

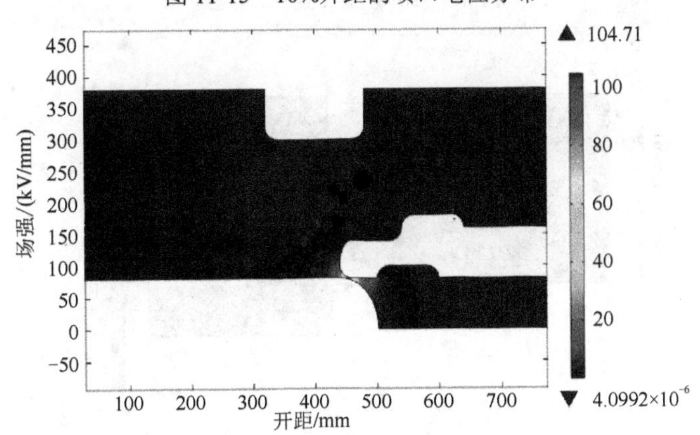


图 11-16　10%开距的喷口电场分布

(2) 20%开距的仿真结果如图 11-17～图 11-19 所示。

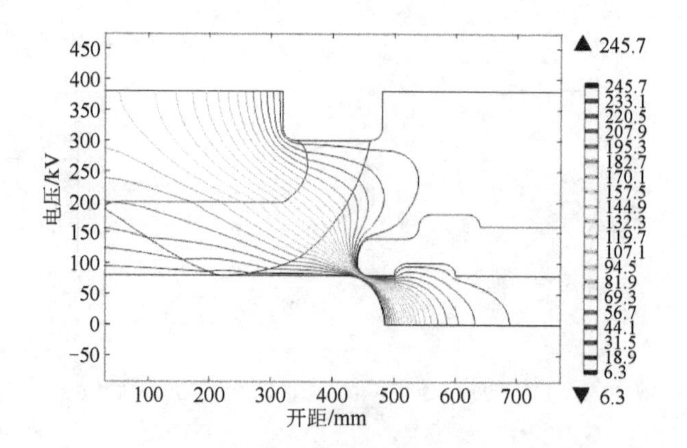


图 11-17　20%开距的喷口等位线分布

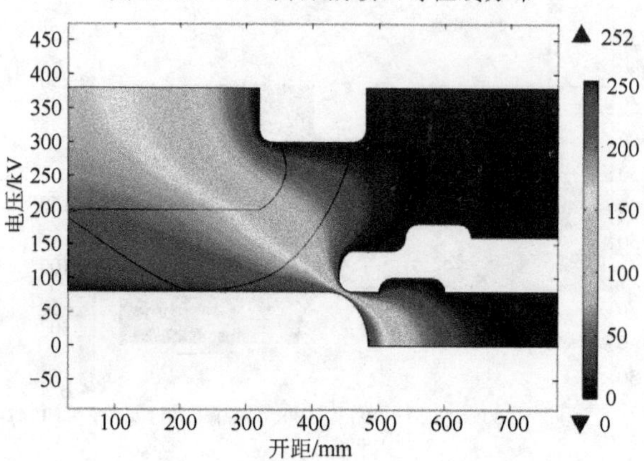


图 11-18　20%开距的喷口电位分布

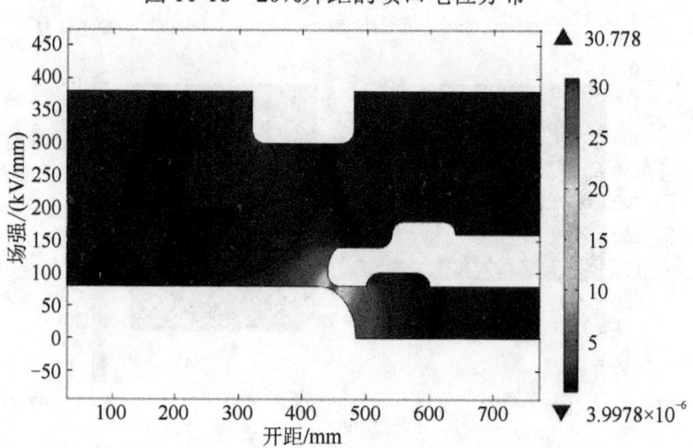


图 11-19　20%开距的喷口电场分布

(3)30%开距的仿真结果如图 11-20～图 11-22 所示。

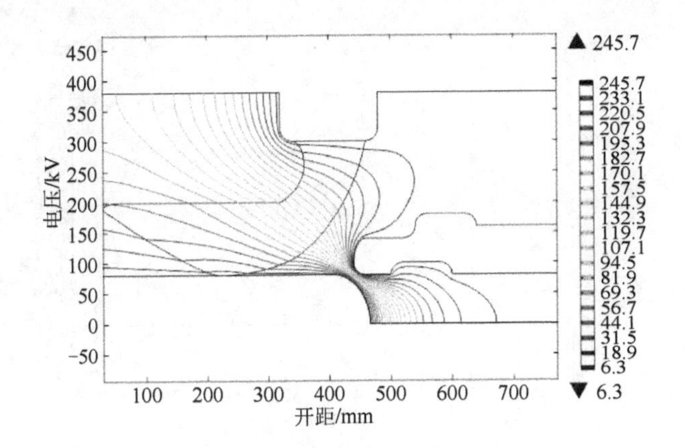


图 11-20　30%开距的喷口等位线分布

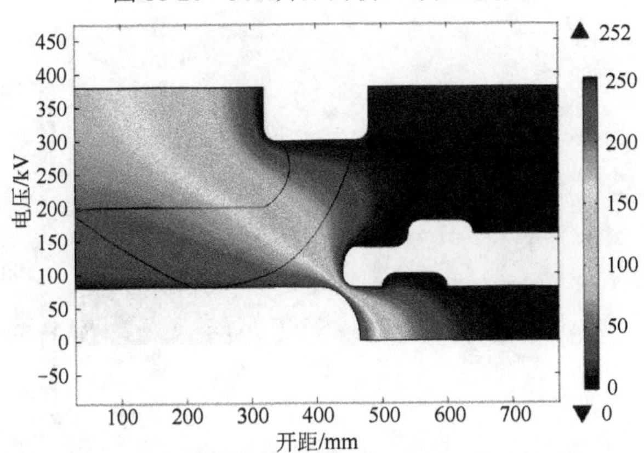


图 11-21　30%开距的喷口电位分布

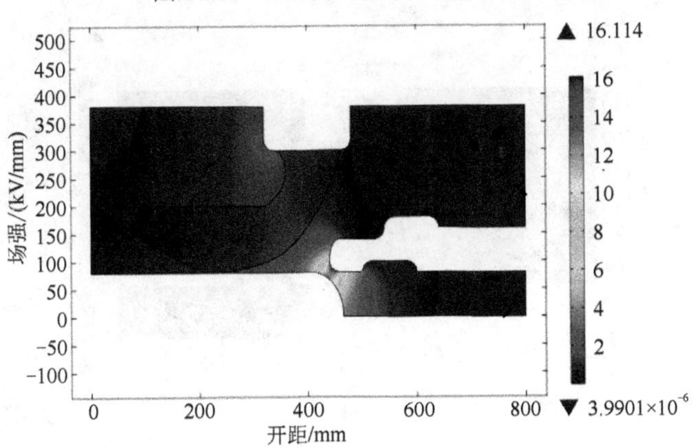


图 11-22　30%开距的喷口电场分布

(4) 40%开距的仿真结果如图 11-23～图 11-25 所示。

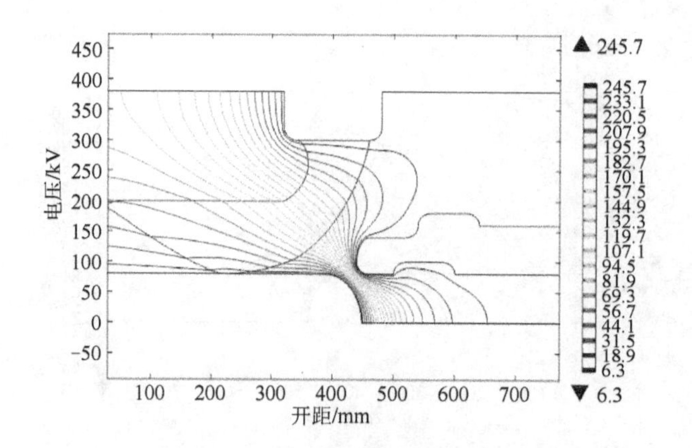


图 11-23　40%开距的喷口等位线分布

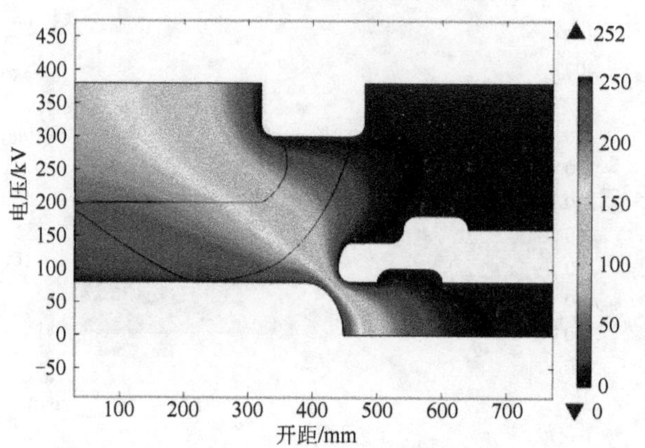


图 11-24　40%开距的喷口电位分布

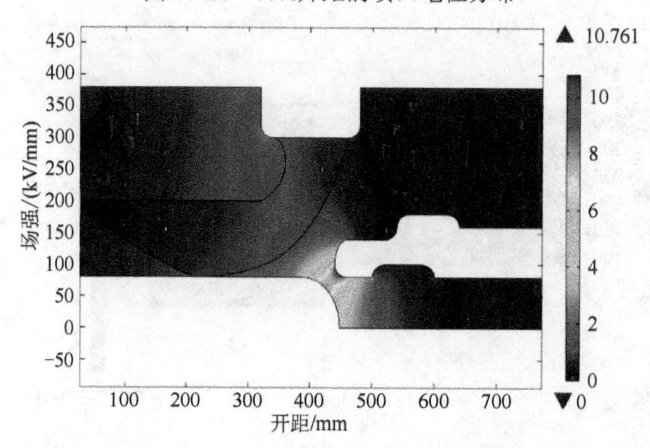


图 11-25　40%开距的喷口电场分布

(5)60%开距的仿真结果如图 11-26～图 11-28 所示。

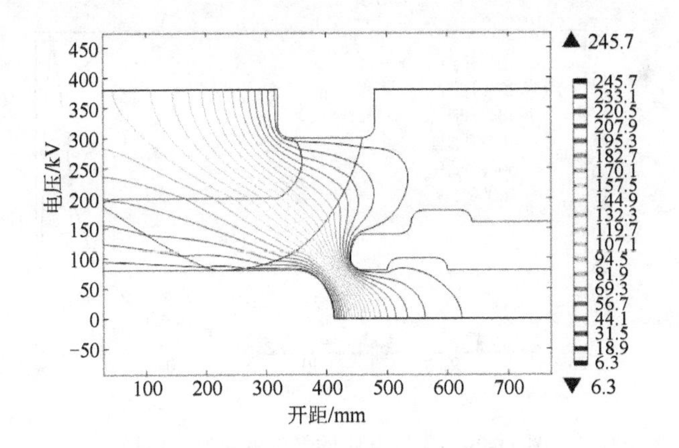


图 11-26　60%开距的喷口等位线分布

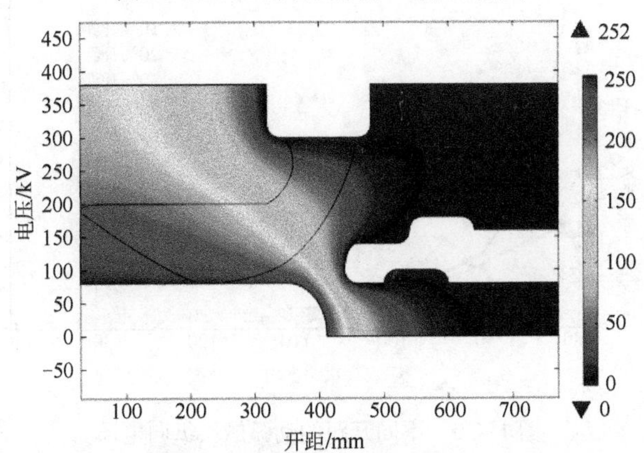


图 11-27　60%开距的喷口电位分布

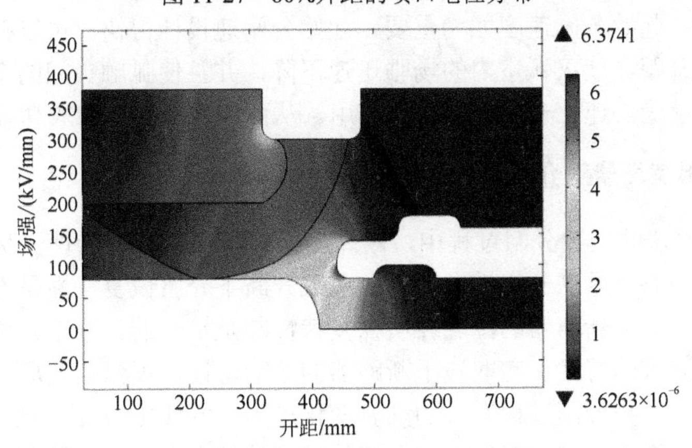


图 11-28　60%开距的喷口电场分布

综合所有电场值整理如图 11-29 和图 11-30 所示。

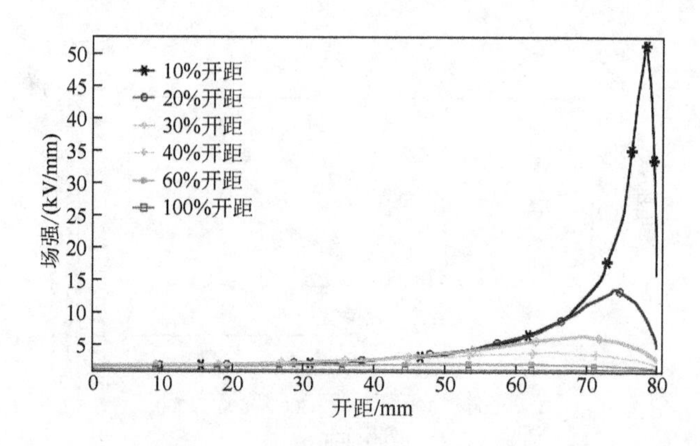


图 11-29　不同开距的静弧触头纵向电场

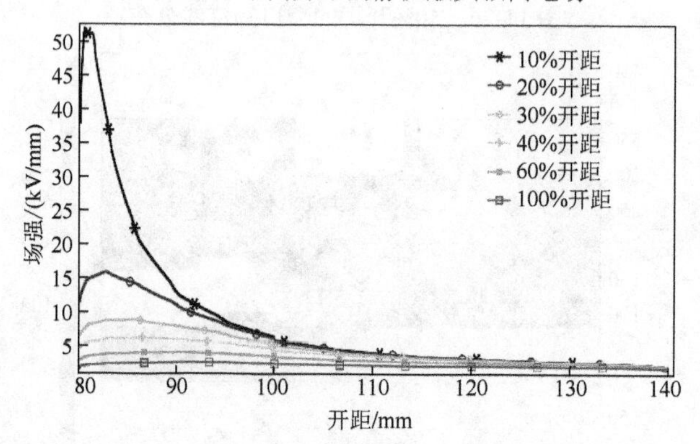


图 11-30　不同开距的动弧触头纵向电场

随着灭弧室开距的不断增大，灭弧室内电场强度明显降低。由此在断路器开断的过程中，起始分闸速度尤为重要，起始分闸速设计得快，可以在分闸时迅速增大灭弧室开距，使灭弧室内的场强迅速下降，并且使弧触头间的介质迅速得到恢复，能够承受快速上升的恢复电压作用，从而实现断路器的成功开断。

### 11.3.3　灭弧室场量对介质绝缘回复的影响

$SF_6$ 断路器的无载分闸过程中，断路器的无载介质恢复特性又称空载介质恢复特性或者冷态介质恢复特性。不同的负载开断下介质恢复特性是不同的，甚至有很大的差别，但断路器的冷态介质恢复特性却是唯一的。冷态介质恢复特性是断路器本身固有的特性，它取决于断路器的运动特性、灭弧室电场分布及气流场的分布，是一个与分闸过程有关的动态变化过程。气体压力对介质恢复特性的影响至关重要，而密度则主要是表征了气体粒子数的多少，这也是影响介质恢复特性的重要因素。因此在高压 $SF_6$ 断路器开断电弧的过程中，触头间较大的气体压力和气体密度有助于提升介质强度的恢复速度，进而防止电弧重燃的发生。不同开距下的灭弧室冷态气流场压力和密度大小如图 11-31 所示。

(1) 从分断过程开始到触头运动至 20%开距的过程中，喷口喉部处于堵塞状态，气体主要向动弧触头一侧流动，仅一小部分气流从喉部流入喷口下游，气体压力呈现先下降然后上升的趋势，由于该过程内压气缸活塞的压力较小，断口间轴线上的压力在 0.6～0.75MPa 范围内变化，密度在 35～45kg/m$^3$ 范围内变化。

(2) 在 40%开距下，喷口喉部逐渐打开，同时随着压气缸压力的不断增大，更多地气体开始进入喷口下游区域，由于喷口喉部的间隙仍然较小，气体流通并不顺畅，喷口内气体压力略有升高。

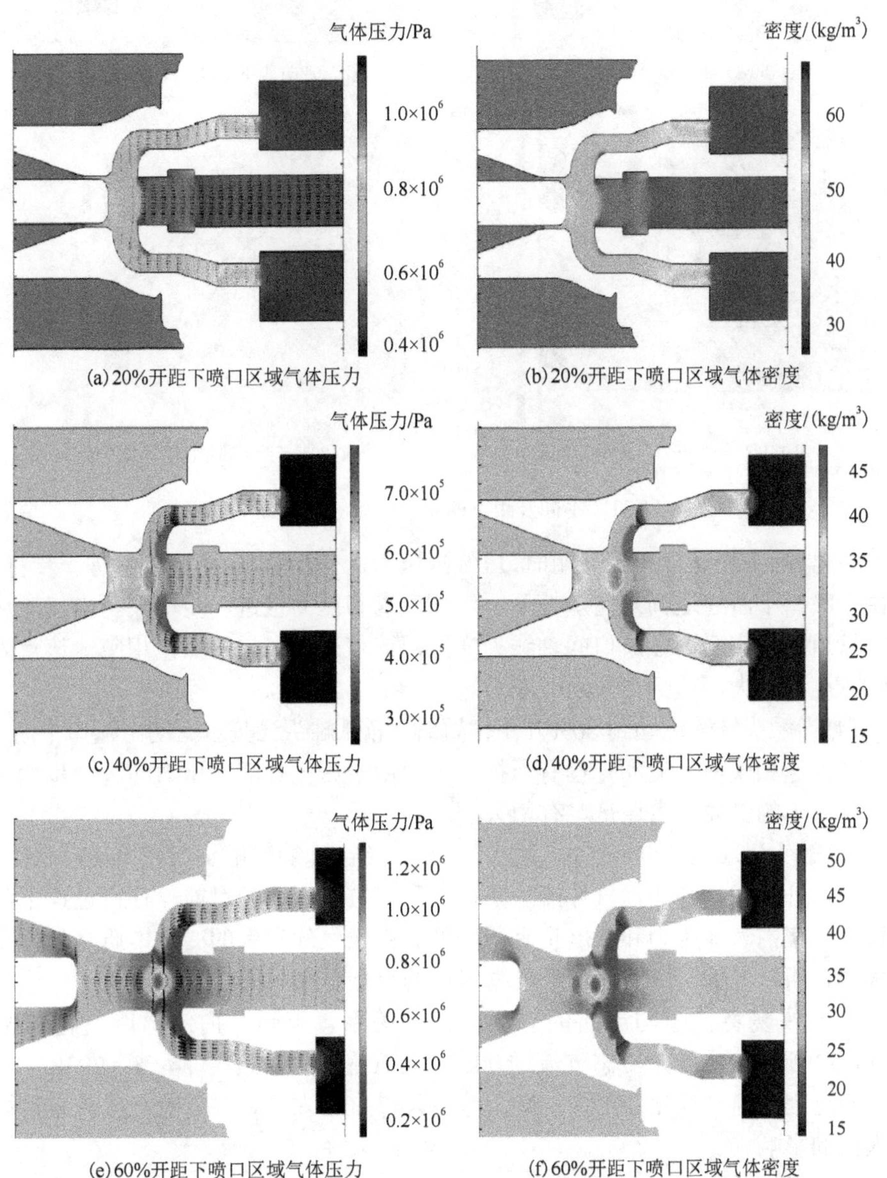


(a) 20%开距下喷口区域气体压力　(b) 20%开距下喷口区域气体密度

(c) 40%开距下喷口区域气体压力　(d) 40%开距下喷口区域气体密度

(e) 60%开距下喷口区域气体压力　(f) 60%开距下喷口区域气体密度

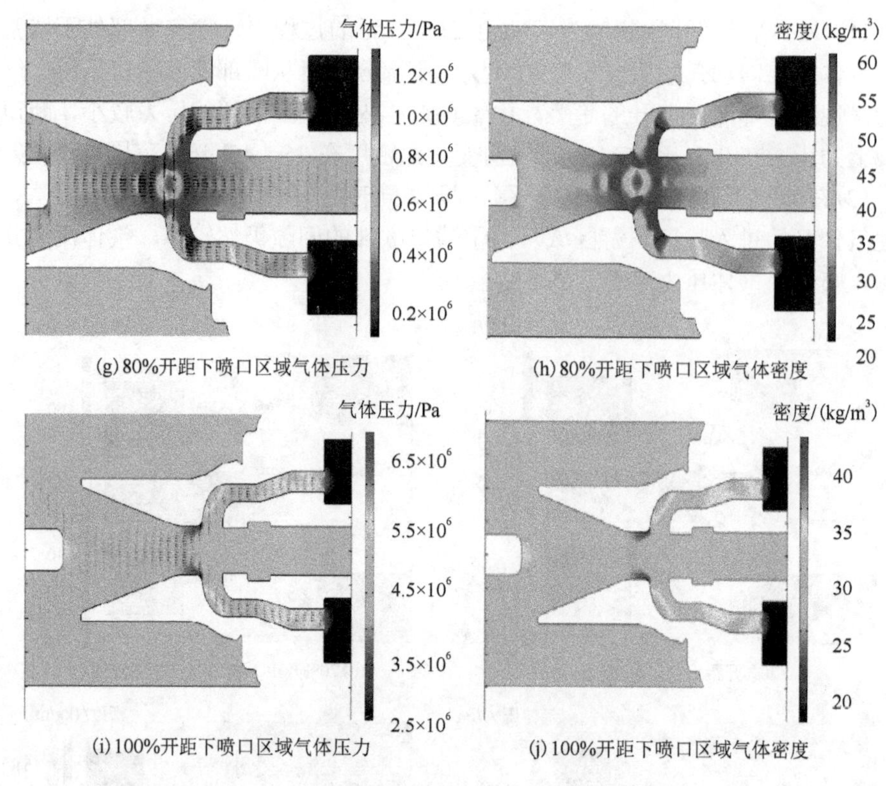

(g) 80%开距下喷口区域气体压力　(h) 80%开距下喷口区域气体密度

(i) 100%开距下喷口区域气体压力　(j) 100%开距下喷口区域气体密度

图 11-31　不同开距下的喷口区域气体压力和密度

(3) 当触头运动至 60%开距时，压气缸压力进一步提高，喷口喉部进一步打开，但由于喷口下游通道尚未完全打开，气体密度和压力也进一步增大。当气流从压气缸管道内涌出后，在断口间轴线处交汇，该点形成高气压点，相应地该点处的气体密度也极大，达到 50kg/m$^3$ 左右。

(4) 当触头继续运动到 80%开距位置时，静弧触头已基本运动出喷口下游，虽然气体流速相较前一运动行程有所提高，但由于压气缸活塞压力的进一步增大，喷口区域内的气体压力还是略有增大的。

(5) 触头运动至 200mm 时，触头开断过程结束，静弧触头已完全运动出喷口。由于喷口外部较为开阔，气体流速降低，压气缸的压力相对前一行程迅速下降，导致灭弧室内气体压力和密度也有所降低。由于气体密度的变化本质是气体压缩造成的，所以气体密度的变化趋势与气压的变化是相同的。

介质恢复特性也与介质的温度有密切关系，灭弧室内的温度变化情况如图 11-32 所示。由于是冷态气流场开断，灭弧室内的初始温度为 $T_0$=293K，在整个开断过程中温升变化并不大，最大差值只有 10K 左右，并未对介质恢复特性产生太大的影响。

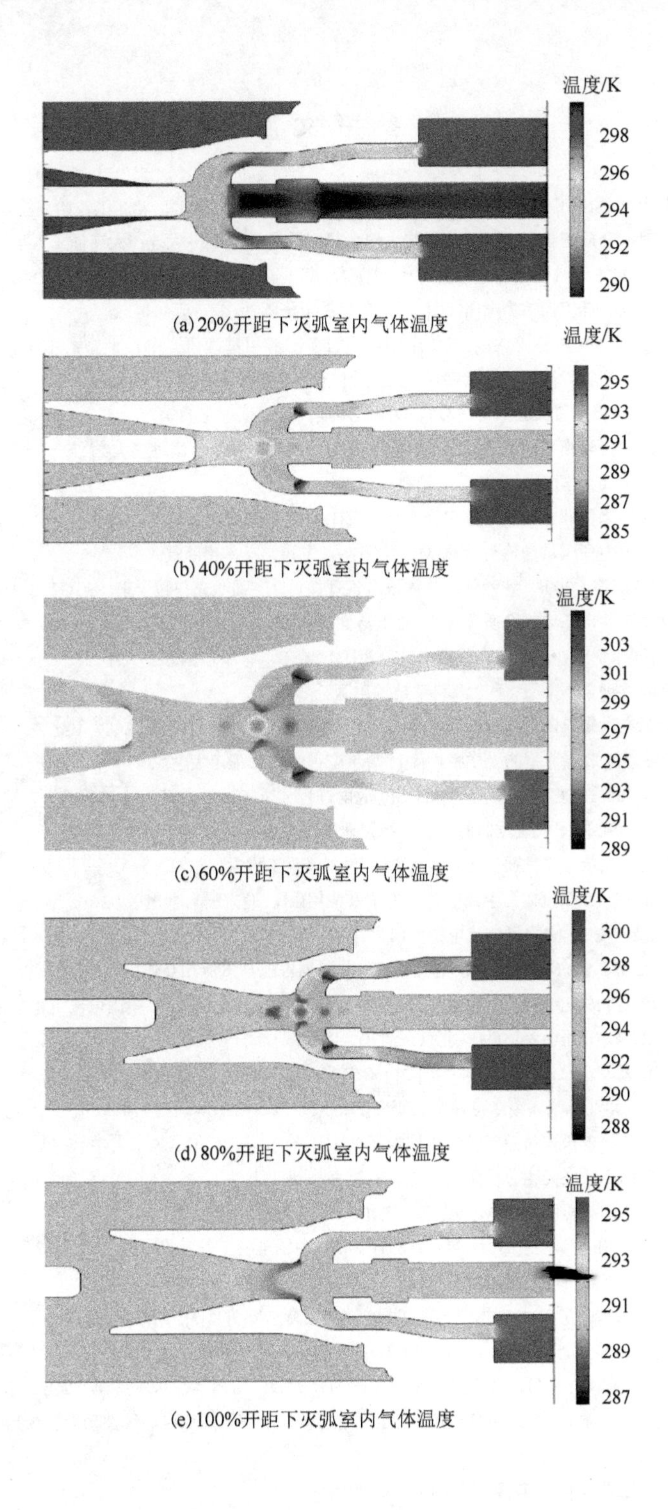


图 11-32　不同开距下灭弧室内气体温度

# 参考文献

陈汉超，2015. 基于 PIC-MCC 纳秒脉冲电压下 $SF_6/N_2$ 气体放电现象研究[D]. 哈尔滨：哈尔滨理工大学.
陈祝爽，2007. 非对称介质阻挡电极结构中均匀大气压放电数值模拟[D]. 大连：大连理工大学.
陈宗器，丁伯雄，1999. $SF_6$ 气体绝缘变压器综述(上)[J]. 变压器，36(7)：24-28.
傅德薰，马延文，2002. 计算流体力学[M]. 北京：高等教育出版社.
李康，2012. $c\text{-}C_4F_8$ 混合气体替代 $SF_6$ 气体用于电力设备的应用基础研究[D]. 北京：中国科学院.
李娴，解新安，2010. 超临界流体的理化性质及应用[J]. 化学世界，51(3)：179-182.
李雪梅，2015. 棒-板电极空气隙放电特性分析[D]. 哈尔滨：哈尔滨理工大学.
李智，2014. 基于流体化学模型的空气和 $SF_6$ 放电研究[D]. 哈尔滨：哈尔滨理工大学.
刘秉正，2004. 非线性动力学[M]. 北京：高等教育出版社.
刘华伟，2004. 气体绝缘短间隙电子崩过程计算机仿真[D]. 哈尔滨：哈尔滨理工大学.
路长柏，2003. 干式电力变压器理论与计算[M]. 沈阳：辽宁科学技术出版社.
邵涛，严萍，张适昌，等，2008. 纳秒脉冲气体放电机理探讨[J]. 强激光与粒子束，20(11)：1928-1932.
沈湘东，2017. 纳秒脉冲电压电极介质覆盖 $SF_6$ 放电特性研究[D]. 哈尔滨：哈尔滨理工大学.
孙静，2016. $SF_6$ 与固体绝缘介质的融合反应产物分析[D]. 哈尔滨：哈尔滨理工大学.
王广厚，2003. 团簇物理学[M]. 上海:上海科学技术出版社.
王佳，2014. 非均匀电场短气隙放电分叉机理研究[D]. 哈尔滨：哈尔滨理工大学.
王倩，2014. 空气及 $SF_6$ 放电过程的光学特性[D]. 哈尔滨：哈尔滨理工大学.
王文龙，2013. 基于 PIC-MCC 短间隙纳秒脉冲 $SF_6$ 放电过程分析[D]. 哈尔滨：哈尔滨理工大学.
王新月，2011. 基于 DSP 的干式变压器温升监控装置研究[D]. 哈尔滨：哈尔滨理工大学.
魏红庆，2017. 超临界氮放电特性研究[D]. 哈尔滨：哈尔滨理工大学.
吴江航，韩庆书，1988. 计算流体力学的理论、方法及应用[M]. 北京：科学出版社.
夏云双，2013. $SF_6$ 及其与 $N_2$ 混合气体放电特性研究 [D]. 哈尔滨：哈尔滨理工大学.
徐冲，2013. 基于 COMSOL Multiphysics 的高压 $SF_6$ 断路器电弧与气流相互作用研究[D]. 沈阳：沈阳工业大学 .
徐国政，李庆民，张节容，1997. 自冷式气体绝缘变压器温升分布的计算方法[J]. 中国电机工程学报，17(2)：102-108.
徐国政，张杰荣，2004. 高压断路器[M]. 北京：清华大学出版社.
徐文佳，2015. GCB 灭弧室设计关键技术分析[D]. 哈尔滨：哈尔滨理工大学.
杨冬，2006. $SF_6/N_2$ 及其混合气体绝缘特性实验研究[D]. 哈尔滨：哈尔滨理工大学.
杨仁旭，2014. 纳秒脉冲电极覆盖短气隙放电现象研究[D]. 哈尔滨：哈尔滨理工大学.
伊文阳，2013. 空气间隙放电光谱分析[D]. 哈尔滨：哈尔滨理工大学.
张国政，张杰荣，2010. 高压断路器[M]. 北京：清华大学出版社.
张节容，1987. 自冷式 $SF_6$ 气体变压器线圈温升的计算[J]. 中国电机工程学报，7(1)：61-67.
张连星，2011. 大气压下短气隙放电过程分析[D]. 哈尔滨：哈尔滨理工大学.
张连星，郑殿春，陈雪锋，2010. $SF_6\text{-}N_2$ 中粒子动力学特性的蒙特卡罗仿真[J]. 哈尔滨：哈尔滨理工大学，15(4)：89-93.
张路路，2015. $SF_6/N_2/CO_2$ 混合气体放电数值分析[D]. 哈尔滨：哈尔滨理工大学.
张仲麟，2012. 电极覆盖 $SF_6$ 短气隙放电的时空演化行为分析[D]. 哈尔滨：哈尔滨理工大学.
赵大伟，丁宁，郑殿春，等，2015. 5kHz 交流电压下电极覆盖窄空气隙放电非线性动力学行为[J]. 电机与控制学报，19(5)：65-71.
郑殿春，2001. 气体绝缘[M]. 哈尔滨：东北林业大学出版社.
郑殿春，2012. 绝缘结构电场分析有限元法与应用[M]. 北京：科学出版社.
郑殿春，2016. 气体放电数值仿真方法[M]. 北京：科学出版社.

郑殿春，丁宁，沈湘东，等，2016. 基于分形理论的尖-板电极短空气隙放电现象[J]. 物理学报，65(2)，024703-1-7.
郑殿春，王倩，2014. 针板电极空气隙直流放电光信息采集[J]. 哈尔滨：哈尔滨理工大学学报.
郑殿春，王新月，张连星，2010. 基于DPS的干式变压器温度控制器的设计[J]. 变压器杂志，47(11)：53-57.
郑殿春，夏云双，2013. 非均匀场下$SF_6$短间隙正电晕放电行为[J]. 电机与控制学报，17(4)：75-79.
郑殿春，夏云双，朱士华，等，2012. 均匀电场$SF_6$短气隙放电过程动态模拟[J]. 计算物理，29(6)：867-875.
郑殿春，张仲麟，赵大伟，等，2011. 电极覆盖短间隙大气压下$N_2$放电动力学特性[J]. 电机与控制，15(12)：50-55.
仲伟涛，2005. 短间隙空气绝缘电子崩过程数值模拟及实验[D]. 哈尔滨：哈尔滨理工大学.
朱世华，2012. 气体间隙放电过程粒子动力学行为研究[D]. 哈尔滨：哈尔滨理工大学.
Christophorou L G, van Brunt R J, 1995. $SF_6/N_2$ mixtures basic and HV insulation properties[J]. IEEE Transactions on Dielectrics and Electrical Insulation, 2 (5): 952-1003.
Gallup G A, 2004. The structures of c-$C_4F_8$ and c-$C_4F_8^-$ and the adiabatic electron affinity of c-$C_4F_8$[J]. Chemical Physics Letters, 399(1): 206-209.
Kasuya H, Kawamura Y, Mizoguchi H, et al, 2010. Interruption capability and decomposed gas density of CF 3 I as a substitute for $SF_6$ gas[J]. IEEE Transactions on Dielectrics and Electrical Insulation, 17(4): 1196-1203.
Kieffel Y, Biquez F, Vigouroux D, et al, 2007. Characteristics of g3–an alternative to $SF_6$[C]. 24th International Conference & Exhibition on Electricity Distribution (CIRED), New York: 12-15.
Kieffel Y, Irwin T, Ponchon P, et al, 2016. Green Gas to Replace $SF_6$ in Electrical Grids[J]. IEEE Power & Energy Magazine, 3: 32-39.
Kiyan T, Uemura A, Roy B C, et al, 2007. Negative DC prebreakdown phenomenaand breakdown-voltage characteristics of pressurized carbon dioxide up to supercritical conditions[J]. IEEE Transactions on Plasma Science, 35(2): 655-661.
Moukengue I A, 2013. The influence of the dielectric strength of the $SF_6/N_2$ insulation by conducting particle on the spacer surface[J]. IEEE Transactions on Dielectrics and Electrical Insulation, 11(2): 483-490.
Taki M, Maekawa D, Odaka H, et al, 2007. Interruption capability of $CF_3I$ gas as a substitution candidate for $SF_6$ gas[J]. IEEE Transactions on Dielectrics and Electrical Insulation, 14(2): 341-346.
Tomai T, Ito T, Terashima K, 2006. Generation of dielectric barrier discharge in high-pressure $N_2$ and $CO_2$ environments up to supercritical conditions [J]. Thin Solid Films, 506: 409-413.
Toyota H, Matsuoka S, Hidaka K, 2005. Measurement of sparkover voltage and time lag characteristics in $CF_3I$-$N_2$ and $CF_3I$-Air gas mixtures by using steep-front square voltage[J]. IEEJ Transactions on Fundamentals and Materials, 125(2): 409-414.
Winstead C, McKoy V, 2001. Electron collisions with octafluorocyclobutane, c-C4F8[J]. Journal of Chemical Physics, 114(17): 7407-7412.
Yang R X, Zheng D C, 2013. Dynamic characteristics of the discharge in short air-gap with unsymmetrical dielectric-covered electrodes[C]. Annual Report Conference on Electrical Insulation and Dielectric Phenomena, Shenzhen: 1004-1007.
Zhang J, Furusato T, Beckers F, et al, 2013. Study of breakdown inside a supercritical fluid plasma switch [C]. Pulsed Power Conference (PPC), San Francisco: 1-5.
Zhang J, Markosyan A H, Seeger M, et al, 2015. Numerical and experimental investigation of dielectric recovery in supercritical $N_2$[J]. Plasma Sources Science and Technology, 24(2): 608-612.
Zhang J, van Heesch B, Beckers F, et al, 2014. Breakdown voltage and recovery rate estimation of a supercritical nitrogen plasma switch [J]. IEEE Transactions on Plasma Science, 42(2): 376-383.
Zhang J, van Heesch E J M, Beckers F, et al, 2015. Breakdown strength and dielectric recovery in a high pressure supercritical nitrogen switch[J]. IEEE Transactions on Dielectrics and Electrical Insulation, 22(4): 1823-1832.
Zheng D C, 2013. Dynamic behaviors of charged particles in $SF_6$-$N_2$-$CO_2$ discharge process[C]. Proceedings of ICEPE

2013, Matsue: 13-20.

Zheng D C, Chen C T, 2011. Dynamic behaviors of barrier discharge in air-dielectric at atmospheric pressure[C]. The 6th International Forum on Strategic Technology, Harbin: 69-71.

Zheng D C, Ding N, Shen X D, et al, 2015. Simulation on branching phenomena of discharge channel in short $SF_6$ gap under nonuniform electric field[C]. 3rd International Conference on Electric Power Equipment- Switching Technology (ICEPE-ST), Busan: 201-206.

Zheng D C, Wang J, Chen C T, et al, 2014. Dynamic characteristics of $SF_6$–$N_2$–$CO_2$ gas mixtures in DC discharge process [J]. Plasma Science and Technolog, 16(9): 848-855.

Zheng D C, Xia Y S, Zhao D W, et al, 2012. Research on discharge behaviors of $SF_6$ short gap under non-uniform field[J]. International Conference on GD, Beijing: 512-515.

Zheng D C, Yang J X, 2002. PD behavior of gas and pattern recognition in co-axial cylinder electrodes[C]. 37th IAS Annual Meeting and World Conference on Industrial applications of Electrical Energy, Pittsburgh: 2190-2193.

Zheng D C, Zhang C X, 2002. Metallic particle effect on the gas PD in co-axial cylinder electrodes[C]. IEEE Conference on Electrical Insulation and Dielectic Phenomena, Cancun: 740-743.

Zheng D C, Zhang C X, Chen C T, et al, 2003. Detection of partial discharge in the high voltage apparatus[C]. Proceedings of the 7th International Conference on Properties and Applications of Dieletric Materials, Nagoya: 323-326.

Zheng D C, Zhang C X, Yu C H, et al, 2003. Analysis of PD spectrums in high voltage apparatus insulated with compressed gas[C]. Conference on Electrical Insulation and Dieletric Phenomena, Albuquerque: 585-588.

Zheng D C, Zhang Z L, 2011a. Chaos evolution of Short-gap discharge under dielectric-covered electrodes[C]. The 6th International Forum on Strategic Technology, Harbin: 1305-1309.

Zheng D C, Zhang Z L, 2011b. Numerical analysis of very fast transient overvoltage in GIS[C]. 1st International Conference on Electric Power Equipment–Switching Technology, Xi'an: 35-38.

# 附　　录

## 附录 1　MCC 中 $SF_6/N_2$ 可能发生的碰撞截面阈值能量范围（对应第 8 章）

1）$SF_6$ 可能发生的碰撞截面阈值能量范围

附表 1-1　电子与 $SF_6$ 碰撞类型及阈值

| 碰撞产生的粒子 | 碰撞类型 | 阈值能量范围/eV | 碰撞产生的粒子 | 碰撞类型 | 阈值能量范围/eV |
|---|---|---|---|---|---|
| $e+SF_6 \to e+SF_6$ | 弹性碰撞 | (0，100) | $e+SF_6 \to SF_4+F_2^-$ | 附着碰撞 5 | (1.5，—) |
| $e+SF_6 \to SF_6^-$ | 附着碰撞 1 | (0，0.975) | $e+SF_6 \to e+SF_6^*$ | 振动激发碰撞 | (0.095，—) |
| $e+SF_6 \to SF_5^-+F$ | 附着碰撞 2 | (0，—) | $e+SF_6 \to e+SF_6^*$ | 电子激发碰撞 | (9.8，100) |
| $e+SF_6 \to SF_5+F^-$ | 附着碰撞 3 | (2.19，—) | $e+SF_6 \to SF_6^++2e$ | 电离碰撞 | (15.8，—) |
| $e+SF_6 \to SF_4^-+F_2$ | 附着碰撞 4 | (3.92，8.25) | | | |

2）$N_2$ 可能发生的碰撞截面阈值能量范围

附表 1-2　电子与 $N_2$ 碰撞种类

| 碰撞产生的粒子 | 碰撞类型 | 阈值能量范围/eV | 碰撞产生的粒子 | 碰撞类型 | 阈值能量范围/eV |
|---|---|---|---|---|---|
| $e+N_2 \to e+N_2$ | 弹性碰撞 | (0.01，100) | $e+N_2 \to e+N_2^*$ | 电子激发碰撞 | (6.25，100) |
| $e+N_2 \to e+N_2^*$ | 振动激发碰撞 | (1.33，4.13) | $e+N_2 \to N_2^++2e$ | 电离碰撞 | (17.02，100) |

## 附录 2（对应第 8 章）

1）纳秒脉冲电压幅值为 46kV 和上升沿 10ns 的 50%-50%$SF_6/N_2$ 放电过程计算结果（平板电极间隙 5mm）

2）纳秒脉冲电压幅值为 50kV 和上升沿 10ns 的 50%-50%$SF_6/N_2$ 放电过程计算结果（平板电极间隙 5mm）

3）纳秒脉冲电压幅值为 45kV 和上升沿 20ns 的 50%-50%$SF_6/N_2$ 放电过程计算结果（平板电极间隙 5mm）

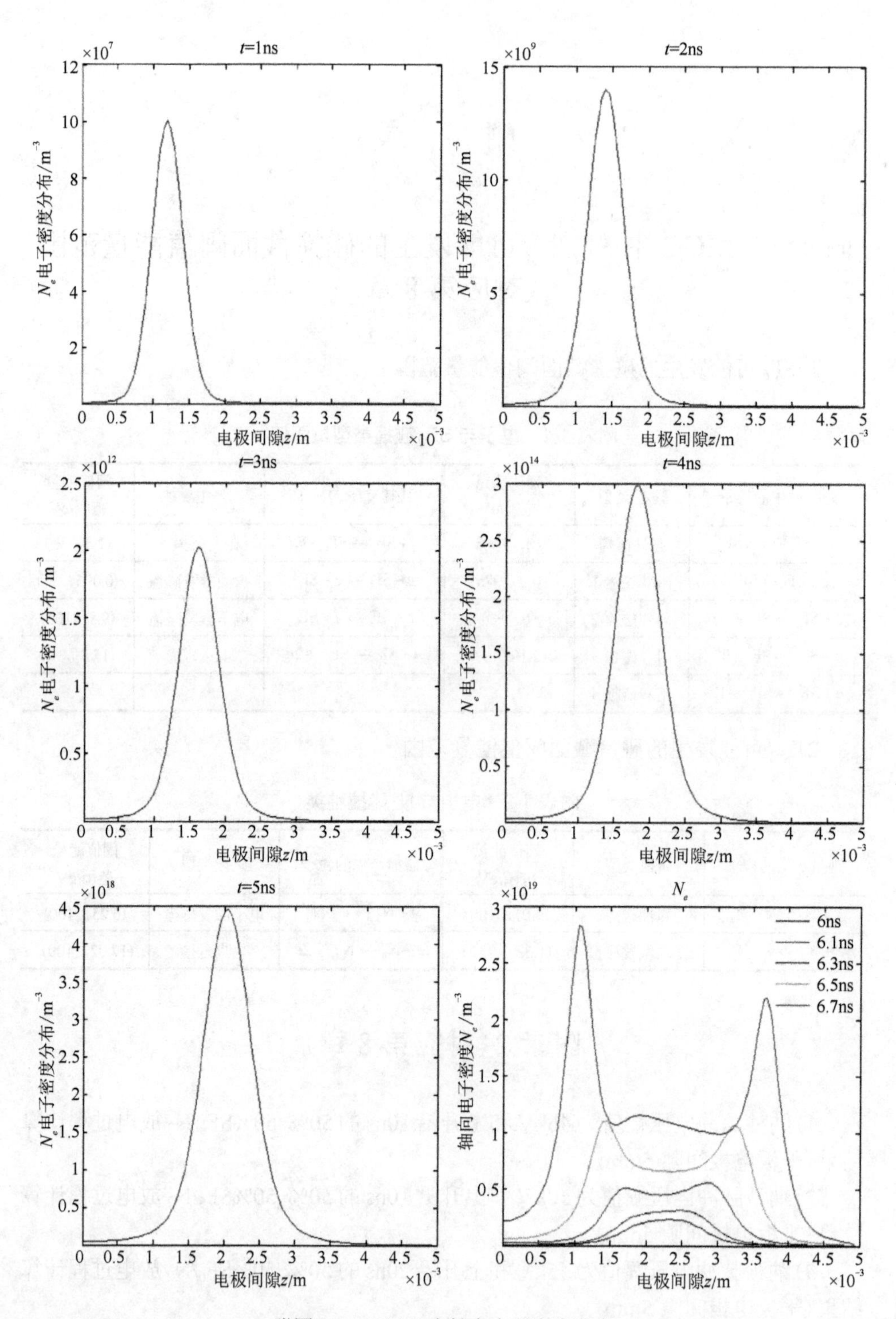


附图 2-1　$SF_6/N_2$ 中轴向电子密度分布

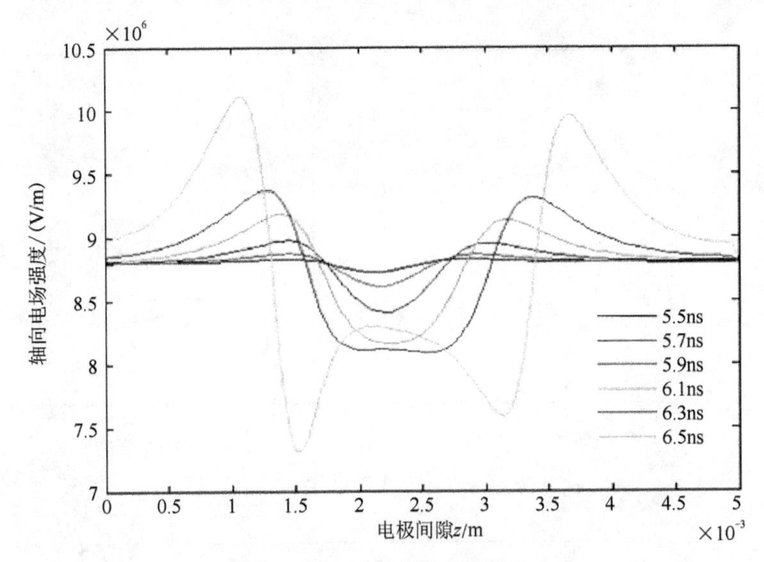


附图 2-2　$SF_6/N_2$ 中轴向电场分布

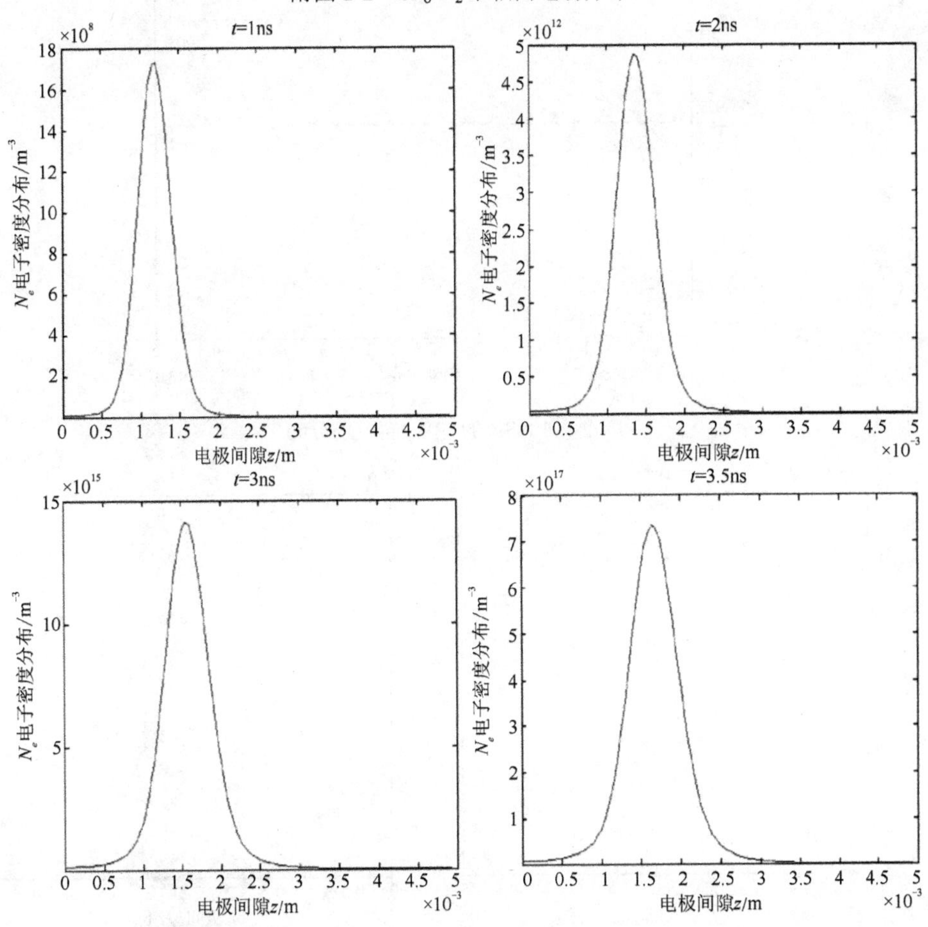

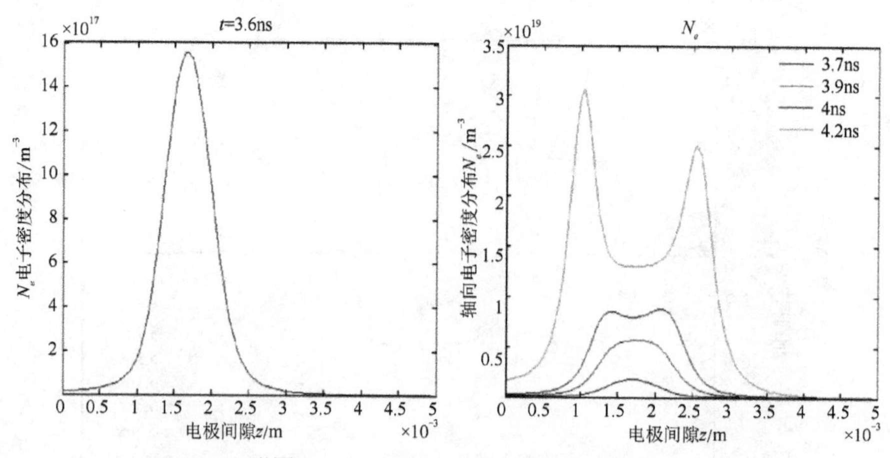


附图 2-3　$SF_6/N_2$ 中轴向电子密度分布

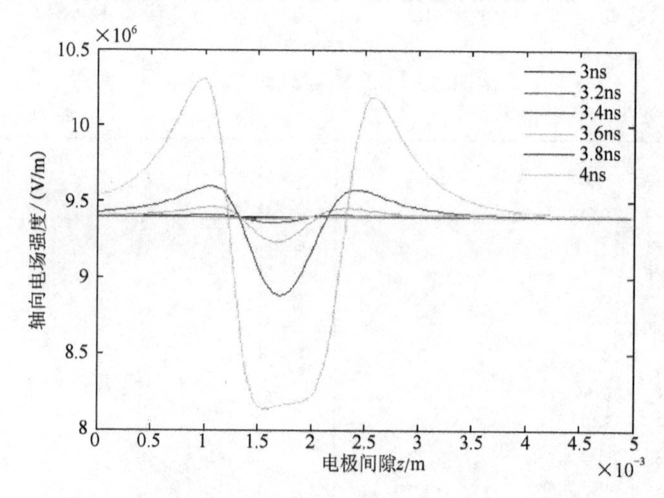


附图 2-4　$SF_6/N_2$ 中轴向电场分布

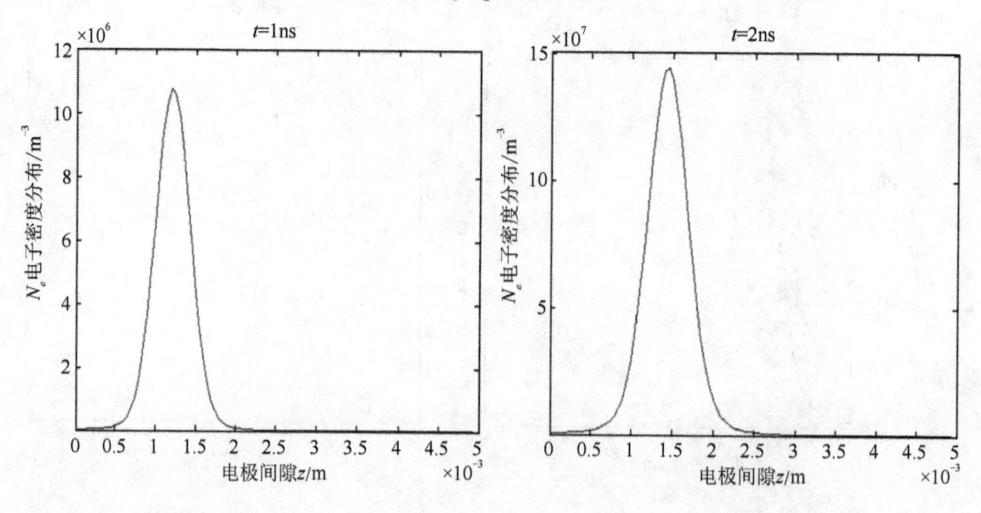

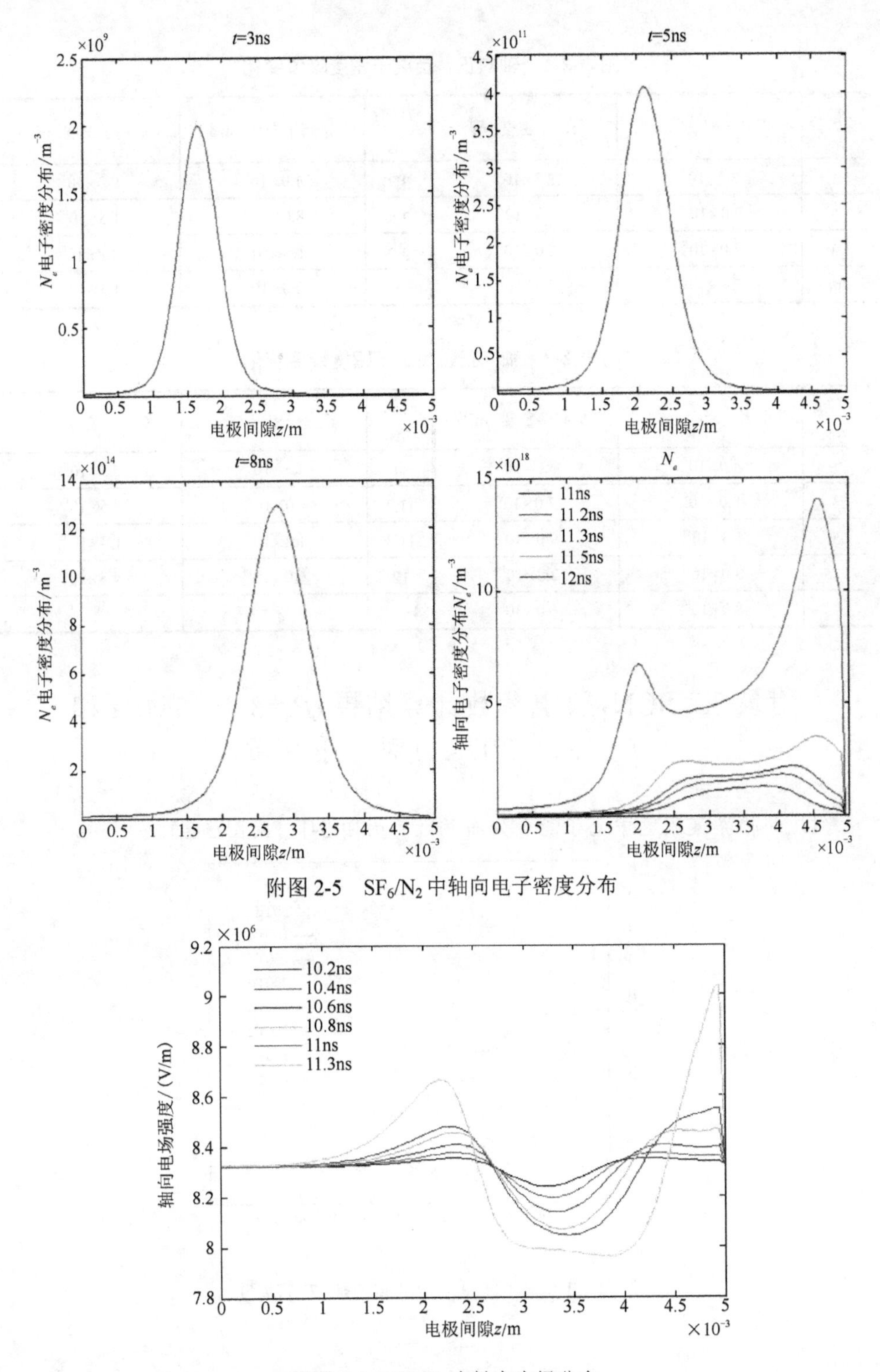


附图 2-5　$SF_6/N_2$ 中轴向电子密度分布



附图 2-6　$SF_6/N_2$ 中轴向电场分布

附表 2-1　轴向正、负离子密度峰值变化

| 时间/ns | 正离子密度 / $m^{-3}$ | 负离子密度 / $m^{-3}$ | 时间/ns | 正离子密度 / $m^{-3}$ | 负离子密度 / $m^{-3}$ |
|---|---|---|---|---|---|
| 1 | $2.5\times10^{8}$ | $2.3\times10^{18}$ | 3.7 | $4.0\times10^{18}$ | $9.0\times10^{17}$ |
| 2 | $2.0\times10^{12}$ | $1.0\times10^{17}$ | 3.8 | $8.0\times10^{18}$ | $1.5\times10^{18}$ |
| 3 | $3.0\times10^{16}$ | $8.0\times10^{15}$ | 3.9 | $1.4\times10^{19}$ | $4.8\times10^{18}$ |
| 3.6 | $2.0\times10^{18}$ | $7.0\times10^{17}$ | 4 | $2.3\times10^{19}$ | $1.5\times10^{19}$ |

附表 2-2　轴向正、负离子密度峰值变化

| 时间/ns | 正离子密度 / $m^{-3}$ | 负离子密度 / $m^{-3}$ | 时间/ns | 正离子密度 / $m^{-3}$ | 负离子密度 / $m^{-3}$ |
|---|---|---|---|---|---|
| 1 | $4.0\times10^{7}$ | $3.0\times10^{7}$ | 11 | $7.5\times10^{18}$ | $5.5\times10^{18}$ |
| 3 | $8.0\times10^{9}$ | $7.0\times10^{9}$ | 11.2 | $1.0\times10^{19}$ | $8.5\times10^{18}$ |
| 5 | $1.3\times10^{12}$ | $9.0\times10^{11}$ | 11.3 | $1.2\times10^{19}$ | $1.0\times10^{19}$ |
| 7 | $3.0\times10^{14}$ | $2.0\times10^{14}$ | 12 | $6.0\times10^{19}$ | $4.8\times10^{19}$ |
| 9 | $8.0\times10^{16}$ | $6.0\times10^{16}$ | | | |

# 附录 3　$SCN_2$放电参数计算结果($P_c$=3.4～5MPa 和 $T_c$=127～307K)(对应第 9 章)

1. 超临界氮放电中电子能量分布函数（附图 3-1、附图 3-2）

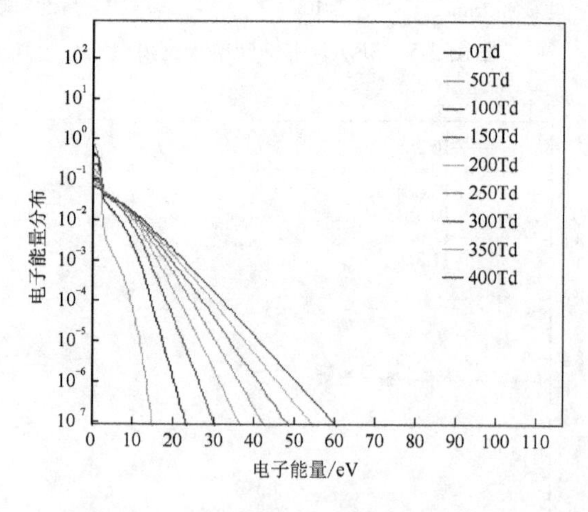


附图 3-1　电子能量密度分布函数($T$=127K)

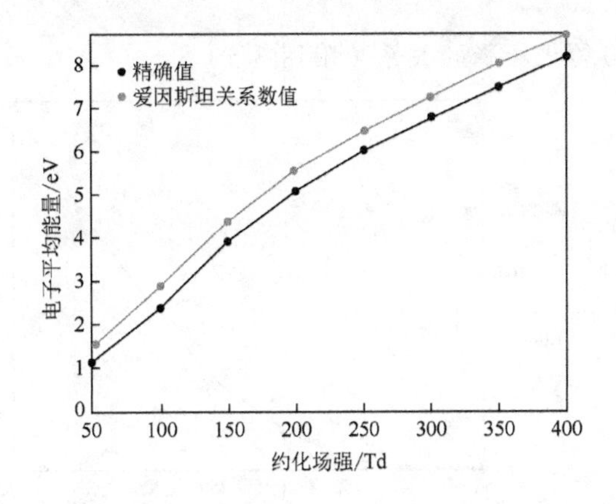


附图 3-2　约化场强与电子平均能量的对应关系

2. 电子迁移率、扩散系数和约化场强的关系（附图 3-3、附图 3-4）

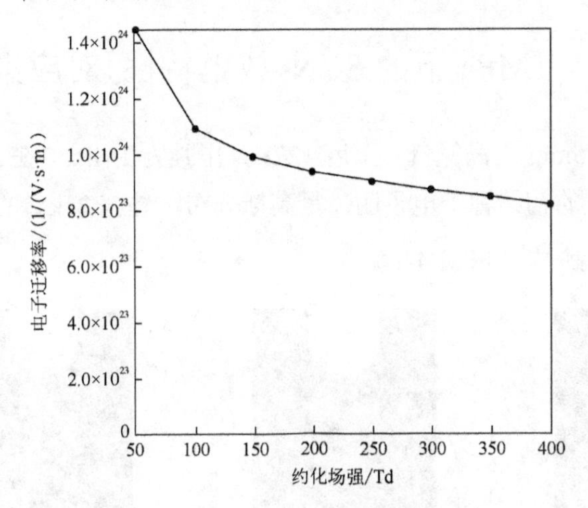


附图 3-3　电子迁移率与约化场强的关系

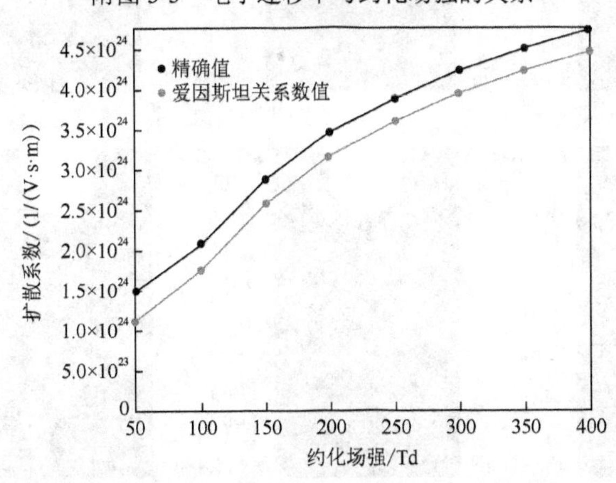


附图 3-4　电子扩散系数与约化电场之间的关系

3. 电离系数与约化场强的关系（附图 3-5）

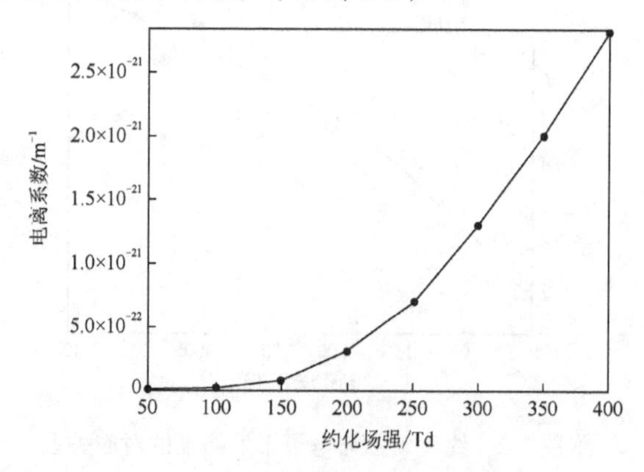


附图 3-5 电离系数与约化场强的关系

# 附录 4 1MPa 下的 $SCN_2$ 放电特性(对应第 9 章)

棒板间隙为 5mm 充满氮气，温度 127K，压强为 1MPa。在 $z_0 = 2\ \text{mm}$ 处放置密度为 $1\times10^6\ \text{m}^{-3}$ 的初始种子电子团，呈高斯分布，外施 21kV 的直流电压。

1. 电子密度分布（附图 4-1）

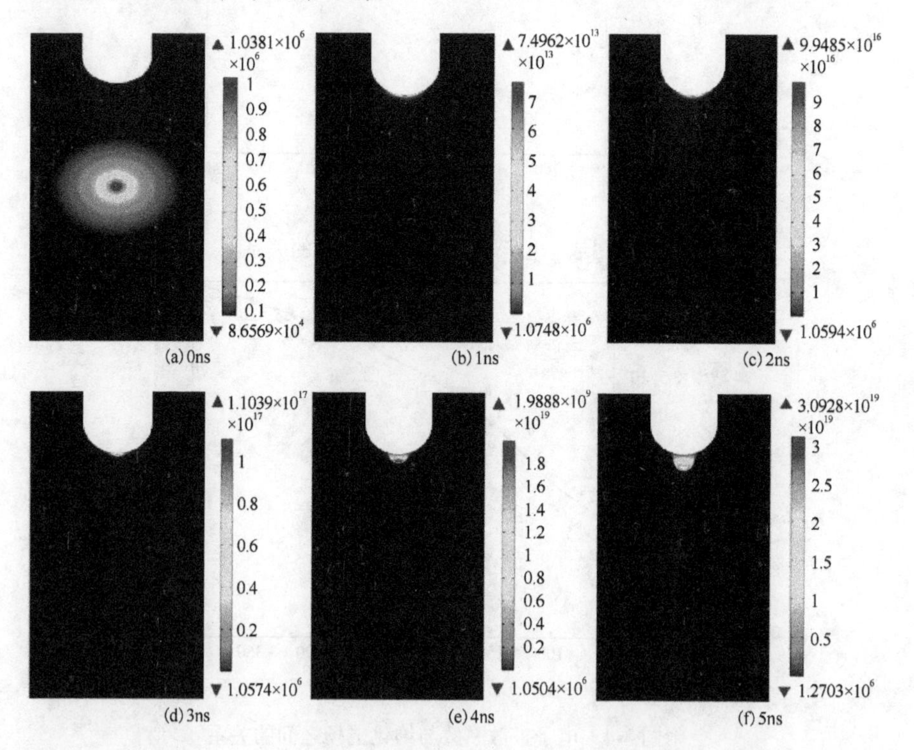

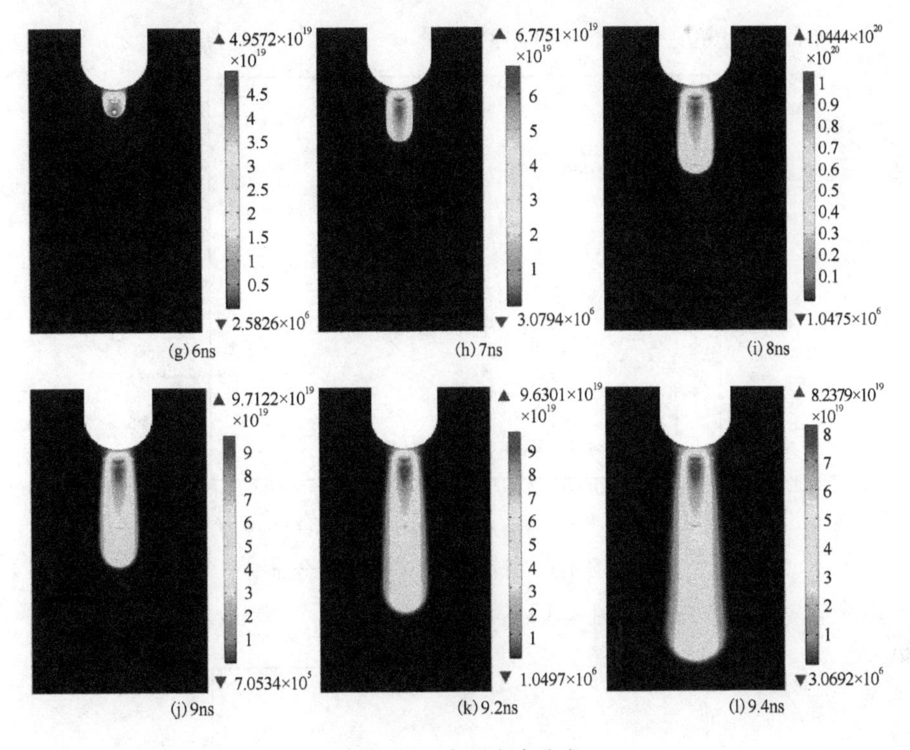


附图 4-1　电子密度分布

2. 电场分布（附图 4-2）

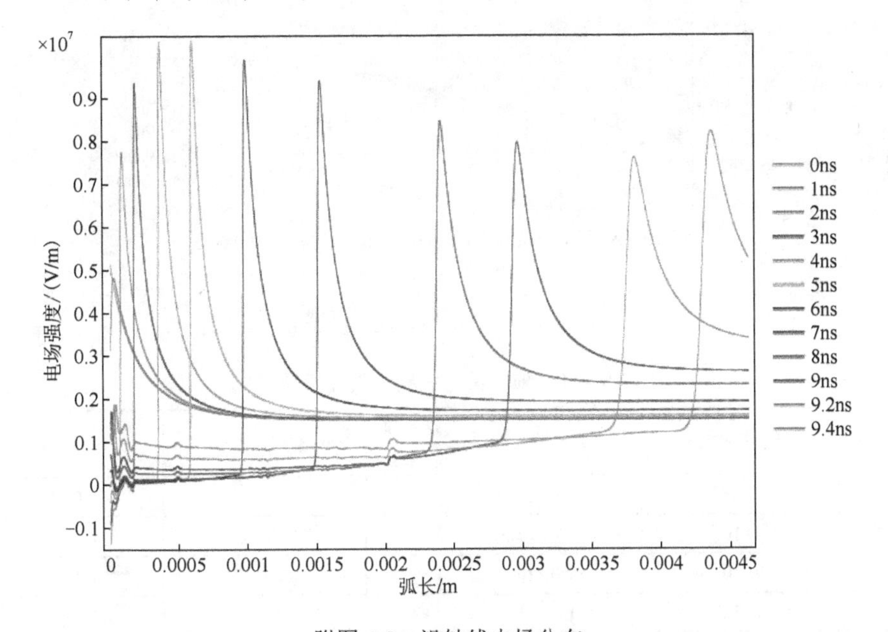


附图 4-2　沿轴线电场分布

3. 空间电荷密度分布（附图 4-3）

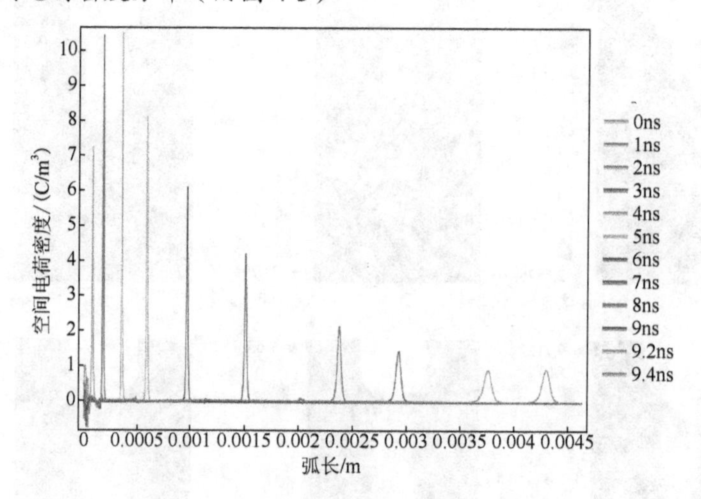


附图 4-3 沿轴线间隙电荷密度分布

4. 电流密度分布（附图 4-4）

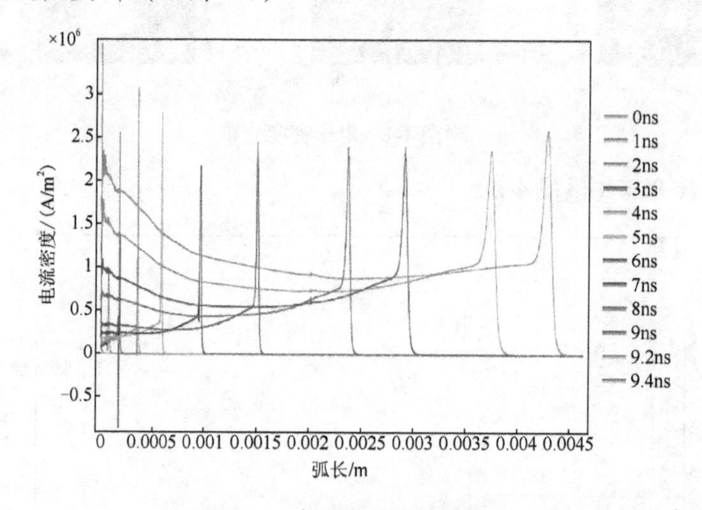


附图 4-4 沿轴线电流密度分布

附表 4-1 轴向正、负离子密度峰值变化

| 时间 /ns | 正离子密度 / $m^{-3}$ | 负离子密度 / $m^{-3}$ | 时间 /ns | 正离子密度 / $m^{-3}$ | 负离子密度 / $m^{-3}$ |
|---|---|---|---|---|---|
| 1 | $2.1\times10^{8}$ | $1.6\times10^{8}$ | 6 | $7.0\times10^{18}$ | $5.0\times10^{18}$ |
| 2 | $1.4\times10^{10}$ | $1.0\times10^{10}$ | 6.1 | $1.1\times10^{19}$ | $8.0\times10^{18}$ |
| 3 | $1.0\times10^{12}$ | $7.0\times10^{11}$ | 6.3 | $1.9\times10^{19}$ | $1.4\times10^{19}$ |
| 4 | $1.3\times10^{14}$ | $1.0\times10^{14}$ | 7 | $5.0\times10^{20}$ | $1.5\times10^{20}$ |
| 5 | $5.0\times10^{16}$ | $4.0\times10^{16}$ | | | |